深入浅出
GO语言核心编程

张朝明 李奕锋 甘海彬 / 著

清華大学出版社

北京

内 容 简 介

本书是一本全面而深入的Go语言学习手册,涵盖了Go语言的诸多关键特性,包括语法结构、内存原理、并发、上下文机制与框架应用等。本书共20章。第1章引导读者快速搭建开发环境,详细介绍Go语言的环境配置及编译运行的具体细节。第2~5章详细讨论Go语言独特的变量、常量、常用数据类型和流程控制,并重点解析复杂类型的底层实现机制。第6~8章讲解Go语言的函数及如何实现面向对象编程,打通Go语言面向过程和面向对象编程之间的桥梁。第9~12章探讨Go语言的一些高级话题,包括并发、上下文、反射、泛型等。第13~15章探讨Go语言的I/O、网络编程及RPC通信等编程场景。第16~18章是Go语言的扩展话题,涵盖了内存管理、正则表达式和Go语言的汇编。第19章和第20章重点探讨了Go语言在日常开发中的典型应用,主要介绍HTTP框架Gin的使用,以及如何利用Go语言开发一个综合项目。

本书内容丰富,由浅入深,力求带领读者探究Go语言的本质,既适合初次接触Go语言的新手,也适合有一定经验的软件开发人员阅读。

图书在版编目(CIP)数据

深入浅出 Go 语言核心编程/张朝明,李奕锋,甘海彬著. —北京:清华大学出版社,2024.1(2025.1重印)
ISBN 978-7-302-64910-6

Ⅰ.①深… Ⅱ.①张… ②李… ③甘… Ⅲ.①程序语言－程序设计 Ⅳ.①TP312

中国国家版本馆 CIP 数据核字(2023)第 219623 号

责任编辑:王金柱
封面设计:王 翔
责任校对:闫秀华
责任印制:杨 艳

出版发行:清华大学出版社
　　　　网　　　址:https://www.tup.com.cn,https://www.wqxuetang.com
　　　　地　　　址:北京清华大学学研大厦 A 座　　　　邮　　编:100084
　　　　社 总 机:010-83470000　　　　　　　　　　　邮　　购:010-62786544
　　　　投稿与读者服务:010-62776969,c-service@tup.tsinghua.edu.cn
　　　　质量反馈:010-62772015,zhiliang@tup.tsinghua.edu.cn
印 装 者:三河市人民印务有限公司
经　　销:全国新华书店
开　　本:185mm×235mm　　　　印　　张:33.5　　　　字　　数:804 千字
版　　次:2024 年 1 月第 1 版　　　　　　　　　　　印　　次:2025 年 1 月第 2 次印刷
定　　价:149.00 元

产品编号:099112-01

前　　言

2007年，Google的开发大师们（Google的Robert Griesemer、Rob Pike和Ken Thompson）推出了Go语言。此后，它便迅速占领了全球软件开发的前沿阵地。Go语言以其卓越性能、简洁语法和强大的并发处理能力在全球范围内赢得了无数开发者的推崇与青睐。它集合了众多现代编程语言的优点，打破了传统的编程范式，展现出了编程语言的新可能。

本书是一本全面而深入的Go语言学习手册，旨在帮助读者全面掌握Go语言——从基础知识到高级特性，从语法结构到应用实践。本书涉及的内容包括基础语法、异常处理、面向对象编程、上下文管理、反射、泛型、网络编程、I/O操作、内存管理和Go汇编等方面，形成了一个全方位、多层次的Go语言学习体系。

本书不仅深入浅出地讲解了Go语言的主要知识点，还特别探讨了Go语言的设计思想和设计者的意图。即使无法百分之百地探知设计者的思考过程和意图，但通过探讨和理解其设计哲学，我们也可以站在更高的角度审视问题，更深层次地挖掘知识的底蕴。

在学习的过程中，我们会不断发现，Go语言的设计哲学深深地体现了简洁与实用的原则，其语法结构、内存管理、并发模型等都展现出了设计者对于软件开发的深刻理解和前瞻性思考。通过对Go语言的学习，我们不仅能够掌握一门强大的编程语言，还能够更深入地理解编程的本质，更全面地把握软件开发的全貌。

8年前，当笔者从Java和C++等面向对象编程语言转向Go时，也经历了长时间的不适和挣扎。与传统的面向对象语言相比，Go语言的很多设计理念和语法结构都有着显著的不同。因此，笔者特意在本书中穿插讲解了Go语言与其他编程语言的差异，阐述了这些差异背后的设计哲学，希望能帮助读者更快地理解和接受Go语言，更顺利地完成思维的转变。

同时，笔者深知动手实践的重要性，因此，每一章的知识点都伴有实践性强、易于理解的代码示例，帮助读者将理论知识转化为实际应用能力。此外，为了方便读者的学习和实践，笔者还提供了所有示例代码的下载服务，使得学习过程更加顺畅无阻。

本书结构

本书共20章，各章内容概述如下：

- 第1章快速引导读者搭建开发环境，并立即进入Go程序的编写和运行阶段。这样做的目的是让读者对Go语言有一个直接、形象的认识。基于这个初体验，我们深入探讨了Go语言的环境变量配置以及编译运行的具体细节，从而让读者更深入地了解Go语言在跨平台方面的实现机制。

- 第2章聚焦于Go语言的变量和常量设计，这与其他编程语言有明显不同。例如，Go语言不允许声明变量而不使用它。本章详细解释了这些设计决策背后的逻辑，以便读者更快地适应Go语言的独特编码规范。

- 第3章详细介绍Go语言的数据类型。数据类型划分为简单类型和复杂类型两大类，本章介绍了数值、字符串、布尔值和数组等简单类型，

- 第4章深入剖析各种复杂数据类型的底层实现机制，以帮助读者理解Go语言在数据结构设计上的优雅和高效。

- 第5章详细解读Go语言的流程控制特性。为了更清晰地呈现流程控制的本质，本章将所有流程控制语句统一归纳为"跳转"这一概念，并着重强调Go语言在语法设计上的简洁性，以避免其他编程语言中复杂的语法结构给程序员带来的困扰。

- 第6章集中讨论Go语言中的函数设计。函数不仅支持面向过程的编程风格，还兼容面向对象的方法调用。本章还深入分析了Go函数中的参数和返回值的声明顺序与其他编程语言的不同之处，以及这种设计的原因，以帮助熟悉其他编程语言的读者更顺畅地转向Go语言。

- 第7章着重介绍Go语言的异常处理机制。Go语言的异常可以看作一种携带消息的对象，并能自动传播。通过使用defer关键字即可保证异常情况下的代码执行，从而大大简化了异常处理流程。

- 第8章深入探讨Go语言的面向对象编程特性。虽然Go语言支持面向对象编程的大部分特性，但大多数实现都以变通的方式完成。本章详细解释Go语言在面向对象编程方面与其他语言的区别，旨在使读者对这些特性有更深入的了解。

- 第9章专注于Go语言的并发控制机制。Go语言天然支持协程，与多线程编程有明显不同。从线程模型出发，本章详细讲解Go语言高并发的原理和实现，同时也花费大量篇幅来讲述如何在Go语言中实现有效的并发控制。

- 第10章深入探讨Go语言独特的上下文（Context）机制。Go语言中的上下文不仅用于信息传递，更关键的是，它为父子协程之间的灵活控制提供了强有力的手段。这种机制高效地解决了父子协程的协作问题，使得多线程编程更为高效和安全。

- 第11章全面解析Go语言中的反射功能，这是大多数现代编程语言都具备的高级特性。通过反射，开发者能够在运行时进行动态编程，这在编写灵活且可扩展的框架代码时尤其重要。

- 第12章专注于Go语言的新特性——泛型，从泛型的内在逻辑出发，深入剖析Go语言中泛型的使用方式。同时，也从向后兼容的视角探讨泛型如何影响接口概念，以便读者在更高的抽象层次上理解Go语言与其他编程语言的差异。

- 第13章以字节操作、字符处理和文本分析为线索，全面阐释I/O操作的各个方面。本章特别强调了bufio.Scanner在文本解析中的应用，使读者能够对I/O操作有全面而深入的了解。

- 第14章针对网络编程，深入探讨TCP和UDP这两种主要的通信协议。通过大量示例和通信流程的细致分解，不仅向读者展示了如何编写代码，更使得读者对网络通信的底层原理有更深的认识。另外，通过代码模拟，详解了常见网络错误的成因和解决策略。

- 第15章以传输协议和消息格式为核心，清晰地划分了各种RPC（远程过程调用）通信方式的差异，并从源码角度出发，深入剖析Go语言内置的RPC机制。特别在主流的gRPC通信方面，本章详细说明了其使用流程和可能遇到的问题，以确保读者能够熟练地应用这一强大的工具。

- 第16章聚焦于Go语言的内存管理，详细讲述内存对齐和分层管理机制。由于Go语言支持自动垃圾回收，因此本章还专门解析了垃圾回收的标记和清除策略，并与其他编程语言的策略进行了比较。

- 第17章详细介绍Go语言中正则表达式的应用。每种编程语言在实现正则表达式方面都有其独特之处，本章不仅讲述了如何使用Go语言的正则表达式，还对其特性进行了全面的解析。

- 第18章深入Go语言的汇编层面，旨在帮助读者更深入地理解Go的底层运行机制。本章以寄存器为中心，以Go语言和Go汇编的交互为主线，通过丰富的示例，详解程序运行时寄存器和内存分配的工作原理。

- 第19章讲解常用的HTTP框架——Gin的使用，主要包括Gin框架如何处理HTTP请求和响应、如何使用路由配置和中间件等内容。

- 第20章将Go语言与MVC开发模式结合起来完成一个独立项目，以便读者能够快速代入开发者角色，体会Go语言实际开发场景。

本书预备知识

操作系统：

读者应当掌握基本的操作系统，比如Windows操作系统或者macOS操作系统，能在个人计算机上熟练地安装和卸载软件，能运行计算机的命令行工具。

开发环境：

本书使用的开发环境如下：

- 操作系统 macOS 10.15.7。
- 开发工具 Goland 2022.1.2。
- MySQL 8.0。

源码下载

读者可用微信扫描下方二维码下载本书所有示例的源码。

如果在学习和资源下载的过程中遇到问题，可以发送邮件至booksaga@126.com，邮件主题写"深入浅出Go语言核心编程"。

读者对象

本书由浅入深，力求带领读者探究Go语言的本质，既适合初次接触Go语言的新手，也适合有一定经验的软件开发人员阅读。

希望本书不仅是你学习Go语言的工具书，更是你编程生涯中的良师益友。希望你在学习Go语言的道路上畅通无阻，收获满满，同时也能在Go语言的世界中找到无尽的乐趣和无限的可能，将你的编程理念和技术水平推向一个新的高度。

最后，由于水平所限，本书难免存在疏漏之处，敬请各位读者批评指正。

编　者

2023年9月29日

目　　录

第 1 章　第一个 Go 程序 ·· 1

  1.1　搭建开发环境 ·· 1

  1.2　一个简单的 Go 程序 ·· 3

    1.2.1　编写第一个 Go 程序 ··· 3

    1.2.2　运行第一个 Go 程序 ··· 5

  1.3　环境变量说明 ·· 6

  1.4　在 IDE 中运行 Go 语言程序 ··· 7

    1.4.1　创建项目 ··· 7

    1.4.2　创建 Go 程序文件 ·· 8

    1.4.3　运行.go 文件 ··· 9

  1.5　Go 语言如何实现跨平台 ·· 9

    1.5.1　跨平台的准备工作 ··· 9

    1.5.2　执行跨平台编译 ·· 10

  1.6　探寻 Go 语言程序的编译执行过程 ·· 11

    1.6.1　go build 命令的选项 ··· 11

    1.6.2　查看编译的详细过程 ·· 11

    1.6.3　链接环节 ·· 13

  1.7　编程范例——启动参数的使用 ··· 14

    1.7.1　程序启动的入口函数 ·· 14

    1.7.2　获取启动参数 ·· 15

  1.8　本章小结 ··· 19

第 2 章　变量与常量 ··· 20

  2.1　变量 ··· 20

    2.1.1　变量声明 ·· 20

    2.1.2　变量赋值 ·· 21

2.1.3　同时进行变量声明和赋值 ·· 23

2.1.4　多重赋值与 ":=" 操作符 ·· 24

2.1.5　没有多余的局部变量 ·· 25

2.1.6　全局变量 ··· 25

2.1.7　全局变量与链接 ·· 26

2.2　常量 ··· 26

2.2.1　常量的声明 ··· 26

2.2.2　常量块的使用 ··· 27

2.2.3　常量可以声明而不使用 ··· 28

2.3　iota 与枚举 ·· 28

2.3.1　iota 实现自增 ·· 28

2.3.2　iota 计数不会中断 ·· 30

2.3.3　iota 的使用场景 ··· 31

2.4　编程范例——iota 的使用技巧 ··· 32

2.5　本章小结 ··· 34

第 3 章　简单数据类型 ·· 35

3.1　整型 ··· 35

3.1.1　声明整型变量 ··· 35

3.1.2　int 和 uint 的设计初衷 ·· 36

3.2　浮点型 ·· 37

3.2.1　声明浮点型变量 ·· 37

3.2.2　浮点型会产生精度损失 ··· 37

3.2.3　Go 语言中没有 float 关键字的原因 ····································· 38

3.2.4　浮点型与类型推导 ·· 38

3.2.5　浮点型的比较 ··· 39

3.3　布尔类型 ··· 40

3.4　字符型 ·· 40

3.4.1　声明字符型变量 ·· 41

3.4.2　转义字符 ·· 42

3.5　字符串类型 ·· 43

3.5.1　声明字符串变量 ·· 43

3.5.2　字符串在磁盘中的存储 ··· 43

3.5.3　字符串在内存中的存储 ··· 44

3.5.4　利用 rune 类型处理文本 ·· 45

　　　3.5.5　rune 类型与字符集的关系 ··· 46

　3.6　数组类型 ··· 46

　　　3.6.1　声明数组变量 ··· 47

　　　3.6.2　利用索引来访问数组元素 ··· 47

　　　3.6.3　数组大小不可变更 ··· 48

　　　3.6.4　数组作为函数参数 ··· 48

　3.7　编程范例——原义字符的使用 ·· 49

　3.8　本章小结 ··· 50

第 4 章　复杂数据类型 ··· 51

　4.1　值类型和指针类型 ·· 51

　　　4.1.1　值类型和指针类型的存储结构 ··· 51

　　　4.1.2　为什么要区分值类型和指针类型 ··· 53

　　　4.1.3　关于引用类型 ··· 54

　4.2　slice（切片）的使用及实现原理 ·· 54

　　　4.2.1　切片如何实现大小可变 ··· 54

　　　4.2.2　切片的声明和定义 ··· 55

　　　4.2.3　切片长度的扩展 ··· 56

　　　4.2.4　切片容量的扩展 ··· 57

　　　4.2.5　切片参数的复制 ··· 58

　　　4.2.6　利用数组创建切片 ··· 60

　　　4.2.7　利用切片创建切片 ··· 62

　　　4.2.8　切片元素的修改 ··· 62

　　　4.2.9　切片的循环处理 ··· 63

　　　4.2.10　切片索引越界 ··· 63

　　　4.2.11　总结切片操作的底层原理 ··· 64

　4.3　map（映射）的使用及实现原理 ·· 65

　　　4.3.1　声明和创建 map ··· 65

　　　4.3.2　遍历 map 中的元素 ·· 65

　　　4.3.3　元素查找与避免二义性 ··· 66

　　　4.3.4　删除元素 ··· 67

　　　4.3.5　map 的存储结构解析 ·· 68

　　　4.3.6　map 元素的定位原理解析 ··· 70

　　　4.3.7　map 的容量扩展原理解析 ··· 72

　4.4　channel（通道）的使用及实现原理 ·· 72

4.4.1　channel 的使用 ··· 72

4.4.2　channel 的实现原理 ··· 74

4.4.3　channel 与消息队列、协程通信的对比 ································· 76

4.5　自定义结构体 ··· 76

4.5.1　自定义数据类型和自定义结构体 ··· 76

4.5.2　自定义结构体的使用 ··· 77

4.5.3　利用 new 创建实例 ··· 78

4.5.4　从自定义结构体看访问权限控制 ··· 79

4.5.5　自描述的访问权限 ··· 80

4.6　编程范例——结构体使用实例 ··· 80

4.6.1　利用自定义结构体实现 bitmap ··· 80

4.6.2　利用 timer.Ticker 实现定时任务 ··· 84

4.7　本章小结 ··· 87

第 5 章　流程控制 ·· **88**

5.1　分支控制 ··· 88

5.1.1　if 语句实现分支控制 ··· 88

5.1.2　switch 语句实现分支控制 ··· 89

5.1.3　分支控制的本质是向下跳转 ··· 90

5.1.4　避免多层 if 嵌套的技巧 ··· 91

5.2　循环控制 ··· 94

5.2.1　for 循环 ··· 94

5.2.2　for-range 循环 ··· 95

5.2.3　循环控制的本质是向上跳转 ··· 97

5.2.4　循环和递归的区别 ··· 98

5.3　跳转控制 ··· 99

5.3.1　goto 关键字的使用 ··· 99

5.3.2　goto 的本质是任意跳转 ··· 101

5.4　编程范例——流程控制的灵活使用 ··· 101

5.4.1　for 循环的误区 ··· 101

5.4.2　switch-case 的灵活使用 ··· 104

5.5　本章小结 ··· 106

第 6 章　函数 ··· **107**

6.1　函数在 Go 语言中的地位 ··· 107

6.1.1　Go 语言中函数和方法的区别 ·· 108

6.1.2　重新理解变量声明中数据类型出现的位置 ···························· 109

6.2　函数的定义 ·· 110

6.2.1　函数的参数 ··· 110

6.2.2　函数的返回值 ·· 111

6.2.3　函数多返回值的实现原理 ·· 113

6.3　函数的管理——模块和包 ·· 115

6.3.1　函数管理形式 ·· 115

6.3.2　模块与文件夹 ·· 116

6.3.3　本地包管理 ··· 119

6.3.4　模块名与文件夹名称 ··· 121

6.3.5　代码规范的意义 ··· 123

6.4　函数的调用和执行 ··· 123

6.4.1　包的别名与函数调用 ··· 123

6.4.2　init()函数与隐式执行顺序 ··· 125

6.4.3　利用 init()函数执行初始化 ·· 126

6.4.4　利用匿名包实现函数导入 ·· 127

6.5　将函数作为变量使用 ·· 128

6.5.1　将函数赋值给变量 ·· 128

6.5.2　函数赋值给变量的应用场景 ·· 129

6.6　匿名函数和闭包 ·· 132

6.6.1　为什么需要匿名函数 ··· 132

6.6.2　闭包 ·· 134

6.7　函数的强制转换 ·· 137

6.7.1　从数据类型的定义到函数类型的定义 ·· 137

6.7.2　从数据类型的强制转换到函数类型的强制转换 ································ 138

6.7.3　函数类型及强制转换的意义 ·· 138

6.7.4　利用强制转换为函数绑定方法 ··· 140

6.8　编程范例——闭包的使用 ·· 142

6.8.1　闭包封装变量的真正含义 ·· 142

6.8.2　利用指针修改闭包外部的变量 ··· 145

6.9　本章小结 ··· 146

第 7 章　异常处理 ·· **147**

7.1　异常机制的意义 ·· 147

7.2 Go 语言中的异常 ··· 150

　　7.2.1 创建异常 ··· 150

　　7.2.2 抛出异常 ··· 151

　　7.2.3 自定义异常 ··· 152

7.3 异常捕获 ··· 154

　　7.3.1 利用延迟执行机制来捕获异常 ·· 155

　　7.3.2 在上层调用者中捕获异常 ·· 157

　　7.3.3 异常捕获的限制条件 ··· 158

7.4 异常捕获后的资源清理 ··· 159

　　7.4.1 未正常释放锁对象带来的副作用 ·· 160

　　7.4.2 确保锁对象释放的正确方式 ·· 162

7.5 编程范例——异常的使用及误区 ·· 163

　　7.5.1 利用结构体自定义异常 ·· 163

　　7.5.2 未成功捕获异常，导致程序崩溃 ··· 164

7.6 本章小结 ··· 166

第 8 章 Go 语言的面向对象编程 ··· **167**

8.1 面向对象编程的本质 ··· 167

8.2 Go 语言实现封装 ··· 168

　　8.2.1 Go 语言中字段和方法的封装 ··· 168

　　8.2.2 为值类型和指针类型绑定方法的区别 ·· 169

8.3 Go 语言实现继承 ··· 171

　　8.3.1 利用组合实现继承 ··· 171

　　8.3.2 匿名字段的支持 ·· 173

　　8.3.3 多继承 ··· 174

8.4 Go 语言实现多态 ··· 176

8.5 面向接口编程 ·· 178

　　8.5.1 Go 语言中的接口 ·· 179

　　8.5.2 Go 语言中的接口实现 ·· 179

　　8.5.3 利用面向接口编程实现方法多态 ·· 180

8.6 编程范例——接口的典型应用 ··· 181

　　8.6.1 接口嵌套实例 ··· 181

　　8.6.2 伪继承与接口实现 ··· 183

8.7 本章小结 ··· 184

第9章　并发 ··· 185

9.1　线程的概念 ··· 185

9.2　线程模型 ·· 187

9.3　协程的工作原理 ··· 187

9.3.1　协程的使用 ·· 188

9.3.2　GPM 模型 ·· 189

9.3.3　从 3 种线程模型看 GOMAXPROCS 参数 ··· 191

9.4　Go 语言中的协程同步 ··· 192

9.4.1　独占锁——Mutex ··· 192

9.4.2　读写锁——RWMutex ·· 195

9.4.3　等待组——WaitGroup ·· 198

9.5　利用 channel 实现协程同步 ··· 199

9.5.1　利用 channel 实现锁定 ·· 200

9.5.2　利用 channel 实现等待组 ··· 202

9.5.3　总结使用 channel 实现并发控制 ·· 204

9.6　让出时间片 ·· 204

9.6.1　time.Sleep()和 runtime.Gosched()的本质区别 ·· 204

9.6.2　runtime.Gosched()与多核 CPU ··· 205

9.7　Go 语言中的单例 ·· 206

9.7.1　利用 sync.Once 实现单例 ··· 206

9.7.2　sync.Once 的实现原理 ·· 208

9.8　编程范例——协程池及协程中断 ·· 209

9.8.1　协程池的实现 ·· 209

9.8.2　协程的中断执行 ··· 213

9.9　本章小结 ·· 217

第10章　上下文 ··· 218

10.1　上下文和普通参数的区别 ·· 218

10.2　上下文树 ··· 219

10.2.1　上下文接口——Context ··· 219

10.2.2　利用 context.emptyCtx 创建树的根节点 ··· 219

10.2.3　上下文树的构建 ··· 220

10.3　利用 valueCtx 实现信息透传 ··· 222

10.3.1　valueCtx 用于参数传递 ··· 222

    10.3.2　从父节点获得透传值 ··· 223

10.4　利用 cancelCtx 通知协程终止执行 ··· 224

    10.4.1　通知子协程终止执行 ··· 225

    10.4.2　通知子协程的实现过程 ··· 226

    10.4.3　为什么需要取消函数 ··· 230

10.5　利用 timerCtx 实现定时取消 ·· 230

    10.5.1　调用 context.WithDeadline()创建定时器上下文 ················· 231

    10.5.2　调用 context.WithTimeout()创建定时器上下文 ················· 233

10.6　编程范例——上下文的典型应用场景 ·· 234

    10.6.1　利用结构体传递参数 ··· 234

    10.6.2　valueContext 为什么需要 key ··· 236

    10.6.3　利用 cancelCtx 同时取消多个子协程 ······························ 237

10.7　本章小结 ·· 239

第 11 章　反射 ·· 240

11.1　反射的意义 ·· 240

11.2　反射的 API ·· 241

    11.2.1　利用 reflect.TypeOf()来获得类型信息 ······························ 241

    11.2.2　利用 reflect.Type.Kind()方法来获取类型的具体分类 ············ 242

    11.2.3　利用 reflect.Type.Element()方法来获取元素类型 ················ 243

    11.2.4　类型断言的用法与局限性 ··· 245

11.3　值信息 ··· 246

    11.3.1　利用 reflect.ValueOf()来获得值信息 ································ 246

    11.3.2　利用 reflect.Value.Kind()来获得值的分类信息 ·················· 247

    11.3.3　利用 reflect.Value.Elem()来获得值的元素信息 ················· 248

    11.3.4　利用反射访问和修改值信息 ··· 249

    11.3.5　利用反射机制动态调用方法 ··· 252

11.4　编程范例——动态方法调用 ··· 255

11.5　本章小结 ·· 258

第 12 章　泛型 ·· 259

12.1　泛型的意义 ·· 259

12.2　泛型应用到函数 ·· 261

    12.2.1　泛型函数的使用 ·· 261

    12.2.2　泛型中的隐含信息 ··· 262

　　　　12.2.3　避免类型强制转换 ·· 263

　　　　12.2.4　泛型类型的单独定义 ·· 264

　　12.3　泛型导致接口定义的变化 ·· 265

　　　　12.3.1　接口定义的变化 ·· 265

　　　　12.3.2　空接口的二义性 ·· 266

　　　　12.3.3　接口类型的限制 ·· 266

　　12.4　泛型类型应用到 receiver ·· 268

　　　　12.4.1　泛型类型不能直接用于定义 receiver ································ 268

　　　　12.4.2　间接实现泛型定义 receiver ·· 269

　　12.5　编程范例——自定义队列的实现 ··· 270

　　12.6　本章小结 ·· 272

第 13 章　I/O ··· 273

　　13.1　Reader 和 Writer ·· 273

　　　　13.1.1　理解 Reader 和 Writer ·· 273

　　　　13.1.2　Reader 和 Writer 接口 ·· 274

　　　　13.1.3　Go 语言的 I/O API 要解决的问题 ······································ 275

　　　　13.1.4　文件读取 ·· 275

　　　　13.1.5　文件写入 ·· 278

　　　　13.1.6　文件权限与 umask ··· 281

　　　　13.1.7　一次性读写 ·· 283

　　13.2　缓冲区读写 ·· 284

　　　　13.2.1　bufio 中的 Reader 和 Writer ·· 285

　　　　13.2.2　利用 bufio 实现按行读取 ·· 285

　　13.3　字符串数据源 ··· 287

　　　　13.3.1　strings.Reader 解析 ··· 287

　　　　13.3.2　字节扫描器 ByteScanner ·· 288

　　　　13.3.3　按 Rune 读取 UTF-8 字符 ·· 289

　　13.4　bufio.Scanner 的使用 ·· 292

　　　　13.4.1　扫描过程及源码解析 ·· 292

　　　　13.4.2　扫描时的最大支持 ··· 298

　　　　13.4.3　扫描时的最小容忍 ··· 301

　　13.5　编程范例——文件系统相关操作 ··· 303

　　　　13.5.1　查看文件系统 ·· 303

　　　　13.5.2　临时文件 ·· 305

13.6   本章小结 ··· 307

第 14 章   网络编程 ·· 308

14.1   网络连接的本质 ·· 308

14.2   利用 TCP 实现网络通信 ·· 310

 14.2.1   创建 TCP 连接 ·· 310

 14.2.2   利用 TCP 连接进行消息传递 ··· 312

14.3   利用 UDP 实现网络通信 ··· 315

 14.3.1   监听模式 ··· 316

 14.3.2   拨号模式 ··· 319

 14.3.3   总结监听模式和拨号模式 ··· 322

14.4   HTTP 的相关操作 ·· 322

 14.4.1   客户端发送 HTTP 请求 ·· 322

 14.4.2   服务端处理 HTTP 请求 ·· 326

 14.4.3   HTTP 请求源码解析 ·· 328

 14.4.4   提炼思考 ··· 333

14.5   数据传输过程 ·· 334

 14.5.1   本地处理阶段 ··· 334

 14.5.2   路由器处理阶段 ··· 335

 14.5.3   目标主机处理阶段 ·· 335

 14.5.4   网络地址转换（NAT）所扮演的角色 ·· 335

 14.5.5   总结数据传输 ··· 336

14.6   编程范例——常见网络错误的产生及解决方案 ·· 336

 14.6.1   模拟 CLOSE_WAIT ··· 336

 14.6.2   模拟 I/O timeout ··· 341

 14.6.3   模拟 read: connection reset by peer 异常 ·· 344

 14.6.4   模拟 TIME_WAIT ·· 347

14.7   本章小结 ··· 351

第 15 章   RPC 通信 ·· 352

15.1   如何理解 RPC 通信 ·· 352

15.2   Gob 格式——利用 HTTP 和 TCP 实现 RPC 通信 ··· 354

 15.2.1   利用 HTTP 实现 RPC 通信 ··· 354

 15.2.2   HTTP 实现 RPC 通信的原理 ··· 358

 15.2.3   利用 TCP 实现 RPC 通信 ··· 370

　　　　15.2.4　利用 HTTP 和 TCP 实现 RPC 的区别 ·· 373

　　15.3　JSON 格式——利用 jsonrpc 实现 RPC 通信 ··· 374

　　15.4　gRPC 格式——利用 gRPC 实现 RPC 通信 ·· 376

　　　　15.4.1　生成 RPC 支持文件 ··· 377

　　　　15.4.2　gRPC 调用过程 ··· 381

　　15.5　编程范例——基于 Wireshark 理解 RPC 通信 ··· 385

　　15.6　本章小结 ·· 389

第 16 章　内存管理 ·· **390**

　　16.1　内存对齐 ·· 390

　　　　16.1.1　内存空隙 ··· 390

　　　　16.1.2　内存对齐和对齐边界 ··· 391

　　　　16.1.3　结构体的内存对齐 ··· 393

　　16.2　内存分级管理 ·· 395

　　　　16.2.1　分级管理的本质 ··· 395

　　　　16.2.2　Go 语言内存管理的基本单位——Span ··· 396

　　　　16.2.3　线程级别维护 Span——mcache ··· 398

　　　　16.2.4　进程级别维护 Span——mcentral ··· 398

　　　　16.2.5　堆级别维护 Span——mheap ·· 399

　　16.3　Go 语言的垃圾回收 ··· 400

　　　　16.3.1　内存标记——双色标记法 ··· 400

　　　　16.3.2　内存标记——三色标记法 ··· 403

　　　　16.3.3　三色标记法与写屏障 ··· 405

　　　　16.3.4　垃圾回收 ··· 406

　　　　16.3.5　垃圾回收的时机 ··· 407

　　16.4　编程范例——unsafe 包的使用 ··· 408

　　　　16.4.1　利用 unsafe 修改结构体字段 ·· 409

　　　　16.4.2　内存地址强制转换为结构体 ··· 411

　　　　16.4.3　并非所有内存均可修改 ·· 412

　　16.5　本章小结 ·· 415

第 17 章　Go 语言中的正则表达式 ··· **416**

　　17.1　正则表达式基础 ·· 416

　　　　17.1.1　正则表达式与通配符 ··· 416

　　　　17.1.2　元字符和普通字符 ··· 417

17.1.3 字符转义与字符类 ··· 417

17.1.4 字符组的使用 ··· 418

17.2 Go 语言中的正则表达式 ··· 418

17.2.1 ASCII 字符类 ··· 418

17.2.2 语言文字字符类 ··· 419

17.2.3 Unicode 编码方式 ··· 420

17.3 Go 语言中的正则表达式函数 ··· 421

17.3.1 正则表达式函数 ··· 421

17.3.2 正则表达式结构体 RegExp ··· 423

17.4 编程范例——判断行为序列 ··· 429

17.5 本章小结 ··· 430

第 18 章 深入理解 Go——Plan 9 汇编 ··· 431

18.1 Go 汇编简介 ··· 432

18.1.1 为什么需要 Go 汇编 ··· 432

18.1.2 汇编文件——.s 文件 ··· 432

18.1.3 .s 文件的命名 ··· 432

18.1.4 .go 文件和.s 文件的编译 ··· 433

18.2 从内存角度看函数的调用过程 ··· 434

18.2.1 内存布局 ··· 434

18.2.2 函数执行过程 ··· 435

18.2.3 栈顶和栈底 ··· 437

18.2.4 栈内存分配与内存变量读取 ··· 437

18.3 寄存器与内存布局 ··· 439

18.3.1 通用寄存器 ··· 439

18.3.2 伪寄存器 ··· 439

18.3.3 自动分配的内存 ··· 444

18.3.4 区分通用寄存器和伪寄存器 ··· 444

18.3.5 栈帧的大小由什么决定 ··· 444

18.4 第一个 Go 汇编程序 ··· 445

18.4.1 利用汇编文件修改变量的值 ··· 445

18.4.2 跨包引用变量 ··· 448

18.5 利用 Go 汇编定义变量 ··· 449

18.5.1 全局变量和局部变量 ··· 449

18.5.2 字面量和表达式 ··· 449

18.5.3　定义字符串型变量 ·· 450

18.5.4　定义布尔型变量 ··· 453

18.5.5　定义整型变量 ·· 454

18.5.6　定义切片变量 ·· 455

18.5.7　总结变量定义 ·· 457

18.6　利用 Go 汇编定义函数 ··· 457

18.6.1　Go 中调用汇编函数 ··· 457

18.6.2　汇编中调用 Go 函数 ·· 459

18.7　Go 汇编中的流程控制 ··· 462

18.7.1　Go 汇编中的 if 条件控制 ·· 462

18.7.2　Go 汇编中的 for 循环 ··· 464

18.8　重新理解多返回值 ·· 467

18.9　编程范例——理解常用寄存器 ··· 467

18.9.1　真、伪寄存器的对比使用 ·· 467

18.9.2　验证伪寄存器 SP 和 FP 值的差异 ··· 469

18.10　本章小结 ··· 471

第 19 章　Gin 处理 HTTP 请求及响应 ·· 472

19.1　Gin 框架简介 ·· 472

19.2　Gin 框架与 HTTP 请求 ··· 473

19.2.1　安装 Gin 框架 ··· 473

19.2.2　利用 Gin 框架开发第一个 HTTP 接口程序 ·· 473

19.3　Gin 框架处理参数 ··· 475

19.3.1　获得 URL 查询参数 ·· 475

19.3.2　获得表单参数 ··· 476

19.3.3　获得 URL 路径参数 ·· 477

19.3.4　将 JSON 格式的参数解析为结构体 ··· 478

19.3.5　将表单参数解析为结构体 ·· 479

19.3.6　接收和处理上传文件 ·· 480

19.4　Gin 框架处理响应 ··· 481

19.4.1　返回 JSON 格式的响应 ·· 481

19.4.2　返回 XML 格式的响应 ··· 483

19.4.3　返回 HTML 格式的响应 ··· 484

19.4.4　文件下载 ··· 486

19.4.5　自定义响应 ·· 487

19.5　Gin 框架的路由处理 ·· 489

19.5.1　单个路由 ··· 489

19.5.2　路由组 ··· 489

19.5.3　Any 方法 ·· 491

19.5.4　NoRoute 和 NoMethod 方法 ·· 491

19.6　Gin 框架的中间件 ·· 492

19.6.1　内置中间件 ·· 492

19.6.2　自定义中间件 ··· 494

19.7　编程范例——实现登录认证 ·· 496

19.8　本章小结 ··· 499

第 20 章　Go 语言实现 MVC 项目 ··· 500

20.1　项目背景 ··· 500

20.1.1　业务背景概述 ··· 500

20.1.2　技术背景概述 ··· 501

20.1.3　项目代码结构 ··· 502

20.2　利用 gorm 生成 MySQL 数据表 ·· 502

20.2.1　定义结构体及表结构 ·· 502

20.2.2　从结构体到数据表 ·· 503

20.3　实现用户注册 ··· 506

20.4　实现用户登录 ··· 510

20.5　实现用户查询 ··· 512

20.6　实现用户删除 ··· 514

20.7　本章小结 ··· 516

第 1 章

第一个Go程序

Go（全称Golang）语言是Google于2009年11月正式推出的编程语言，很快便因其简洁的语法、强大的并发能力、良好的安全检查等优点而受到广大开发者的热捧，Go语言在当前热门的云计算开发领域具有独特优势，很多进入云计算开发领域且之前使用PHP的开发人员都开始转向Go语言开发。本章将首先介绍Go开发环境的搭建，接着用一个最简单的实例来讲述Go语言程序的组成，然后介绍如何在IDE中创建Go项目，最后介绍Go程序的编译，以使读者由浅入深地理解Go语言的特色。

本章内容：

❉ 搭建开发环境
❉ 最简单的Go程序
❉ 环境变量说明
❉ 在IDE中运行Go程序
❉ Go语言是如何实现跨平台的
❉ 探寻Go语言程序的编译执行过程

1.1 搭建开发环境

绝大多数编程语言都会提供一整套开发、编译和运行的相关工具，这些工具一般包括编译和运行时的支持库、编译工具，以及其他辅助工具。当然，在底层都离不开操作系统的支撑。Go语言是一门编译型语言，其编译运行的过程如图1-1所示。

不同的操作系统对运行于其上的应用程序的支持各不相同，因此，各种编程语言都会基于操作系统提供不同的下载包。

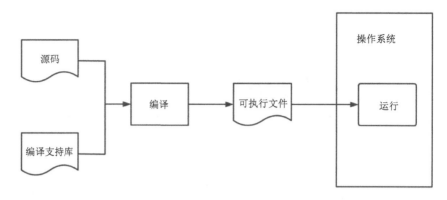

图 1-1　Go 语言的编译执行流程

Go语言支持包的官方下载地址为：

```
https://golang.google.cn/dl/
```

在国内镜像下载地址为：

```
https://studygolang.com/dl
```

打开下载页面，可以看到如图1-2所示的下载地址列表。下载包的类型分为源码（Source）、压缩文件（Archive）和安装器（Installer）。

File name	Kind	OS	Arch	Size	SHA256 Checksum
go1.20.1.src.tar.gz	Source			25MB	b5c1a3af52c385a6d1c76aed5361cf26459023980d0320de7658bae3915831a2
go1.20.1.darwin-amd64.tar.gz	Archive	macOS	x86-64	95MB	a300a45e801ab459f3008aae5bb9efbe9a6de9bcd12388f5ca9bbd14f70236de
go1.20.1.darwin-amd64.pkg	Installer	macOS	x86-64	96MB	9e2f2a4031b215922aa21a3695e30bbfa1f7707597834287415dbc862c6a3251
go1.20.1.darwin-arm64.tar.gz	Archive	macOS	ARM64	92MB	f1a8e06c7f1ba1c008313577f3f58132eb166a41ceb95ce6e9af30bc5a3efca4
go1.20.1.darwin-arm64.pkg	Installer	macOS	ARM64	92MB	38bac2625371e1cc11537cf8557f4b2b3e6748e0d7b6f38070e814b8a47da42a
go1.20.1.linux-386.tar.gz	Archive	Linux	x86	96MB	3a7345036ebd92455b653e4b4f6aaf4f7e1f91f4ced33b23d7059159cec5f4d7
go1.20.1.linux-amd64.tar.gz	Archive	Linux	x86-64	95MB	000a5b1fca4f75895f78befeb2eecf10bfff3e428597f3f1e69133b63b911b02
go1.20.1.linux-arm64.tar.gz	Archive	Linux	ARM64	91MB	5e5e2926733595e6f3c5b5ad1089afac11c1490351855e87849d0e7702b1ec2e
go1.20.1.linux-armv6l.tar.gz	Archive	Linux	ARMv6	93MB	e4edc05558ab3657ba3dddb909209463cee38df9c1996893dd09cde274915003
go1.20.1.windows-386.zip	Archive	Windows	x86	109MB	61259b5a346193e30b7b3c3f8d108062db25bbb80cf290ee251ebb855965f6ee
go1.20.1.windows-386.msi	Installer	Windows	x86	95MB	f7bbd90ea7de3af63b9c3a2ef8bc0533c06a06fe8a803108416fda5fb6addf60
go1.20.1.windows-amd64.zip	Archive	Windows	x86-64	108MB	3b493969196a6de8d9762d09f5bc5ae7a3e5814b0cfbf9cc26838c2bc1314f9c

图 1-2　Go 语言安装包下载地址示例

基于Windows和macOS的下载包，下载后双击即可安装；而Linux操作系统的下载包是压缩包，下载后需要利用tar命令进行解压。我们可以根据个人操作系统的不同，选择合适的文件。

笔者所使用的操作系统为macOS，编写本书时，Go语言的最新版本为1.20.1，因此，笔者所下载的下载包和本书实例的运行环境，都将基于1.20.1版本，即图1-2中的【go1.20.1.darwin-arm64.pkg】。

下载并安装Go语言包后，直接在命令行（Windows）或终端（Linux/macOS）执行命令**${安装目录}/go version**，以检查是否安装成功。

对于笔者的计算机，默认安装位置为/usr/local/go，因此，在终端执行以下命令进行验证：

```
$ /usr/local/go/bin/go version
go version go1.20.1 darwin/amd64
```

安装成功后，还可将Go安装路径下的bin目录添加到操作系统环境变量PATH中，从而可以直接使用go命令（直接执行不带绝对路径的命令，实际是从环境变量PATH所定义的目录中进行搜索）。

1.2　一个简单的 Go 程序

在完成了Go语言开发环境的搭建后，我们正式开始Go语言的开发之旅。本节以打印一个简单的字符串"hello Golang"为例，讲述最简单的Go程序的执行，并解析其中每行代码的意义。

1.2.1　编写第一个 Go 程序

我们在任意文件夹下新建并编辑一个文件——first.go，其文件内容如下：

```
package main
import "fmt"

func main() {
    fmt.Println("hello Golang")
}
```

打开命令行终端（macOS/Linux的Terminal，Windows中的命令行），运行go run命令，执行结果如下：

```
$ go run first.go
hello Golang
```

下面我们对上述简单Go程序进行解析。

1. 声明包名

package main用于声明包名。包是函数的父级结构，用于管理函数。我们知道，所有应用程序都有一个执行入口，也是程序执行的起点。Go语言要求程序的入口必须是main包下的main方法。因为first.go是目前唯一的程序文件，所以该文件的包名必须声明为"main"，否则程序将无法正常运行。

2. 导入其他包

import "fmt"用于导入其他包。需要注意的是"fmt"并不是包名，而是一个相对路径。import "fmt"实际是扫描该路径下的所有代码，以获得其中的函数、自定义类型等。相对路径的起点是Go语言的安装目录（GOROOT）下的src文件夹。在笔者的计算机上，该目录为/usr/local/go/src。我们可以在命令行中查看该目录，结果如下所示。

```
$ cd /usr/local/go/src/fmt
$ ls -l
total 464
-rw-r--r--  1 root  wheel  14860  6  2 00:44 doc.go
-rw-r--r--  1 root  wheel   1044  6  2 00:44 errors.go
-rw-r--r--  1 root  wheel   2407  6  2 00:44 errors_test.go
-rw-r--r--  1 root  wheel  12099  6  2 00:44 example_test.go
-rw-r--r--  1 root  wheel    219  6  2 00:44 export_test.go
-rw-r--r--  1 root  wheel  58118  6  2 00:44 fmt_test.go
-rw-r--r--  1 root  wheel  13801  6  2 00:44 format.go
-rw-r--r--  1 root  wheel   1584  6  2 00:44 gostringer_example_test.go
-rw-r--r--  1 root  wheel  30751  6  2 00:44 print.go
-rw-r--r--  1 root  wheel  32670  6  2 00:44 scan.go
-rw-r--r--  1 root  wheel  40135  6  2 00:44 scan_test.go
-rw-r--r--  1 root  wheel    551  6  2 00:44 stringer_example_test.go
-rw-r--r--  1 root  wheel   2156  6  2 00:44 stringer_test.go
```

通过命令行的输出可以看到，fmt目录下有多个.go文件。利用import "fmt"可以导入fmt目录下的.go文件中定义的函数。例如，打开print.go文件，可以看到包名为fmt；同时，该文件中还有一个名为Println的函数。导入该函数后，便可以利用fmt.Println的形式（包名+函数名）进行调用。

需要注意的是，虽然print.go中的包名与该文件所在的目录名相同（均为"fmt"），但是包名和目录名是两个概念，二者也可以不同，我们将在6.3节进行详细讲述。

3. main()函数

func main()用于声明一个名为main的函数，该函数将作为程序的入口。

4. 打印字符串

fmt.Println("hello Golang")作为函数main()的函数体。该语句调用了fmt包中的Println()函数，用于打印一个固定字符串"hello Golang"。

5. Go程序的基本结构

通过以上分析我们可以看到，一个简单的Go程序的基本结构可以概括为如图1-3所示的样子。

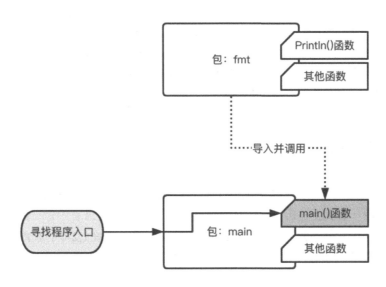

图 1-3　first.go 代码结构及函数调用示意图

1.2.2　运行第一个 Go 程序

go run命令是运行.go文件最直接的命令。在first.go所在的目录下，可以利用go run命令直接运行first.go文件，代码如下：

```
$ go run first.go
hello Golang
```

go run命令封装了编译和执行的过程，我们也可以将该命令拆解为两个步骤：

01 利用 go build 命令进行编译：

```
$ go build first.go

$ ls -lh first*
-rwxr-xr-x  1 zhangchaoming  staff   1.8M  6  7 23:10 first
-rw-r--r--  1 zhangchaoming  staff    75B  6  6 09:22 first.go
```

通过输出结果可知，在当前目录下生成了名为first的文件。从文件属性（-rwxr-xr-x）也可以看出，所有用户都拥有可执行权限（即权限中的x标识位）。同时，也代表该文件是一个可执行文件。

02 直接运行 first 文件（在 Windows 环境中，双击即可执行文件），其输出如下所示。

```
$ ./first
hello Golang
```

当然，go build的过程也是一个比较复杂的过程。我们将在"1.6　探寻Go语言程序的编译执行过程"中详细说明。

可执行文件first的大小为1.8MB，而源码文件first.go仅仅只有75B。我们可以猜想，go
build实际是将所有关联到的源码文件都包含进来，这导致Go语言编译出的可执行文件
往往比较大。Go语言的编译不同于C++或者Java编译后的结果。C++可以引用动态链
接库，而Java往往依赖外部JAR包。

1.3　环境变量说明

在1.1节的内容中，提到了环境变量PATH。PATH的主要作用是帮助我们直接使用go命令，
而无须使用全路径。事实上，PATH与编程语言无关。而在编程语言中，一般都需要个性化的
环境变量，例如在Java中，就需要增加JAVA_HOME变量。而在1.2节的程序中，没有使用任
何环境变量就将程序编译运行成功了。那么，这是否意味着Go语言不需要其他环境变量的支
持呢？

其实，Go语言常用的环境变量有两个：GOROOT和GOPATH。

- GOROOT：用于指定Go语言环境的根目录，也就是Go语言的安装目录。除了Go语言的自
  带工具外，${GOROOT}/src下所有.go文件中定义的函数都可以被导入和引用，例如1.2节
  实例中的fmt.Println()函数。
- GOPATH：用于指定除了GOROOT之外的源码目录。我们同样可以导入并引用
  ${GOPATH}/src下的.go文件中定义的函数。

默认情况下，我们在操作系统中查看这两个环境变量的值时会发现二者均为空：

```
$ echo $GOROOT

$ echo $GOPATH
```

但这并不意味着Go语言中所需的这两个环境变量不存在，而是Go语言在安装时为它们设
置了默认值。我们可以利用go env命令来查看：

```
$ go env GOROOT
/usr/local/go

$ go env GOPATH
/Users/zhangchaoming/go
```

当然，也可以利用export set GOROOT=xxx和export set GOPATH=xxx来修改二者的值。一
旦使用该命令，这两个系统环境变量值就会覆盖go env中的默认值。

提示　直接利用go env命令可以看到所有Go语言内置的环境变量。

1.4　在 IDE 中运行 Go 语言程序

利用Go语言工具包中的go命令来编译/执行单个Go程序是非常简单的。对于大型系统开发，自然需要IDE的支持。目前，最常见并且相对优秀的IDE是大名鼎鼎的GoLand。我们可以通过以下链接来获得该软件。

    https://www.jetbrains.com/go/

除此之外，还有其他比较优秀的IDE，例如VS Code等。读者可以根据个人习惯进行选择。所有IDE其实都是封装了Go语言内置的工具包，并在其中包装了编译、运行、调试等功能，从而将程序员从各种命令及复杂的命令选项中解放出来，使得他们能专注于代码开发。

1.4.1　创建项目

下载安装GoLand后，第一次启动时会要求我们创建新的项目，如图1-4所示。

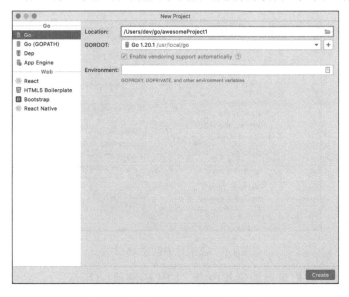

图 1-4　利用 GoLand 创建新的项目

在这里，需要在左侧菜单栏中选择"Go"菜单，并在右侧窗口中指定"Location"。Location是新项目存储的绝对路径，而GOROOT是由GoLand自动检测获得的Go语言的安装目录。

注意，可以忽略"Go(GOPATH)"菜单，该菜单是为了兼容旧版本而设置的。在Go 1.11之前，Go语言并没有一个较好的包管理策略，因此所有的Go源码必须处于${GOROOT}/src和${GOPATH}/src下。其中，${GOROOT}/src是Go语言安装包自带的标准库，而{GOPATH}/src则是开发者编写或引用的第三方开发者的库文件。

我们可以创建新的项目，并将它命名为demo。创建后，该项目在GoLand中的目录结构如图1-5所示。

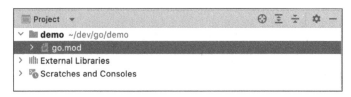

图 1-5　demo 项目在 GoLand 中的结构

其中，go.mod是包管理配置文件。关于包的管理配置，将在6.3.3节中进行详细介绍。

1.4.2　创建 Go 程序文件

在创建了一个Go项目后，可以在demo目录下直接创建名为first.go的文件，如图1-6所示。

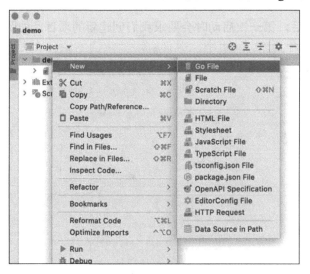

图 1-6　在项目中创建.go 文件

对于first.go文件，我们可以编辑其内容，如代码清单1-1所示。

代码清单1-1　最简单的Go程序

```go
package main

import "fmt"

func main() {
    fmt.Println("hello Golang")
}
```

1.4.3 运行.go 文件

选中first.go并右击，在弹出的快捷菜单中选择"Run 'go build first.go'"命令，可以直接编译运行该文件，并在控制台上观察运行结果。

★ macOS下启动GoLand失败的解决方法 ★
依次单击Finder（访达）→Applications（应用程序）→GoLand→Show Package Contents（显示包内容）→macOS，双击goland文件，此时将从操作系统终端启动。类似Windows的命令行启动，可以将整个启动过程以日志的形式展现出来。通过启动日志可以找到错误原因。

1.5 Go 语言如何实现跨平台

跨平台是所有编程语言都绕不开的话题，例如，Java一直遵循的"一次编译，到处运行"。Go语言并不支持"一次**编译**，到处运行"，而是"一次**编写**，到处运行"。因为Go语言并没有自己的虚拟机，其编译出的可执行文件直接运行在操作系统之上。这在一定程度上牺牲了便利性，但保障了性能。

1.5.1 跨平台的准备工作

针对每种操作系统，Go语言需要编译不同版本的可执行文件，如同我们在前面看到的例子，无论是在macOS还是Windows上，都可以直接编译运行Go程序文件。那么Go语言，更具体地说是go build/run命令，是如何做到的呢？

go build/run命令其实是依赖两个环境变量来识别当前操作系统。我们可以利用go env命令来检查这两个变量的值：

```
$ go env GOOS GOARCH
darwin
amd64
```

其中，GOOS代表当前操作系统，GOARCH代表当前CPU架构。当Go安装时，会自动检测操作系统信息，并填充二者的值。因此，即使我们未显式进行任何配置，也可以直接利用go build来编译基于当前操作系统的可执行文件。

表1-1列举了常见的操作系统及GOOS、GOARCH的值。

表 1-1　常见的操作系统及 GOOS、GOARCH 的值

操作系统	GOOS	GOARCH
macOS	darwin	amd64

（续表）

操作系统	GOOS	GOARCH
Windows	windows	amd64
Linux	linux	amd64

可以利用go tool dist list命令来查看Go语言支持的所有GOOS、GOARCH的可选值，例如：

```
$ go tool dist list
aix/ppc64
android/386
android/amd64
android/arm
android/arm64
darwin/amd64
darwin/arm64
...
linux/386
linux/amd64
linux/arm
...
windows/386
windows/amd64
windows/arm
windows/arm64
```

1.5.2　执行跨平台编译

很明显，Go语言提供了两个环境变量并允许修改，自然是期望能够在单个操作系统上编译出多个目标操作系统的可执行文件。我们尝试在macOS中编译Windows操作系统所需的可执行文件。相应的命令及其输出如下：

```
$ export set GOOS=windows GOARCH=amd64
$ echo $GOOS $GOARCH
windows amd64

$ go build first.go

$ ls -l first*
-rwxr-xr-x  1 zhangchaoming  staff  1891328  6  9 09:14 first.exe
-rw-r--r--  1 zhangchaoming  staff       75  6  6 09:22 first.go
```

在修改GOOS和GOARCH环境变量后执行go build命令，可以看到已经成功编译出了Windows下的可执行文件，并自动追加了exe后缀。

将first.exe复制到Windows系统中，双击或者在CMD中运行该文件，同样可以在控制台打印出字符串"hello Golang"。

相应地，要恢复原来的编译状态，只需要将自定义环境变量GOOS、GOARCH清空即可，例如：

01

```
$ export set GOOS= GOARCH=
$ echo $GOOS $GOARCH
```

此时，再次执行编译，将仍然使用go env中定义的默认值进行操作系统和CPU架构的识别。

通过以上描述我们可以看出，Go语言支持的实际是交叉编译（cross compile），通过交叉编译来实现跨平台支持。

1.6　探寻 Go 语言程序的编译执行过程

无论是通过go build命令运行，还是通过IDE直接运行，其实都是封装了一系列编译执行的操作，这为程序员的开发提供了很多便利。但是，Go语言的具体编译执行过程还是值得我们探究一下，以更好地理解Go语言相对于其他语言的特点。

1.6.1　go build 命令的选项

在Linux/Windows/macOS中，大多数命令都有多种选项，这些选项可以实现命令的个性化需求。我们可以利用go help build来查看go build命令的选项，具体的命令及输出如下：

```
$ go help build
-a
   force rebuilding of packages that are already up-to-date.
-n
   print the commands but do not run them.
...
```

可以看到，go build的选项非常多，其中有3个需要我们特别关注：

- -n: 打印编译的详细过程，但是并不实际执行，相当于预览功能。
- -x: 执行编译，同时也打印编译的详细过程。
- --work: 这是一个追加选项，在go build的编译过程中会生成部分中间目录和文件，编译结束后，会将生成的临时目录和文件删除，--work用于保留生成的临时目录和文件，方便开发者查看和诊断问题。

1.6.2　查看编译的详细过程

我们可以直接利用-x和--work选项来查看编译的详细过程，具体的命令及输出如下：

```
$ go build -x --work first.go
WORK=/var/folders/28/w3v87nrn6fsd06mkl9v21vnr0000gn/T/go-build3761933774
mkdir -p $WORK/b001/
cat >$WORK/b001/importcfg.link << 'EOF' # internal
packagefile command-line-arguments=/Users/zhangchaoming/Library/Caches/go-build/
ae/ae68cc974fe5584c9de3d8a4c14b024a645cff44e4d695a590e5d9972650c238-d
```

```
packagefile fmt=/usr/local/go/pkg/darwin_amd64/fmt.a
packagefile runtime=/usr/local/go/pkg/darwin_amd64/runtime.a
...
...
...
packagefile path=/usr/local/go/pkg/darwin_amd64/path.a
modinfo "0w\xaf\f\x92t\b\x02A\xe1\xc1\a\xe6\xd6\x18\xe6path\tcommand-line-arguments\
nbuild\t-compiler=gc\nbuild\tCGO_ENABLED=1\nbuild\tCGO_CFLAGS=\nbuild\tCGO_CPPFLAGS=
\nbuild\tCGO_CXXFLAGS=\nbuild\tCGO_LDFLAGS=\nbuild\tGOARCH=amd64\nbuild\tGOOS=darwin
\nbuild\tGOAMD64=v1\n\xf92C1\x86\x18 r\x00\x82B\x10A\x16\xd8\xf2"
EOF
mkdir -p $WORK/b001/exe/
cd .
/usr/local/go/pkg/tool/darwin_amd64/link -o $WORK/b001/exe/a.out -importcfg
$WORK/b001/importcfg.link -buildmode=exe -buildid=NcFWk3yaNhFgwhulOZ5x/
4bG1wlIgVOCX8TfnTjNY/lLZrkuwy4EgTdsER68px/NcFWk3yaNhFgwhulOZ5x -extld=clang
/Users/zhangchaoming/Library/Caches/go-build/ae/
ae68cc974fe5584c9de3d8a4c14b024a645cff44e4d695a590e5d9972650c238-d
/usr/local/go/pkg/tool/darwin_amd64/buildid -w $WORK/b001/exe/a.out # internal
mv $WORK/b001/exe/a.out first
```

从go build命令的输出可以看出，该命令实际执行了若干操作系统指令。各指令说明如下：

（1）WORK=/var/folders/28/w3v87nrn6fsd06mkl9v21vnr0000gn/T/go-build3761933774：用于指定 WORK 变量的值。WORK 就是 go build 的工作目录，该目录的前半部分"/var/folders/28/w3v87nrn6fsd06mkl9v21vnr0000gn/T"来源于操作系统的临时目录；后半部分"go-build3761933774"是编译时自动追加的子文件夹。在macOS中，操作系统临时目录利用变量$TMPDIR进行定义；而在Windows操作系统中，该值来源于环境变量TMP。

（2）mkdir -p $WORK/b001/：用于递归创建工作目录。它保证了工作目录一定存在。

（3）cat >$WORK/b001/importcfg.link << 'EOF' # internal，以及其后的多条packagefile语句，直至EOF：用于生成名为importcfg.link的文件。最后，将所有需要链接的文件（.a文件）写入importcfg.link中。

（4）mkdir -p $WORK/b001/exe/：用于在工作目录下创建一个名为exe的文件夹，该文件夹用于存放生成的可执行文件。

（5）/usr/local/go/pkg/tool/darwin_amd64/link -o $WORK/b001/exe/a.out -importcfg...：该指令执行链接操作，并生成a.out文件。

（6）/usr/local/go/pkg/tool/darwin_amd64/buildid -w $WORK/b001/exe/a.out：该指令用于更新a.out文件的build ID。-w选项代表要重写a.out中的build ID。build ID是可执行文件的独一无二的身份标识。

（7）mv $WORK/b001/exe/a.out first：将a.out重命名为first，first文件就是最终生成的可执行文件。

1.6.3　链接环节

在上述go build的过程中，链接（link）环节尤其值得我们注意。所有的程序实际上都需要与外部其他程序（或代码）进行关联和调用，被调用的代码往往被称为共享库。例如，在Go语言程序中，往往需要引用Go语言内置的函数。实际运行时，这些共享库如何被我们的代码调用就成为一个问题。链接就是为所有相互调用的函数指定入口位置。

链接分为静态链接和动态链接。

- 静态链接：将使用到的所有共享库复制到最终的可执行文件中。典型的输出文件的形式是单个文件。
- 动态链接：只将共享库的地址编译到最终的可执行文件中。共享库以独立的文件存在，其最终表现形式往往是多个文件。例如，在Windows中的一个应用程序，往往存在一个.exe文件和多个.dll文件。

因此，静态链接最终的可执行文件往往比较大，而动态链接最终的可执行文件比较小。当然，这并不意味着二者有绝对的优劣之分，只是不同的场合使用不同的链接方式。

Go语言在绝大多数情况下都使用静态链接，这一点从前面的编译过程也能看出来——最终文件是单一的、较大的可执行文件。当然，Go语言也支持动态编译，这是因为Go语言也支持对于C语言程序的调用，而C语言程序往往以外部共享库的形式存在。但在本章中，我们只讨论常用的静态链接场景。

在演示实例的链接环节中，我们可以看到link的完整命令为：

```
/usr/local/go/pkg/tool/darwin_amd64/link -o $WORK/b001/exe/a.out -importcfg
$WORK/b001/importcfg.link -buildmode=exe ...
```

其中，命令选项-buildmode=exe指定构建模式为exe。

我们可以通过go help build mode命令来查看构建模式的详细信息：

```
$ go help buildmode
The 'go build' and 'go install' commands take a -buildmode argument which
indicates which kind of object file is to be built. Currently supported values
are:

  -buildmode=archive
      Build the listed non-main packages into .a files. Packages named
      main are ignored.

  -buildmode=c-archive
      Build the listed main package, plus all packages it imports,
      into a C archive file. The only callable symbols will be those
      functions exported using a cgo //export comment. Requires
      exactly one main package to be listed.

  -buildmode=c-shared
```

```
Build the listed main package, plus all packages it imports,
into a C shared library. The only callable symbols will
be those functions exported using a cgo //export comment.
Requires exactly one main package to be listed.

-buildmode=default
Listed main packages are built into executables and listed
non-main packages are built into .a files (the default
behavior).

-buildmode=shared
Combine all the listed non-main packages into a single shared
library that will be used when building with the -linkshared
option. Packages named main are ignored.

-buildmode=exe
Build the listed main packages and everything they import into
executables. Packages not named main are ignored.

-buildmode=pie
Build the listed main packages and everything they import into
position independent executables (PIE). Packages not named
main are ignored.

-buildmode=plugin
Build the listed main packages, plus all packages that they
import, into a Go plugin. Packages not named main are ignored.
```

在其中找到 buildmode=exe 的解释，可以看到，在该模式下会将main包以及所有导入包构建为一个可执行文件。这其实就是静态链接的过程。

1.7　编程范例——启动参数的使用

在前面的内容中，我们讲述了开发环境的搭建，以及运行第一个实例程序，本节将通过实例——启动参数的使用来进一步熟悉Go语言程序的基本编写过程。

1.7.1　程序启动的入口函数

在1.4.2节的代码清单1-1中的包名和函数名均为main。对于一个Go程序的入口文件，其包名必须为main。例如，将代码清单1-1中的包名修改为demo：

```
package demo

import "fmt"

func main() {
  fmt.Println("hello Golang")
}
```

在修改后的代码中，包名由main修改为了demo，此时无论是在GoLand直接利用菜单命令运行，还是在命令行使用go run命令，均无法正常运行，如下所示。

```
$ go run 1-1.go
package command-line-arguments is not a main package
```

但是文件1-1.go的编译是可以顺利通过的，这是因为此时的函数的完整引用名称为demo.main()，编译器只是将它视作一个普通函数，而非程序的执行入口。

同样地，函数名main也是一个程序必需的，不能修改为其他名称，否则程序也将无法成功执行。例如，将函数名main修改为demo，并尝试使用go run命令运行，输出结果如下：

```
$ go run 1-1.go
# command-line-arguments
runtime.main_main·f: function main is undeclared in the main package
```

因此，我们可以总结出，即使一个最简单的Go语言程序，函数main.main()是其入口的唯一标识，存在且只能存在一个main.main()函数。

1.7.2　获取启动参数

许多编程语言在程序入口函数中有参数定义，用于接收启动时的个性化参数。例如，Java语言的参数接收方式有其固定格式：

```
public static void main(String[] args){
}
```

其中，参数args是一个String类型的数组。该参数按照顺序接收命令行传递的参数。但是，Go语言使用了完全不同的策略——并没有显式的参数定义（例如前面的main.main()函数的定义中就没有任何参数定义），而是使用固定函数来获取命令行参数。

1. os.Args变量

os.Args是os包中定义的全局变量，其作用类似于Java语言main()方法中的args参数，其源码定义如下：

```
var Args []string
```

该变量是一个string类型的切片。当运行Go程序时，可以增加参数选项，这些参数将会被自动捕获并填充到全局变量os.Args中。如此一来，我们便可以在程序中针对os.Args进行处理。代码清单1-2演示了这一用法。

代码清单1-2　利用os.Args变量获取命令行参数

```
package main

import (
```

```
        "fmt"
        "os"
    )

    func main() {
        // 利用for-range循环获得os.Args中的所有参数
        for i, arg := range os.Args {
            fmt.Printf("参数%d = %s\n", i, arg)
        }
    }
```

代码解析:

（1）for i, arg := range os.Args，用于循环处理os.Args中的所有参数，其中变量i代表了每个参数的索引值，arg代表具体参数。

（2）fmt.Printf("参数%d = %s\n", i, arg)，用于打印每个参数的索引和具体参数内容。Printf中的f代表Format，意为按一定格式打印；其中的%d和%s均为占位符，分别代表了数值格式和字符串格式。

可以利用如下命令进行测试:

```
    $ go run 1-2.go a b c
```

其中，go run 1-2.go为我们常用的运行命令，其后的a、b、c为附加参数，多个附加参数之间利用空格分隔。

该命令执行后，控制台的输出如下:

```
    参数0 = /var/folders/28/w3v87nrn6fsd06mkl9v21vnr0000gn/T/go-build3999838346/b001/
exe/main
    参数1 = a
    参数2 = b
    参数3 = c
```

在输出中，参数0为编译后可执行文件的绝对路径，无论有没有附加参数，参数0都是默认存在的。显式附加的参数a、b、c分别对应了参数1、参数2、参数3。

利用os.Args全局变量可以获得附加参数列表，但是这种形式下，只能通过参数位置进行捕获，这就非常依赖于参数顺序的正确性。

2. os.Flag()函数

除了os.Args外，还可以利用flag.Int()、flag.Bool()、flag.String()等一系列os.Flag()函数来获得参数。与os.Args依赖位置不同，os.Flag()函数可以按参数名获得参数。代码清单1-3演示了这一用法。

代码清单1-3　利用os.Flag()函数获得命令行参数

```go
package main

import (
    "flag"
    "fmt"
)

func main() {
    // 定义一个名为"intVal"且类型为int的变量占位。解析后，会利用命令行参数intVal进行填充
    var intVal = flag.Int("intVal", 0, "int类型参数")

    // 定义一个名为"boolVal"且类型为bool的变量占位。解析后，会利用命令行参数boolVal进行填充
    var boolVal = flag.Bool("boolVal", false, "bool类型参数")

    // 定义一个名为"stringVal"且类型为string的变量占位。解析后，会利用命令行参数stringVal进行填充
    var stringVal = flag.String("stringVal", "", "string类型参数")

    flag.Parse()

    fmt.Println("-intVal:", *intVal)
    fmt.Println("-boolVal:", *boolVal)
    fmt.Println("-stringVal:", *stringVal)
}
```

代码解析：

（1）flag.Int("intVal", 0, "int类型参数")：用于获取名为"intVal"的参数。flag.Int()会将参数视作int类型。其中的0代表如果参数未指定，则使用默认值0。

（2）类似地，flag.Bool("boolVal", false, "bool类型参数")和flag.String("stringVal", "", "string类型参数")分别用于获得名为"boolVal"和"stringVal"的参数，其数据类型分别为布尔型和字符串类型。

（3）flag.Parse()是必需的步骤，用于解析以上参数。

如果在未指定任何参数的情况下运行该代码段，将只输出默认值，如下所示。

```
$ go run 1-3.go
-intVal: 0
-boolVal: false
-stringVal:
```

指定参数的命令也非常简单，其使用格式如下：

```
go run main.go -argName1 argVal1 -argName2 argVal2 ...
```

其中参数名（argName）和参数值（argVal）成对出现，例如-argName1 argVal1 -argName2 argVal2等。需要注意的是参数名之前的中画线（-）不可省略。

可以利用如下命令执行1-3.go，并传递intVal、boolVal和stringVal参数的值：

```
$ go run 1-3.go -intVal 15 -boolVal  -stringVal dev
```

在控制台上的输出如下：

```
-intVal: 15
-boolVal: true
-stringVal: dev
```

可以看到，三个参数均已成功获取到指定值。其中稍微有点特殊的是布尔类型的获取，如果我们像其他参数形式一样使用argName+argVal的形式，会发现其后的stringVal无法成功捕获，如下所示。

```
$ go run 1-3.go -intVal 15 -boolVal true  -stringVal dev
-intVal: 15
-boolVal: true
-stringVal:
```

在输出内容中，strintVal的值为空字符，即默认值。这是因为参数-boolVal true虽然在形式上与其他参数保持了一致性，但是对于布尔型参数解析（flag.Bool），单独的"-boolVal"会被识别为一个参数；继续解析时，会尝试将"true"识别为参数名。但是，参数名必须要以"-"开头，所以"true"被识别为非法的参数名，导致解析终止，后续字符串"-stringVal dev"的解析被忽略。

3. 命令行参数的最优写法

Go程序指定命令行参数时有以下4种形式可供选择：

```
-arg value

--arg value

-arg=value

--arg=value
```

但是布尔类型比较特殊，只以下支持两种形式：

```
-arg

-arg=value
```

因此，为了统一格式和避免不必要的问题，在使用命令行传递参数时，推荐使用-arg=value。调用代码清单1-3的命令，使用如下形式是最佳选择：

```
$ go run 1-3.go -intVal=15 -boolVal=true  -stringVal=dev
-intVal: 15
-boolVal: true
-stringVal: dev
```

1.8　本章小结

  本章利用一个最简单的实例介绍了如何编写、编译、运行一个Go语言程序。接着重点介绍了一些隐含的细节，例如，环境变量的作用、Go语言如何为环境变量提供默认值等。在日常开发中，IDE仍然是最高效的开发工具，因此，我们详细讲解了如何在GoLand中创建和运行第一个Go程序。除此之外，我们通过编译细节的讲解，解释了Go语言如何实现跨平台支持，以及编译时的主要可选项。当出现编译问题时，可以通过编译的详细日志来查找问题原因。

第 2 章

变量与常量

变量和常量是各编程语言都绕不开的话题。它们都是内存占位符，当程序运行时，变量的值可以修改，而常量不能修改。Go语言中的变量在语法形式上有其特殊之处，最大的特点就是声明但不使用会导致编译错误。相对于其他编程语言，这无疑是一个更加严格的限制。

本章内容：

❋ 变量声明

❋ 常量声明

❋ iota与枚举

2.1 变量

变量在使用时往往分为声明和赋值两个步骤。其中声明除了给定占位符外，更重要的是要指定数据类型。因为在应用程序执行时，变量都要经历内存分配，而分配的内存大小主要取决于数据类型。

2.1.1 变量声明

在Go语言中，可以利用var关键字来声明一个变量，例如：

```
var length int
```

var是variable的缩写形式，表示这是一个变量声明；length为变量名；int则为变量的数据类型。对于多个相同数据类型的变量，也可以进行一次性声明。例如，同时声明两个int类型的变量，其名称分别为length和size，对应的代码如下：

```
var length, size int
```

对于多个变量，如果它们的数据类型不同，则需要分别进行声明，例如：

```
var length, size int
var success bool
```

除此之外，还可以共用var关键字，以上变量声明可以写作如下形式。

```
var (
length, size int
success bool
)
```

而在Java等编程语言中，则直接省略了这一关键字。例如，在Java中声明一个变量，使用如下语法：

```
int length;
```

一向崇尚简单的Go语言，破天荒地增加了var来表示变量，在变量声明方面比Java多出一个关键字。这是因为Go语言为常量单独保留了一个关键字const，var和const分别对应于变量和常量的声明。

2.1.2 变量赋值

变量在声明后，可以利用"="来对变量进行赋值操作。例如：

```
var length int
length = 10
```

1. 多重赋值

对于多个变量，可以利用如下语句同时进行赋值：

```
var length, size int
length, size = 10, 20
```

此时，变量length和size分别被赋值为10和20。在一行代码中为多个变量一起赋值，这就是我们期盼已久的多重赋值。我们自然也会想到，是否可以利用多重复赋值语句来交换两个变量的值呢？

代码清单2-1演示了变量a和b的值进行互换的常规做法（不考虑数据溢出的极端情况）。

代码清单2-1 在不引入第三个变量的情况下，交换两个变量的值

```
package main

import "fmt"

func main() {
    var a, b int
```

```
        a = 10
        b = 20

        fmt.Println("原始值: a=", a, ", b=", b)

        a = a + b
        b = a - b
        a = a - b

        fmt.Println("执行后: a=", a, ", b=", b)
    }
```

运行该代码段，在控制台上的输出如下：

```
原始值: a= 10 , b= 20
执行后: a= 20 , b= 10
```

可见成功实现了a, b值的互换。在实现该功能之余，我们对于完成如此简单的功能却需要3条语句，多少会感到有些沮丧。而在Go语言中，可以直接利用多重赋值实现。对应的代码如代码清单2-2所示。

代码清单2-2   利用多重赋值实现两值互换

```
    package main

    import "fmt"

    func main() {
        var a, b int
        a = 10
        b = 20

        fmt.Println("原始值: a=", a, ", b=", b)

        // 多重赋值
        a, b = b, a

        fmt.Println("执行后: a=", a, ", b=", b)
    }
```

在上面的代码段中，我们直接利用如下代码完成了a、b值的交换。

```
a, b = b, a
```

不只是数值型的互换，利用多重赋值还可以实现其他数据类型的互换，当然，前提是两个变量有着相同的数据类型。

2. 变量的零值

在Go语言中，如果一个变量只进行了声明而没有对它赋值，其实也会依据数据类型赋予变量零值。以下是各种数据类型对应的零值。

（1）整型的零值为0。

（2）浮点型的零值为0.0。

（3）布尔型的零值为false。

（4）字符串类型的零值为空字符串（""）。

（5）数组类型的零值是按元素的数据类型将其所有元素置为零值。

（6）接口类型（interface）、切片（slice）、通道（channel）、字典（map）、指针（pointer）、函数（function），它们的零值均为空（nil）。

（7）结构体（struct）的零值是对其字段/元素填充零值。

这与大多数编程语言的规则一致，比较特殊的是结构体和数组。通过二者的填充规则我们可以看出，Go语言总是尽量避免真正意义上的空值。如此一来，也间接地减少了类似Java/C++中的空指针异常带来的困扰。

2.1.3 同时进行变量声明和赋值

我们可以在变量声明的同时对它赋值，例如：

```
var a int = 10
```

在IDE工具GoLand中，该代码行中的"int"会呈现浅灰色。将光标置于int关键字上，GoLand会给出优化提示——类型可以忽略，如图2-1所示。

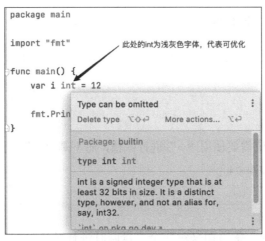

图 2-1　GoLand 中忽略类型关键字的提示

在提示窗口中单击"More actions...",会给出修正操作建议。最直接的操作建议是删掉int关键字。我们直接删掉int关键字,在没有指定数据类型的情况下仍可以正常编译执行,这是因为Go语言的另外一项功能——类型推断。

类型推断是指,如果变量声明和赋值在同一条语句中完成,那么编译器可以从具体值中推断出数据类型,而不需要显式声明数据类型。例如:

```
var a int = 10
```

可以简写为:

```
var a = 10
```

更进一步,利用操作符":="可以对该语句在形式上进行简化。

```
a := 10
```

需要注意的是,这3种写法都是正确的写法,实现的功能也完全相同,只是代码形式不同而已。当然,采用哪种写法完全依赖程序员的个人风格和团队的代码规范。

类型推断也与运行平台息息相关。例如,对于整数,往往会被推断为int;对于浮点数,往往会被推断为float64(64位平台)。如果类型推断的结果并不是程序员的本意,那么显式指定变量的数据类型仍然是必要的。

在上面的示例中,var a int = 10中的int是冗余的类型声明。如果要求变量a的类型为uint,则必须显式指定数据类型,如下所示。

```
var a uint = 10
```

因为uint与类型推断获得的结果(int)不同,所以该语句在GoLand等IDE中不会出现优化提示。

2.1.4 多重赋值与":="操作符

操作符":="表示同时进行变量声明和赋值,因此,对一个变量进行多次":="操作,将会出现编译错误,例如:

```
a := 10
a := 20
```

对变量a的第二次赋值需要使用"="进行赋值,而不是":=",因为不能对同一个变量进行两次声明。正确的代码如下:

```
a := 10
a = 20
```

另外,我们可以利用一条语句来对两个变量同时进行赋值。如果其中一个已经声明过,而另外一个未声明,那么应该使用":="还是"="呢?

这种混合情况，应该使用"`:=`"。Go语言会兼容处理这种情况。即使变量a已经声明过，但变量b并未声明过，因此利用"`:=`"进行多重声明和赋值也是合法的，如图2-2所示的代码不会出现编译错误。

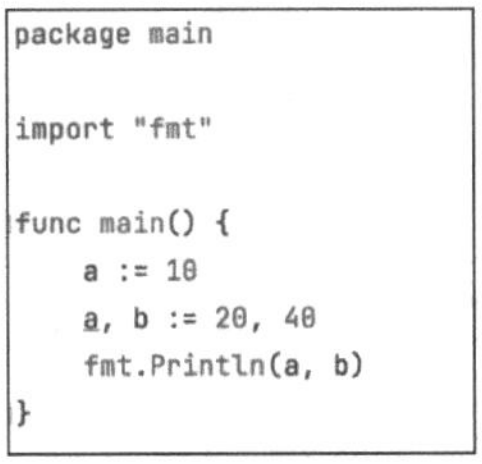

```go
package main

import "fmt"

func main() {
    a := 10
    a, b := 20, 40
    fmt.Println(a, b)
}
```

图 2-2　多重赋值与"`:=`"的使用

2.1.5　没有多余的局部变量

Go语言中的局部变量有一个很独特的特点——没有一个变量是多余的。这意味着我们不能声明一个局部变量却在整个程序中不使用它。

例如，声明了一个变量a并为它赋值10，但在后续代码中，变量a未被真正使用到。此时编译执行该代码，将会出现"未使用的变量a（Unused variable 'a'）"的错误提示，如图2-3所示。

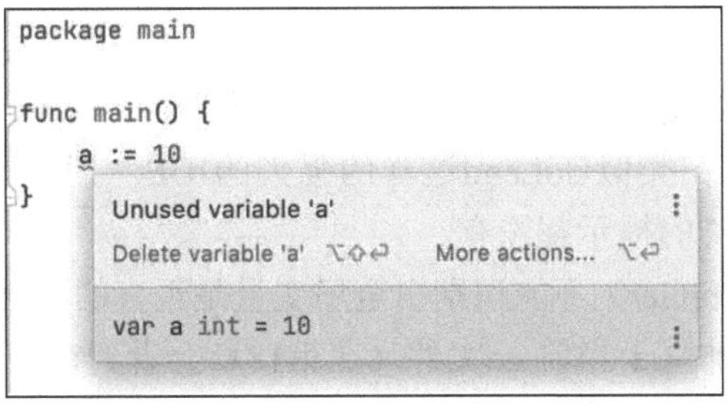

```
package main

func main() {
    a := 10
}
    Unused variable 'a'
    Delete variable 'a'  ⌥⇧⏎    More actions...  ⌥⏎

    var a int = 10
```

图 2-3　声明但并未使用局部变量，将会出现编译错误

这一规则保证了代码的尽量整洁。Java开发利器Intellij IDEA和GoLand属于同一IDE家族。对于Java程序中出现的声明但未使用的局部变量，Intellij同样可以识别，但只会在变量处给出优化提示（如同图2-1中的浅灰色样式）。可见，声明但不使用变量，是与编程整洁性相悖的，Go语言对这一点执行得更加严格。

2.1.6　全局变量

对于习惯了面向对象编程的程序员来说，一提到变量，潜意识里总是将它识别为局部变量，这可能是因为面向对象编程中很少提到全局变量的概念。但在Go语言中，全局变量（variable）是和函数处于同一地位的成员。全局变量的作用域为整个.go文件中的任意位置，同时，也可以被其他.go文件导入并引用。代码清单2-3演示了全局变量的定义和使用。

代码清单2-3　全局变量的定义和使用

```go
package main

import "fmt"

// 与main()函数处于同一级别的全局变量
var a = 10
```

```
func main() {
    fmt.Println(a)
}
```

在上面的代码中，声明了一个全局变量a，变量a在整个.go文件的所有函数中均可访问。

2.1.7　全局变量与链接

除了作用域外，我们从另外一个角度来看看全局变量与局部变量的区别：仅声明，不使用。

在图2-4中，声明了一个全局变量a，并将它赋值为10，但没有任何一处代码使用到该变量。当编译时，不会出现编译错误。

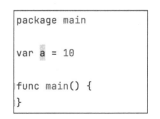

图 2-4　声明但并未使用全局变量，不会出现编译错误

同样是变量，为什么未使用局部变量会出现编译错误，而全局变量不会呢？甚至在类似GoLand这样的强大的IDE工具中，连优化、警告一类的提示都没有。

这是因为编译器（Compiler）不能识别出全局变量是否真的不会被引用。因为全局变量意味着可以被外部引用，而非限于当前.go文件（在第18章会看到在汇编文件中引用.go文件中的全局变量的例子）。那么全局变量到底在哪些地方被引用呢？其实是在链接阶段，由链接器（Linker）完成引用。而链接阶段处于编译阶段之后，因此，编译器无法识别全局变量的引用情况，也就不会出现编译错误。

2.2　常量

常量的值不可变更。原因在于它的值在编译期已经确定，不像变量那样可以在运行时进行修改。既然常量的值在编译期就确定了，那么赋值动作只能是一次性的，也就没有必要将声明和赋值动作拆开。因此，Go语言要求常量的声明和赋值同时完成。

2.2.1　常量的声明

声明一个常量，应该使用const关键字，同时为常量赋值。一个简单的常量定义的实例如下：

```
const a = 10
```

由于Go语言特有的变量/常量声明语法，我们可能会混淆其用法。一个常见的问题是，能不能用 ":=" 来声明常量。例如，声明常量能否写作const a : =10。图2-5展示了该声明语句在GoLand中的表现。

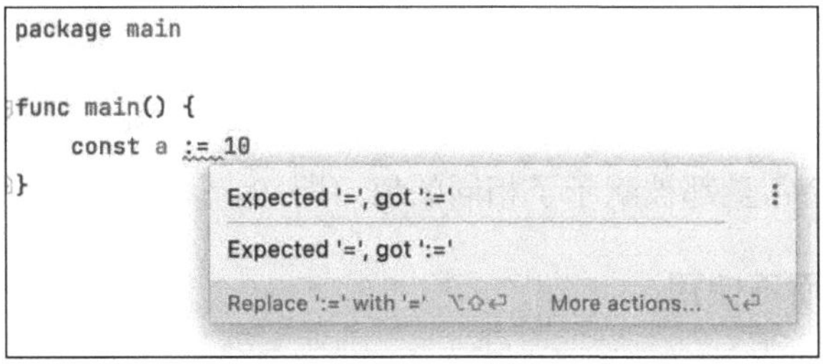

图 2-5　使用 ":=" 声明常量将会出现编译错误

虽然 ":=" 是声明+赋值的缩略形式，但它是"变量声明+赋值"操作的结合体（即var+=），因此对于常量const无效。

2.2.2　常量块的使用

与变量块类似，多个常量同样可以提取出const关键字，例如：

```
const (
    a = 10
    b = 11
    c = 12
)
```

一般情况下，我们会将业务意义相关的一组常量提取为一个常量块。常量块有一个很有趣的特点：如果多个连续常量使用相同的表达式赋值，那么可以只为第一个常量赋值，后续常量只定义常量名称即可。代码清单2-4演示了这种用法。

代码清单2-4　连续的相同赋值表达式的缩略写法

```
package main

import "fmt"

func main() {
    const (
        // 常量a的值为10
        a = 10

        // 常量b、c的赋值操作省略，则二者的值均为10
        b
        c
    )
    // 打印a、b、c的值
    fmt.Println(a, b, c)
}
```

执行该代码，其输出如下：

```
10 10 10
```

可见，a、b、c三个常量都被赋予了相同的值，即10。

2.2.3 常量可以声明而不使用

只声明而不使用常量，不会出现编译错误，在GoLand等IDE中，只会出现优化提示，如图2-6所示。

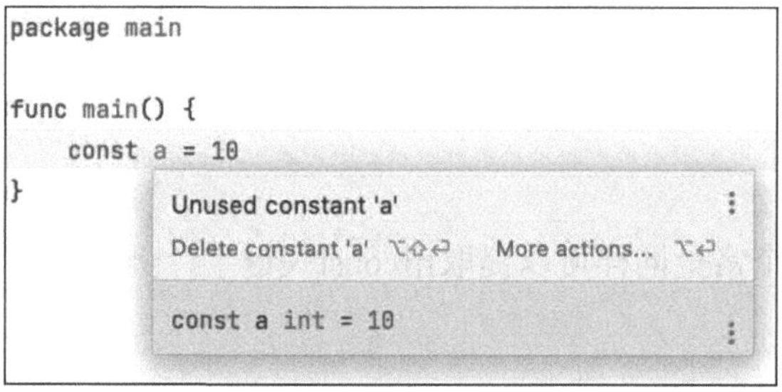

```
package main

func main() {
    const a = 10
}
```

```
Unused constant 'a'                              ⋮
Delete constant 'a'  ⌥⇧⏎    More actions...  ⌥⏎
```

```
const a int = 10                                 ⋮
```

图 2-6 声明但未被使用的常量，会出现优化提示

无论是全局变量，还是常量，在"声明但未使用"这一点的处理上比较一致，都不会像局部变量那样直接出现编译错误。那么，这其中的原因是什么呢？

常量未使用是可以被编译器识别出来的，但是因为常量的值在编译期就确定了，这意味着如果未被使用，那么多余的语句最多只会有一条，副作用不会太大（局部变量可以不断进行赋值操作，可能出现很多次无用的赋值语句）。最重要的是，编译器可以识别常量的冗余，在编译时会忽略无用的常量。

2.3 iota 与枚举

iota在Go语言中是追求极简的典型案例。iota并非一个或多个英文单词的缩写，而是希腊字母表中的第9个字母"ι"（中文音译为约塔）。在书写上，是最为简单的字符，因此引申为"最简单"这一语义。Go语言中的iota只是一个常量表达式。在一个const块中，iota代表了当前行的索引值（从0开始）。iota往往出现在常量定义中，尤其是用来定义枚举。

2.3.1 iota 实现自增

1. 利用iota来定义累加的常量

在如下代码段中，我们为周日至周六依次定义了枚举常量Sunday～Saturday，并依次为其赋值为0～6。

```
const (
    Sunday    = 0
    Monday    = 1
    Tuesday   = 2
    Wednesday = 3
    Thursday  = 4
    Friday    = 5
    Saturday  = 6
)
```

那么，我们可以利用iota来进行形式上的简化，如代码清单2-5所示。

代码清单2-5　利用iota定义常量

```
package main

import "fmt"

func main() {
    const (
        Sunday    = iota
        Monday    = iota
        Tuesday   = iota
        Wednesday = iota
        Thursday  = iota
        Friday    = iota
        Saturday  = iota
    )

    fmt.Println(Sunday, Monday, Tuesday, Wednesday, Thursday, Friday, Saturday)
}
```

执行该代码段，控制台的输出如下：

```
0 1 2 3 4 5 6
```

在该代码段中，利用iota将常量Sunday～Saturday赋予从0开始的、自增的正整数。利用这种写法可以最大限度地避免手写代码出错。

2. iota的极简形式

为了体现iota极简的特性，代码清单2-5还可以修改为代码清单2-6所示的形式。

代码清单2-6　连续表达式精简iota的使用

```
package main

import "fmt"

func main() {
```

```
    const (
        Sunday    = iota
        Monday
        Tuesday
        Wednesday
        Thursday
        Friday
        Saturday
    )

    fmt.Println(Sunday, Monday, Tuesday, Wednesday, Thursday, Friday, Saturday)
}
```

正如2.2.2节中所提到的连续常量的简写形式，代码清单2-6的常量块中只保留了第一个iota赋值操作，后续常量省略了所有的"=iota"，同样可以实现自增赋值的功能。

2.3.2　iota 计数不会中断

iota如同一个代码行计数器，即使在常量组的中间位置中断了iota的引用，计数器也会随着代码行数而自增下去。代码清单2-7演示了这一场景。

代码清单2-7　iota表达式的中断

```
    package main

    import "fmt"

    func main() {
        const (
            Sunday = iota
            Monday
            Tuesday
            Wednesday = "x"
                // 中断后，后续变量继续使用iota赋值
            Thursday  = iota
            Friday    = iota
            Saturday  = iota
        )

        fmt.Println(Sunday, Monday, Tuesday, Wednesday, Thursday, Friday, Saturday)
    }
```

在该代码段中，我们特意将常量Wednesday设置为一个字符串"x"，而后续的Thursday、Friday、Saturday仍然保持为iota。执行该代码，在控制台上打印的内容如下：

```
0 1 2 x 4 5 6
```

通过输出可以看出，当iota第一次出现时，其值为0；后续代码每增加一行，iota如同一个计数器，均会自动加1。Wednesday = "x"只是表示iota代表的计数器没有被使用，并不影响计数器的继续累加。

但如果我们将代码段修改为代码清单2-8所示的样子，则执行结果会完全不同。

代码清单2-8 iota表达式被中断，且不再使用

```
package main

import "fmt"

func main() {
    const (
        Sunday = iota
        Monday
        Tuesday
        Wednesday = "x"
        // 中断后，后续变量不再使用iota赋值
        Thursday
        Friday
        Saturday
    )

    fmt.Println(Sunday, Monday, Tuesday, Wednesday, Thursday, Friday, Saturday)
}
```

该代码段的执行结果如下：

```
0 1 2 x x x x
```

因为Wednesday = "x"之后的常量未显式赋值，所以直接默认为Wednesday（距离最近的上一个常量）的值，即字符串"x"。

2.3.3 iota 的使用场景

从前面的讲述可以看出，iota的主要使用场景为常量块中的连续常量。因此，连续性是iota的主要特点。这也引发了另外一个问题：一旦在现有常量中间插入一行代码，就会导致原有的常量值发生改变。例如，一个表示状态机的常量组定义如下：

```
const (
    INIT    = iota    // 初始化
    START             // 开始
    RUNNING           // 运行中
    FINISH            // 结束
)
```

在该常量块中，顺序定义了4种状态，并为其赋值0~3。表面看上去，一切都很完美，但是后续开发者期望增加一个状态PAUSE，并将它插入RUNNING和FINSIH之间，则会导致FINISH的值发生变更。例如：

```
const (
    INIT    = iota   // 初始化
    START            // 开始
    RUNNING          // 运行中
    PAUSE            // 暂停
    FINISH           // 结束
)
```

对比两段代码可知，FINISH的值会由3变更为4。对于开发者而言，有时很难意识到插入一个新的常量定义可能会导致的骨牌效应。例如，数据库中的一张任务表使用该枚举值作为状态字段，并且已有部分数据持久化到了数据库中，那么，在增加了PAUSE状态后，很多任务的状态数据将与业务意义不再匹配。

对于如下明确定义的代码：

```
const (
    INIT    = 0   // 初始化
    START   = 1   // 开始
    RUNNING = 2   // 运行中
    FINISH  = 3   // 结束
)
```

此时，再增加一个新的状态PAUSE，大多数开发者会意识到不能占用已被分配的值，由此出错的概率也会大大减小。因此，iota虽然带来了一定的方便，但对于开发者而言，代码也变得更加隐晦。

那么，到底怎样的场景才适合使用iota定义呢？笔者认为，常量组需要具备以下两个特点：

（1）连续性：要定义的各个常量值具备连续性，是连续的正整数。

（2）数据固化：这些常量是固定且不易发生变更的，例如，周一至周日，1月至12月等。

综上所述，虽然笔者花费了较多的笔墨来讲述iota，但是在实际开发中对于iota的使用需要非常谨慎。毕竟，相较于业务的稳定性，iota带来的便利可以忽略不计。

2.4　编程范例——iota 的使用技巧

虽然在2.3节的示例代码中定义周日至周六的枚举值为0~6，但我们更习惯于将周一至周日定义为1~7。那么利用iota该如何实现呢？

　　要实现该需求，需要跳过iota的初始值0。我们可以利用一个额外常量来占用0，从而实现跳过索引0。但是，这个额外的常量的名称可能又成为一个让人纠结的问题。大家通常都不喜欢无意义的常量名。

　　Go语言中，可以利用匿名名称"_"来定义变量和常量，这样的变量和常量被称作匿名变量/匿名常量。代码清单2-9演示了利用匿名常量来跳过iota的0值索引。

代码清单2-9　利用匿名常量跳过iota的0值索引

```
package main

import "fmt"

func main() {
    const (
        _ = iota
        Monday
        Tuesday
        Wednesday
        Thursday
        Friday
        Saturday
        Sunday
    )

    fmt.Println(Monday, Tuesday, Wednesday, Thursday, Friday, Saturday, Sunday)
}
```

　　在该代码段中，利用"_ = iota"来将iota的第一个索引值（0）赋予匿名常量，从而使自Monday开始的后续常量的值从1开始。

　　执行该代码，最终在控制台上的打印效果如下：

```
1 2 3 4 5 6 7
```

　　在上例中，利用匿名常量跳过了单个值。但是，如果需要跳过多个值，则利用额外变量便不再是好的解决方案。例如，将自2000年开始的10个年份作为常量，该如何处理呢？

　　其实，我们还可以在常量赋值时增加表达式运算，代码如下：

```
const (
    YEAR1 = iota + 2000
    YEAR2
    YEAR3
    YEAR4
    YEAR5
    YEAR6
    YEAR7
    YEAR8
```

```
        YEAR9
        YEAR10
    )
```

在该段代码中，我们利用加法运算结合iota来为所有常量赋值，从而实现非0开始的连续值。

2.5 本章小结

本章讲述了如何在Go语言中使用变量和常量。禁止声明但未使用的局部变量，是Go语言区别于其他编程语言的一个特点。我们也需要重点理解，为什么常量和全局变量声明但未使用不会引起编译错误。

iota是Go语言的一个特色语法，本章也对它进行了讲述，但是实际使用过程中对iota的使用要特别审慎。毕竟，在一个开发团队中，每个人的代码都可能被他人维护。尽量避免他人误解，避免产生不必要且隐晦的Bug，也是程序员的一个重要素养。

第 3 章

简单数据类型

3

数据类型是一门编程语言的基石。Go语言是一门强类型检查的编程语言，这意味着在声明变量、常量、参数等时，一定要指定数据类型。本章重点讲述Go语言中6种简单数据类型：整型、浮点型、字符型、布尔类型、字符串类型，以及数组类型。

本章内容：

❋ 整型
❋ 浮点型
❋ 布尔类型
❋ 字符型
❋ 字符串类型
❋ 数组类型

3.1 整型

整型是日常开发最常用的数据类型之一。与布尔型不同的是，在Go语言中，根据长度的不同，整型又可分为多种具体的类型。本节将讲述Go语言中整型的使用。

3.1.1 声明整型变量

Go语言中的整型分为两大类：有符号数和无符号数。一个整数的存在形式是一定长度的二进制数据，有符号数利用二进制的最高位表示符号（正或负），除最高位外的其他位表示数值大小；无符号数中不会出现负数，所有二进制位都用于表示数值的大小。

有符号数主要包括以下几种：

```
int8
int16
int32
int64
```

无符号数主要包括以下几种：

```
uint8
uint16
uint32
uint64
```

与有符号数相比，无符号数据类型有一个额外的字符"u"，代表了unsigned。所有数据类型后的数字代表了数据类型的二进制位数。例如，要声明一个8位有符号数和16位无符号数的变量a和b，可以使用如下代码。

```
var a int8
var b uint16
```

选择哪种类型来声明一个变量，取决于程序员对数据长度的预估。但是，在日常开发过程中，大家往往会直接使用int或者uint，例如：

```
var a int
var b uint
```

既然是整型，那么首先要解决的问题就是长度问题。int和uint类型并没有指明长度，二者的长度取决于操作系统的位数（往往也是CPU的位数）。在32位系统中，int的长度为32位，实际类型为int32；在64位操作系统中，int的长度为64位，实际类型为int64。无符号数类型uint与int具有相同的规则。

3.1.2　int 和 uint 的设计初衷

为什么在有了这么多整型版本后，还要提出int和uint呢？这其实是基于以下两个方面的考虑。

一是避免选择。程序员通常不太关心数据长度具体大小，如果认为变量所需要容纳的数字无论是32位还是64位都已足够，便可以直接使用int或者uint，避免选择困难。

二是提升效率。在计算机世界中，存在着字长（word size）的概念。字长是指CPU一次性存取数据的最大长度。CPU按照字长或者字长的整数倍来处理数据，效率最高。目前，主流操作系统的字长为32或者64（对应了CPU的位数）。因此，int/uint在不同系统中自动识别为32位或者64位，以自动向字长看齐，保证CPU的处理效率。

3.2　浮点型

在讲述了整型后，我们再来看看浮点型。浮点型往往用来表示小数，但在表示小数时，可能有一定的精度损失。

3.2.1　声明浮点型变量

在Go语言中，浮点型分为单精度和双精度两种，关键字分别为float32和float64。其中的32和64分别代表了浮点数的二进制位数。以下代码声明了两个浮点型变量a和b，并为二者赋值。

```
var a float32
var b float64
a = 1.0
b = 1.21
```

3.2.2　浮点型会产生精度损失

浮点数并不能精确表达所有小数，原因与其存储算法有关。概括地说，十进制整数转化为二进制，之所以能精确表达，是因为所有整数的基石1能够用二进制精确表达。本质上讲，所有整数都是由1累加获得的，因此，整数也是可以精确表达的。但是，浮点型的小数部分利用2^{-1}、2^{-2}、2^{-3},$\cdots$,2^{-n}（也就是0.5、0.25、0.125等一系列小数）来累加获得。很明显，大部分小数不能通过这一系列小数累加获得。

图3-1展示了浮点数的存储格式。从图中可以看出，其存储格式类似于科学记数法。指数部分利用8或11个bit位来存储，指数部分所代表的数字用来计算小数点的位置。指数和尾数部分共同计算浮点数的实际值。

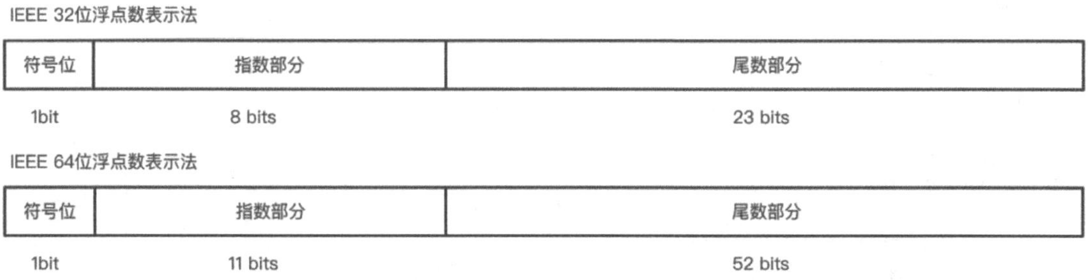

IEEE 32位浮点数表示法

符号位	指数部分	尾数部分
1bit	8 bits	23 bits

IEEE 64位浮点数表示法

符号位	指数部分	尾数部分
1bit	11 bits	52 bits

图 3-1　浮点数表示法

在浮点数的存储规则中，整数部分和小数部分之间的分界线由指数的大小决定，即二进制1（即2^0）和0.5（即2^{-1}）的分界线。对于一个数字而言，这个分界线是浮动、不固定的。这就是浮点数名称的来源。

3.2.3　Go 语言中没有 float 关键字的原因

在很多编程语言中都提供float关键字来声明32位浮点数。但Go语言中并没有提供float关键字，也并未模仿int和uint定义一个与平台位数相关的浮点类型来随着平台的变更而自动转换为32位或64位。在浮点数与整数的设计风格上，为何会有如此之大的差别呢？笔者认为原因不外乎以下两点。

（1）int的存在是因为除了数据溢出外，程序员并不特别关心内存存储的大小，并且float并不能完全精确地表示一个数字，因此，程序员往往需要关心精度问题。浮点型的位数直接决定了精度。

（2）int和uint是为了自动匹配系统字长，以提升计算效率。但由于浮点型复杂的存储格式（指数+尾数），影响计算效率的主要因素在于浮点型特殊的算法，自动与系统字长对齐所带来的效率提升并非主要因素。

综合以上两点，提供一个类似int/uint的数据类型（例如float），会显得有些鸡肋，而且对于熟悉其他编程语言的开发者来说，还会潜意识地将float视作32位（例如Java中的float代表32位浮点数），从而引起使用上的误解。

3.2.4　浮点型与类型推导

虽然Go语言中并未提供与平台位数相关的float关键字，但是，利用类型推导能获得相同的效果，如代码清单3-1所示。

代码清单3-1　浮点数的类型推导

```
package main

import (
    "fmt"
    "reflect"
)

func main() {
    var a float32

    // 未显式声明变量b的数据类型
    b := 1.4

    fmt.Println("显式声明, a的类型是: ", reflect.TypeOf(a))

    // 类型推导的结果与操作系统平台位数相关
    fmt.Println("类型推导, b的类型是: ", reflect.TypeOf(b))
}
```

利用函数reflect.TypeOf()可以获得变量的类型。运行该段代码，其输出如下：

```
显式声明，a的类型是： float32
类型推导，b的类型是： float64
```

通过输出结果可以看出，显式声明的变量a，其类型为float32；而利用类型推导的变量b，其类型与当前操作系统相关，在笔者的64位系统中，其类型被自动推导为float64。

3.2.5　浮点型的比较

因为浮点型存在精度缺失，所以在做大小比较时，不能使用"=="">""<"等比较运算符，而应该使用big包中的函数。代码清单3-2演示了浮点数的比较。

代码清单3-2　利用big包中的函数比较浮点数

```go
package main

import (
    "fmt"
    "math/big"
)

func main() {
    a := 3.14
    b := 3.15

    // 利用big.NewFloat()创建Float指针，两个Float指针进行比较
    result := big.NewFloat(a).Cmp(big.NewFloat(b))

    if result < 0 {
        fmt.Println("a小于b")
    }

    if result == 0 {
        fmt.Println("a等于b")
    }

    if result > 0 {
        fmt.Println("a大于b")
    }
}
```

代码解析：

（1）函数big.NewFloat(a)用于创建一个Float指针，并将浮点型数据作为参数传入。

（2）对利用变量a和b创建的两个Float指针进行比较，获得比较结果——result。变量result是一个int类型的整数。

（3）将变量result与0进行比较，若result小于0，则代表前者小于后者；若result等于0，则代表二者相等；若result大于0，则代表前者大于后者。

执行该代码段，可以得出浮点数a和b的比较结果：

```
a小于b
```

3.3　布尔类型

在Go语言中，利用关键字bool来声明一个布尔类型的变量。布尔类型的取值有true和false两种。Go语言是强类型检查的，也不存在从其他类型隐式转换的可能（在类似JavaScript、Shell等语言中，在进行逻辑判断时会将非零值视作布尔类型的true）。以下为声明和使用布尔类型的正确方式。

```
var success = true
if success {
    fmt.Println("success")
}
var bool result
result = false
```

而在以下声明方式中，无法将数字1隐式转换为true，因此是错误的声明和使用方式。

```
var success = 1
if 1 {
    fmt.Println("success")
}
```

除了直接赋值之外，还可以通过比较运算和逻辑运算来获得一个布尔类型的值，如以下代码所示。

```
var eq = 1 == 0 //比较运算

var r1 = true
var r2 = false
var result = r1 && r2 //逻辑运算
```

3.4　字符型

字符型指的是单个字符。这里的字符不仅仅是ASCII码，也包含了中文及其他语言文字字符。在Go程序运行时，字符型会按照UTF-8编码转换为数字，因此，字符型和整型数字是一一对应的。

3.4.1 声明字符型变量

Go语言中没有专门的关键字来定义字符型，直接利用单引号进行赋值即可，如以下代码所示。

```
var c = '中'
```

在定义一个字符型变量后，可以利用fmt.Println()函数打印其内容，代码清单3-3演示了如何定义并打印一个中文字符。

代码清单3-3　定义字符型变量，并打印其内容

```
package main

import "fmt"

func main() {
    var c = '中'

    fmt.Println(c)
}
```

执行该代码段会发现，其输出内容并非我们预期的字符"中"，而是一个数字，结果如下所示。

```
20013
```

而20013正是字符"中"转换为UTF-8编码后的十进制数字。要想打印其原始内容，应该使用打印格式化函数，或者强制转换为字符串类型。代码清单3-3可以修改为如下形式。

```
package main

import "fmt"

func main() {
    var c = '中'

    fmt.Printf("%c", c)
    fmt.Println()
    fmt.Println(string(c))
}
```

代码解析：

（1）fmt.Printf("%c", c)，用于格式化打印变量c，其中的"%c"是格式参数，表示原始字符。

（2）fmt.Println(string(c))，用于将变量c强制转换为字符串类型后，再进行打印。

执行该代码段，可以看到两种方式均能正常输出字符"中"，结果如下所示。

```
中
中
```

3.4.2 转义字符

除了普通字符外，转义字符也是需要我们特别注意的一类字符。这类字符主要包括特殊字符和控制符。例如，Go语言中的双引号是一个特殊字符。当编译器遇到双引号时，认为它是一个字符串定义的开始。要表示双引号的原义字符，需要进行转义，即在双引号前增加反斜线（\"）。而控制字符往往不能直接出现在字符串中。例如，直接在字符串中输入换行符，会导致编译器将字符串视作多行代码，而非原本要表达的字符串中含有一个换行符。

Go语言中的转义字符包括回车符、换行符、单/双引号、制表符等，如表3-1所示。

表3-1 转义字符列表

转 义 符	含 义
\r	回车符（返回行首）
\n	换行符（直接跳到下一行的同列位置）
\t	制表符，即 Tab
\'	单引号的原义字符，而非字符定义的开始
\"	双引号的原义字符，而非字符串定义的开始
\\	反斜线的原义字符，而非转义符的开始

代码清单3-4演示了如何在控制台上打印符号"'"和"\"的原义字符。

代码清单3-4　定义并打印特殊字符的原义字符

```
package main

import "fmt"

func main() {

    q := '\''

    fmt.Printf("%c", q)

    l := '\\'

    fmt.Printf("%c", l)

}
```

在该代码段中，"\'"指的是原义字符"'"；"\\"指的是原义字符"\"。

03

3.5　字符串类型

字符串类型也是最常用的数据类型。要理解字符串，需要从字符串的表现形式和实际存储两个方面进行分析。日常编程中，声明和定义字符串类型其实都是最直观的表现形式，而存储又有磁盘和内存两种形式。

3.5.1　声明字符串变量

在Go语言中，声明一个字符串可以使用string关键字来定义其数据类型，如代码清单3-5所示。

代码清单3-5　定义并打印字符串

```go
func main() {
    var s string
    s = "Go语言字符串"

    fmt.Printf("s的内容为: %v\n", s)
    fmt.Printf("s的数据类型为: %s", reflect.TypeOf(s))
}
```

代码解析：

（1）var s string，用于声明一个字符串变量s。

（2）fmt.Printf("s的内容为：%v\n", s)，用于格式化打印变量s的内容，其中的格式占位符"%v"是verbose的缩写，表示打印最详细的内容。

（3）reflect.TypeOf(s)，用于获取变量s的数据类型。

运行该代码段，在控制台上的打印结果如下：

```
s的内容为: Go语言字符串
s的数据类型为: string
```

3.5.2　字符串在磁盘中的存储

我们所写的程序代码总是要存储到磁盘的。对于磁盘来说，无论是代码本身，还是代码中包含的字符，都是以二进制形式进行存储的。我们知道，8个二进制的bit位形成一个字节，而字节本质上还是二进制数据。

当字符串存储到磁盘时，需要以一定的编码格式转化为二进制形式。相应地，编译器读取时，读入的是二进制数据，此时要以同样的编码格式将二进制数据解释为字符串。对于Go

语言代码来说，存储到磁盘时，是使用UTF-8编码进行转换。同样地，Go语言代码中的字符串也会使用UTF-8编码转换为二进制，并写入磁盘。

利用UtralEdit打开代码清单3-5的代码，并切换到十六进制查看器。此时可以看到，"字符串"三个汉字所展示的十六进制形式正是UTF-8转换后的编码，如图3-2所示。

```
00000000h: 66 75 6E 63 20 6D 61 69 6E 28 29 20 7B 0A 20 20 ; func main() {.
00000010h: 20 20 76 61 72 20 73 20 74 72 69 6E 67 20 0A ;    var s string .
00000020h: 20 20 20 20 73 20 3D 20 22 4F E8 AF AD E8 A8 ;      s = "Goè~è
00000030h: 80 E5 AD 97 E7 AC A6 E4 B8 B2 22 0A 20 20 20 20 ; .å.ç~¡å.²"..
00000040h: 20 66 6D 74 2E 50 72 69 6E 74 66 28 22 73 E7 9A ;  fmt.Printf("sç.
00000050h: 84 E5 86 85 E5 AE B9 E4 B8 BA EF BC 9A 25 76 5C ; .å..å®¹å.º¼.%v\
00000060h: 6E 22 2C 20 73 29 0A 20 20 20 20 66 6D 74 2E 50 ; n", s).    fmt.P
00000070h: 72 69 6E 74 66 28 22 73 E7 9A 84 E5 95 B0 E6 8D ; rintf("sç.å..å
00000080h: AE E7 B1 BB 5E 9E 8B E4 B8 BA EF BC 9A 25 73 22 ; ®ç±»å..å.º¼.%s"
00000090h: 2C 20 72 65 66 6C 65 63 74 2E 54 79 70 65 4F 66 ; , reflect.TypeOf
000000a0h: 28 73 29 29 0A 7D 0A 0A 0A 0A ;                    (s)).}....
```

图3-2　字符串的十六进制形式

 当下很多在线UTF-8工具实际获得的结果都是Unicode编码，这可能是混淆了Unicode和UTF-8两个概念。因此，尽量利用UtralEdit等文本编辑工具进行十六进制的查看。

3.5.3　字符串在内存中的存储

字符串在内存存储时，实际是一个字节数组：[]byte，即将字符串按照UTF-8编码转化，生成字节数组。我们可以调用len()函数来查看字符串的长度，并打印字节数组中的内容进行验证，如代码清单3-6所示。

代码清单3-6　验证字符串的长度和存储的内容

```go
package main

import (
    "fmt"
)

func main() {
    s := "字符串"

    len := len(s)
    fmt.Println(len)

    for i := 0; i < len; i++ {
        fmt.Printf("%X ", s[i])
    }
}
```

代码解析：

（1）在该代码段中，首先定义了一个字符串类型的变量s，并为它赋值"字符串"。注意变量s的内容全部为中文字符。

（2）len(s)函数用于获得变量s实际占用的存储空间，即底层字节数组的长度。

（3）在循环语句中，s[i]获取的是底层字节数组的每个元素。

（4）fmt.Printf("%X ", s[i])，用于对每个字节进行格式化并打印。%X表示字节的十六进制形式（如果直接打印字节数据，会显示为十进制形式）。

执行该代码段，输出结果如下：

```
9
E5 AD 97 E7 AC A6 E4 B8 B2
```

从输出结果可以看出，变量s的长度为9，其内容也符合UTF-8编码的特征——汉字往往用3个字节存储，而打印出的9个十六进制数也与图3-2中的完全一致。因此，字符串在内存中的存储结构也是UTF-8转换后的结果。

综上所述，Go语言字符串的存储（无论是磁盘还是内存中）都可以看作UTF-8编码后的字节数组。其实这也非常合理，UTF-8本来就是为了节省存储空间而提出的编码格式，凡是涉及存储，UTF-8都是首选方案。

3.5.4　利用 rune 类型处理文本

虽然字符串的存储结构为字节数组，但是这并不意味着符合我们的日常需求。由于人类语言的自然处理思维，我们更加习惯面向字符来处理字符串。例如，对于"字符串"这3个汉字，我们更习惯将它看作3个字符。在Go语言中，要处理自然语言的字符，需要利用另外一个数据类型——rune。

我们知道，Unicode是国际通用的字符集，而UTF-8是Unicode衍生的一个变种编码格式。实际上，rune类型正是用来对应Unicode字符的。同时，rune在表现形式上是一个数字（int32），可以满足Unicode字符集的容量需求。而在其他编程语言中，字符往往利用独立的关键字char进行定义。

使用函数utf8.RuneCountInString()可以获得一个字符串实际字符个数；利用for-range关键字，可以循环获取字符串中的字符。代码清单3-7演示了二者的用法。

代码清单3-7　获得字符级别的信息

```go
package main

import (
    "fmt"
    "unicode/utf8"
)

func main() {
    s := "字符串"
```

```
    // 利用utf8.RuneCountInString()代替len()函数，来获得字符数据量
    fmt.Println("字符串的长度为:", utf8.RuneCountInString(s))

    // 利用for-range循环代替s[i]，来获得单个字符
    for _, c := range s {
        fmt.Printf("%T, %X\n", c, c)
    }
}
```

代码说明：

（1）在该代码段中，使用utf8.RuneCountInString()来获取字符串中的字符个数。

（2）利用Printf按照固定格式打印每个字符，%T代表数据类型，%X代表十六进制格式。

执行该代码，在控制台上的打印结果如下：

```
字符串的字符长度为: 3
int32, 5B57
int32, 7B26
int32, 4E32
```

其中的5B57、7B26、4E32均为两个字节，分别代表了"字""符""串"这3个字符的Unicode编码。

3.5.5   rune 类型与字符集的关系

通过前面的代码可以看出，Go语言中每个字符（rune）实际对应了Unicode字符集中的一个编码（码点）。那么，为什么rune对应的是Unicode字符集，而不是与存储结构一致的UTF-8呢？原因有以下两点：

首先，我们知道UTF-8是Unicode的一个变种，除UTF-8之外，还有UTF-16等格式，利用Unicode可以隔离这些具体的编码格式变种。即使将来Go语言存储格式有所变化，对于字符（rune）的处理也不会受到影响。

另外，UTF-8是变长结构，这不利于CPU的计算，而Unicode长度固定，对于CPU的存取和运算都有着天然优势。

3.6   数组类型

在日常开发中，数组并非最常用的数据类型，但却是很多数据类型的底层存储结构。数组是由一系列拥有相同数据类型的元素组成的数据结构。

数组类型有三个显著特点：一是数组中的所有元素存储于连续内存，二是数组可以直接利用位置索引来访问其中的元素，三是数组大小不可变更。

03

3.6.1 声明数组变量

在 Go 语言中，数组类型利用中括号+元素类型的形式进行声明。由于数组大小固定，因此在声明时必须指定大小。例如，[6]int 表示含有 6 个整型元素的数组；[5]string 表示含有 5 个字符串元素的数组。代码清单 3-8 演示了数组的声明方式。

代码清单 3-8 数组变量的声明

```
package main

import "fmt"

func main() {
    a := [5]int{1, 2, 3, 4, 5}

    fmt.Println(a)
}
```

代码解析：

（1）a := [5]int{1, 2, 3, 4, 5} 声明了一个变量 a，变量 a 的数据类型为一个含有 5 个元素的整型数组。大括号内的数据定义了数组中的元素值 1~5。

（2）fmt.Println(a) 用于打印数组内容。

运行该代码段，控制台的输出如下：

```
[1 2 3 4 5]
```

3.6.2 利用索引来访问数组元素

我们可以通过数组的索引来访问数组元素。与大多数编程语言一样，Go 语言中数组的索引从 0 开始。虽然数组的大小不能变更，但可以通过索引引用元素，或者改变元素的值。代码清单 3-9 演示了数组索引的使用。

代码清单 3-9 利用索引访问数组元素

```
package main

import "fmt"

func main() {
    a := [5]int{1, 2, 3, 4, 5}

    fmt.Println("索引位置2的元素为：", a[2])

    // 为索引位置2上的元素重新赋值
    a[2] = 0
```

```
        fmt.Println(a)
    }
```

运行该代码段，控制台的输出如下：

```
索引位置2的元素为: 3
[1 2 0 4 5]
```

通过打印结果可以看出，a[2]中的2为数组的索引位置，通过a[2]可以访问和修改对应元素。

3.6.3   数组大小不可变更

Go语言和其他编程语言（Java、C++等）一样，数组的大小不可变更。这主要是基于数组本身的存储设计理念。例如，含有5个整型元素的数组，其存储结构如图3-3所示。

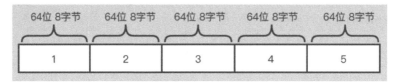

图 3-3   数组存储的连续性

我们通过索引能够快速定位到数组中的第n个元素（n为索引），并非由于遍历数组很快，而是因为数组元素的尺寸固定，并且内存连续。在图3-3中，每个元素占用8字节，数组的内存结构中存储了首地址。当获取第n个元素时，利用首地址+n×8即可直接定位第n个元素的内存地址。

数组的这种存储方式决定了无论数组多大，都必须是连续内存。如果数组可以任意改变大小，那么扩张时，很可能原数组之后的连续内存没有足够的空闲空间，这就导致必须寻找一块新的、更大的连续内存。除了影响效率外，新的内存会导致数组的首地址也发生改变，展现到程序员面前的效果就是数组的引用发生了变化，严格意义上讲，新数组已经不是原数组了。

另外，如果数组中的中间元素被删除，那么由于数组必须保持连续性，被删元素之后的元素必须向首地址方向移动，这同样会造成较大的效率问题。

因此，数组的设计者选择使用切片类型（slice，将在第4.2节进行详细讲解）来适应这种变化，而舍弃支持数组的大小可变的设计方案。

3.6.4   数组作为函数参数

Go语言中的数组是一个值类型，这意味着当数组变量作为参数传入函数时，将会导致数组元素的全量复制，而不像指针那样仅复制内存地址并共享底层存储。

代码清单3-10演示的是将数组传入函数change()，在change()函数内部修改数组元素的值，并在调用函数的前、中、后3个环节打印数组内容。

代码清单3-10　调用函数无法修改原始数组的元素

```go
package main

import "fmt"

func main() {
    // 定义5个元素的数组
    a := [5]int{1, 2, 3, 4, 5}

    // 调用change()函数前，打印数组内容
    fmt.Println("调用函数前：", a)

    // 调用change()函数，尝试修改数组元素的值
    change(a)

    // 调用change()函数后，打印数组内容
    fmt.Println("调用函数后：", a)
}

func change(a [5]int) {
    a[2] = 0

    // 在函数中打印数组参数的内容
    fmt.Println("函数执行中：", a)
}
```

　　在该代码段中，将数组a传入函数change()，并在change中修改数组内容。执行该代码段后，控制台打印内容如下：

```
调用函数前：  [1 2 3 4 5]
函数执行中：  [1 2 0 4 5]
调用函数后：  [1 2 3 4 5]
```

　　通过控制台上的输出可以看出，虽然在change()的函数体中通过a[2]=0修改了传入参数的元素，但是对于原始变量，该数组的值并未发生任何改变。这证明了将变量a传入函数change()时，实际是复制了一个新的数组。

3.7　编程范例——原义字符的使用

　　在3.4节中讲述了对于特殊字符，需要利用转义来获得其原义字符，但这种写法往往会带来很多麻烦。例如，在代码清单3-11中，文件路径分隔符"\"必须利用"\\"表示，英文双引号"""必须利用"\""表示。

代码清单3-11 利用字符转义定位文件路径

```
package main

import "fmt"

func main() {
    s := "文件的保存路径为：c:\\Users\\administrator\\Go语言资料，文件的名称为\"Go.pdf\""

    fmt.Print(s)
}
```

执行该代码段，其输出如下：

文件的保存路径为：c:\Users\administrator\Go语言资料，文件的名称为"Go.pdf"

在该代码段中，必须利用转义字符表示路径分隔符"\"和双引号""""，这使得文件路径的编写非常烦琐。

我们可以利用另外一种语法——``（反引号）来定义原义字符。代码清单3-11可以修改为如下形式。

```
package main

import "fmt"

func main() {
    s := `文件的保存路径为：c:\Users\administrator\Go语言资料，文件的名称为"Go.pdf"`

    fmt.Print(s)
}
```

反引号中定义的字符会忽略特殊字符的特殊含义，其中的所有字符均为原义字符。利用反引号定义的字符串，不必再使用"\"对特殊字符转义。

3.8 本章小结

本章重点讲述了Go语言的6种常用数据类型：整型、浮点型、布尔类型、字符型、字符串类型，以及数组类型。各种数据类型都有不少细节值得推敲，例如，为什么浮点数往往产生精度损失，int和uint代表的实际类型等。

需要着重理解的是字符串类型。字符串类型存储的形式为字节数组，而rune代表的是字符概念。在日常编码过程中，我们也要明确当前的操作到底是面向字节还是面向字符，从而选择合适的函数。

第 4 章

复杂数据类型

在前面的内容中，着重讲述了Go语言中的简单数据类型，简单数据类型呈现的都是比较直观的数据结构。与之相对的是复杂数据类型，复杂类型往往带有嵌套的数据结构。本章着重讲述Go语言中各种复杂数据类型。

本章内容：

※ 值类型和指针类型
※ slice的使用及实现原理
※ 映射的使用及实现原理
※ 通道的使用及实现原理
※ 自定义结构体
※ 各种数据结构是指针还是值
※ bitmap的本质是什么

4.1 值类型和指针类型

要讨论复杂数据类型，指针和值类型是绕不开的话题。虽然有些编程语言（例如，Java、Python）已经屏蔽了指针的概念。但它们中的对象类型默认都是以指针的形式进行传递和操作的。Go语言仍然将指针作为一个很重要的概念保留了下来。

4.1.1 值类型和指针类型的存储结构

在Go语言中，可以用"*"来声明一个变量是一个指针类型的数据（常量的值不可变，因此不能声明为指针类型）。指针存储的是内存地址，而内存地址指向真实存储的数据内容。例如，以下代码用于声明一个名为p的变量，其类型为一个整数指针。

```
var p *int
```

可以利用&操作符来获取某个变量或常量的内存地址，从而产生一个指针。代码清单4-1
对比了值类型和指针类型的使用。

代码清单4-1　值类型和指针类型的对比

```go
package main

import "fmt"

func main() {
    // 值变量a
    var a = 65536
    fmt.Println("值类型a的内容：", a)

    var b = 65536
    // 指针变量p
    var p = &b
    fmt.Println("指针类型p的内容：", p)
}
```

在该代码段中，定义了值变量a和b，并将二者都赋值为65536。按照类型推导，两个变量
都会被视作一个整型。另外，定义了一个变量p，并利用&b为它赋值。&b用于获得变量b的内
存地址。按照类型推导，变量p会被视作指针类型。

运行该代码段，控制台打印内容如下：

```
值类型a的内容：  65536
指针类型p的内容：0xc000016060
```

从输出内容可以看出变量p的内容实际是一个内存地址。图4-1更加直观地展示了值变量和
指针变量的区别。

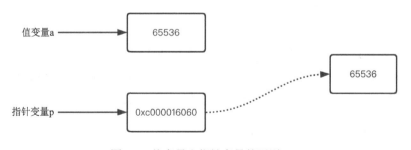

图 4-1　值变量和指针变量的区别

值类型和指针类型从本质上说都是存储的二进制数据，只是运行时的处理方式有所不
同。如果一个变量是值类型，那么其存储的内容被视作普通数据；而指针类型的变量，其存储
的内容被解释为另外一块内存的首地址，例如图4-1中的0xc000016060。

04

4.1.2　为什么要区分值类型和指针类型

我们知道，当向一个函数传递参数（形参）时，会对传入的值（实参）进行复制，如下伪代码段所示：

```
func tryChange(account Account) {
    account.Modify()
}
```

代码解析：

（1）该代码段定义了一个名为tryChange的函数，通过调用该函数来试图修改变量的内容。

（2）参数account是一个值类型的数据。在调用函数tryChange()时，会将传入的参数account复制一份。复制出来的数据与原数据无关。

（3）值赋值机制使得在tryChange()函数中对account参数所做的修改不会影响传入前的变量。

当然，我们也可以向其中传入一个指针类型，从而让函数中的修改能够反映到传入前的原始变量。此时，函数的定义需要修改为：

```
func realChange(account *Account) {
    account.Modify()
}
```

*Account代表参数account是一个指针类型。该参数同样复制了原始变量，不过，因为指针是一个内存地址，所以被复制出来的参数的值也是相同的内存地址。这样，在函数realChange()中，针对account的任何修改都会反映到原始变量中。

与之相对的是Java的设计，在Java中屏蔽了指针这一概念。对于对象类型的参数，传入的都是指针。这导致所有的修改都会直接反映到原始变量中。从这一点上讲，Go语言给了程序员更大的自由度——可选择复制完整数据或者指针。

从内存的角度考虑指针类型的必要性

复杂数据类型往往含有多个字段，而这些字段在内存分布上有一个隐性要求，即所有成员的内存是连续的。这意味着如果字段特别多，或者字段占用的空间特别大，则复杂数据类型的变量往往需要一块很大的连续空间。

有了指针类型就可以实现更灵活的分配策略。如果字段被声明为指针类型，就意味着连续内存只需要保存内存地址即可，从而解决超大连续内存的需求问题。

 对于指针类型的变量，存储的内容是内存地址。而不同平台的机器，内存地址长度也不同：32位或64位。如果我们调用Print()函数直接打印指针，会发现其输出并非严格的32位或64位，这是因为省略了最高位为0的那些位。

4.1.3 关于引用类型

我们知道，C++对于参数的传递有传值、传引用和传指针之分。在Go语言中，参数的类型可以是值类型，也可以是指针类型，而这二者均可统一为传值这一概念（因为指针所代表的内存地址也是一个整数）。另外，Go语言中不存在传引用一说。

很多资料会将Go语言中的数据类型分为值类型和引用类型，但事实上，Go语言从未提出引用类型这一说法。之所以将指针、切片、map、channel以及接口类型归纳为引用类型，是因为这些类型的变量作为函数参数时，函数内部对参数的修改往往会反映到原始变量中。究其原因，是因为其存储结构往往含有指针字段，对指针字段进行修改，当然会影响到原始变量。

一旦我们理解了这些数据类型的真实结构，就会发现跟引用类型毫无关系。因此，本书并不采用引用类型这种说法。

4.2 slice（切片）的使用及实现原理

在3.6节提到了数组，数组的大小是不可变更的，很明显，这无法满足大多数的使用场景。为了解决这一问题，Go语言中提供了更加灵活的数据结构——slice（切片），切片可以看作大小可变的数组。

4.2.1 切片如何实现大小可变

切片在底层封装了一个数组指针。打开Go语言安装目录中的slice.go文件，可以看到slice的定义：

```
type slice struct {
    array unsafe.Pointer
    len   int
    cap   int
}
```

切片是一个复杂数据结构，包含3个成员（这些成员通常被称作字段，将在第4.5节的内容中详细讲述）：array，为一个指向数组的指针；len，表示当前切片中的实际元素的数目；cap，是切片的容量，本质是底层数组array的长度。图4-2展示了一个切片的内部结构。

为了避免频繁重建底层数组，在扩展切片时，并非按需进行分配，而是适当多分配内存。因此，大部分时候，底层数组并非全满，而cap的值也往往大于len。

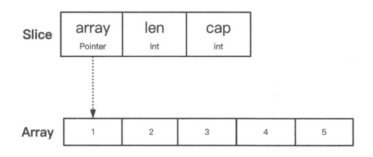

图 4-2 切片的内部结构

4.2.2 切片的声明和定义

Go语言中声明和定义切片并不需要专门的关键字，其语法与声明数组类似，只是无须指定长度，例如：

```
var s[]int
```

在该语句中，声明了一个切片变量s；[]int是类型说明。与数组的声明方式相比，该声明方式没有指定长度。因此，切片往往被视作长度可变的数组。

1. 利用make()函数创建切片

如果要在创建切片时为其指定初始大小和容量，则可以调用make()函数，如代码清单4-2所示。

代码清单4-2 创建切片时为其指定长度和容量

```
package main

import "fmt"

func main() {
    s := make([]int, 5, 10)
    fmt.Printf("切片的长度: %d\n", len(s))
    fmt.Printf("切片的容量: %d\n", cap(s))
}
```

代码解析：

（1）make()函数用于创建一个对象，其中，[]int指定该对象为一个切片，其元素类型为int；5为切片初始长度；10为切片的容量（即底层数组的长度）。

（2）利用len()和cap()函数可以获得切片长度和容量。

运行该代码段，控制台的输出如下：

```
切片的长度：5
切片的容量：10
```

2. 切片中的元素

在初始状态下，切片中的元素都是其类型的零值。对于整型来说，其值都为0。利用索引位置访问切片中的元素并为各元素赋值，如代码清单4-3所示。

代码清单4-3　循环处理切片元素

```go
package main

import "fmt"

func main() {
    s := make([]int, 5, 10)
    // 循环为索引位置0~4的切片元素赋值
    for i := 0; i < len(s); i++ {
        s[i] = i
    }
    // 利用for-range打印切片中所有元素
    for _, e := range s {
        fmt.Println(e)
    }
}
```

在该代码段中，利用s[i]=i为切片元素赋值，并利用for-range循环打印切片中的各个元素。运行该代码段，控制台的输出如下：

```
0
1
2
3
4
```

通过打印内容我们可以看到，for-range循环受到切片长度而非容量（底层数组大小）的约束。

4.2.3　切片长度的扩展

使用切片的一大好处就是长度可以扩展。我们自然想到，是否可以直接利用索引值突破切片的长度限制，来实现自动扩展，如下代码演示了这一尝试。

```go
package main

func main() {
```

```
    s := make([]int, 5, 10)

    for i := 0; i < 10; i++ {
        s[i] = i
    }
}
```

在该代码段中，首先利用make([]int, 5, 10)创建一个切片。该切片的初始大小为5，容量为10。然后，利用循环语句对其中的各个元素赋值，循环次数为10，循环次数不超过容量。运行该代码段，控制台的输出如下：

```
panic: runtime error: index out of range [5] with length 5
```

通过输出可以看出，直接利用索引来尝试突破切片的长度限制并期望它自动增长是错误的做法，运行时会报出索引越界的错误。我们也可以设想一下，如果这种方式可行，那么Go语言必须监听切片的变动，这不仅实现起来比较复杂，而且很容易出错。例如，用户误填一个超大的索引值，将会导致底层数组的暴涨。

正确的切片长度扩展用法是调用append()函数，例如：

```
    s := append(s, 5, 6, 7, 8, 9)
```

append()函数的第一个参数为一个切片；后续参数是一个不定参数列表，代表了要追加到切片中的元素，如代码示例中的5、6、7、8、9。代码清单4-4演示了append()函数的使用。

代码清单4-4 切片长度的扩展

```
package main

import "fmt"

func main() {
    s := make([]int, 5, 10)
    s = append(s, 5, 6, 7, 8, 9)
    fmt.Printf("追加后切片长度: %d\n", len(s))
    fmt.Printf("追加后切片容量: %d\n", cap(s))
}
```

运行该代码段，控制台的输出如下：

```
追加后切片长度: 10
追加后切片容量: 10
```

4.2.4 切片容量的扩展

切片容量的扩展是通过底层数组的重建来完成的。append()函数执行时，会首先将传入的切片参数复制一份，生成一个新的切片，这意味着slice.array字段（指针类型）也被复制，从而与原切片共享底层数组。

当新切片容量不足时，将新建数组来完成，并将切片结构中的array指针指向新数组，然后修改len和cap。例如，向长度为5、容量为10的切片中追加6个元素，此时，我们可以通过指针和底层数组内存地址的变化来观察切片的扩容和数组的重建。代码清单4-5演示了这种变化。

代码清单4-5 切片扩展超过容量

```
package main

import (
    "fmt"
)

func main() {
    s := make([]int, 5, 10)
    fmt.Printf("切片新建状态，底层数组地址：%p\n", s)

    s = append(s, 5, 6, 7, 8, 9)
    fmt.Printf("切片追加元素，未超过当前容量，底层数组地址：%p\n", s)

    s = append(s, 10, 11)
    fmt.Printf("切片追加元素，已超过当前容量，底层数组地址：%p\n", s)
}
```

运行该代码段，控制台的输出如下：

切片新建状态，底层数组地址：**0xc00001e050**
切片追加元素，未超过当前容量，底层数组地址：**0xc00001e050**
切片追加元素，已超过当前容量，底层数组地址：**0xc000104000**

从执行结果可以看出，当切片容量达到临界值时，再向其中追加一个元素便会引起底层数组的重建，在本例中，底层数组的内存地址由0xc00001e050变为了0xc000104000。

 为什么使用fmt.Printf("%p\n", s)可以打印出切片s所指向的数组地址。这是因为在切片的结构中，第一个成员就是数组指针，利用%p格式获得的就是数组的内存地址。

4.2.5 切片参数的复制

调用append()函数可以实现切片的扩展，其典型用法如下所示。

```
s = append(s, 5, 6, 7, 8, 9)
```

从该示例代码中可以看到，必须对变量s重新赋值才能实现切片扩展。这意味着append()函数不会对原始切片变量s进行操作。因为切片对象s传入函数时，对s的值进行了完整复制，生成了新的值对象。图4-3演示了传入参数的复制的情况。

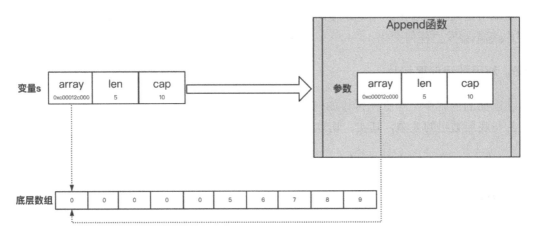

图 4-3　当调用 append() 函数时，参数 s 完整复制了变量 s 的值

因为切片的复制，所以在 append() 函数内部无法修改原始变量 s，只能通过将变量 s 重新赋值为 append() 函数的返回值，才能实现真正意义上的扩展操作。反之，如果我们忽略 append() 函数的返回值，或者将返回值赋给其他变量，则不会对原始切片 s 的长度（len）和容量（cap）产生任何影响。代码清单 4-6 演示了这一效果。

代码清单 4-6　append() 函数不改变原始切片长度和容量的场景

```
package main

import "fmt"

func main() {

    s := make([]int, 5, 10)
    fmt.Printf("切片新建状态, 长度: %d, 容量: %d\n", len(s), cap(s))

    _ = append(s, 5, 6, 7, 8, 9)
    fmt.Printf("切片追加元素, 忽略返回值, 长度: %d, 容量: %d\n", len(s), cap(s))

    s1 := append(s, 10)
    fmt.Printf("切片追加元素, 赋值给新变量后, 原始变量s, 长度: %d,容量: %d\n", len(s), cap(s))
    fmt.Printf("切片追加元素, 赋值给新变量后, 新变量s1: 长度: %d,容量: %d\n",len(s1), cap(s1))
}
```

在该代码段中，使用匿名变量 _ 和 s1 来接收 append() 函数的返回值。运行该代码段，控制台的输出如下：

```
切片新建状态, 长度: 5, 容量: 10
切片追加元素, 忽略返回值, 长度: 5, 容量: 10
切片追加元素, 赋值给新变量后, 原始变量s, 长度: 5, 容量: 10
切片追加元素, 赋值给新变量后, 新变量s1: 长度: 6, 容量: 10
```

从输出结果可以看出，无论是使用匿名变量还是新变量来接收append()函数的返回值，原始切片s都不会发生任何变化。

4.2.6　利用数组创建切片

在前面的内容中，一直在讨论如何新建一个切片，以及如何为切片追加元素，同时讨论了切片与底层数组的关系。其实，切片还可以直接利用数组进行创建。例如：

```
array := [5]int{10, 20, 30, 40, 50}
s := array[:]
```

代码解析：

（1）array[m:n]的语法格式用于创建一个切片。冒号（:）前后的m和n均为整数，表示利用数组array中索引位置m～n-1的元素来创建切片。

（2）在array[:]中，冒号前后的值都被省略，代表利用整个数组来创建一个切片。因此，新切片结构中的数组指针直接指向该数组的首地址，切片长度和容量均为数组大小。

代码清单4-7是一个利用数组创建切片的典型实例。

代码清单4-7　利用数组创建切片

```
package main

import "fmt"

func main() {
    array := [5]int{10, 20, 30, 40, 50}
    s := array[:]
    fmt.Printf("切片s的长度：%d, 容量：%d\n", len(s), cap(s))

    s1 := array[1:3]
    fmt.Printf("切片s1的长度：%d, 容量：%d\n", len(s1), cap(s1))
}
```

在该代码段中，变量array是一个int类型的数组，我们分别利用array[:]和array[1:3]来创建新的切片s和s1，最后对比二者的长度和容量。该代码段运行后的输出如下：

```
切片s的长度：5, 容量：5
切片s1的长度：2, 容量：4
```

array[1:3]获得的是数组array的索引1到2（结束位置的前一位）的元素。无论是切片还是数组，通过索引范围[:]获取其元素，都符合前闭后开原则。输出结果中的长度为2，也印证了这一点。而容量则是从array中索引位置1到数组末尾的元素个数，即容量为4。图4-4演示了此时的数组array、切片s、切片s1的内存结构。

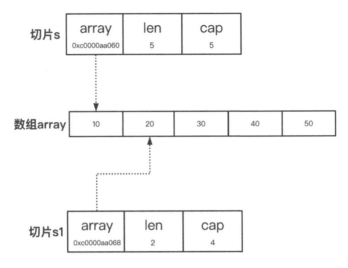

图 4-4 数组和不同切片的内存结构示意图

当然，我们也可以通过打印数组array、切片s和切片s1的内存地址来印证这一结论。相应的代码如下：

```
package main

import "fmt"

func main() {
    array := [5]int{1, 2, 3, 4, 5}
    fmt.Printf("数组array的地址：%p\n", &array)

    s := array[:]
    fmt.Printf("切片s底层数组地址：%p\n", s)

    s1 := array[1:3]
    fmt.Printf("切片s1底层数组地址：%p\n", s1)
}
```

在该代码段中，利用我们熟悉的fmt.Printf()函数和"%p"格式来分别打印数组array，以及两个切片s1和s2的底层数组地址。运行该代码段，其输出结果如下：

```
数组array的地址：0xc0000aa060
切片s底层数组地址：0xc0000aa060
切片s1底层数组地址：0xc0000aa068
```

对比s1和s的底层数组地址，会发现s1的底层数组地址增长了8字节。这是因为当前的运行环境为64位系统，一个int元素的长度为8字节。

s1的数组指针（slice.array字段）指向的是原始数组的第二个元素（索引为1）。s和s1仍然共用同一个底层数组。

4.2.7　利用切片创建切片

如同利用数组创建切片，我们同样可以利用切片来创建切片。新建切片与原切片共用一个底层数组。代码清单4-8演示了这种用法。

代码清单4-8　利用切片来创建切片

```go
package main

import "fmt"

func main() {
    s := make([]int, 5, 10)
    fmt.Printf("切片s底层数组地址: %p\n", s)

    s1 := s[1:]
    fmt.Printf("切片s1底层数组地址: %p\n", s1)
}
```

在该代码段中，s[1:]用于截取切片s的一部分，开始位置为1，直至切片的最后一个元素。运行该代码段，同样可以看到两个切片底层数组的起始地址相差8字节。

```
切片s底层数组地址: 0xc00001e050
切片s1底层数组地址: 0xc00001e058
```

当然，也可以将一个切片的所有元素追加到另一个切片中。例如：

```go
s := []int{1, 2, 3, 4, 5}

s1 := []int{5, 6, 7, 8}

s = append(s, s1...)
```

s和s1均为切片，利用append(s, s1...)将s1的所有元素追加到s切片的末尾，生成一个新的切片。在本例中，s1...可视作解压缩切片，从而将其各元素作为append()函数的不定参数。

4.2.8　切片元素的修改

切片追加元素、元素的修改实际都是在修改底层数组。这对于共享底层数组的多个切片来说，会相互产生影响，如代码清单4-9所示。

代码清单4-9　切片元素的修改其实是修改底层数组的元素

```go
package main

import "fmt"

func main() {
```

```
    s := []int{1, 2, 3, 4, 5}
    s1 := s[1:]
    s1[0] = 0
    fmt.Println("s = ", s)
    fmt.Println("s1 = ", s1)
}
```

在该代码段中，首先利用切片s创建了切片s1，随后利用s1[0]=0修改其中元素的值，最后打印s和s1的内容会发现，两个切片中的元素都发生了改变：

```
s = [1 0 3 4 5]
s1 = [0 3 4 5]
```

4.2.9　切片的循环处理

可以利用for-range循环来获得和操作切片中的每个元素。虽然实际操作的是底层数组，但会受到切片长度len的约束，如代码清单4-10所示。

代码清单4-10　利用for-range循环获得切片元素

```
package main

import "fmt"

func main() {
    array := [5]int{1, 2, 3, 4, 5}

    s := array[1:3]
    for i, e := range s {
        fmt.Printf("第%d个元素为: %d\n", i, e)
    }
}
```

在该代码段中，首先利用s :=array[1:3]截取数组array中索引1和2的元素，创建了一个切片s，然后利用for-range循环来打印切片中的每个元素。尽管底层数组含有5个元素，但切片元素仅有2个。运行该代码段，输出结果如下：

```
第0个元素为: 2
第1个元素为: 3
```

4.2.10　切片索引越界

当我们截取切片时，尤其需要注意切片索引越界问题。对于空切片，我们自然而然会做出如下判断：

```go
var s []int
if len(s) == 0 {
    // 特殊处理
} else {
    // 一般性处理
}
```

针对只有一个元素的切片，GoLand的处理稍微有些让人意外。例如：

```go
s := []int{1}
index := 1
fmt.Println(s[index])
```

在代码段中，s是只有一个元素的切片。如果利用s[1]去尝试获取索引为1的元素，则将抛出元素越界异常。这非常容易理解，因为该切片索引位置最大为0。但是，尝试使用如下代码进行切片截取，却有不同的表现：

```go
s := []int{1}
fmt.Println(s[1:])
```

在该代码段中，s[1:]用于截取切片s中索引位置1至最后一个元素的部分。根据s的实际内容，索引位置0是最大索引，但是s[1:]并不会抛出索引越界异常，而是返回一个空切片。

这是因为Go语言对于切片截取的索引值有着特殊的规则。一般来说，当我们截取一个切片时，往往会有两个位置：低位low和高位high。Go语言要求low和high的值符合0≤low≤high≤len(s)即可。在本例中，高位high没有指定，低位low的值为1，因此，低位只需要小于或等于切片长度1即为合法。

4.2.11　总结切片操作的底层原理

通过前面的讲述我们知道，无论是利用make()函数、数组，还是切片来创建一个新的切片，都是在创建一个数据结构（详见图4-2）。该结构包含了底层数组的指针（array）、长度（len）、容量（cap）3个字段。针对切片的所有操作实际都是针对该数据结构来进行的。

由于数组长度的不变性，当涉及底层数组大小无法满足要求时，会创建新的数组。当切片作为传入参数，甚至是赋值操作的右操作数时，都会导致切片结构的完全复制，例如：

```go
s1 := s
```

在赋值操作中，切片s1其实是一份全新的数据结构，内容与切片s完全一致。这与基本数据类型（例如整数）的赋值操作完全相同，事实上，赋值操作与参数传递一样，都是一个值拷贝的过程。

4.3　map（映射）的使用及实现原理

map（映射）是一种用于存储key-value（键－值对）的数据结构。与切片中存储元素的有序性相比，map中的key-value是无序的。map的主要优势在于可以根据key来快速查找对应的value。本节将讲述map的使用，以及map的底层实现原理。

4.3.1　声明和创建 map

1. 声明map变量

Go语言中map变量的声明格式如下：

```
var mapName map[keyType]valueType
```

其中，map为关键字，keyType指定了key的数据类型，而valueType是value的数据类型。例如，声明一个用于存储字符串个数的map，可以使用如下语句：

```
var charCountMap map[string]int
```

string表示key的数据类型为字符串，int表示value的数据类型为整数。

2. 调用make()函数创建map变量

与切片类似，可以调用make()函数来创建一个map变量，代码如下：

```
charCountMap := make(map[string]int)
```

在新建的map中，key的数据类型为string，value的数据类型为int。我们可以利用如下形式的代码向其中添加元素：

```
charCountMap["a"] = 3
```

4.3.2　遍历 map 中的元素

使用for-range语句可遍历map中的元素。代码清单4-11演示了如何遍历map中的所有元素。

代码清单4-11　利用for-range遍历map中的元素

```
package main

import "fmt"

func main() {
    charCountMap := make(map[string]int)

    charCountMap["a"] = 3
```

```
        charCountMap["b"] = 5

        for k, v := range charCountMap {
            fmt.Printf("char:%s, count:%d\n", k, v)
        }
    }
```

代码解析：

（1）在该代码段中，for-range语句用于遍历charCountMap中的所有元素。

（2）k和v两个变量分别用于接收每个元素中的key和value。

（3）在循环中，调用fmt.Printf()来打印变量k和v的值。

运行该代码段，一个可能的输出结果如下：

```
char:b, count:5
char:a, count:3
```

通过输出结果也可以看出，map中各元素的遍历顺序与写入顺序不同，具有一定随机性。

4.3.3　元素查找与避免二义性

1. map查找的基本语法

在一个map中，可以直接利用key定位value元素。若元素存在，则返回对应的值；若不存在，则返回value对应的零值。代码清单4-12演示了根据key查找value元素的场景。

代码清单4-12　map中的元素查找

```
    package main

    import "fmt"

    func main() {
        charCountMap := make(map[string]int)
        fmt.Println(charCountMap["a"])
    }
```

在这段简单的代码中，使用charCountMap["a"]尝试查找key为"a"的元素。很明显，该元素不存在。运行该代码段，其输出结果如下：

```
    0
```

2. Go语言中的map如何避免二义性

很多编程语言中的map查找有一个特性：若目标元素不存在，则返回零值（数据类型不同，对应的零值会有不同）。那么，对于返回零值的场景，便可能存在两种情况：一是key对应的元素不存在；二是key对应的元素存在，其值就是零值。这就是map查找中的二义性。

　　二义性为逻辑处理带来了困扰，因为不同的意义可能需要进行不同的处理。例如，如果元素不存在，则需要重新计算并进行填充；如果元素存在，本来就是零值，则重新填充就是错误的逻辑。

　　其他编程语言（例如Java）往往会利用额外的方法来解决这种二义性。例如Java中的contatinsKey()，专门用于判断key对应的元素是否存在。

　　Go语言在这一点上做出了优化，利用多返回值的特点同时返回value和"是否存在"的标识。代码清单4-12可以修改为如下形式：

```
package main

import "fmt"

func main() {
    charCountMap := make(map[string]int)
    count, ok := charCountMap["a"]
    fmt.Println("count:", count, ", exists:", ok)
}
```

　　在该代码段中，变量count用于接收查找结果的value；ok是一个bool类型，代表了key是否存在。我们在以下输出结果中可以很容易看出，key为"a"的元素并不存在。

```
count: 0 , exists: false
```

4.3.4　删除元素

　　要删除一个map中的元素，可以调用delete()函数。该函数不会返回任何与执行结果相关的信息；如果key不存在，也不会抛出任何异常信息。其使用格式如下：

```
delete(charCountMap, "a")
```

　　其中，charCountMap为是一个map类型的变量，而"a"则为map中的key值。即使map未经初始化，或者为空指针，也不会抛出任何异常，如代码清单4-13所示。

代码清单4-13　调用delete()函数删除map中的元素

```
package main

func main() {
    var charCountMap map[string]int
    delete(charCountMap, "a")
}
```

　　从这种处理策略也可以看出，Go语言在最大程度上保证delete的删除效果的同时，兼容了很多异常信息。

4.3.5　map 的存储结构解析

map结构有着很高的查找效率，而查找效率高主要是因为它的存储策略。本小节将重点分析一下map的存储结构。

如果map直接存储为一个链表的形式，则每次查找都进行遍历。很明显，这种查找方式的时间复杂度为$O(n)$。

一种改进的方案是利用平衡搜索树来改造链表方案，因为树上的节点都是有序且分层的。可以将遍历查找改良为关键节点上的分支判断，从而将时间复杂度优化为$O(\log n)$。

另外一种就是在定位规则上进行优化。最好的方法是利用某种特定算法计算出元素所在的物理位置，然后根据物理位置进行定位。此时，时间复杂度可以优化到$O(1)$。

Go语言中的map采用第二种方案——减少遍历操作，尽量利用规则来计算元素的物理位置。

1. map的数据结构——hmap

为了解释map的存储策略，我们首先从其内存结构开始分析。map对应的结构体定义如下：

```
type hmap struct {
    count       int              // 元素个数
    flags       uint8
    B           uint8            // 桶个数的对数，这意味着整个map结构中含有2^B个桶
    noverflow   uint16           // 溢出桶的个数
    hash0       uint32           // hash种子

    buckets     unsafe.Pointer   // map的底层是一个桶的数组，buckets是该数组的指针
    oldbuckets  unsafe.Pointer   // 当发生桶迁移时，指向旧桶的一个指针
    nevacuate   uintptr          // 迁移进度

    extra *mapextra
}
```

重点关注以下几个字段：

（1）字段count：存储了map中的元素总个数。

（2）字段buckets：map基本存储结构是一个桶数组（桶结构对应的是bmap，参见下一知识点对bmap的描述），一个map中存储了2^B个桶，这些桶利用数组进行管理，buckets就是指向数组的指针。

（3）字段B：Go语言中桶个数的对数。Go语言针对map的实现中，有许多逻辑涉及二进制位的移动；并且这些移动与桶的个数息息相关，因此，定义了字段B表示桶个数的对数。

（4）字段oldbuckets：map会发生桶迁移，而迁移的过程是渐进式的，这意味着map实例中可能同时存在着新桶和旧桶，oldbuckets是指向旧桶数组的指针。

分桶/分区操作广泛出现在数据库设计和编程语言中，本质上都是对key进行hash运算，获

得一个整数，然后通过该整数按照一定运算规则（例如取余数）获得桶号。无论存还是取，相同的key都会基于同一个桶进行操作。这可以看作第一层的优化，将一个全量的范围缩小到单个桶的范围。按照该思路，map的数据结构优化如图4-5所示。

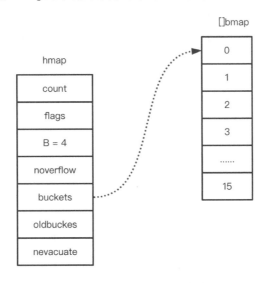

图 4-5　map 数据结构的优化

以B=4为例，将会产生2^4=16个桶。一个key值首先进行hash运算，然后对获得的hash值取前B位，一定会落到0～15号桶中的某一个（因为4个二进制数的大小范围为0～15）。平均而言，存取的效率是原来的16倍。

2. 桶的数据结构——bmap

按照一般做法，将全量元素划分到不同桶后，桶中元素的分布可以利用链表来实现。但是Go语言并未简单地将其处理为链表，而是进一步优化，这一点体现在桶结构的设计上。桶在Go语言源码中利用bmap结构体来实现，如以下代码所示。

```
type bmap struct {
    tophash [bucketCnt]uint8
}
```

在编译期，bmap结构将被动态追加字段，形成新的结构，如以下代码所示。

```
type bmap struct {
    tophash  [8]uint8
    keys     [8]keytype
    values   [8]valuetype
    pad      uintptr
    overflow uintptr
}
```

图4-6展示了bmap和hmap的关系。

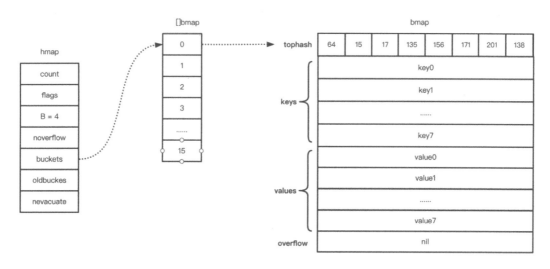

图 4-6　bmap 和 hmap 结构示意图

bmap定义了桶的结构，我们需要重点关注以下几点：

（1）字段tophash是一个数组，存储了8个key的hash值的高8位。

（2）字段keys是一个数组，存储了8个key。

（3）同样地，字段values也是一个数组，存储了8个value。

（4）字段tophash、keys和values中存储的元素，在顺序上是一一对应的。

（5）每个桶最多只能存储8个key-value，如图4-6中的"key0+value0"～"key7+value7"。

4.3.6　map 元素的定位原理解析

在理解了map存储结构的基础上，我们来看一下map中元素的定位原理。在map中定位key-value的过程稍显烦琐，我们以定位key等于"key1"为例，Go语言会首先计算"key1"的hash值。假设获得的hash值为：

```
00001111 | 0000111101101100100011100101001000100101100101010101010 | 0000
```

该hash值说明如下：

（1）为了方便讲解，我们利用额外的"|"将64位二进制数分割为3段：8位、52位和4位。

（2）该hash值的低B位表示桶号（B=4），在本例中为0000，即十进制的0，将定位到0号桶（bmap）中。

（3）该hash值高8位的值为00001111（十进制为15）。此时遍历0号bmap的tophash，可以定位到15所在的索引位置。在本例中，索引位置为1，如图4-7所示。

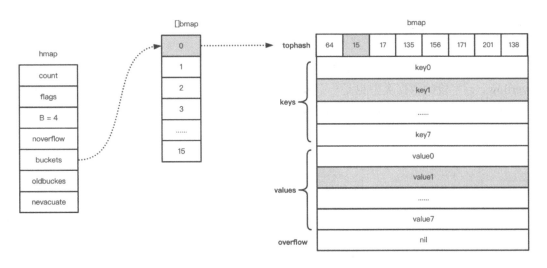

图 4-7　map 定位 key 的过程

（4）tophash匹配成功，只代表hash值的高8位匹配成功，并不代表key一定完全相同。因此，还需要从keys数组中获得确切值进行比较。

因为索引位置为1，所以，此时可以直接获得keys[1]的值。Go语言通过内存地址计算的方式来获得keys[1]。因为tophash中每个元素的长度为8 bit，keys和values的元素长度也可以通过数据类型获得，tophash、keys、values这3个数组的大小都是8，所以，keys[1]内存地址计算公式如下：

```
keys[1]的内存地址=bmp[0]的内存地址+8+len(key_slot)*1。
```

其中，bmp[0]代表第一个桶；tophash长度是固定的8个uint8，即8字节；len(key_slot)代表一个key所占的内存空间。

获得key[1]的值后，可以和输入key进行比较，如果相等，则定位成功；如果不等，则继续搜索tophash中值为15的元素。

为什么要使用tophash来进行遍历，而不使用keys直接进行遍历呢？因为该设计类似于布隆过滤器，如果tophash未能匹配成功，则搜索的key值肯定不存在于当前桶中；如果tophash匹配成功，则代表可能存在，但还需要进一步匹配keys中的实际数据。而tophash的元素是8位无符号整数，整数的比较速度要远远快于其他类型，使用tophash只是为了先进行一轮较快的筛选而已。另外，tophash的存储结构决定了它无须进行内存对齐（关于内存对齐，将在16.1节进行介绍）。

tophash、keys和values数组的大小均固定为8，也是因为内存地址计算的需求。只有槽位数目固定，keys和values中元素的内存地址计算才能按照固定公式进行。

4.3.7　map 的容量扩展原理解析

很明显，仅有8个元素的bmap结构并不能满足要求。因此，bmap（桶）中还有另外一个字段overflow，该字段的数据类型也是一个bmap指针。overflow字段用于存储同一个桶号下超出8个元素的后续元素。我们可以很容易想到，利用overflow成员实际形成了一个bmap的链表，如图4-8所示。

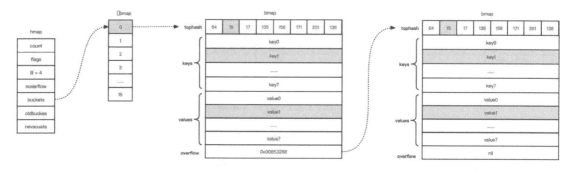

图 4-8　bmap 利用 overflow 成员形成链表

4.4　channel（通道）的使用及实现原理

channel（通道）是Go语言中非常重要的一个数据结构，本节将重点讨论channel的用法、设计思路以及实现原理。许多观点将channel理解为消息队列或者为线程同步而创建的数据结构，本节也会从这两个角度对channel进行讨论。

4.4.1　channel 的使用

1. channel的创建

要想创建一个channel，需要调用make()函数，并同时指定channel中元素的数据类型。例如：

```
msgChannel := make(chan int)
```

或者

```
msgChannel := make(chan int, 100)
```

代码解析：

（1）chan是channel的缩写，也是创建channel的关键字。

（2）int则是channel中存储的元素的数据类型。

（3）当make()函数第二个参数有值（例如100）时，代表创建的是一个缓冲区为100的channel；当只指定元素数据类型时，代表无缓冲区。

channel读写数据的特点决定了缓冲区的意义。channel可以看作一个消息通道，通道的主要作用就是保证数据通过，因此，除了向其中写入数据外，还需要从其中读取数据。在没有缓冲区的情况下，当读操作就绪时才能写入数据。

这如同一个没有仓库的货站，必须有等待接收货物的车辆，送货车辆才能顺畅送货；否则，送货车辆只能停在货站等待。而缓冲区就如同货站的仓库，即使没有接收车辆，送货车辆也可以向货站送货，因为可以临时将货物放入仓库中。

2. channel的读写

向channel中读写数据都需使用"<-"操作符，只是channel变量的位置不同。例如，可以利用如下语句向channel中写入数据：

```
msgChannel <- i
```

可以利用如下语句从channel中读取数据：

```
j := <-msgChannel
```

操作符"<-"标识了数据的流向，处于箭头指向的一方可以看作数据的流入方；反之，则为数据流出方。当channel为流入方时，代表向channel中写入数据；反之，则代表从channel中读取数据。

3. channel使用实例

在单个协程（将在第9章讲述协程的概念和使用，此处可暂时看作其他编程语言中的线程）中，只能使用带缓冲区的channel。代码清单4-14演示了channel的使用。

代码清单4-14　channel的读写

```
package main

import (
    "fmt"
)

func main() {
    var count = 5

    //创建缓冲区大小为5的channel实例
    msgChannel := make(chan int, count)

    // 向channel中写入数据
    for i := 0; i < count; i++ {
        msgChannel <- i
```

```
        }

        // 从channel中读取数据，并打印到控制台
        for i := 0; i < count; i++ {
            fmt.Println(<-msgChannel)
        }
    }
```

代码解析：

（1）msgChannel := make(chan int, count)，用于创建一个带缓冲区的channel实例——msgChannel。

（2）msgChannel <-i，用于向msgChannel中写入数据。该数据为变量i的值。

（3）fmt.Println(<-msgChannel)，用于从msgChannel中读取数据并打印。

执行该代码段，其输出如下：

```
0
1
2
3
4
```

在这里需要注意的是，当缓冲区已满而无法写入时，会导致程序阻塞；当缓冲区为空而无法读取时，也会导致程序阻塞。

4.4.2　channel 的实现原理

我们可以将channel视作一个协程安全的消息队列。因为它保证了协程的安全性，所以往往被用作多协程间的通信手段。本小节将从数据结构的角度讲述channel的实现原理。

1. channel的数据结构——hchan

hchan是Go语言中用于定义channel的数据结构，其源码如下：

```
type hchan struct {
    qcount   uint          // channel里的元素数量
    dataqsiz uint          // 缓冲区大小
    buf      unsafe.Pointer // 缓冲区指针，指向一个循环队列
    elemsize uint16        // 元素的大小
    closed   uint32        // 关闭状态
    elemtype *_type        // 元素的数据类型
    sendx    uint          // 缓冲区中，已经被读取的数据的位置
    recvx    uint          // 缓冲区中，当前已经写入的数据的位置
    recvq    waitq         // 等待从channel中读取数据，正在被阻塞的协程队列
    sendq    waitq         // 等待向channel中写入数据，正在被阻塞的协程队列
```

```
    lock mutex
    }
```

我们在前面看到的缓冲区就是利用buf成员来存储的；dataqsiz是缓冲区的大小；当一个协程向channel写入数据，但是并未有足够的空间容纳时，会被加入sendq队列中；同样地，被阻塞的接收数据的协程会加入recvq队列中。

2. 向channel写入数据的过程

当一个协程向channel中写入数据时，会经历以下步骤：

01 首先检查 recvq 中有没有正在等待读取数据的协程。如果有，就代表没有缓冲区或者缓冲区中没有数据，那么，就从 recvq 中拿出第一个协程，数据交由该协程处理，然后激活该协程。

02 如果 recvq 中没有阻塞的协程，则尝试将数据写入缓冲区。

03 如果没有缓冲区，或者缓冲区已满，则阻塞该协程，并将协程对象加入 sendq 中。

我们再用货站的比喻来重新理解一下。

（1）当送货车辆到达时，先看一下有没有等待接货的车辆，如果有，则代表没有仓库或者仓库是空的（因为接货的车辆会优先从仓库取货），直接将货物转移给接货车辆即可。

（2）如果没有等待接货的车辆，那么，优先将货物存到仓库。

（3）如果没有仓库或者仓库已满，那么，送货车辆只能排队等待。新的送货车辆到达，也会走同样的流程。

3. 从channel读取数据的过程

当一个协程从channel中读取数据时，将经历以下步骤：

01 首先检查 sendq 是否为空，如果不为空，且没有缓冲区，那么就从 sendq 中获得第一个协程，并复制其数据，然后激活该协程。

02 如果 sendq 不为空，但有缓冲区，那么就从缓冲区中获取数据。

03 如果 sendq 为空，同样要尝试从缓冲区中获得数据，如果不能读取数据，则将自己加入 recvq 中。

同样可以用货站的例子进行理解。

（1）当接货车辆到达时，看一下有没有在等待的送货车辆，如果有，则代表仓库已满，要优先从仓库取货。

（2）如果没有仓库，则从送货车队接货。

（3）如果没有在等待的送货车辆，则同样要检查仓库中是否有货，优先从仓库取货。

4.4.3 channel 与消息队列、协程通信的对比

1. channel与消息队列

通过channel可以进行元素的读写，其作用与消息队列有些类似，但是却与消息队列有本质的区别。我们可以从以下几点进行理解：

（1）消息队列也有生产者和消费者，但是，一个消息被消费后，往往还可以回溯，例如kafka，这意味着消息可以被存储起来。channel中的元素被消费后，会从channel中移除。

（2）消息队列中的单条消息可以被多个消费者消费，而channel中的元素则不可以。

（3）channel是进程级缓存的，只能用于多个协程间的通信；而消息队列可以用于多个进程间的通信。

（4）channel只是通道，可以无缓冲区，这意味着channel并不看重元素在内部的逗留，只是为了方便各个协程间的通信；而消息队列则不同，消息的吞吐量和存储都是其考虑的重点。channel在主观上并不希望数据在其中逗留，其作用只是作为通道；而数据逗留是消息队列的设计目标之一。

2. channel与协程通信

Go语言中提供了协程，如同其他编程语言中的线程。channel可用于协程间的通信，并且可以通过这种通信方式来控制协程间的同步，但这并不意味着channel是为解决协程同步而提出的。

关于channel与协程通信的关系，将在第9章中详细讲述。

4.5 自定义结构体

通过前面的内容我们可以知道，Go语言中的slice、map和channel等复杂数据类型都有对应的自定义结构体，如sliceHeader、hchan、hmap等。而自定义结构体在日常编程中最为常见，同时也最接近于面向对象编程语言中类的概念。本节将详细讲述自定义结构体的使用。

4.5.1 自定义数据类型和自定义结构体

1. 自定义数据类型

在讲述自定义结构体前，必须提到自定义数据类型，因为自定义结构体是自定义数据类型的一种形式。Go语言中利用如下语法创建一个自定义数据类型：

```
type newType existType
```

其中，newType为自定义数据类型的名称，existType则为已存在的数据类型。对于自定义

数据类型newType，会继承已存在的existType的数据结构。因此，对于existType类型适用的函数，例如长度函数len()，均适用于新的数据类型；而方法则无法被继承。方法的继承依赖组合实现（将"8.3　Go语言实现"继续进行详细讲述）。

2. 自定义结构体

当existType固定为结构体关键字struct时，自定义数据类型的语法便演化为如下形式：

```
type typeName struct {
    fieldName1 type1
    fieldName2 type2
    ...
}
```

代码解析：

（1）type关键字表示这是一个自定义数据类型。

（2）typeName用于指定该类型的名称。

（3）struct用于指定该自定义类型是一个结构体。从结构体的字面意义就可以知道，该数据类型可以含有多个成员，我们通常称之为结构体的字段。

（4）大括号内部是结构体的具体定义，可能由多个字段组成。每个字段都需要指定名称和数据类型。

3. 其他自定义数据类型

如果我们查看Go语言的源码，或者很多第三方库，就可以看到很多自定义数据类型的定义。对于日常开发而言，最常用的是自定义结构体和自定义接口的定义。因此，本节将重点讲述自定义结构体的使用，而自定义接口将在"8.5　面向接口编程"中进行讨论。

4.5.2　自定义结构体的使用

定义一个最常见的Person数据结构，代码如下：

```
type Person struct {
    Name  string
    Age   int
    Email string
}
```

Person数据结构中共有3个成员：Name、Age和Email。其数据类型分别为string、int和string。一旦有了Person数据结构，就可以像其他类型一样利用字面量（编程语言中表示固定值的符号或用于表示常量或者变量的固定数据，可以是整型、浮点型、布尔类型、字符串类型等）赋值的方式来创建Person实例，如代码清单4-15所示。

代码清单4-15   自定义结构体的使用

```go
package main

import "fmt"

type Person struct {
    Name  string
    Age   int
    Email string
}

func main() {
    var person = Person{
        Name:  "张三",
        Age:   20,
        Email: "78432@xxx.com",
    }

    fmt.Println("person : ", person)
}
```

变量person初始化时，可以直接为其所有字段赋值。当然，初始化时也可以不指定任何成员，后续代码才对字段赋值。如以下代码所示：

```go
var person = Person{
}

person.Name  = "张三"
person.Age = 20
person.Email = "78432@xxx.com"
```

4.5.3　利用 new 创建实例

代码清单4-15中生成的Person实例其实是一个值类型，我们可以调用new()函数创建结构体指针。例如：

```go
person := new(Person)
```

该语句创建的是一个指针，我们可以利用如下语句来查看二者的区别：

```go
func main() {
    var person1 = Person{}
    fmt.Printf("person1 %T\n", person1)

    var person2 = new(Person)
    fmt.Printf("person2 %T\n", person2)
}
```

代码解析：

（1）person1和person2均为Person实例，其中person1为值类型，而person2为调用new()函数创建的指针类型。

（2）函数fmt.Printf()用于格式化输出内容。其中，%T是一个占位符，表示对应参数的数据类型。

运行该代码段，输出结果如下所示，可以从结果中看到通过字面量和调用new()函数创建对象的区别。

```
person1 main.Person
person2 *main.Person
```

4.5.4　从自定义结构体看访问权限控制

在Go语言中，自定义结构体是最接近"类"的概念。访问权限方面，自定义结构体未提供专门的关键字进行控制，而是利用类型/字段名称的首字母大小写来控制。

无论是类型名称还是字段名称，当首字母为大写时，就可以被全局引用；否则，只能在同一包内引用。所谓的同一包内，可以暂时理解为处于同一目录中。

如果将Person的定义修改为如下形式：

```
type Person struct {
    Name  string
    age   int
    Email string
}
```

其中表示年龄的成员由Age修改为age（首字母小写），则该成员在其他包中不可见。在GoLand的代码提示中，也能明确地体现出这一点，如图4-9所示。

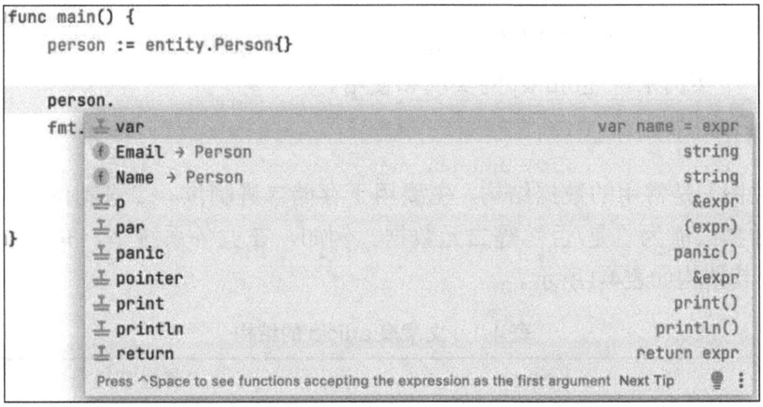

图 4-9　首字母小写的成员，无法在包外代码中访问

4.5.5　自描述的访问权限

在其他编程语言中，习惯使用private、public、protected等关键字来描述类和成员的访问权限。而在Go语言中，仅仅利用名字本身就可以完成访问权限的描述。这种设计既有优点，也有局限性。

优点在于省略了不少关键字，代码变得更加简单；缺点在于只能表征两种范围——包级权限和全局公共权限。控制权限的精细度明显不如使用专门关键字，同时也无法实现扩展。从实际的编程经验来看，private和public被用到的概率最大，因此，Go语言如此的设计其实是能够满足日常编程需求的。

下面利用一个超市买单的例子来理解自描述访问权限的便利性。

顾客："买单！"
收银员："现金还是刷卡？"
顾客："刷脸。"
收银员："。。。"

这种自描述的方式就如同超市的刷脸购物，不需要现金、银行卡、手机等额外物品。自描述其实也是代码设计的趋势，比较典型的例子还有DDD推崇的充血模型、Spring中注解替代全局配置等。

4.6　编程范例——结构体使用实例

Go语言可以使用自定义数据类型来实现各种复杂的数据类型，本节结合实例来演示bitmap和定时任务的实现方式。

4.6.1　利用自定义结构体实现 bitmap

bitmap是日常开发中较为常用的数据结构，而Go语言中并未直接提供该数据结构的实现。本节通过一个实例来讲述bitmap的实现和使用。

1. bitmap简介

bitmap即位图，是常用的数据结构，主要用于存储二进制位。二进制位只有0和1，这代表bitmap表示的数据只能为"是/否"等二元数据。例如，在业务系统中，有一个存储了文章的数据表article，其结构如表4-1所示。

表 4-1　文章表 article 的结构

id	name	其他字段
1	三毛流浪记	…
2	岳阳楼记	…

（续表）

id	name	其他字段
3	滕王阁序	…
4	荷塘月色	…
5	从百草园到三味书屋	…
…	…	…

我们要存储读者已经阅读过的文章，一种解决方案是为每位读者记录其阅读过的文章列表，如表4-2所示。

表 4-2　用户阅读记录表 user_read

id	user_id	article_id
1	1001	1
2	1001	8
3	1001	63
4	1308	5
5	1308	8
6	1204	100
7	1308	107
8	2009	1066
…	…	…

这种存储方式会使得表user_read的记录数随着用户阅读量的上升而快速膨胀。此时，我们可以利用bitmap结构进行存储，让每个用户的阅读记录只保留一条。

bitmap利用一个bit位来存储是否阅读过，0代表未读，1代表已读；利用位置来代表article_id。例如，在表4-2中，user_id（用户ID）为1001的用户，已经阅读过的文章的ID有1、8、63，那么，可以利用一个二进制串进行存储，如图4-10所示。

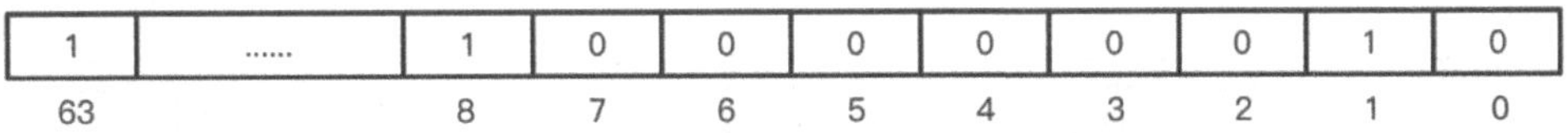

1	……	1	0	0	0	0	0	0	1	0
63		8	7	6	5	4	3	2	1	0

图 4-10　bitmap 的存储结构

在该二进制串中，将位置1、8和63设置为1，其他位置均为0。然后就可以将该二进制串按8位一组进行切割，形成一个uint8的数组。

2. Go语言中实现bitmap

为了存储bitmap形式的数据，首先创建一个自定义结构体来承载bitmap的数据，代码如下：

```go
type Bitmap struct {
    data []uint8
}
```

结构体Bitmap仅有一个成员data。data的数据类型是一个uint8的切片。

然后，定义一个名为set的函数，以将Bitmap的某一位设置为1，代码如下：

```go
func set(bitmap *Bitmap, pos int) {
    // 要将某个位置的二进制设置为1，计算当前切片是否需要扩容
    requiredBits := pos - (len(bitmap.data)<<3 - 1)

    // 若requiredBits大于0，则代表需要扩容
    if requiredBits > 0 {
        // 调用扩容函数
        expandBitmap(bitmap, requiredBits)
    }
    // 将pos右移3位，代表除以8
    elementIndex := pos >> 3

    // 设置对应位置二进制数为1
    bitmap.data[elementIndex] = bitmap.data[elementIndex] | 1<<(pos%8)
}
```

为了尽量保证清晰，下面分步来解释该函数的计算过程：

（1）set()函数有两个参数，bitmap和pos。参数bitmap是一个Bitmap指针；参数pos是一个整数，代表要将哪个位置上的bit值设置为1。

（2）因为pos可能很大，有超过当前data切片所能容纳的最大bit位的可能，所以，首先利用pos - (len(bitmap.data)<<3 - 1)计算可能需要扩容多少个bit位，并赋值给变量requiredBits。

（3）如果requieredBits大于0，代表需要扩展bitmap。此时需要调用expandBitmap()函数来对bitmap进行扩容。

（4）elementIndex := pos >> 3实际是利用pos除以8（因为切片元素为uint8），从而获得第pos个bit位处于data切片中的哪个uint8中。例如，以pos=17为例，pos >> 3得到2，如图4-11所示。

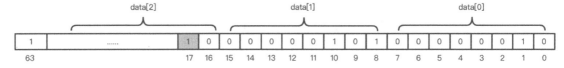

图 4-11　利用 pos 位置除以 8，得到元素在 []data 中的索引

（5）pos%8实际是利用pos对8取余数，计算出将uint8的第几位设置为1。例如，当pos=17时，pos%8=1，如图4-12所示。

（6）1<<(pos%8)，将二进制1左移到具体位置，对于pos=17，1<<1得到00000010。

（7）bitmap.data[elementIndex] = bitmap.data[elementIndex] | 1<<(pos%8)，将uit8的原值与1<<(pos%8)进行或运算，即可在原来的基础上将pos位置设置为1。

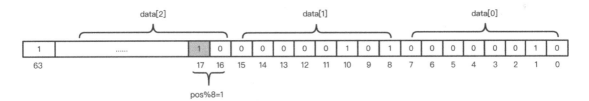

图 4-12 利用 pos 对 8 取余数，得到要设置的 pos 在 uint8 中的位置

与set()函数类似，检查某个bit位的checkPos()函数可以定义为如下形式：

```go
func checkPos(bitmap *Bitmap, pos int) {
    // 如果要获取的pos位置已经超出了当前容量，则该pos位置未设置
    if pos-(len(bitmap.data)<<3) > 1 {
        fmt.Println(pos, "是否存在：", false)
        return
    }

    // pos位置右移3位，代表除以8，可以找到uint8切片中的对应索引
    elementIndex := pos >> 3

    // 1<< (pos%8)，将1左移pos%8，然后与uint8切片中的uint8进行&操作，得到该位置是否为1
    setting := bitmap.data[elementIndex]&(1<<(pos%8)) > 0

    fmt.Println(pos, "是否存在：", setting)
}
```

而用于扩展bitmap的函数expandBitmap()定义如下：

```go
func expandBitmap(bitmap *Bitmap, space int) {
    // 扩展时，需要多少个uint8进行存储
    element2Expand := (space + 7) >> 3

    // 创建新的切片，并复制原有数据
    newData := make([]uint8, element2Expand+len(bitmap.data))
    copy(newData, bitmap.data)

    // 将bitmap的data字段，设置为新的切片
    bitmap.data = newData
}
```

将所有代码置于同一个.go文件，并编写main()函数进行测试：

```go
func main() {
    bitmap := new(Bitmap)
    set(bitmap, 64)
    checkPos(bitmap, 63)
    checkPos(bitmap, 64)
}
```

运行该代码段，输出结果如下：

```
63 是否存在：false
64 是否存在：true
```

3. 总结bitmap的实现

bitmap看上去有着诸多优点——存储空间小、计算速度快等，但是其使用上也有着一定局限性：首先，bitmap针对位置存储，这意味着对应的ID必须是整数；其次，每个位置的数据存储为一个bit位，这意味着只能存储"是/否""开/关"等二元数据。

bitmap存在的理论基础是，在保证信息不丢失的情况下，将部分信息提取为规则——利用位置来代替ID。类比在4.3.5节中提到的自定义结构体hmap，同样可以看到规则的用武之地——每个bmap最多存储8个key-value，然后利用该规则计算元素的内存地址。

4.6.2　利用 timer.Ticker 实现定时任务

定时任务也是一个常见需求。Go语言中的timer.Ticker结构体实现了定时器。本小节通过一个实例讲述如何利用timer.Ticker实现定时任务，并在执行过程中手动取消任务。

1. time.Ticker源码解析

首先打开time.Ticker结构体查看其源码，代码如下：

```
type Ticker struct {
    C <-chan Time
    r runtimeTimer
}
```

代码解析：

（1）在Ticker的结构体中，字段C是一个channel，其中存储的元素为时间类型Time。
（2）字段r是计时器。当定时器启动后，每隔固定时间便会自动将当前时间写入C中。

time包中还提供了名为NewTicker()的方法，用于创建Ticker实例，其源码如下：

```
func NewTicker(d Duration) *Ticker {
    if d <= 0 {
        panic(errors.New("non-positive interval for NewTicker"))
    }
    // 创建缓冲区大小为1的channel
    c := make(chan Time, 1)
    // 将时间channel赋值给Ticker.C，创建定时器实例，并将定时器实例赋值给Ticker.r
    t := &Ticker{
        C: c,
        r: runtimeTimer{
            when:   when(d),
            period: int64(d),
            f:      sendTime,
            arg:    c,
```

```
        },
    }
    // 启动定时器
    startTimer(&t.r)
    return t
}
```

代码解析：

（1）函数NewTicker()接收一个名为d、数据类型为Duration的参数，表示每次触发写入channel的时间间隔。

（2）c := make(chan Time, 1)用于创建一个缓冲区为1的channel。

（3）t := &Ticker用于创建一个Ticker对象指针。

（4）在Ticker结构中，C为大写，代表可以在包外访问；r为小写，代表计时器对象被封装起来，无法在包外进行访问和修改。

（5）startTimer(&t.r)表示当创建Ticker实例后，立即启动计时器。一旦计时器启动，会每隔一定时间向Ticker.C（该字段是一个channel指针）中写入时间元素。我们在外部读取channel指针中的数据，如果不能成功读取，则代表时间未到，后续代码执行将被阻塞；如果成功读取到数据，则代表到达了指定的时间间隔。

2. 定时器使用实例

定时任务是常见的需求场景，我们可以利用time.Ticker实现，例如每秒钟执行一次打印输出。另外，还可以从控制台发送"取消定时执行"的信号。代码清单4-16演示了该场景的实现。

代码清单4-16　利用channel实现定时执行和取消

```
package main
import (
    "fmt"
    "os"
    "time"
)
// 定时执行任务
func doRunning(messageChan chan int) {
    // 创建并启动定时器，每秒执行一次
    c := time.Tick(1 * time.Second)

    for {
        // select用于判断channel操作。当某个case中的通道读取成功时，将执行对应的分支代码
        select {
        case <-messageChan:
            fmt.Println("收到外部信号，停止执行")
            return
```

```
        // 若所有case中的通道操作均被阻塞，则执行默认操作
        // 此处，从定时器的channel中读取时间信息，并打印到控制台
        default:
            runningTime := <-c
            fmt.Printf("定时器任务，执行时间: %v\n", runningTime)
        }
    }
}

// 取消执行
func cancelRunning(messageChan chan int) {
    // 初始状态为阻塞，直至从标准输入（默认为键盘）中获取到数据，一旦有输入就结束当前阻塞状态
    os.Stdin.Read(make([]byte, 1))

    // 向messageChan中写入1
    messageChan <- 1
}

func main() {
    // 创建一个channel，用于存储消息
    messageChan := make(chan int)

    // 利用子协程分别执行doRunning()和cancelRunning()函数，并将messageChan作为函数参数
    go doRunning(messageChan)
    go cancelRunning(messageChan)

    // select会阻塞执行，无论从哪个channel中读取到数据，都将解除阻塞状态
    time.Sleep(100 * time.Second)
}
```

代码解析：

（1）函数doRunning(messageChan chan int){...}接收一个名为messageChan的channel参数。

（2）在doRunning()的函数体中，利用c := time.Tick(1 * time.Second)创建并启动了一个Ticker对象，并返回Ticker对象的channel字段——C。

（3）在doRunning()的函数体中，在for循环体中执行select操作。在select操作中，当成功从messageChan中读取数据时，退出整个函数；否则，将从定时器的channel中获得并打印当前时间。

（4）函数cancelRunning(messageChan chan int) {...}接收一个名为messageChan的channel参数。

（5）在cancelRunning()函数体中，os.Stdin.Read()用于从标准输入（默认情况下为键盘）中读取数据。默认情况下，将阻塞代码执行。当能够从标准输入获得数据时，解除阻塞。

（6）在cancelRunning()函数体中，messageChan <- 1用于向messageChan中写入数据1。

（7）在main()函数中，创建一个channel对象（变量messageChan），并将它传入函数doRunning()和cancelRunning()中 。然后，利用子协程分别执行这两个函数。

（8）函数doRunning()和cancelRunning()持有同一个channel对象。在cancelRunning()中向messageChan中写入的数据，能够在doRunning()中读取，从而改变其执行流程。

如果在执行过程中，利用键盘输入任意字符，那么，定时器任务会被中断，如下所示。

```
定时器任务，执行时间：2023-03-20 08:57:58.28826 +0800 CST m=+1.000702150
定时器任务，执行时间：2023-03-20 08:57:59.28861 +0800 CST m=+2.001088858
定时器任务，执行时间：2023-03-20 08:58:00.288964 +0800 CST m=+3.001479800
定时器任务，执行时间：2023-03-20 08:58:01.29043 +0800 CST m=+4.002982739
定时器任务，执行时间：2023-03-20 08:58:02.290055 +0800 CST m=+5.002644447
定时器任务，执行时间：2023-03-20 08:58:03.290994 +0800 CST m=+6.003620325
定时器任务，执行时间：2023-03-20 08:58:04.290902 +0800 CST m=+7.003565766
A
定时器任务，执行时间：2023-03-20 08:58:05.289778 +0800 CST m=+8.002477739
收到结束信号，停止执行
```

4.7　本章小结

本章着重讲述了Go语言中的复杂数据类型的使用及实现原理。复杂数据类型通常包含若干字段，而Go语言提供了各种函数来操作这些复杂数据类型。这些函数为我们的开发提供了极大的便利，同时屏蔽了一系列复杂的底层操作。

对于切片来说，尤其需要注意的是，调用make()函数创建的切片对象是一个值类型，而不是一个指针；切片对象传入函数时，会对值变量进行复制；底层数组往往在多个切片之间共享，当追加元素时，有可能会生成新的底层数组；切片对于元素的修改，可能会影响到共享数组的其他切片。

对于channel来说，除了其使用策略外，尤其要注意它与消息队列在设计理念上的区别。同时，channel也并不是协程间的同步专用策略。协程的并发和同步，将在第9章进一步讲述。

对于map和bitmap，本章讲述了其内部结构和实现原理。除此之外，还提供了一种思维方式——从存储的数据中提取规则，将实际的存储内容转化为规则计算。很多数据压缩策略也正是基于这一思想实现的。

第 5 章

流程控制

5

流程控制是所有编程语言都绕不开的话题。流程控制可以分为分支控制、循环控制和跳转控制。如果我们将程序看作一行行顺序执行的指令，那么流程控制的本质就是打破顺序执行，让程序按照一定的规则进行跳跃式执行，即三种流程控制都可以统一为跳转控制。

本章内容：

❋ 分支控制

❋ 循环控制

❋ 跳转控制

5.1 分支控制

分支控制出现的前提是有一组并列且互斥的动作，在不同的场景下会执行不同的动作。分支控制的责任并非执行动作，而是选择执行哪些动作。在Go语言中，可以利用if语句和switch语句来实现分支控制。

5.1.1 if 语句实现分支控制

if是最常用的分支控制语句，其后往往是判断条件。在Go语言中，if语句的语法格式如下：

```
if condition1 {
    // operation1
} else if condition2 {
    // operation2
} else {
    // default operation
}
```

与其他编程语言不同的是，condition表达式并不需要用小括号来限定，Go语言一贯遵循尽量简洁的设计理念。从必要性上来说，if关键字和后续的条件只使用空格即可区分，的确可以无须小括号。下面用最简单的场景来演示if条件的使用，如代码清单5-1所示。

代码清单5-1　if的使用场景

```
package main

import "fmt"

func main() {
    a := 1
    b := 2

    if a > b {
        fmt.Println("a > b")
    } else if a == b {
        fmt.Println("a = b")
    } else {
        fmt.Println("a < b")
    }
}
```

该代码段非常简单，用于比较变量a和b的大小，并打印a>b、a=b和a<b三种比较结果。从代码意图上说，真正的操作是打印a和b的比较结果，而if语句只是为了控制代码的跳转。

5.1.2　switch 语句实现分支控制

如果条件分支过多，那么多个if-else的罗列可能会增加阅读的困难，我们可以转而采用switch语句来实现分支控制。代码清单5-2演示了使用switch语句将英文字符转换为中文的场景。

代码清单5-2　switch-case分支的使用

```
package main

import "fmt"

func main() {
    tag := "h"

    switch tag {
    case "h":
        fmt.Println("高")
    case "m":
        fmt.Println("中")
    case "l":
        fmt.Println("低")
```

```
        default:
            fmt.Println("未知")
        }
    }
```

代码解析：

（1）switch指定了分支控制的判断依据——变量tag的值。

（2）在各个case分支中，利用变量tag的值分别与字符串"h""m""l"进行比较，一旦匹配成功，就打印对应的中文字符串。

（3）default用于指定所有case分支均不匹配时的默认操作。

switch-case结构是很多编程语言都支持的语法结构，对比其他编程语言的switch-case语法，我们会发现它在Go语言中有以下特点：

（1）每个case的操作语句中不需要专门的break语句。这一点在Java语言中尤其明显。虽然break的语法非常简单，但却极易造成程序员的疏忽和遗漏，引发程序Bug，Go语言中会自动增加break语句，从而避免了这一尴尬的局面。

（2）case语句直接支持了字符串匹配，不存在数据类型的限制。对比Java语言，JDK 7之前的版本不能支持字符串。Go语言的设计直接一步到位，不会对case比较时的数据类型进行限制。

5.1.3 分支控制的本质是向下跳转

if语句的本质可以看作控制跳转，更确切地说是向下跳转。我们利用搭乘公交车的场景来描述这一行为。

（1）公交车票价2元。

（2）上车打卡时，先检查余额并扣款；如果扣款成功，则判断有无空座；如果有座，则提示"请坐"；否则，提示"暂时无座"。

（3）如果扣款不成功，则代表余额不足，不能上车。

下面用如图5-1所示的简易流程图来描述整个跳转过程。

在图5-1中，利用虚线标出了关键的程序跳转路径，可以看出if判断的本质是代码越过一定行数，向下跳转。

同样地，case语句也可以视作向下跳转，每次匹配后，程序均会跳转到switch语句的结束。

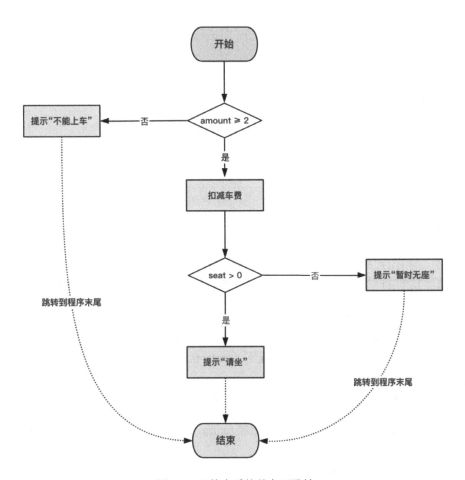

图 5-1 if 的本质就是向下跳转

5.1.4 避免多层 if 嵌套的技巧

if语句可以多层嵌套，以实现复杂的分支控制。针对前面搭乘公交车的执行流程，最直接的代码形式如代码清单5-3所示。

代码清单5-3 含有多层if嵌套的实例

```
package main

import "fmt"

func main() {
    amount := 2
    seats := 1
    // 判断余额
    if amount >= 2 {
```

```
            amount = amount - 2

            // 判断座位数
            if seats > 0 {
                fmt.Println("请坐")
            } else {
                fmt.Println("暂时无座")
            }
        } else {
            fmt.Println("余额不足，请先充值")
        }
    }
```

代码解析：

（1）第一层的if判断amount >= 2，是对余额进行判断。

（2）第二层的if判断seats > 0，是在余额足够的情况下对座位数进行判断。这就形成了嵌套的if判断。

在只有两层嵌套的情况下，代码逻辑尚可把握。但是，如果嵌套层级过多，将会为代码阅读者带来极大困扰。例如，在有座的情况下（seats>0），如果有靠窗的位置（第三层嵌套），优先选择靠窗位置等逻辑。

针对上例，我们可以利用以下技巧尽量让嵌套层级变少，降低代码复杂度。

（1）尽快返回：让条件不匹配的分支直接return，从而打平第一层if判断，如代码清单5-4所示。

代码清单5-4　利用尽快返回原则，削减if判断的层级

```
package main

import "fmt"

func main() {
    amount := 2
    seats := 1

    // 如果余额不足，则直接返回
    if amount < 2 {
        fmt.Println("余额不足，请先充值")
        return
    }
    amount = amount - 2

    if seats > 0 {
        fmt.Println("请坐")
    } else {
```

```
        fmt.Println("暂时无座")
        }
    }
```

　　在该代码段中，针对余额不足的情况（amount＜2），直接返回，从而避免代码执行到后续逻辑。原本的第二层判断seats是否大于0，成为顶层判断。

　　（2）提取函数：有时候，面对非常复杂的嵌套一时无法理清，则可以利用提取新函数的途径让代码在形式上成为单层判断，如代码清单5-5所示。

代码清单5-5　抽取包含if判断的函数，在主逻辑层面减少判断层级

```go
package main

import "fmt"

func main() {
    amount := 2
    seats := 1

    if amount >= 2 {
        amount = amount - 2
        // 调用提取出的seat()函数，座位的if判断封装到seat()函数中
        seat(seats)
    } else {
        fmt.Println("余额不足，请先充值")
    }
}

func seat(seats int) {
    if seats > 0 {
        fmt.Println("请坐")
    } else {
        fmt.Println("暂时无座")
    }
}
```

　　将处理座位的if判断封装到函数seat()中进行处理。在main()函数中，原本两层嵌套的条件判断变成了单层，从而让阅读者感觉更加清晰。此外，提取新的函数还会带来额外的好处，即很多逻辑上不合理或者错误之处往往很容易显现出来。

　　技巧　在GoLand中，选择要提取方法的代码块，按组合键Ctrl+Alt+M（Windows环境）或Command+Option+M（macOS环境）即可提取新的方法。

5.2　循环控制

Go语言中的循环利用for关键字来实现，但并没有像其他编程语言那样提供while等其他实现形式。因此，Go语言中的循环在语法数量上已经尽力做到了极简。

5.2.1　for 循环

对于for循环而言，无论循环体中的逻辑如何，关键问题都在于执行次数。因此，循环便分为有限次数的循环和无限循环。

1. 利用for关键字实现有限次数的循环

首先我们要讨论的是具有固定次数的循环，这也是最常用的方式。例如，要将1~50的数字相加，其代码形式如代码清单5-6所示。

代码清单5-6　利用for循环实现数字累加

```go
package main

import "fmt"

func main() {
    total := 0
    for i := 1; i <= 50; i++ {
        total += i
    }

    fmt.Println("1~50的和为: ", total)
}
```

代码解析：

（1）Go语言中的for循环同样遵循了常见的三段式语法，即初始化操作（i:=1）、条件判断（i<=50），以及每次循环执行后的操作（i++）。三个表达式之间利用分号进行分隔。

（2）需要注意的是，与if判断的形式类似，for之后的条件表达式同样不需要小括号进行限定。

执行该代码，其输出内容如下：

```
1~50的和为: 1275
```

2. 利用break跳出无限循环

当然，条件判断也可以不出现在for关键字之后，而是出现在循环体中。此时的for语句中不会出现次数限制，而结束循环则需要使用break关键字，如代码清单5-7所示。

代码清单5-7　利用break跳出循环

```go
package main

import "fmt"

func main() {
    total := 0
    i := 1
    for {
        if i > 50 {
            // 利用break跳出循环
            break
        }
        total += i
        i++
    }

    fmt.Println("1~50的和为: ", total)
}
```

代码解析：

（1）在该代码段中，for之后没有任何条件表达式，如果没有其他限制，这将是一个无限循环。

（2）在循环体中，if i>50 {break}用来判断变量i的值是否大于50，如果条件符合，则跳出循环。

其他编程语言中的while-break形式的伪代码如下：

```
int total = 0
int i = 1
while(true) {
    if (i > 50) {
        break
    }
    total += i
    i++
}
```

类比其他编程语言中的while-break的循环语法，Go语言都统一到了for-break。

5.2.2　for-range 循环

for-range循环语法用于处理array、slice、string、channel和map的循环。其中的range关键字也表明了其后是一个带有范围限制的结构。代码清单5-8演示了如何使用for-range循环打印数组中的所有元素。

代码清单5-8   循环打印数组元素

```go
package main

import "fmt"

func main() {
    arr := [3]string{"a", "b", "c"}
    for _, e := range arr {
        fmt.Println(e)
    }
}
```

代码解析：

（1）在该代码段中，for-range针对数组的每次循环都会得到两个返回值：第一个为元素的索引，第二个为元素本身。

（2）如果两个值并不会被后续程序使用到，那就可以利用匿名变量来占位。例如for _, e := range arr中的_，将忽略元素的索引值。

（3）如果忽略匿名变量，for循环的形式写作 for e := range arr，那么变量e获得的实际是元素的索引值，而并非元素本身。这也是Go语言初学者非常容易忽视的一个问题。

执行该代码段，其输出如下：

```
a
b
c
```

在for-range所支持的数据结构中，尤其需要注意的是string。对于string类型，for-range是循环获得其中每个字符的最简洁的方式，如代码清单5-9所示。

代码清单5-9   循环打印字符串中的字符

```go
package main

import "fmt"

func main() {
    s := "Go语言是一门简洁的编程语言"
    for _, e := range s {
        fmt.Print(string(e))
    }
}
```

代码解析：

（1）在该代码段中，变量s是一个混合了中、英文字符的字符串。

（2）在for-range循环中，利用变量e来接收每次循环获得的元素，此时的元素为rune类型。

（3）调用string(e)函数将rune强制转换为字符串，以获得每个元素的字符串形式。

表5-1列举了各种数据结构在for-range循环中的处理规则。

表 5-1 for-range 循环规则

数据结构	循环获取的返回值
array/slice	第一个值是索引位置，第二个值是元素
string	第一个值是索引位置，第二个值是字符的 rune 值
map	第一个值是 key，第二个值是 value
channel	只有一个值，即 channel 中的元素

05

5.2.3 循环控制的本质是向上跳转

在5.1节的内容中，我们将if抽象为向下跳转。相应地，无论是for循环还是for-range循环，都可视作向上跳转。以代码清单5-6（累加1~50）为例，其执行路径如图5-2所示。

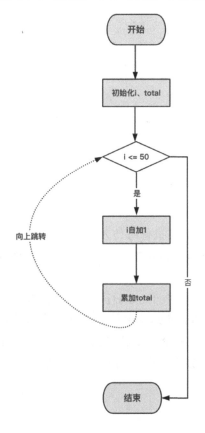

图 5-2 for 循环体现了向上跳转的思想

5.2.4 循环和递归的区别

循环和递归就像一对兄弟。循环是每次都执行相同的代码块，而递归也是在不断执行同一代码块。利用循环可以解决的问题，往往也能利用递归完成。例如，累加1～50的所有整数的代码，同样可以利用递归实现，如代码清单5-10所示。

代码清单5-10　利用递归实现数字累加

```
package main

import "fmt"

func main() {
    i := 1
    total := 0

    total = cumulate(i, total)

    fmt.Println("1~50的和为: ", total)
}

func cumulate(i, total int) int {
    // 符合条件，则结束当前函数，也意味着递归结束
    if i > 50 {
        return total
    }

    // 在cumulate()函数内部调用cumulate()，只是传递的参数值不同
    total = cumulate(i+1, total)
    return total + i
}
```

代码解析：

在该代码段中，cumulate()函数在执行时传入了参数i和total；在cumulate()函数内部，又再次调用了cumulate()函数，传递的参数值发生了变化；最后，将当前total和i相加后作为cumulate()函数的返回值。

在cumulate()的函数体中，如果将cumulate(i+1, total)看作下一次调用要处理的事务，那么total+i则是本层调用要处理的事务。递归调用与for循环的本质区别在于：递归函数的函数体中除了能够处理"下一层调用"外，还能够处理自己"本层调用"的自有事务；而循环则不同，循环体中的每次操作之间是完全独立、并列、没有任何关联的，单次循环只能完成循环体内的自有事务。

5.3 跳转控制

跳转控制的关键字为goto。对于goto关键字，我们的印象往往是各种编程语言最佳实践中提到的"避免使用goto关键字进行跳转"。笔者认为，这样做的主要原因是goto关键字过于灵活，可以跳转到当前函数的任意位置，会带来代码逻辑上的难于阅读和把握。

5.3.1 goto 关键字的使用

goto关键字的用途在于可以向上或者向下跳转，而不会像if语句和for语句那样只能向单个方向跳转。

1. break的局限性

在for循环中，虽然利用break可以跳出循环，但break语句只能跳出当前循环；这对于多层循环逻辑有时会显得力不从心。

例如，有一个map类型的变量，其数据类型为map[string][]int，其中的key为字符串类型，value为整型切片。要查找是否存在值为100的value元素，其代码如代码清单5-11所示。

代码清单5-11　通过两层循环查找目标值

```
package main

import "fmt"

func main() {
    var m = make(map[string][]int)
    m["a"] = []int{1, 2, 5}
    m["b"] = []int{10, 20, 50}
    m["c"] = []int{100, 200, 500}

    var result = false
    // 第一层循环，遍历map中的key-value，以获得每个切片
    for _, v := range m {

        // 第二层循环，对于map键一值对中每个切片类型的value，循环切片元素，并判断是否等于100
        for _, e := range v {
            if e == 100 {
                result = true
            }
        }
    }

    fmt.Println("查找100的存在可能性，结果为：", result)
}
```

代码解析：

（1）在该代码段中，两层嵌套的for-range代表整个逻辑含有两层循环。

（2）第一层循环遍历map获得多个切片。

（3）第二层循环遍历单个切片，来检查切片元素中是否含有100这个整数。

（4）如果查找到目标，则将变量result的值修改为true。

执行该代码段，其输出如下：

```
查找100的存在可能性，结果为： true
```

表面看上去一切都很正常，但很明显两层循环操作是存在着浪费的。当我们第一次找到100时，最终结果一定为true，此时应该立即跳出所有循环。常规方案是利用break语句，但break只能跳出当前层级的循环，即如果只在第二层循环中利用break语句，则无法结束第一层循环操作。此时，利用goto可以直接跳出所有循环。

2. 利用goto跳出嵌套循环

代码清单5-11可以修改为如下形式：

```go
package main

import "fmt"

func main() {
    var m = make(map[string][]int)
    m["a"] = []int{1, 2, 5}
    m["b"] = []int{10, 20, 50}
    m["c"] = []int{100, 200, 500}

    var result = false
    // 第一层循环，遍历map中的key-value，以获得每个切片
    for _, v := range m {

        // 第二层循环，对于map键-值对中的切片类型的value，循环切片元素，并判断是否等于100
        for _, e := range v {
            if e == 100 {
                result = true

                // 若找到值为100的切片元素，则直接跳转到searchEnd处
                goto searchEnd
            }
        }
    }

searchEnd:
    fmt.Println("查找100的存在可能性，结果为： ", result)
}
```

代码解析：

（1）在该代码段中，利用"searchEnd:"定义了一个名为searchEnd的标签，该标签不属于有效指令，仅仅是代码位置的标识。

（2）goto searchEnd表示当切片元素匹配100成功后，就直接跳转到searchEnd处继续执行，这也意味着立即跳出了两层嵌套循环。

> searchEnd并不会进行任何实质性操作，仅仅是一个代码位置的标识，这就引出了另外一个问题——标签可以定义在当前函数的任意位置，而且几乎没有任何机制来验证标签位置是否正确，也就是说，标签的位置几乎不受语法的约束，即使有人不小心移动了标签的位置，也很难被发现。这无疑为代码带来了更大的复杂度。

5.3.2　goto 的本质是任意跳转

在前面的内容中我们提到，if控制跳转可以视作向下跳转，而循环跳转可以视作向上跳转。很明显，goto可以向代码标签标识的任意位置进行跳转。这也正是流程控制的本质——打破语句的顺序执行，丰富程序的执行流程。

5.4　编程范例——流程控制的灵活使用

5.4.1　for 循环的误区

Go语言中的循环形式简单易用，但是其中也存在着很多细节问题。本小节通过实例来分析其中容易产生误解的细节问题。

1. for-range循环中变量的理解

在for-range循环中，我们经常会看到如下形式的代码：

```
for _, e := range arr {
    fmt.Println(e)
}
```

从形式上看，变量e用于捕获每次循环获得的元素值。那么，每次的e是一个全新声明的变量，还是所有循环次数都使用同一个变量呢（毕竟":="往往用于变量的声明和初始化）？

我们首先打印变量e的物理地址来进行验证，如代码清单5-12所示。

代码清单5-12　验证for-range循环中是否产生新变量

```
package main

import "fmt"
```

```go
func main() {
    arr := [3]string{"a", "b", "c"}
    for _, e := range arr {
        // 循环打印变量e的物理地址
        fmt.Printf("%p\n", &e)
    }
}
```

在循环体内部，利用fmt.Printf("%p\n", &e)打印变量e的指针。执行该代码段，其输出如下：

```
0xc000010250
0xc000010250
0xc000010250
```

可以看出，循环输出的变量e的物理地址完全相同。由此可以推断，在整个循环执行过程中，变量e是同一个变量。这其实也符合for循环的三段式声明：循环开始前的初始化、每次循环的判断条件、每次循环结束后的操作。

2. 循环体操作变量指针

通过代码清单5-12的输出结果知道，for-range循环中变量只会声明一次。我们进一步将程序修改为代码清单5-13所示的代码段。

代码清单5-13　循环体中操作变量指针

```go
package main

import "fmt"

func main() {
    // 定义包含 "a" "b" "c" 3个元素的数组
    arr := [3]string{"a", "b", "c"}

    // 声明字符串指针切片result
    var result []*string
    for _, e := range arr {
        // 将变量e的内存地址追加到切片result中
        result = append(result, &e)
    }

    for _, e := range result {
        // 打印切片result的每个元素
        fmt.Println(*e)
    }
}
```

代码解析：

（1）在该代码段中，变量arr是一个含有3个字符串元素的数组。

（2）变量result被声明为一个切片，其中的元素均为字符串指针。

（3）在for _, e := range arr{...}的循环体中，将e的指针追加到result中。

（4）在for _, e := range result{...}的循环体，依次打印result中每个指针元素的内容。

执行该代码段，输出如下：

```
c
c
c
```

连续打印出的3个"c"，而非"a""b""c"，这是否与我们的预期不同呢？

这是因为在循环处理数组arr的过程中，变量e是同一个变量。这意味着&e一直是同一个值，即变量e的内存地址。循环将&e添加到切片result时，result中的所有元素均为变量e的指针。在数组arr的循环结束后，变量e的最终内容被定格为字符串"c"。因此，打印切片result中的元素内容时，会打印出3个"c"，而非"a""b""c"。

展示整个执行过程如图5-3所示。

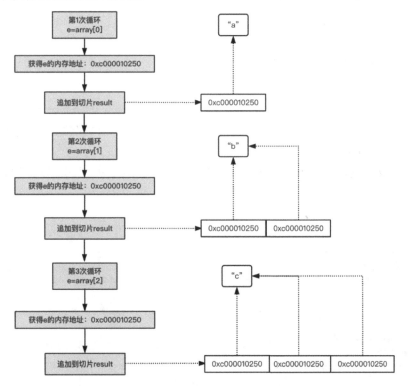

图5-3　切片 result 中的元素均指向字符串"c"

5.4.2　switch-case 的灵活使用

1．合并重复的case语句

流程控制结构switch-case能够让分支看起来更加清晰。但是，有时候我们会对多个case使用相同的处理语句，常规写法会稍显烦琐。代码清单5-14演示了如何按照学生成绩等级判断是否通过考试。

代码清单5-14　case条件相同的分支判断

```go
package main

import "fmt"

func main() {
    grade := "A"

    switch grade {
    case "A":
        fmt.Print("考试通过")
    case "B":
        fmt.Print("考试通过")
    case "C":
        fmt.Print("考试通过")
    case "D":
        fmt.Print("考试不通过")
    }
}
```

在该代码段中，当grade为"A""B""C"时，其处理逻辑完全相同，因此，出现了3条重复的语句fmt.Print("考试通过")。

对于case分支来说，可以合并多个相同匹配的分支，从而合并代码。以上代码段可以修改为如下形式：

```go
package main

import "fmt"

func main() {
    grade := "A"

    switch grade {
    case "A", "B", "C":
        fmt.Print("考试通过")
    case "D":
        fmt.Print("考试不通过")
    }
}
```

代码解析：

（1）分支判断case "A", "B", "C"，代表匹配其中任意一个值时，都将进入对应的分支处理。

（2）多个匹配值之间利用逗号分隔。此时，将省略重复的打印语句。

2. case语句中使用布尔表达式

对于switch-case语句，除了进行枚举值的匹配外，还可以直接对布尔表达式进行判断。例如，同样在成绩判断的场景中：85分及以上的成绩等级为A，70~84分的成绩等级为B，60~69的成绩等级为C，低于60的成绩等级为D。利用枚举实现显然比较困难，此时便可利用布尔表达式进行处理，如代码清单5-15所示。

代码清单5-15　case语句中利用布尔表达式判断等级

```go
package main

import "fmt"

func main() {
    score := 86

    printGrade(score)
}

func printGrade(score int) {
    switch {
    case score >= 85:
        fmt.Print("等级A")
    case score >= 70:
        fmt.Print("等级B")
    case score >= 60:
        fmt.Print("等级C")
    default:
        fmt.Print("等级D")
    }
}
```

代码解析：

（1）函数printGrade()用于对分数进行判断，根据不同的分数段打印等级。

（2）此时，switch关键字后不再使用变量或者表达式，即不再使用枚举形式。

（3）case score >= 85、case score >= 70等布尔表达式分支依次执行，当表达式为true时，将执行其逻辑体，然后跳出switch判断。

执行该代码段，分数86的所属等级如下：

```
等级A
```

5.5　本章小结

　　本章讲述了流程控制中最常见的3种形式：分支控制、循环控制和跳转控制。我们将三种流程控制都统一到"代码跳转"这一层面。虽然goto关键字被诟病已久，但在逻辑可控并保证跳转清晰的情况下，还是值得学习和使用的。

　　另外，本章还讨论了循环和递归在认知上的区别，我们将这种区别抽象为：循环语句中，循环体每次只执行自己的任务；而递归函数的函数体在处理自有事务的同时，还可以调用下一层的处理。利用递归往往可以代替循环；反之，循环往往不能用来代替递归。

第 6 章

函数

在前面的内容中，已经不止一次使用到函数，毕竟一个程序的运行，肯定离不开函数。例如，main()函数本身就是程序运行时不可或缺的函数。本章将详细分析Go语言中函数的结构及使用。

本章内容：

❋ 函数在Go语言中的地位
❋ 函数的定义
❋ 函数的管理
❋ 函数的调用和执行
❋ 将函数作为变量使用
❋ 匿名函数和闭包
❋ 函数的强制转换

6.1 函数在 Go 语言中的地位

函数在Go语言中非常重要，在.go文件中，函数定义往往出现在第一层级，如代码清单6-1所示。

代码清单6-1　函数定义出现在.go文件的第一层级

```
package main

import "fmt"

func main() {
    // 程序入口，主逻辑
}
```

```
func cumulate(i, total int) int {
    // 累加计算逻辑
}

func formatOutput() {
    // 格式化输出
}
```

在该代码段中，共定义了3个函数：main()、cumulate()和formatOutoupt。其中main()是程序的执行入口，而cumulate()和formatOutput()是普通函数。函数cumulate()有两个参数，即i和total；main()和formatOutput()没有参数。

从定义形式上可以看出，Go语言的函数出现在第一层级。

Go语言的函数包括func关键字、函数名、参数列表、返回值列表和函数体。例如，定义一个Go函数getStudent：

```
func getStudent(id int, classId int)(name string,age int) {
//函数体
  if id==1&&classId==1{

  name = "BigOrange"
  age = 19
}
  //返回值
  return name, age // 支持多个返回值
}
```

可以看到，上述函数定义中包括func（关键字）、getStudent（函数名）、（id int, classId int）（参数列表）、（name string,age int）（返回值列表）和函数体部分。

Go语言支持可以有多个返回值，并且放在参数列表后面。

注意，小写字母开头的函数只在本包内可见，大写字母开头的函数可被其他包使用。

6.1.1　Go 语言中函数和方法的区别

函数和方法是两个比较容易混淆的概念。但笔者认为二者并没有本质的区别，只是专业术语的不同说法而已。在Go语言中，关于二者的区别比较流行的解释是：函数是全局定义，调用时不会有特别的限制；而方法附着在对象上（例如利用自定义结构体new出来的对象），必须通过对象才能实现方法的调用。例如，有一个代表长方形的自定义结构体Rectangle，其定义如下：

```
type Rectangle struct {
    Length int
    Width  int
}
```

下面以该结构体为例来讲述函数和方法的不同定义形式。

1. 函数的定义形式

首先定义一个计算Rectangle面积的函数——calcArea()，定义如下：

```
func calcArea(rectangle Rectangle) int {
    return rectangle.Length * rectangle.Width
}
```

在该函数中，rectangle作为参数传入函数体。

该函数的调用形式也非常简单，如以下代码所示：

```
rectangle := Rectangle{10, 5}
calcArea(rectangle)
```

2. 方法的定义形式

在面向对象编程语言中，方法是附着在对象上的。在Go语言中也支持类似的写法，方法的定义方式如下：

```
func (rectangle Rectangle) calcArea() int {
    return rectangle.Length * rectangle.Width
}
```

从形式上看，原本函数中的参数（rectangle Rectangle）出现在了函数名calcArea之前，表示函数calcArea隶属于Rectangle。从概念上讲，calcArea()是Rectangle的方法，Rectangle被称作方法的接收者（receiver）。如果需要调用该方法，可以使用如下形式：

```
rectangle := Rectangle{10, 5}
rectangle.calcArea()
```

术语名称上的区别并不是问题的关键所在，毕竟二者定义时的关键字都是func。我们需要重点理解的是方法的定义形式，实际是在向面向对象的编程风格靠拢。

6.1.2　重新理解变量声明中数据类型出现的位置

我们知道，在Go语言中声明变量时，数据类型出现在变量名之后，这与大多数编程语言中的顺序恰恰相反。虽然业界有着语法习惯更好理解等种种解释，但我们仍然可以尝试从方法定义的角度来进行理解。

在大多数编程语言中，方法声明时的返回值往往出现在方法名之前。以计算长方形面积为例，Java中的语法形式如下：

```
public int calcArea() {    // 其中的返回值类型int出现在方法名calcArea之前
    // 具体计算逻辑
```

```
        return result;
    }
```

而为了支持方法声明，在Go语言中，返回值的位置可能会被接收者（receiver）所占用，所以返回值会被放到函数声明的最后。例如：

```
func (rectangle Rectangle) calcArea() int
```

在该方法声明中，int为返回值类型，出现在方法名之后。我们知道函数和变量（当然也包括常量）可以统一为表达式的概念，因此函数的声明可以概括为：

表达式+返回值类型

变量声明在保持格式统一的情况下，其顺序遵循变量名+变量类型，也就可以理解了。

6.2　函数的定义

处在Go语言中的第一层级，函数有着自己的特色。函数的基本组成部分包括函数名、参数、返回值。本节将重点讲述函数的参数和返回值在使用时的注意事项。

6.2.1　函数的参数

Go语言中，函数的参数在传入时使用的是完全复制的策略。Go语言中的数据类型分为值类型和指针类型，对应的函数中的参数也有值类型和指针类型之分。因此，我们也需要特别关注传入参数的类型是值类型还是指针类型。

代码清单6-2演示了数组在参数传递的过程中，值类型和指针类型的不同。

代码清单6-2　值类型和指针类型参数的区别

```
package main

import "fmt"

// 数组值类型，在函数内部修改元素值
func changeElement(arr [5]int) {
    arr[0] = 0
}

// 数组指针类型，在函数内部修改元素值
func changeElementByPointer(arr *[5]int) {
    arr[0] = 0
}

func main() {
    // 定义数组
    arr := [5]int{1, 2, 3, 4, 5}
```

```
    // 以值类型为参数，尝试修改元素值
    changeElement(arr)
    // 打印修改效果
    fmt.Println("执行changeElement后:", arr[0])

    // 以指针类型为参数，尝试修改元素值
    changeElementByPointer(&arr)
    // 打印修改效果
    fmt.Println("执行changeElementByPointer后:", arr[0])
}
```

代码解析：

（1）arr := [5]int{1, 2, 3, 4, 5}定义了一个数组变量arr，该数组元素的值为1~5。

（2）func changeElement(arr [5]int)定义了函数changeElement()，参数array的类型为[5]int，这是一个数组类型的值。

（3）changeElementByPointer(arr *[5]int)定义了函数changeElementByPointer()，参数的类型为*[5]int，这是一个数组指针。

（4）两个函数都期望将数组的第一个元素值（索引位置为0）修改为0。

执行该代码段，其输出如下：

```
执行changeElement后: 1
执行changeElementByPointer后: 0
```

从输出结果可以看出，当参数是值类型时，无法修改原数组的内容。这是因为值类型是将原始的内容重新复制一份，在函数内部进行操作不会对原数组产生影响。与之相对的是，针对指针类型，复制到函数中的参数是数组的内存地址，参数和原始变量均指向同一内存地址，针对内存地址的操作均会反映到原数组中。

另外，从资源消耗的角度来看，值传递往往占用更多内存，CPU也要执行更多的复制操作；而指针往往更节省空间，但存在原始变量被修改的风险。

6.2.2　函数的返回值

Go语言函数的返回值有两个特点：一是其位置处于函数声明的最后；二是允许出现多个返回值。多返回值这一特性使得我们不必像其他编程语言那样必须增加冗余对象来实现多返回值。例如，在一组所有元素均大于0的切片中，期望通过一个函数来同时获取最大值和最小值。代码清单6-3演示了如何利用多返回值来实现。

代码清单6-3　一个函数同时返回最大值和最小值

```
package main
```

```go
import "fmt"

func main() {
    arr := []int{101, 25, 37, 40, 5, 10, 19, 32}

    // 同时返回最大值和最小值
    max, min := getMaxMin(arr)
    fmt.Printf("max 物理地址, %p\n", &max)
    fmt.Printf("min 物理地址, %p\n", &min)

    fmt.Println("最大值为: ", max)
    fmt.Println("最小值为: ", min)
}

// 函数声明中的返回值为两个int
func getMaxMin(arr []int) (int, int) {
    // 定义max变量, 并将它赋值为0
    max := 0
    // 定义min变量, 并将它赋值为math.MaxInt64
    min := math.MaxInt64

    for _, e := range arr {
        // 如果当前值大于max, 则将max置为当前值
        if e > max {
            max = e
        }

        // 如果当前值小于min, 则将min置为当前值
        if e < min {
            min = e
        }
    }
    fmt.Printf("max 物理地址, %p\n", &max)
    fmt.Printf("min 物理地址, %p\n", &min)

    // 返回两个变量max、min
    return max, min
}
```

代码解析:

(1) arr := []int{101, 25, 37, 40, 5, 10, 19, 32}定义了一个切片, 其中的数值均为大于0的整数。

(2) func getMaxMin(arr []int) (max int, min int)中定义了两个返回值: max和min。

(3) 在函数体的开头, 利用max = 0和min = math.MaxInt64为两个返回值赋予初始值。

(4) 对于切片arr, 通过for-range循环将其中的元素分别与max和min进行比较, 最终获得切片元素中的最大值和最小值。

(5) max, min := getMaxMin(arr), 利用两个变量同时接收两个返回值。

执行该代码段，其输出如下：

```
最大值为： 101
最小值为： 5
```

如同数据库存储过程中的输出参数，我们可以提前在返回值列表中声明变量，然后在函数体中为变量赋值。通过这种方式，可以省略return语句后的变量列表。例如，将函数getMaxMin()的定义修改为如下形式：

```
// 带名称的返回值，相当于提前声明了变量max和min
func getMaxMin(arr []int) (max int, min int) {
    max = 0
    min = math.MaxInt64

    for _, e := range arr {
        if e > max {
            max = e
        }

        if e < min {
            min = e
        }
    }

    fmt.Printf("max 物理地址, %p\n", &max)
    fmt.Printf("min 物理地址, %p\n", &min)

    return
}
```

代码解析：

（1）在func getMaxMin(arr []int) (max int, min int)中，(max int, min int)是返回值列表。如同预声明的变量，在函数内部可以直接对二者进行操作和赋值。

（2）max = 0和min = math.MaxInt64用于为变量赋值，赋值操作符"="代表这两个变量已经声明过。注意与代码清单6-3中的max := 0和min := math.MaxInt64的区别。

（3）在函数体的最后，返回语句只需要简写为return即可。这种写法非常适合返回值很多，整个函数体比较复杂的情况，例如函数体利用不同分支判断出现不同的return语句。那么在编写函数体时，就无须操心return语句到底该返回哪些变量，以及这些变量的顺序等问题。

6.2.3 函数多返回值的实现原理

多返回值看上去是一个比较常规的需求，但是很多编程语言无法支持。下面首先来看一下Java为什么不支持多返回值。

最传统的想法认为，Java是要遵循数学理论中函数的规则——仅返回一个值。这可能是其中一个原因。我们也可以从运行时内存的角度来思考。Java对于返回值采用的是栈操作，即返回值先压入操作数栈，函数返回时，将操作数栈顶元素的地址返回给接收者，如图6-1所示。

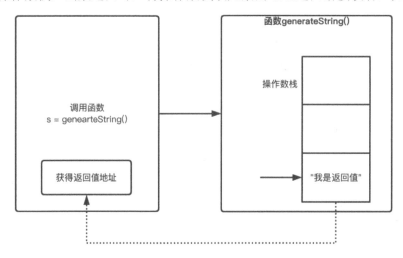

图 6-1   利用操作数栈处理返回值

在这种实现方式下，如果有n个返回值，则需要n次压栈。当这n个返回值的数据类型不同时，需要记录每个返回值的起始地址并获得数据类型的长度，才能识别各个返回值。

而Go语言则使用了完全不同的实现策略，它将返回值也视作普通变量。在函数内部可以通过寄存器所存储的基地址以及偏移量来计算这些变量的物理地址。在函数的末尾，对返回值变量进行赋值。其示意图如图6-2所示。

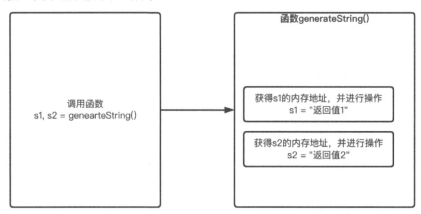

图 6-2   直接为返回值变量赋值，从而实现多返回值

通过这种对比很容易看出Go语言的处理方式依赖寄存器和物理地址的计算，其底层实现复杂度更高，但却为多返回值的实现提供了天然的支持。关于Go语言的多返回值，将在18.8节从Go汇编的角度进一步讲解。

6.3　函数的管理——模块和包

　　函数在整个Go语言中处于绝对的核心地位。在前面的讲述中，都是以单个函数为例进行讲解。然而在真正的项目需求中，函数的数量会非常多。因此，如何管理这些函数便成为一个问题。和大多数编程语言一样，Go语言提供了模块和包级的管理方式。

6.3.1　函数管理形式

　　对于一个Go语言项目，各个函数之间会产生引用。无论程序员还是编译器，管理函数都是为了能够清晰定位每个函数，而定位函数的本质就是定位其物理地址。图6-3从存储的角度演示了Go语言中函数管理的形式。

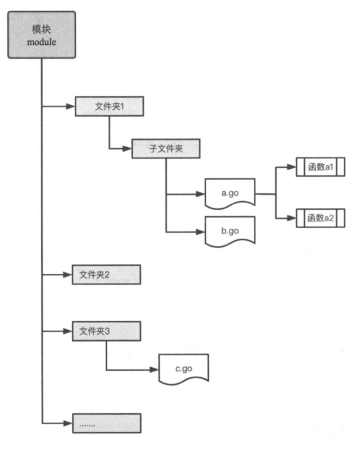

图 6-3　Go 代码的存储和管理

　　在图6-3中，代码的管理分为以下几个层级：

（1）模块（module）：可以视作项目的概念，在Go语言的最新版本中，一个模块中的所有文件可以共用一份依赖配置。模块可以看作顶层文件夹。

（2）文件夹：位于模块下的文件夹，就是我们日常认知中的文件夹；文件夹可以有若干层级。

（3）.go文件：在每层文件夹下，都可以放置.go文件。

（4）函数：函数定义出现在.go文件中，是业务逻辑的实现主体。

6.3.2　模块与文件夹

模块是一个独立项目的顶层文件夹。相对于普通文件夹，模块文件夹增加了一个配置文件go.mod。

1. 利用命令行创建模块

例如，我们可以创建一个新的文件夹demo，并在该文件夹下执行go mod init命令，代码如下：

```
$ mkdir demo
$ cd demo
$ go mod init demo
```

go mod init命令用于模块初始化，demo为模块名称。执行该命令后，demo文件夹下会生成一个名为go.mod的文件。打开该文件，可以看到其内容如下：

```
module demo

go 1.20
```

其中，module demo代表模块名字，而go 1.20则代表了当前Go语言的版本号。

2. 利用GoLand创建模块

在IDE工具GoLand中，如果创建一个模块，其操作步骤为：

01 在菜单栏中依次单击"File"→"New"→"Project"命令，在弹出的窗口中选择"Go"选项。

02 填写项目路径，并单击"Create"按钮，便可以创建一个新的 Go 模块。

检查创建后的项目目录下的内容，会发现与手工创建的效果完全相同——项目目录下自动生成了go.mod文件。

3. 模块中的配置文件

一个Go语言模块共用一个配置文件——go.mod。该文件除了定义模块名称和Go版本号外，最主要的作用就是管理整个模块中的外部依赖包。

例如，我们在demo下创建一个名为main.go的文件作为整个模块的入口，在main.go中，引用beego框架构建一个http服务，其代码如代码清单6-4所示。

代码清单6-4　引入和使用第三方库

```go
package main

import "github.com/astaxie/beego"

func main() {
    beego.Run()
}
```

代码解析：

（1）github.com/astaxie/beego是一个外部依赖包，既不包含在Go语言的安装包中，也不是项目自有代码。执行import "github.com/astaxie/beego"命令可以导入该依赖包。

（2）默认情况下，本地编译环境是找不到github.com/astaxie/beego包的，但是该包其实是一个完整的网络路径，我们可以执行go get命令来自动获取依赖包。相应的命令如下：

```
$ cd demo
$ go get github.com/astaxie/beego
```

执行该命令后，可以看到go.mod文件内容的变化。

```
module demo

go 1.20

require github.com/astaxie/beego v1.12.3

require (
    github.com/beorn7/perks v1.0.1 // indirect
    github.com/cespare/xxhash/v2 v2.1.1 // indirect
    github.com/golang/protobuf v1.4.2 // indirect
    github.com/hashicorp/golang-lru v0.5.4 // indirect
    github.com/matttproud/golang_protobuf_extensions v1.0.1 // indirect
    github.com/prometheus/client_golang v1.7.0 // indirect
    github.com/prometheus/client_model v0.2.0 // indirect
    github.com/prometheus/common v0.10.0 // indirect
    github.com/prometheus/procfs v0.1.3 // indirect
    github.com/shiena/ansicolor v0.0.0-20151119151921-a422bbe96644 // indirect
    golang.org/x/crypto v0.0.0-20191011191535-87dc89f01550 // indirect
    golang.org/x/net v0.0.0-20190620200207-3b0461eec859 // indirect
    golang.org/x/sys v0.0.0-20200615200032-f1bc736245b1 // indirect
    golang.org/x/text v0.3.0 // indirect
    google.golang.org/protobuf v1.23.0 // indirect
```

```
    gopkg.in/yaml.v2 v2.2.8 // indirect
)
```

当然，因为beego版本的不断更新，每次获取到的依赖包和版本可能会有所不同。比较此时的go.mod文件与初始内容，可以看到go.mod的主要作用是指定外部依赖包的路径及其版本号。

在go.mod中，require关键字用于指定依赖包的完整路径。可以看到，除beego外，还有若干额外的包路径，而这些包并未出现在main.go中（如perks、xxhash等）。这些额外的依赖包路径都有"// indirect"的行尾注释，表示对应的包是间接引用而来。就本例来说，这些额外包均为beego包的依赖包。

4．模块中的依赖包

利用GoLand打开demo模块，可以更清晰地看到模块本身与外部依赖包的关系，如图6-4所示。

图 6-4　demo 模块的依赖包在 GoLand 中的展示

使用go get命令下载的依赖包将会缓存在本地环境，其具体路径可以利用操作系统环境变量GOMODCACHE指定。如果未显式指定，则默认使用Go语言环境变量。例如，我们可以利用go env GOMODCACHE来查看默认存储路径：

```
go env GOMODCACHE

$ go env GOMODCACHE
/Users/zhangchaoming/go/pkg/mod
```

　　关于go mod的管理，除了可以使用go init、go get外，还有不少其他选项。这些都涉及模块中的依赖包的版本升级和管理，读者可以自行查阅官方文档进行了解。

6.3.3　本地包管理

　　本地包是指项目中自行编写的代码包。本地包的层级关系也以树状文件夹的形式进行管理。下面通过一个实例来进一步认识本地包的引用关系。

1. 跨包代码引用

　　首先，在项目demo下，新建一个文件夹entity，并在其中创建文件person.go，其目录结构如图6-5所示。

　　person.go文件的内容如下：

图 6-5　demo 模块中的 person.go 文件

```
package entity

type Person struct {
    Name  string
    age   int
    Email string
}
```

代码解析：

　　（1）package entity指定了该文件中所定义的自定义结构体、函数等所属的包均为entity。

　　（2）type Person struct，定义了一个名为Person的结构体。Person的首字母大写，代表具有公共访问权限，可以在其他包中被引用。

　　（3）结构体Person含有3个字段：Name、age和Email。

　　接着，创建一个与entity同级的文件夹，并在其下创建文件main.go，文件内容如代码清单6-5所示。

代码清单6-5　跨包引用函数

```
package main

import (
    "demo/entity"
    "fmt"
)
```

```
func main() {
    person := entity.Person{Name: "Lion"}

    fmt.Println(person)
}
```

代码解析：

（1）import语句用于导入依赖包，在本例中为"demo/entity"和Go语言内置的"fmt"包。

（2）person := entity.Person{Name: "Lion"}，利用Person结构体实例化一个对象。

（3）我们重点关注import语句中的"demo/entity"。"/"是路径分隔符，demo/entity指定了依赖代码的文件夹路径，该路径是一个相对路径，相对路径的起点为${GOPATH}。

2. 包名与文件夹名无关

当使用import导入文件夹"demo/entity"后，Go语言会自动扫描该文件夹下的.go文件。在本例中，只有一个名为person.go的文件。person.go文件中声明的package为entity。因此，以下代码中的entity.Person用于引用entity包中的Person结构体。

```
person := entity.Person{Name: "Lion"}
```

注意此处的包名"entity"和导入文件夹"demo/entity"中的"entity"在命名上完全相同。这只是一种习惯性的做法。IDE在创建一个.go文件时，默认会将包名设置为所在文件夹的名称，但其实二者没有任何联系。我们可以修改person.go中的包名为"entities"，文件夹名称entity保持不变，代码如下：

```
package entities

type Person struct {
    Name  string
    age   int
    Email string
}
```

此时，只需要将main.go中相应的引用包名由entity.Person修改为entities.Person即可，代码如下：

```
package main
import (
    "demo/entity"
    "fmt"
)

func main() {
    person := entities.Person{Name: "Lion"}

    fmt.Println(person)
}
```

对比代码可知，导入语句import中的文件夹路径并未发生改变；而引用时的包名由entity修改为entities，代码仍可正常编译运行。

6.3.4 模块名与文件夹名称

通过前面的讲述我们知道，包名和文件夹名称是完全独立、毫不相关的。接下来讨论模块名和文件夹名称的关系。在前面的实例中，模块名和顶层文件夹名均为demo。我们首先在GoLand中直观感受一下导入语句中的路径指向。

在GoLand中，按Ctrl键（macOS上为Command键），并将鼠标移动至entity，提示的是directory "entity"，这也侧面证实了entity是一个文件夹，如图6-6所示。

但是，如果我们按住Ctrl键，将鼠标移动至demo，提示的却是"module "demo" [go.mod]"，这代表import语句中的"demo"是一个模块，如图6-7所示。

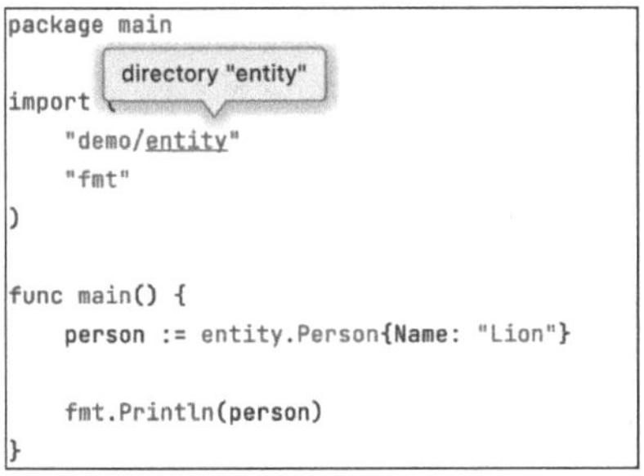

```
package main

                directory "entity"
import
    "demo/entity"
    "fmt"
)

func main() {
    person := entity.Person{Name: "Lion"}

    fmt.Println(person)
}
```

```
    package main
module "demo" [go.mod]
    import (

        "demo/entity"
        "fmt"
    )

 ▶ func main() {
        person := entity.Person{Name: "Lion"}

        fmt.Println(person)
    }
```

图 6-6 import 路径中的 entity 指向的是文件夹 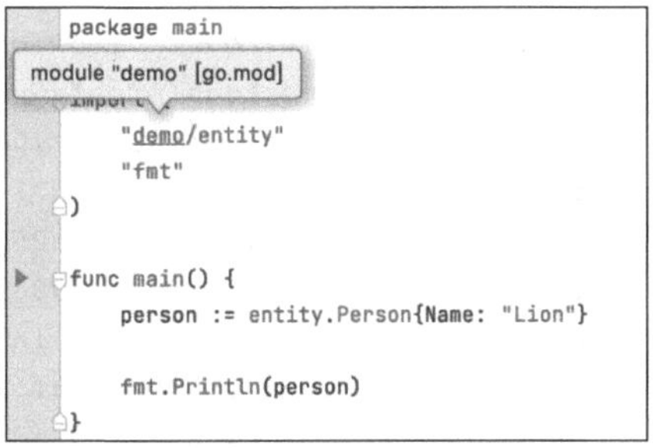   图 6-7 import 路径中的 demo 指向的是模块

如果单击demo，Goland将定位至go.mod文件，如图6-8所示。

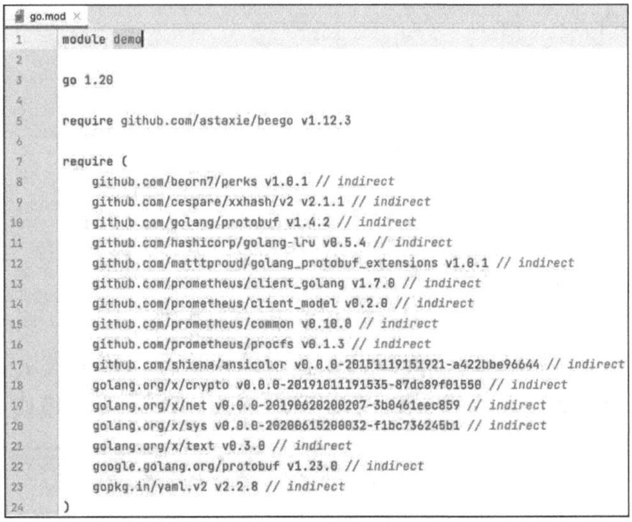

```
go.mod ×
1    module demo
2
3    go 1.20
4
5    require github.com/astaxie/beego v1.12.3
6
7    require (
8        github.com/beorn7/perks v1.0.1 // indirect
9        github.com/cespare/xxhash/v2 v2.1.1 // indirect
10       github.com/golang/protobuf v1.4.2 // indirect
11       github.com/hashicorp/golang-lru v0.5.4 // indirect
12       github.com/matttproud/golang_protobuf_extensions v1.0.1 // indirect
13       github.com/prometheus/client_golang v1.7.0 // indirect
14       github.com/prometheus/client_model v0.2.0 // indirect
15       github.com/prometheus/common v0.10.0 // indirect
16       github.com/prometheus/procfs v0.1.3 // indirect
17       github.com/shiena/ansicolor v0.0.0-20151119151921-a422bbe96644 // indirect
18       golang.org/x/crypto v0.0.0-20191011191535-87dc89f01550 // indirect
19       golang.org/x/net v0.0.0-20190620200207-3b0461eec859 // indirect
20       golang.org/x/sys v0.0.0-20200615200032-f1bc736245b1 // indirect
21       golang.org/x/text v0.3.0 // indirect
22       google.golang.org/protobuf v1.23.0 // indirect
23       gopkg.in/yaml.v2 v2.2.8 // indirect
24   )
```

图 6-8 demo 实际定位到模块的配置文件 go.mod

通过前面的讲述我们自然联想到，模块名和顶层文件夹名是否也可以不同。下面尝试在 go.mod中将模块名修改为"demo1"，修改后的go.mod内容如下：

```
module demo1

go 1.20

require github.com/astaxie/beego v1.12.3

require (
    github.com/beorn7/perks v1.0.1 // indirect
    github.com/cespare/xxhash/v2 v2.1.1 // indirect
    github.com/golang/protobuf v1.4.2 // indirect
    github.com/hashicorp/golang-lru v0.5.4 // indirect
    github.com/matttproud/golang_protobuf_extensions v1.0.1 // indirect
    github.com/prometheus/client_golang v1.7.0 // indirect
    github.com/prometheus/client_model v0.2.0 // indirect
    github.com/prometheus/common v0.10.0 // indirect
    github.com/prometheus/procfs v0.1.3 // indirect
    github.com/shiena/ansicolor v0.0.0-20151119151921-a422bbe96644 // indirect
    golang.org/x/crypto v0.0.0-20191011191535-87dc89f01550 // indirect
    golang.org/x/net v0.0.0-20190620200207-3b0461eec859 // indirect
    golang.org/x/sys v0.0.0-20200615200032-f1bc736245b1 // indirect
    golang.org/x/text v0.3.0 // indirect
    google.golang.org/protobuf v1.23.0 // indirect
    gopkg.in/yaml.v2 v2.2.8 // indirect
)
```

此时，main.go中import语句的路径引用的模块名也需要修改为demo1，修改后的代码如下：

```
package main

import (
    "demo1/entity"
    "fmt"
)

func main() {
    person := entities.Person{Name: "Lion"}

    fmt.Println(person)
}
```

此时，尝试执行该代码会发现，代码可以正常编译执行。整个模块的当前状态为：模块名和顶层文件夹名，包名和底层文件夹名均未保持一致。由此可知，模块名和顶层文件夹名也可以不同。

6.3.5　代码规范的意义

在前面的内容中，为了详细描述模块名、包名以及文件夹的关系，我们有意使用了不同的名称，但是，尽量保持名称一致仍然是一个良好的习惯。因为良好的习惯和规范的命名是代码质量的一部分，无规则的命名往往会带来代码的混乱。

6.4　函数的调用和执行

6.4.1　包的别名与函数调用

通过前面的讲述我们知道，包名与底层文件夹名相同是一个良好的习惯，但绝对路径不同而名称相同的文件夹又非常常见。这就不可避免地会出现包名冲突的问题。即使我们在项目内部刻意避免文件夹同名，也无法预知和规避与第三方导入包的冲突。

例如，数据库连接池和协程池，二者所处的.go文件的存储路径如图6-9所示，二者绝对路径不同，但底层文件夹名称（pool）相同。

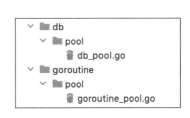

图 6-9　绝对路径不同的 go 文件，底层文件夹名称相同

db_pool.go的源码如下：

```
package pool

import "fmt"

func Release() {
    fmt.Println("DB pool released.")
}
```

goroutine_pool.go的源码如下：

```
package pool

import "fmt"

func Release() {
    fmt.Println("Goroutine pool released.")
}
```

在两个.go文件中都有一个Release()方法，用于处理连接的释放。二者的包名均为"pool"，那么二者同时被导入和调用时，情况如何呢？我们看如下代码示例：

```
package main

import (
```

```
    "demo/db/pool"
    "demo/goroutine/pool"
)

func main() {
    // 业务逻辑处理
    ...

    // 释放资源
    pool.release()
}
```

在该代码段中，当所有逻辑处理完成时，期望能够手动释放两个连接池的资源，那么就必须同时引用两个pool包。此时，Go语言无法正常编译，在GoLand中的表现如图6-10所示。

图 6-10   导入同名包时的编译错误

图6-10中的编译错误表明，在导入的包中重复出现了包名"pool"。此时，我们可以为导入的包指定别名，从而区分二者。修改后的代码如下：

```
package main

import (
    // 指定包的别名为dbpool
    dbpool "demo/db/pool"

    // 指定包的别名为gopool
    gopool "demo/goroutine/pool"
)

func main() {
    // 业务逻辑处理
    ...

    // 调用包dbpool下的Release()函数
    dbpool.Release()

    // 调用包gopool下的Release()函数
```

```
        gopool.Release()
}
```

代码解析：

（1）dbpool "demo/db/pool"和gopool "demo/goroutine/pool"：dbpool和gopool分别为导入包的别名，所有定义在文件夹的函数/自定义类型便可以通过包的别名进行引用。

（2）dbpool.Release()和gopool.Release()：分别利用包的别名来调用的各自的具体函数。

通过这种方式我们也可以看出，在Go语言中，处于同一个文件夹下的所有.go文件定义的包名必须保持唯一；否则，将会出现引用的歧义。

包的别名相当于隔离了被引用文件与当前.go文件，.go文件中声明的包名将不再有效，包中函数的引用利用包的别名进行。

6.4.2　init()函数与隐式执行顺序

在Go语言程序中，除了显式的函数调用外，还存在自动执行的代码。本节所讨论的执行顺序即指自动调用时的函数执行顺序。我们知道，main.go中的main()函数是程序的入口，而所加载的每一个.go文件中，常量的初始化、变量的初始化、名为init()的特殊函数（如果存在该函数）都会被隐式地自动执行。

图6-11展示了最常见的多包引用关系中常量、变量及init()、main()函数的执行顺序。

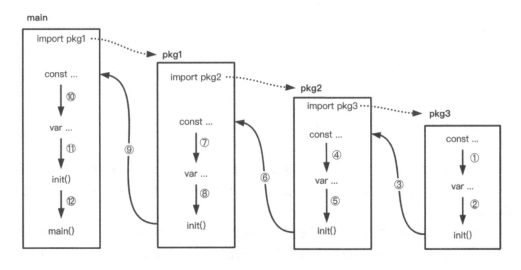

图 6-11　多包中常量、变量及函数的执行顺序

在图6-11中，虚线表示了各个包（main、pkg1、pkg2、pkg3）之间的引用关系，而实线代表了执行过程，数字1~12则是执行顺序的序号。Go语言中隐式执行遵循以下规则：越是独立存在、对外部依赖越少的，执行优先级就越高。我们可以总结如下：

（1）包的使用方往往依赖被导入的包，因此，需要先加载被依赖的包。

（2）在同一个包的文件中，变量有可能依赖常量，而常量肯定不依赖变量，因此，常量初始化优先于变量。

（3）init()函数是一个特殊函数，而函数可能依赖已定义的常量/变量，因此，init()函数会在常量/变量初始化之后执行。当然，被依赖包中的int()函数优先于依赖包中的int()函数。

（4）main()函数作为整个程序的入口，是最后被执行的。

6.4.3 利用 init()函数执行初始化

init()是一个特殊函数，用于执行初始化动作。因此，很多程序的准备工作都可以在init()函数中进行，例如全局变量的定义、数据库连接池的初始化等。另外，初始化动作建议按照业务模块进行划分，定义在各自的.go文件中，而不能一股脑地将所有初始化动作在同一个文件中完成。

当然，我们也可以单独创建名为init.go的文件，并在其中编写专门用于初始化的代码。在极端情况下，init.go中仅仅含有init()函数。虽然init()函数是被隐式调用和执行的，但其所在的包仍需显式导入。例如，我们定义一个简单的数据库连接池文件init.go，其代码如下：

```go
package dbconnection

import "fmt"

const DefaultMaxConnection = 15

var ConnectionIds []int

func init() {
    for i := 0; i < DefaultMaxConnection; i++ {
        ConnectionIds = append(ConnectionIds, i)
    }
    fmt.Println("Connection initialized.")
}
```

在该文件中，定义了一个常量DefaultMaxConnection和一个变量ConnectionIds，并在init()函数中对ConnectionIds进行了赋值，最后通过fmt.Println()函数打印字符串"Connection initialized."。

在程序入口的main()函数中，我们期望init()函数被自动调用，以便程序启动后能够直接使用全局常量DefaultMaxConnection和全局变量ConnectionIds。那么，按照最常规的用法，我们需要在main.go中导入dbconnection包，代码如下：

```go
package main

import (
    "demo/dbconnection"
```

```
)
func main() {

}
```

很明显，包dbconnection被导入了，但是并未使用。此时，将会出现编译错误，在GoLand中的表现如图6-12所示。

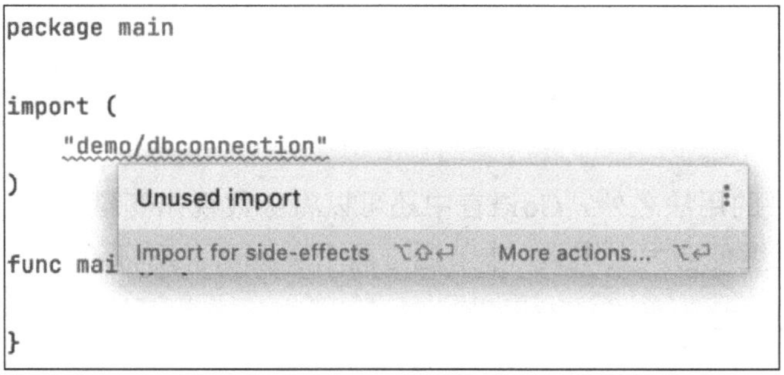

```
package main

import (
    "demo/dbconnection"
)                    Unused import                            ⋮

func mai          Import for side-effects ⌥⇧↵   More actions... ⌥↵

}
```

图 6-12　导入包但未使用的情况下，将出现编译错误

错误提示"Unused import"意味着包路径被导入但并未使用到。此时，我们便可以利用包的匿名别名来解决这一问题。

6.4.4　利用匿名包实现函数导入

如同前面讲到的匿名变量一样，匿名包导入后并不显式调用其中的任何代码，其使用方式如代码清单6-6所示。

代码清单6-6　利用匿名包实现代码导入，从而调用初始化函数

```
package main
import (
    _ "demo/dbconnection"
    "fmt"
)

func main() {
    fmt.Println("main finished.")
}
```

执行该代码段，即使函数main()的函数体没有任何内容，但是在控制台上仍然可以输出如下内容：

```
Connection initialized.
main finished.
```

该输出表明，dbconnection/init.go中的init()函数被自动执行。从图6-11中也可以看出，init()函数的调用执行与main()函数完全独立，且执行顺序在main()函数之前。因此，程序入口函数main()的函数体为空，并不影响初始化函数的执行。

6.5　将函数作为变量使用

我们知道，函数的一般用法遵循"声明/定义→调用"这一过程。这个过程看上去顺其自然，也符合人类的思维习惯。每次函数执行时，在内存中都分配对应的栈帧；执行结束后，对应的栈帧被销毁。

除了这种最常规的用法之外，Go语言中还可以将函数视作变量。一旦将函数视作变量，那么，其使用的灵活度便会大大增强。本节通过两个实例来讲述将函数当作变量使用的场景。

6.5.1　将函数赋值给变量

Go语言中支持将函数赋值给变量，然后通过变量进行调用，如代码清单6-7所示。

代码清单6-7　像使用变量一样使用函数

```go
package main

import "fmt"

func add(x, y int) int {
    return x + y
}

func main() {
    // 将函数赋值给变量f
    f := add

    //其他逻辑

    // 通过变量f来执行函数
    fmt.Println(f(1, 3))
}
```

代码解析：

（1）func add(x, y int) int，定义了一个函数add()，该函数的主要功能是将两个整数相加，并返回计算结果。

（2）f := add，用于将函数add()赋值给变量f。

（3）fmt.Println(f(1, 3))，利用变量f来调用函数add()，并打印输出结果。

执行该代码段，其输出如下：

```
4
```

6.5.2　函数赋值给变量的应用场景

在代码清单6-7中，我们只是简单地将函数赋值给变量，并利用变量调用函数，这种形式看上去没有任何特别的意义，而且在使用上显得更加烦琐，但却展示了Go语言的一个特性——函数能够像普通数值一样赋给变量。这意味着暂存函数成为可能，而函数的声明被抽象为数据类型层面，这是一种概念上的转变。我们将在"6.7　函数的强制转换"中进行具体讲述。

对于代码清单6-7所示的例子，如果需求修改为按照传入操作符的不同，分别执行加、减、乘、除这4种运算，那么规写法代码如下：

```go
package main

import "fmt"

// 加法函数
func add(x, y int) int {
    return x + y
}

// 减法函数
func minus(x, y int) int {
    return x - y
}

// 乘法函数
func multiply(x, y int) int {
    return x * y
}

// 除法函数
func divide(x, y int) int {
    if y == 0 {
        return 0
    }
    return x / y
}

// 根据不同的操作符，调用不同的函数
func operate(operator string, x, y int) int {
    result := 0
    switch operator {
    case "+":
        result = add(x, y)
    case "-":
        result = minus(x, y)
```

```
    case "*":
        result = multiply(x, y)
    case "/":
        result = divide(x, y)
    }
    return result
}

func main() {
    result := operate("+", 10, 20)
    fmt.Println(result)
}
```

在该代码段中，我们首先定义了4个函数，对应加、减、乘、除4种运算；然后定义了一个函数operate(operator string, x, y int)，该函数接收3个参数，即operator（操作符）、x和y（操作数）；在operate()函数中，利用switch分支，根据不同的操作符参数进行不同的运算。

这段代码看起来毫无问题，唯一的遗憾是，当有新的运算加入时，除了要定义新的函数外，还需要修改case分支，以适应新的运算。例如，要增加新的运算取余数，新增的函数mod()定义如下：

```
func mod(x, y int) int {
    if y == 0 {
        return 0
    }

    return x % y
}
```

而函数operate()则需要修改为：

```
func operate(operator string, x, y int) int {
    result := 0
    switch operator {
    case "+":
        result = add(x, y)
    case "-":
        result = minus(x, y)
    case "*":
        result = multiply(x, y)
    case "/":
        result = divide(x, y)
    case "%":
        result = mod(x, y)
    }
    return result
}
```

其中的case "%"为新增的分支判断。那么，除了这种最常规的做法，有没有更好的解决方案呢？

我们在日常开发中会经常提到开闭原则（软件中的对象，包括类、模块、函数等，对于扩展是开放的，但是对于修改是封闭的。这意味着一个实体允许在不改变它的源码的前提下变更它的行为）。根据开闭原则，新增函数mod()的同时，期望能够关闭operate()函数的修改。此时，便可以利用map结构存储操作符与函数的对应关系，而在执行数学运算时，从map中根据操作符取出函数。代码清单6-8演示了这一用法。

代码清单6-8　将函数对象存储到map中，以遵循开闭原则

```go
package main

import "fmt"

// 定义数学函数的存储map
var operationMap = make(map[string]func(x, y int) int)

// 初始化函数中，注册操作符与数学函数的对应关系
func init() {
    operationMap["+"] = add
    operationMap["-"] = minus
    operationMap["*"] = multiply
    operationMap["/"] = divide
    operationMap["%"] = mod
}

// 加法函数
func add(x, y int) int {
    return x + y
}

// 减法函数
func minus(x, y int) int {
    return x - y
}

// 乘法函数
func multiply(x, y int) int {
    return x * y
}

// 取余函数
func mod(x, y int) int {
    if y == 0 {
        return 0
    }

    return x % y
```

```
    }

    // 除法函数
    func divide(x, y int) int {
        if y == 0 {
            return 0
        }
        return x / y
    }

    func operate(operator string, x, y int) int {
        if f, ok := operationMap[operator]; ok {
            return f(x, y)
        }

        return 0
    }

    func main() {
        result := operate("+", 10, 20)
        fmt.Println(result)
    }
```

在修改后的代码中，利用operationMap将操作符与对应的函数存储为key-value；而在 operate()函数中，则利用operationMap[operator]来获得对应的函数。当新增或删除操作符时， 便无须修改函数operate()的函数体。

6.6 匿名函数和闭包

函数在调用时，最主要的标识便是其名称。而在Go语言中，还存在着没有名称的函数， 这便是匿名函数。

6.6.1 为什么需要匿名函数

明确地定义一个函数，并在任何有需要时通过函数名调用该函数，是一件很自然的事情。 那么，我们为什么还需要匿名函数呢？

首先，如果函数的执行逻辑只在代码特定位置进行调用而不需要考虑复用，那就可以直 接定义匿名函数，如代码清单6-9所示。

代码清单6-9　无须复用的函数定义为匿名函数

```
    package main

    import "fmt"
```

```
// invoke()函数，接收一个函数类型的参数f。该函数类型非常简单，无参数且无返回值
func invoke(f func()) {
    fmt.Println("调用前打印")
    // 利用参数f调用函数
    f()
    fmt.Println("调用后打印")
}

func main() {
    invoke(func() {
        fmt.Println("打扫卫生")
    })
}
```

代码解析：

（1）func invoke(f func())表明函数invoke()接收一个参数f，其类型为无参函数。

（2）在invoke()的函数体中，通过f()来完成函数调用。

（3）func() {fmt.Println("打扫卫生")}，定义了一个匿名函数，该函数没有函数名称。

当然，要实现该功能，也可以显式声明函数，并将它作为参数传入invoke()中。但是，如果这种"一次性"使用的函数非常多，将它们一一定义在第一层级的位置，会显得非常烦琐。例如：

```
func invoke(f func()) {
    fmt.Println("调用前打印")
    f()
    fmt.Println("调用后打印")
}

func sweep() {
    fmt.Println("打扫卫生")
}

func arrangeBook() {
    fmt.Println("整理图书")
}

func handleBorrow() {
    fmt.Println("处理借阅")
}

func main() {
    invoke(sweep)
    invoke(arrangeBook)
    invoke(handleBorrow)
}
```

相对来说，使用匿名函数看起来更加简洁。代码清单6-10展示了修改后的代码。

代码清单6-10　利用匿名函数定义多个"一次性使用"的函数

```go
package main

import "fmt"

func invoke(f func()) {
    fmt.Println("调用前打印")
    f()
    fmt.Println("调用后打印")
}

func main() {
    invoke(func() {
        fmt.Println("打扫卫生")
    })

    invoke(func() {
        fmt.Println("整理图书")
    })

    invoke(func() {
        fmt.Println("处理借阅")
    })
}
```

我们看到使用匿名函数的定义可以带来的好处：无须在.go文件中一一地显式定义每个函数，也无须为这些函数的命名"绞尽脑汁"。同时，由于这些函数被再次引用的可能性非常小，也没有必要将其定义在第一层级。

除了对程序员很友好之外，匿名函数还为内联编译提供了便利。当函数之间进行调用时，往往会被处理为多个栈帧的创建和释放。内联编译可以将调用函数和被调用函数编译到一起，如同被调用的代码平铺式地复制到调用处。这样在实际执行时，产生的栈帧会减少，对程序的性能也有一定的提升。在Go语言中，匿名函数会以内联方式进行编译。

6.6.2　闭包

闭包可以视作匿名函数的一个特例。在代码清单6-9、6-10的匿名函数示例中，匿名函数与外部环境没有任何沟通，也不会对外部环境产生副作用。而闭包则会引用外部环境中的变量，其内部操作可能会对外部环境产生副作用。闭包相当于封装了一个环境，这也是闭包函数的命名由来。

1. 从匿名函数影响外部变量说起

以下代码段演示的是利用匿名函数来修改局部变量的值。

```
package main

import "fmt"

func main() {
    i := 0

        // 定义匿名函数，并赋值给变量f
    f := func() {
            // 在匿名函数内部修改函数外变量i的值
        i++
        fmt.Println(i)
    }
    f()
    f()
}
```

代码解析：

（1）i := 0定义了一个变量i，并为其赋予初始值0。
（2）在匿名函数的函数体中将i自增，并打印i的值。

　　需要注意的是，此处的函数定义仍然是一个匿名函数。虽然将函数赋值给了f，但f是变量名，而非函数的名称。在匿名函数内部，我们修改了外部变量i的值，这显然对匿名函数外的环境产生了副作用（副作用并不是一个贬义词，只是代表影响了外部环境）。而这个副作用正是我们想要的结果，因为我们期望每执行一次f()，i的值相应地增加1。

　　执行该代码段，其输出结果如下：

```
1
2
```

2. 抽取闭包函数

　　如果变量i只与匿名函数相关，那么我们可以将匿名函数抽取出来。在GoLand中，选中代码 i:=0 和匿名函数的定义，按组合键 Command+Option+M，抽取为一个独立函数 getAnonymousFunc()。重构后的代码如代码清单6-11所示。

代码清单6-11　抽取闭包函数

```
package main

import "fmt"

func main() {
```

```
    f := getAnonymousFunc()

    // 两次调用闭包函数
    f()
    f()
}

// 闭包函数, 其中含有局部变量和匿名函数
func getAnonymousFunc() func() {
    i := 0
    f := func() {
        // 局部变量自增
        i++
        // 打印局部变量的值
        fmt.Println(i)
    }
    return f
}
```

代码解析:

（1）func getAnonymousFunc() func(){...}，定义了一个函数getAnonymousFunc()，该函数用于生成一个函数对象。这一点，从其返回值类型func()可以看出。

（2）在函数getAnonymousFunc()中，i:=0定义了一个局部变量i，并将其赋值为0。需要注意的是，i定义在匿名函数之外。

（3）在匿名函数中，利用i++修改了局部变量i的值。值得我们思考的是，一般说来，当函数getAnonymousFunc()执行完毕，其内部定义的局部变量会被释放，这也意味着变量i应该是被销毁的，但是，接连两次调用f()，变量i不仅仍然存在，而且会产生递增的效果，这是为什么呢？这是因为局部变量会随着所处函数栈帧的销毁而销毁。

执行该代码段，其输出如下:

```
1
2
```

3. 闭包的意义

代码清单6-11所演示的实例已经体现了闭包的意义所在。出现在闭包中的局部变量i与普通函数中的局部变量不同，其内存分配在堆空间而非栈空间。这意味着即使getAnonymousFunc()执行完毕，对应的栈内存完全销毁，变量i也不会随之销毁，而且由于匿名函数一直保持着对变量i的引用，因此变量i也不会被垃圾回收器回收。

无论是从getAnonymousFunc()的定义形式，还是其最终内存分配策略，或者代码的执行效果，都可以看出，getAnonymousFunc()生成的匿名函数就像一个封闭的、独立的小王国，具有

一直驻留在内存的"环境变量"（我们姑且将闭包看作一个独立的运行环境），同时具有自己的执行逻辑。如同"闭包"这个字眼所表达的那样。

6.7 函数的强制转换

在日常编程中，我们往往将函数和变量的声明当作泾渭分明的两件事情，无论从哪种编程语言来说，都很难意识到这两个概念可以统一到一起，而Go语言的自定义类型中，允许出现函数类型，并且提供了函数的强制转换语法，这使得变量和函数在声明形式上可以进行统一。

6.7.1 从数据类型的定义到函数类型的定义

以下代码演示的是变量的常见定义方式：

```
i1 := uint8(1)
i2 := int64(1)
```

其中，i1和i2都是强制转换而来。这是因为无论是uint8还是uint64都是整数类型，而具体的数字1可以匹配这两种类型。

对于函数，我们往往不会进行如此的思考。但是，如果将函数体的定义视作具体实现，那么，在只考虑函数的结构而不考虑函数的具体实现的情况下，函数的要素可以抽象为参数+返回值的组合。于是，我们就有如下形式的语法：

```
type F1 func(a, b int) int
type F2 func(c, d int) int
```

语法结构解析：

（1）type是类型定义的关键字。

（2）F1和F2是类型的名字，如同uint8、uint32一样。

（3）(a, b int) int代表该函数类型在形式上有两个int类型的参数，并有一个int类型的返回值。

这种形式的定义不涉及函数的具体实现，如同uint8、uint32不考虑具体数值，只是限定数据长度一样。

uint8、uint32的具体实现有若干可能性，数字1只是其中一个。我们同样遵循函数类型F1的格式，编写如下函数定义：

```
func A1(c, d int) int {
    return c + d
}
```

函数A1非常简单，只是将两个int类型的参数相加，并返回相加后的值。在形式上，A1完全遵循函数类型F1和F2的结构，如同数字1一样，遵循uint8和uint32的结构形式。

6.7.2 从数据类型的强制转换到函数类型的强制转换

在使用uint8(1)对1进行强制转换之前，我们甚至不能确定数字1的具体数据类型，强制转换后，其数据类型才可以确定下来。同样地，对于同一个函数定义A1，利用如下两种强制转换都是正确的，并得到两个函数对象。

```
a1 := F1(A1)
a2 := F2(A1)
```

此外，我们完全可以对函数变量a1、a2分别进行调用，就像变量i1、i2均来源数字1，二者又是两个完全独立的变量一样。如以下代码段所示：

```
// 将强制转换得到的函数对象赋值给a1
a1 := F1(A1)
// 使用变量a1
a1(1, 2)

// 将强制转换得到的函数对象赋值给a2
a2 := F2(A1)
// 使用变量a2
a2(100, 200)
```

其实在该代码段中，还有一层隐含的语义——类型的自动推导，即不对变量进行类型声明而直接赋值，由编译器自动推导类型。

因此，以下代码段可以更好地诠释函数类型这一语义概念。

```
var i int32
i = 10

var a F1
a = A1
```

代码解析：

（1）在该代码段中，变量a被声明为函数类型F1，如同变量i被声明为int32类型一样。

（2）a=A1，是将函数A1()赋值给变量a，如同将数值10赋值给变量i一样。此时，隐含的类型转换出现在赋值阶段。

6.7.3 函数类型及强制转换的意义

对函数进行强制转换，或者对其赋予类型的定义，意义何在呢？利用这种概念上的抽象，出现了函数变量，即变量不再单单指向基本数据类型、指针等，还可以指向函数对象。我们知道，在Go语言中，数据类型可以作为参数、返回值、函数的接收者（receiver，从而为数据类型绑定方法）等。这意味着，我们不仅可以像传递普通变量一样传递函数对象，还可以为函数绑定方法，而绑定后的方法可以被函数对象调用，相当于凭空为函数扩展了功能，如以下代码所示。

```
func (f F1) show(a, b, c int) {
    fmt.Println("show called")
}

func (f F1) calc(a, b, c int) {
    f(a, b)
}
```

代码解析：

（1）F1是一个函数类型，其定义为type F1 func(a, b int) int，含有两个int类型的参数和一个int类型的返回值。

（2）我们为类型F1绑定了两个方法：show()和calc()，每个方法具有3个参数，且无返回值。

（3）在show()方法中，只是简单打印了固定字符串，与F1完全无关。如果不去追溯F1的代码，我们甚至可能会认为F1是一个结构体。

（4）在calc()方法中，利用f(a, b)来直接调用函数对象f，并传入参数a, b。此时，我们会意识到，F1是一个函数类型，而不是一个结构体。

代码清单6-12演示了原始函数A1()的能力扩展。

代码清单6-12　通过函数类型的强制转换，自动扩展函数能力

```
package main
import (
    "fmt"
)

// 定义函数类型F1，含有两个int参数，一个int返回值
type F1 func(a, b int) int

// 为类型F1绑定方法show
func (f F1) show(a, b, c int) {
    fmt.Println("show方法被调用")
}

// 为类型F1绑定方法calc
func (f F1) calc(a, b, c int) {
    f(a, b)
    fmt.Println("calc方法被调用")
```

```
}

// 定义函数A1，含有两个int参数，一个int返回值
func A1(c, d int) int {
    return c + d
}

func main() {
    // 因为函数A1()在声明结构上与类型F1相同，所以可以强制转换为F1，并赋给变量a
    a := F1(A1)

    // 变量a自动拥有了show和calc方法
    a.show(1, 2, 3)
    a.calc(1, 2, 3)
}
```

代码解析：

（1）type F1 func(a, b int) int，定义了函数类型F1。

（2）func (f F1) show(a, b, c int) {...}和func (f F1) calc(a, b, c int) {...}，用于为自定义类型F1绑定方法show()和calc()。

（3）a := F1(A1)，用于将函数A1强制转换为类型F1，并赋值给变量a。

（4）a.show(1, 2, 3)和a.calc(1, 2, 3)的调用，表明变量a自动获得了show()和calc()方法。

执行该代码段，其输出如下：

```
show方法被调用
calc方法被调用
```

我们可以扩展一下，如果有多个结构与F1相同的函数，例如A2(c, d int) int、A3(x, y int) int，那么通过强制转换，便可以使它们都拥有show()和calc()方法，而类型F1的作用便开始发生转变，成为为多个函数提供公共能力的载体。特意强调这一点，也是因为第14章分析网络编程源码时会频繁用到这一理念。

6.7.4　利用强制转换为函数绑定方法

现在，我们重新理解一下6.5节中所提到的示例场景，加、减、乘、除4个原始函数的定义如下：

```
func add(x, y int) int {
    return x + y
}

func minus(x, y int) int {
    return x - y
}
```

```
func multiply(x, y int) int {
    return x * y
}

func mod(x, y int) int {
    if y == 0 {
        return 0
    }

    return x % y
}

func divide(x, y int) int {
    if y == 0 {
        return 0
    }
    return x / y
}
```

因为这4个函数的声明形式是相同的，所以可以定义一个二元运算的函数类型BinaryOperationFunc，并为该函数类型绑定一个名为test的方法。因为test()方法的接收者的数据类型为函数类型，所以可以在test()方法内部直接执行接收者函数，如以下代码所示。

```
type BinaryOperationFunc func(a, b int) int

func (handler BinaryOperationFunc) test(a, b int) {
    fmt.Println("运算结果: ", handler(a, b))
}
```

其中，handler(a, b)用于直接调用handler对象，然后调用fmt.Println()函数打印执行结果。

利用强制转换，针对4个函数 add()、 minus()、 multiply() 和 divide() 分别定义一个BinaryOperationFunc类型的变量，这4个函数变量便自动赋予了类型信息，同时，也自动绑定了test()方法。代码清单6-13演示了这一用法。

代码清单6-13　利用强制转换为函数绑定方法

```
func main() {
    // 将add()函数强制转换为BinaryOperationFunc类型
    addHandler := BinaryOperationFunc(add)

    // 将minus()函数强制转换为BinaryOperationFunc类型
    minusHandler := BinaryOperationFunc(minus)

    // 将multiply()函数强制转换为BinaryOperationFunc类型
    multiplyHandler := BinaryOperationFunc(multiply)

    // 将divide()函数强制转换为BinaryOperationFunc类型
    divideHandler := BinaryOperationFunc(divide)

    // 分别调用4个函数变量的test方法
```

```
    addHandler.test(1, 2)
    minusHandler.test(1, 2)
    multiplyHandler.test(1, 2)
    divideHandler.test(1, 2)
}
```

执行该代码段，其输出如下：

```
运算结果：3
运算结果：-1
运算结果：2
运算结果：1
```

这也揭示了Go语言总是向统一概念靠拢的设计理念。在日常开发过程中，当我们的代码和设计非常复杂，甚至难以理解和维护时，可能就意味我们对概念或逻辑的抽象程度不够。不断抽象、统一概念，是不断优化设计的手段。

6.8　编程范例——闭包的使用

闭包函数的概念比较难以理解。在传统的理解中，一般是将它定义为封装了变量和函数的一个独立环境。本节将通过实例讲解闭包封装变量的真正含义。

6.8.1　闭包封装变量的真正含义

闭包函数中封装的变量必须是在闭包中定义的局部变量。我们先来看一个容易引起混淆的场景，如代码清单6-14所示。

代码清单6-14　在闭包函数中无法修改闭包外部的变量

```
package main

import "fmt"

func getFunc(base int) (func(int), func(int)) {
    // 加法函数赋值给变量add
    add := func(num int) {
        base += num
    }

    // 减法函数赋值给变量minus
    minus := func(num int) {
        base -= num
    }

    // 返回两个函数变量
```

```
        return add, minus
    }

    func main() {
        base := 10
        fmt.Printf("初始状态下, base的值: %d\n", &base)

        // 获得两个函数变量
        add, minus := getFunc(base)

        // 调用加法操作，并打印base的当前值
        add(20)
        fmt.Printf("调用加法操作后，base的值: %d\n", base)

        // 调用减法操作，并打印base的当前值
        minus(10)
        fmt.Printf("调用减法操作后，base的值: %d\n", base)
    }
```

代码解析：

（1）函数getFunc(base int)接收一个名为base的整型参数。在函数内部，分别定义了两个匿名函数，并将二者分别赋予变量add和minus。

（2）在函数变量add中，为getFunc(base int)的base参数实现加法操作；而在函数变量minus中，为getFunc(base int)的base参数实现减法操作。

（3）从代码形式上看，变量add和minus所指向的函数均可看作闭包。

（4）在main()函数中，base := 10定义了一个值为10的整型变量。接着，调用fmt.Printf()函数打印初始值。

（5）add, minus := getFunc(base)，用于调用getFunc()函数，两个返回值分别对应了加法和减法的函数对象。

（6）add(20)和minus(10)，分别执行加法和减法操作尝试对base的值进行修改。然后分别打印base的值。

执行该代码段，其输出如下：

```
初始状态下, base的值: 10
调用加法操作后，base的值: 10
调用减法操作后，base的值: 10
```

执行结果可能出乎我们的意料，我们本来期望通过闭包的特性不断修改变量base的值，但是很明显，base值并未发生任何变更。

闭包函数可以封装外部环境的变量，不过闭包函数中封装的base并非main()函数体中定义的变量base，而是函数getFunc(base int){...}中的参数base。是因为参数base是复制自main()函数

中的变量base，正是由于这种复制，导致闭包函数中的base参数与main()函数中的base变量毫无关联。

我们可以修改代码，在各个节点打印base变量/参数的内存地址，从而观察base在各个环境的实际指向，如代码清单6-15所示。

代码清单6-15　通过打印变量/参数的内存地址检查闭包变量的意义

```go
package main

import "fmt"

// 该函数返回两个函数对象
func getFunc(base int) (func(int), func(int)) {
    // 打印getFunc()函数的参数base的内存地址
    fmt.Printf("getFunc.base address = %p\n", &base)
    // 加法函数赋值给变量add

    add := func(num int) {
        base += num
        // 在加法函数中打印base的内存地址
        fmt.Printf("add.base address = %p\n", &base)
    }

    // 减法函数赋值给变量minus
    minus := func(num int) {
        base -= num
        // 在减法函数中打印base的内存地址
        fmt.Printf("minus.base address = %p\n", &base)
    }

    // 返回两个函数变量
    return add, minus
}

func main() {
    base := 10
    fmt.Printf("main.base address = %p\n", &base)

    add, minus := getFunc(base)

    add(20)

    minus(10)
}
```

代码解析：

（1）fmt.Printf("main.base address = %p\n", &base)，用于打印main()函数中base变量的内存地址。

（2）类似地，fmt.Printf("getFunc.base address = %p\n", &base)、fmt.Printf("add.base address = %p\n", &base)、fmt.Printf("minus.base address = %p\n", &base)分别用于打印getFunc()函数、闭包函数add()和minus()中参数base的内存地址。

执行该代码段，其输出如下：

```
main.base address = 0xc0000b2008
getFunc.base address = 0xc0000b2010
add.base address = 0xc0000b2010
minus.base address = 0xc0000b2010
```

通过执行结果可以很容易看出，main()函数中base变量的内存地址与其他3个不同；后3个内存地址相同，代表闭包函数add()和minus()仍然符合闭包封装外部变量的特性。

6.8.2　利用指针修改闭包外部的变量

若想实现main()函数中的base变量在闭包函数中进行修改，可以将其指针作为参数。指针类型的参数在复制过程中复制的是内存地址，此时，所有运行节点中的base变量为同一个值，如代码清单6-16所示。

代码清单6-16　通过指针在闭包内部修改外部变量的值

```go
package main

import "fmt"

// 闭包函数的参数是一个指针
func getFuncWithPointer(base *int) (func(int), func(int)) {
    add := func(num int) {
        *base += num
    }

    minus := func(num int) {
        *base -= num
    }

    return add, minus
}

func main() {
    base := 10
    fmt.Printf("初始状态下，base的值：%d\n", base)

    add, minus := getFuncWithPointer(&base)

    add(20)
    fmt.Printf("调用加法操作后，base的值%d\n", base)

    minus(10)
```

```
        fmt.Printf("调用减法操作后，base的值%d\n", base)
    }
```

代码解析：

（1）func getFuncWithPointer(base *int)，用于定义一个函数getFuncWithPointer()，以区别于getFunc()函数。其中的base参数为一个int类型的指针。

（2）在main()函数中，分别在初始化、调用加法函数add()和减法函数minus()后，打印base变量的值。

执行该代码段，其输出如下：

```
初始状态下，base的值：10
调用加法操作后，base的值30
调用减法操作后，base的值20
```

通过输出结果可以看出，已经实现了我们最初的期望效果，每次调用闭包函数，都可以修改main()函数中base变量的值。

6.9   本章小结

本章重点讲述了函数的定义和管理。在函数的定义策略中，需要重点理解函数参数中的值类型和指针类型的不同；而多返回值是Go语言的一大特色，本章也介绍了其用法和实现原理。

Go语言的代码管理方式已经回归到了最原始的文件夹+文件的方式。重点需要理解的是模块、文件夹、包（以及包的别名）、函数之间的关系。Go语言尽量解耦了这些对象之间的关联，从而让管理方式更加灵活。

同时，匿名函数让函数的定义和使用更加灵活。闭包只是匿名函数的一个特例，本章也重点讲述了其实现逻辑和字面意义是如何统一的。

第 7 章

异常处理

异常是处理程序执行错误的一种机制。本章首先讲述异常机制存在的必要性，接着讨论Go语言中的异常处理，以及Go语言如何简洁完成延迟处理。

本章内容：

❋ 异常机制的意义
❋ Go语言中的异常
❋ 异常捕获
❋ 延迟处理——defer的理解

7.1 异常机制的意义

在大多数编程语言都提供了异常机制。简单说来，异常就是程序运行过程中出现问题而导致程序必须中断执行，这往往决定了程序的走向。异常与普通逻辑判断相比，只不过是一种比较"激进"的处理方式——可能会导致整个业务处理链条的中断，甚至是整个应用程序的崩溃。

如果将异常视为决定程序走向的一种机制，那么，我们总会有这种疑问：为什么不直接利用逻辑判断来决定程序的走向从而避免使用异常机制呢？笔者认为,普通逻辑判断无法代替异常机制，主要有以下3点原因。

1. 过多的判断会严重影响程序的可读性

即使在一段简单的逻辑中也可能存在着各种各样的异常情况。例如，要按行读取磁盘上的一个文本文件，并将每行内容按空格分隔为词语，然后计算出每行的词语数目，实现该功能的伪代码如下：

```
path := "/data/repository/t.txt"
file, code := open(path)
```

```
if code == -100 {
    print("打开失败，文件不存在")
    return
}

if code == -200 {
    print("打开失败，文件已损坏")
    return
}

if code == -300 {
    print("打开失败，系统文件描述符不足")
    return
}
...
for (line, code := readLine(file)) {
    if code = -10001 {
        print("磁盘读写失败，请检查磁盘是否已损坏")
        break
    }

    if code = -10002 {
        print("文件无法读取为字符串，为二进制文件或者编码有误")
        break
    }

    ...

    //打印每一行文本的单词数目
    print(len(split(line, " ")))
}
```

这段伪代码演示了只使用错误码判断来完成各行单词数的统计，需要处理的错误场景有以下几种。

（1）在打开文本阶段，要判断"文件不存在""文件已损坏""操作系统文件描述符不足"等错误。

（2）在处理单行文本时，要判断每次读取时"磁盘是否损坏""是否可读取为正常文本"等错误。

这意味着，我们大部分的代码都是针对逻辑判断，而关键的业务逻辑——打印单词数被淹没在与业务无关的、烦琐的逻辑判断中，这将大大降低代码的可读性。以上所有的错误处理其实都可以归纳为I/O错误。如果我们将这些错误归结为异常对象，并利用异常捕获来处理I/O错误，则对应的伪代码可修改为如下形式。

```
path := "/data/repository/t.txt"
    // 封装I/O错误，文本处理过程中的任何I/O错误均会被catch语句捕获，从而进行统一处理
try :
    file := open(path)
    for line, code := readLine(file) {
        //打印每一行文本的单词数目
        print(len(split(line, " "))
    }
catch: ioErr
    print(err.msg)
```

修改后的代码，业务逻辑和I/O错误的处理完全分开，读取文件的所有失败场景都会被捕获并打印出错误原因，这将使我们的代码变得更加清晰和可维护。

2. 不可控因素的影响

正如前面的例子所看到的，仅仅是读取文件内容的操作都可能产生若干错误场景，而且这些错误场景并不全面，随时都可能有新的错误场景需要补充。这些不可控因素会导致我们的代码难以保持稳定和健壮。如果将这些错误抽象为异常对象，将错误场景封装到异常对象中，即使出现未覆盖的场景，编程语言也可以提供默认处理方式（最极端方式可能是程序崩溃）来保证代码的可控性。

3. 异常可以在调用栈之间自动传播

我们再来思考利用返回值/错误码来处理异常的做法。假设有3个函数func1()、func2()、func3()，代码逻辑中存在着func1->func2->func3的调用链，而func3()中会产生异常，并要求程序中断。那么，函数func1()和func2()都必须处理func3()中返回的错误码，如以下伪代码所示。

```
func func1() {
    errcode := func2()

    if errcode == -1 {
        //处理错误逻辑
        return
    }

    // 其他业务逻辑
}

func func2() (errcode int) {
    errcode := func3()

    if errcode == -1 {
        //处理错误逻辑
        return errcode
    }
```

```
    // 其他业务逻辑
    return 0
}

func func3() (errcode int) {

    text := "一段文本"

    return writeFile(filePath, text)

}
```

代码解析：

（1）在函数func3()中，writeFile(filePath, text)用于将文本写入文件中，而一旦发生写文件失败，则需要将整个处理过程进行中断处理。

（2）为了达到这一目标，对于起源于func3()的错误码errcode，必须在func2()、func1()中依次进行判断。这其实是因为错误码所代表的异常无法自动传播，导致逻辑判断必须扩散到程序中的各个角落。

在编程语言层面提供异常的自动传播，未处理的异常将自动向上传播，这意味着使用异常机制时，即使func2()不处理func3()抛出的异常，func2()的执行也将自动中断，并将异常传播给func1()。如此一来。以下频繁出现的逻辑代码便可以全部省略：

```
if errcode == -1 {
    //处理错误逻辑
    return
}
```

7.2   Go 语言中的异常

上一节介绍了异常机制的必要性和所能带来的好处。每种编程语言在异常机制的实现上都会有所不同，本节将讲述Go语言中的异常处理机制。

7.2.1   创建异常

Go语言内置了error类型，用以实现异常。而该error类型是一个接口，其源码定义如下：

```
type error interface {
    Error() string
}
```

内置的error类型非常简单，interface表明error是一个接口类型，该接口中只有一个Error()方法，该方法用于返回错误的详细信息。

我们可以调用errors包中的New()函数来创建一个最基本的error对象，例如，利用如下代码创建一个带有自定义错误信息的异常：

```
err := errors.New("出错啦")
```

在上面的代码中，errors是包名，而New()是errors包中的函数。打开New()的源码：

```
func New(text string) error {
    return &errorString{text}
}
```

可以看到该函数实际创建了一个errorString实例。errorString是一个结构体类型，参数text作为errorString的字段。

errorString的源码如下：

```
type errorString struct {
    s string
}

func (e *errorString) Error() string {
    return e.s
}
```

errorString的定义非常简单，包含了一个名为s的字符串字段，并实现了Error()方法，这意味着errorString是error接口的一个实现。

7.2.2 抛出异常

按照7.1节中的讲述，编程语言层面的异常会自动向上传播，并导致整个程序的中断。在Go语言中，调用panic()函数可以手动抛出异常。代码清单7-1演示了panic()函数的使用。

代码清单7-1 调用panic()函数抛出异常

```
package main
import (
    "errors"
    "fmt"
)

func handle() {
    // 函数体中，只抛出异常
    panic(errors.New("handle函数出错啦"))
}

func main() {
    fmt.Println("main函数开始执行")
    handle()
```

```
      fmt.Println("main函数结束执行")
}
```

代码解析：

（1）handle()函数非常简单，只是创建一个异常对象，并调用panic()函数抛出。

（2）在main()函数中调用了handle()函数，并尝试在调用前后都打印提示信息。

我们执行该代码段来查看是否导致了整个程序的中断退出，执行结果如下：

```
main函数开始执行
panic: handle函数出错啦

goroutine 1 [running]:
main.handle(...)
        /Users/dev/go/demo/7/7-1.go:14
main.main()
        /Users/dev/go/demo/7/7-1.go:19 +0x89

Process finished with the exit code 2
```

通过该代码段的执行结果可以看出：主程序正常结束信息——"main函数结束执行"未能成功输出，而是打印出了我们自定义的异常信息"handle函数出错啦"。handle()函数中抛出的异常传播到了main()函数中，并导致了main()函数的异常退出。

最终的提示信息"exit code 2"也代表了程序未能正常退出（正常退出的exit code为0）。

7.2.3　自定义异常

通过前面的内容我们知道，可以分别调用errors.New()和panic()来创建和抛出异常。但很多时候，我们需要异常对象带有更丰富的信息，例如，带有错误码和错误消息两部分内容。此时就需要自定义异常的支持。

1. 自定义异常的基本用法

首先来查看panic()函数的声明，代码如下：

```
func panic(v any)
```

panic的代码非常简单，异常参数v是一个any类型。我们继续跟踪any的源码：

```
// any is an alias for interface{} and is equivalent to interface{} in all ways.
type any = interface{}
```

通过any的定义和注释，可以看出any只是interface()的别名，完全等价于interface{}。interface{}是一个空接口，其中没有任何方法需要实现。这也代表了所有类型都可以视作interface{}或者any。这一点从any的名称也可以看出。我们尝试自定义一个异常类型CustomError，并利用panic抛出，如代码清单7-2所示。

代码清单7-2 自定义异常的基本用法

```go
package main

import (
    "fmt"
    "strconv"
)

// 自定义错误类型
type CustomError struct {
    // 错误码
    Code int

    // 错误消息
    Msg  string
}

func handleCustomError() {
    // 创建CustomError实例
    e := CustomError{
        -10001,
        "出错啦",
    }

    // 抛出异常
    panic(&e)
}

func main() {
    fmt.Println("main函数开始执行")

    // 调用handleCustomError()函数
    handleCustomError()
    fmt.Println("main函数结束执行")
}
```

代码解析：

（1）上述代码定义了结构体CustomError。CustomError拥有两个字段，Code和Msg，分别代表了错误码和错误消息。

（2）在handle()函数中创建了一个CustomError实例，并调用panic(&e)将它抛出。

执行该代码段，其输出如下：

```
main函数开始执行
panic: (*main.CustomError) 0xc000118000
```

```
goroutine 1 [running]:
main.handle(...)
        /Users/dev/go/demo/7/7-1.go:18
main.main()
        /Users/dev/go/demo/7/7-1.go:27 +0x8e

Process finished with the exit code 2
```

分析执行结果可知，抛出自定义异常的实例同样可以达到中断程序执行的效果。而CustomError的定义没有任何特殊之处，只是一个普通对象。这同时也说明了利用异常中断的关键在于panic()函数，而非其参数类型，参数只是异常信息的载体。

2. 自定义异常类型实现error接口

通过执行结果中的"panic: (*main.CustomError) 0xc000118000"可以看到，异常抛出时，控制台打印了其内存地址，CustomError对象作为信息载体的作用并未体现出来。我们可以仿照结构体errors.errorString的实现，为CustomError对象绑定Error()方法，以使它实现error接口，代码如下：

```
func (e *CustomError) Error() string {
    return strconv.Itoa(e.Code) + "," + e.Msg
}
```

该方法的接收者为CustomError指针类型；该方法会将CustomError的错误码Code和提示信息Msg合并返回。再次运行程序，打印异常信息时将调用CustomError.Error()方法，其输出内容如下：

```
main函数开始执行
panic: -10001,出错啦

goroutine 1 [running]:
main.handle(...)
        /Users/dev/go/demo/7/7-1.go:19
main.main()
        /Users/dev/go/demo/7/7-1.go:28 +0x8e

Process finished with the exit code 2
```

可以看到，控制台上输出了CustomError所封装的错误码和错误消息，达到了我们自定义异常的目的。

7.3　异常捕获

除了7.2节讲述的抛出异常强制程序中断外，另外一个典型的应用场景就是异常捕获。异常捕获可以让异常不再向上层调用者传播，程序便不会自行中断。因此，异常捕获可以认为是决定程序走向的另一种策略。

7.3.1　利用延迟执行机制来捕获异常

Go语言中，通常调用recover()函数来捕获异常。本小节从正反两个角度，让读者更加深刻地理解异常捕获的原理。

1. recover()函数的错误使用方式

默认情况下，panic()会直接中断当前执行，并向上层传播，导致整个程序中断。因此，编写代码时，recover()语句置于panic()后是无法捕获异常的，如代码清单7-3所示。

代码清单7-3　recover()函数的错误使用

```go
package main

import (
    "errors"
    "fmt"
)

func handleError() {
    panic(errors.New("出错啦"))

    // panic会直接导致执行中断，recover()函数不会被执行
    if r := recover(); r != nil {
        fmt.Printf("%v\n", r)
    }
}

func main() {
    fmt.Println("main函数开始执行")
    catchError()
    fmt.Println("main函数结束执行")
}
```

在该代码段中，r := recover()尝试捕获异常，并利用fmt.Printf("%v\n", r)打印异常信息。执行该代码，其输出如下：

```
main函数开始执行
panic: 出错啦

goroutine 1 [running]:
main.catchError()
        /Users/dev/go/demo/7/7-2.go:15 +0x49
main.main()
        /Users/dev/go/demo/7/7-2.go:24 +0x5b

Process finished with the exit code 2
```

很明显，由于panic()会导致当前程序中断执行，因此r := recover()根本没有机会被执行。exit code 2也代表了程序为非正常退出。

2. recover()函数的正确使用方式

正确的做法是使用defer关键字。defer本意为延迟，使用时，其后紧跟要执行的指令。defer可以将其后的指令加入延迟队列。在当前函数体（从内存的角度说是当前栈帧）结束后，从延迟队列中获取指令并执行。因此，我们往往将defer定义在函数体的开始，以保证其后的指令一定能够被加入延迟队列。

针对异常捕获，我们可以利用defer指令实现，如代码清单7-4所示。

代码清单7-4　defer指令与异常捕获

```go
package main

import (
    "errors"
    "fmt"
)

func catchError() {
    // recover()函数被封装在匿名函数中，匿名函数的执行会被加入延迟队列
    defer func() {
        if r := recover(); r != nil {
            fmt.Printf("%v\n", r)
        }
    }()

    // 模拟抛出异常
    panic(errors.New("出错啦"))
}

func main() {
    fmt.Println("main函数开始执行")
    catchError()
    fmt.Println("main函数结束执行")
}
```

代码解析：

（1）defer后的指令实际是要执行一个匿名函数。注意匿名函数后的小括号不可省略，这代表匿名函数的调用。

（2）在defer后的匿名函数中，利用r := recover()尝试捕获异常。

执行该代码段，其输出如下：

```
main函数开始执行
出错啦
main函数结束执行

Process finished with the exit code 0
```

从输出结果可知，panic()函数抛出的异常可以成功被recover()函数捕获。exit code 0也代表整个执行过程可以顺利完成，而不是被异常中断。

7.3.2 在上层调用者中捕获异常

在前面的实例中，如果我们不在异常抛出的源头——函数catchError()中捕获异常，而是在其调用者中捕获，效果也完全相同。因为catchError()中抛出的异常会自动向上传播，所以在main()函数中同样可以捕获异常，代码清单7-5演示了这一场景。

代码清单7-5　在main()函数中捕获异常

```go
package main

import (
    "errors"
    "fmt"
)

func panicError() {
    panic(errors.New("出错啦"))
}

func main() {
    // 直接在主协程的开头，利用defer+recover捕获异常
    defer func() {
        if r := recover(); r != nil {
            fmt.Printf("%v\n", r)
        }
    }()

    fmt.Println("main函数开始执行")

    // 函数panicError()会抛出异常
    panicError()
    fmt.Println("main函数结束执行"))
}
```

我们将defer+recover捕获异常的代码迁移到main()函数中。执行该代码段，同样能够实现异常捕获。但需要注意的是，一旦产生异常，同样会打断程序执行，并马上进入defer执行环节。因此，此处不会输出字符串"main函数结束执行"。

运行该代码段，其输出如下：

```
main函数开始执行
出错啦

Process finished with the exit code 0
```

因此，虽然在上层函数中同样可以捕获异常，但也要特别注意它与在异常源头捕获的区别。

7.3.3   异常捕获的限制条件

调用者能够捕获被调用函数的异常，本质上也只是因为异常向上层抛出，调用者和被调用者处于同一协程中。但是，如果二者不在同一协程，例如，panicError()利用子协程执行，那么，main()函数将无法捕获到任何异常。代码清单7-6演示了这一场景。

代码清单7-6   父协程中无法捕获子协程中抛出的异常

```
package main

import (
    "fmt"
    "time"
)

func main() {
    // 在主协程中捕获异常
    defer func() {
        if r := recover(); r != nil {
            fmt.Printf("%v\n", r)
        }
    }()

    fmt.Println("main函数开始执行")

    // 子协程抛出异常
    go func() {
        panicError()
    }()

    time.Sleep(1 * time.Second)
    fmt.Println("main函数结束执行")
}
```

代码解析：

（1）main()函数是程序的起点，视作父协程。

（2）go关键字用于新建一个子协程。go之后的代码为子协程中要执行的指令，在子协程中调用panicError()函数。

（3）main()函数的开头利用defer+recover()的组合捕获异常。

（4）time.Sleep(1 * time.Second)，用于让主协程暂停1秒，然后才执行指令fmt.Println("main函数结束执行")，目的是保证子协程中的panicError()函数有机会执行。

该代码段的执行结果如下：

```
main函数开始执行
panic: 出错啦

goroutine 6 [running]:
main.panicError(...)
        /Users/dev/go/demo/7/7-3.go:9
main.main.func2()
        /Users/dev/go/demo/7/7-4.go:17 +0x49
created by main.main
        /Users/dev/go/demo/7/7-4.go:16 +0x85

Process finished with the exit code 2
```

分析该函数的执行，我们可以得到两条关键信息：

（1）panicError()函数抛出了异常，但是并未在main()函数中被捕获，尽管在main()函数中利用defer+recover尝试捕获异常。

（2）虽然是在子协程中抛出的异常，但是仍然导致了整个程序的中断退出。这一点可以从main()函数中的字符串"main函数结束执行"未能成功打印看出。

不同协程间无法传播异常的这一现象，其实也非常容易理解，因为父、子协程无法确定执行结束的先后顺序。如果在父协程执行结束后，子协程将抛出的异常传递给父协程，将无的放矢。当然，此处所说的父协程不一定是主协程，一个协程内部可以创建一个子协程，从而形成父子关系。

7.4　异常捕获后的资源清理

通过前面的讲述，我们已经对异常抛出、异常捕获有了比较全面的了解。异常抛出却没有被捕获时，一定会导致整个程序的崩溃。因此，异常捕获一定程度上防止了程序崩溃，除非异常捕获后的defer语句又抛出了异常。

但是，在程序中可能会打开文件、网络连接、数据库等资源，如果在发生异常后未进行资源清理，可能会导致资源泄漏或其他问题，严重情况下还可能导致程序崩溃。资源清理可能包括了释放锁/数据库连接/网络连接、回滚事务、删除临时文件等。本节以释放锁对象为例，讲述未正常释放所带来的副作用，以及如何正确进行释放。

7.4.1　未正常释放锁对象带来的副作用

当一个协程获得了锁对象后，释放锁便是必需的步骤。有时，即使程序中包含了解锁语句，也可能无法达到释放的目的。代码清单7-7演示了未能正确释放锁对象的场景。

代码清单7-7　异常被捕获，但未能释放锁对象

```go
package main

import (
    "fmt"
    "sync"
)

// 定义一个等待组对象wg
var wg = sync.WaitGroup{}

// 定义safeData结构体，其中含有一个map字段和一个读写锁字段
type safeData struct {
    content map[int]int
    lock    sync.RWMutex
}

// 向safeData中添加一条数据
func (m *safeData) addEntry(k int) {
    // 延迟处理
    defer func() {
        // 异常捕获，保证不会因当前协程中的异常而导致程序崩溃
        if err := recover(); err != nil {
            fmt.Printf("出错啦, k=%d, %v\n", k, err)
        } else {
            fmt.Println("已添加, k = ", k)
        }
        // 等待组计数器减1
        wg.Done()
    }()

    // 主要逻辑，加锁保护，并向map中添加一个键—值对
    m.lock.Lock()
    // 注意此处的处理，当k = 10时，会抛出除数为0的异常
    m.content[k] = k / (k - 10)
    // 释放锁对象
    m.lock.Unlock()
}

func main() {
    // 创建safeData实例
    data := safeData{}
```

```
    // 等待组计数器加10
    wg.Add(10)

    data.content = make(map[int]int, 10)

    //循环10次，启动子协程
    for i := 1; i <= 10; i++ {
        go func(i int) {
            // 向data中添加数据条目
            data.addEntry(i)
        }(i)
    }

    wg.Wait()
}
```

代码解析：

（1）var wg = sync.WaitGroup{}，定义了一个等待组对象。等待组用来阻塞主协程，以等待所有子协程执行完毕。

（2）type safeData struct，定义了一个结构体，其中含有一个map字段和一个读写锁。

（3）func (m *safeData) addEntry(k int) {...}，定义了一个方法，该方法的接收者是safeData指针。

（4）在addEntry()的方法体中，m.lock.Lock()和m.lock.Unlock()用于加锁和解锁，其作用在于防止多个协程同时修改map中的数据。

（5）m.content是一个map结构，m.content[k] = k / (k − 10)用于向map中追加一个key-value结构。该操作利用独占锁进行了保护。

（6）m.content[k] = k / (k - 10)中的k-10有可能为0，这将导致程序抛出除数为0的异常。

（7）defer语句中，首先尝试捕获异常，以防止程序崩溃，然后调用wg.Done()将计数器减1。

（8）在main()函数中，调用wg.Add(10)将等待组的计数增加10（初始值为0，增加10后计数器变为10）。

（9）循环创建10个协程，来向safeData中写入数据。

（10）wg.Wait()用于阻塞主协程，直至等待组的计数归零，即等待10个协程执行完成。

但是，执行该代码段，往往会出现如下异常，并导致程序崩溃。

```
已添加，k = 1
已添加，k = 2
已添加，k = 4
出错啦，k=10, runtime error: integer divide by zero
fatal error: all goroutines are asleep - deadlock!
```

```
goroutine 1 [semacquire]:
sync.runtime_Semacquire(0xc0000a20d8?)
        /usr/local/go/src/runtime/sema.go:56 +0x25
sync.(*WaitGroup).Wait(0x60?)
        /usr/local/go/src/sync/waitgroup.go:136 +0x52
main.main()
```

从控制台输出可以看出，某个子协程会出现除数为0的错误，所以会打印出"integer divide by zero"的错误提示，但这并不是程序崩溃的真实原因。因为在每个子协程中，均有recover()捕获了异常，防止对其他协程产生副作用。程序崩溃的真正原因是"fatal error: all goroutines are asleep - deadlock!"，即所有协程陷入死锁状态。

7.4.2 确保锁对象释放的正确方式

由于除数为0，导致其运算所处的协程在m.content[k]=k/(k−10)处中断，而其后的m.lock.Unlock()语句没有机会执行，独占锁无法得到释放，其他协程永远没有机会获得独占锁而导致阻塞。最终，出现死锁异常。正确的代码也非常简单，只需在成功加锁后，利用defer m.lock.Unlock()来保证解锁操作一定能被执行即可。修改后的代码如下：

```
// 向safeData中添加一条数据
func (m *safeData) addEntry(k int) {
    // 延迟处理
    defer func() {
        // 异常捕获，保证不会因当前协程中的异常而导致程序崩溃
        if err := recover(); err != nil {
            fmt.Printf("出错啦, k=%d, %v\n", k, err)
        } else {
            fmt.Println("已添加, k = ", k)
        }
        // 等待组计数器减一
        wg.Done()
    }()

    // 主要逻辑，加锁保护，并向map中添加一个键-值对
    m.lock.Lock()
    // 保证解锁对象被释放
    defer m.lock.Unlock()

    // 注意此处的处理，当k = 10时，会抛出除数为0的异常
    m.content[k] = k / (k - 10)
}
```

此时重新执行，所有协程均有机会执行，除数为0的异常可以被正常捕获，而抛出该异常的协程中断不会影响其他协程的执行。其输出如下：

```
已添加, k =  1
已添加, k =  6
已添加, k =  5
已添加, k =  8
已添加, k =  9
已添加, k =  2
已添加, k =  3
出错啦, k=10, runtime error: integer divide by zero
已添加, k =  4
已添加, k =  7
```

另外，当一个函数中出现多个defer语句时，这些defer语句按照声明顺序被存储于一个后进先出的栈中。当函数执行完毕返回时，栈中defer语句会按照后进先出的顺序执行，即最后声明的 defer 语句会最先执行，最先声明的 defer 语句会最后执行。在本例中，defer m.lock.Unlock()会最先执行，从而保证了锁对象一定可以被释放。

7.5　编程范例——异常的使用及误区

7.5.1　利用结构体自定义异常

在日常开发中，单薄的error往往不能满足要求，我们期望错误对象能够承载更多的信息，此时，可以自定义异常结构体来代替普通的error对象。例如，在网络传输的过程中，如果发生错误，除了期望知道错误原因外，还期望获得传输的发送端和接收端IP，这样更加有助于分析错误原因。在大量错误中，如果发送端和接收端的IP是相同的，那么，发生错误的原因可能在于这两台机器中的某一台；如果IP各不相同，则可能是发送程序问题或者整个网络环境问题。

我们可以通过如下代码定义一个传输错误的结构体：

```
type transportError struct {
    // 发送端IP
    From string
    // 接收端IP
    To string
    // 错误消息
    Msg string
}
```

对于结构体transportError，额外绑定Error()方法，代码如下：

```
func (err transportError) Error() string {
    return fmt.Sprintf("从【%s】到【%s】传输失败，原因: %s", err.From, err.To, err.Msg)
}
```

这样，当打印transportError对象的信息时，便会自动调用其Error()方法。为了演示效果，在.go文件中可以手动抛出异常，并利用defer+recover的组合来捕获和打印异常，如代码清单7-8所示。

代码清单7-8   自定义网络异常

```
// 该函数将抛出异常
func throwError() {
    err := transportError{
        From: "129.78.135.57",
        To:   "10.87.56.154",
        Msg:  "连接远程主机失败",
    }

    panic(err)
}

func main() {
    defer func() {
        if r := recover(); r != nil {
            fmt.Printf("%s\n", r)
        }
    }()

    throwError()
}
```

代码解析：

（1）利用panic(err)手动抛出异常，是出现严重错误时中断程序的手段。需要注意的是，如果没有利用recover进行捕获处理，将导致整个程序的崩溃，而不只是所处协程被中断。

（2）在defer操作中，利用fmt.Printf("%s\n", r)打印错误对象的字符串形式。

执行该代码段，其输出如下：

```
从【129.78.135.57】到【10.87.56.154】传输失败，原因：连接远程主机失败
```

7.5.2   未成功捕获异常，导致程序崩溃

在7.5.1节的实例中，如果未成功捕获异常，将导致程序崩溃，即使panic出现在与主协程无关的子协程中。我们可以将代码修改为代码清单7-9的形式，来验证这一结论。

代码清单7-9   子协程抛出异常，将导致主协程的崩溃退出

```
// 该函数将抛出异常
func throwError() {
```

```
    err := transportError{
        From: "129.78.135.57",
        To:   "10.87.56.154",
        Msg:  "连接远程主机失败",
    }

    panic(err)
}

func main() {
    go func() {
        throwError()
    }()

    time.Sleep(1 * time.Second)
    fmt.Print("主协程成功退出")
}
```

07

代码解析：

（1）在修改后的代码中，go func()用于启动一个子协程来执行匿名函数。在匿名函数中，通过调用throwError()抛出异常。

（2）time.Sleep(10 * time.Second)用于将主协程休眠1秒钟，从而保证子协程的执行。

（3）fmt.Print("主协程成功退出")用于在主协程正常结束时，打印成功退出的消息。

执行修改后的代码，其输出如下：

```
panic: 从【129.78.135.57】到【10.87.56.154】传输失败，原因：连接远程主机失败

goroutine 6 [running]:
main.throwError(...)
        /Users/dev/go/demo/7/7-7.go:25
main.main.func1()
        /Users/dev/go/demo/7/7-7.go:30 +0xa7
created by main.main
        /Users/dev/go/demo/7/7-7.go:29 +0x25

Process finished with the exit code 2
```

通过以上输出可以看出，子协程中抛出了异常，错误信息和错误堆栈被打印在控制台上；而主协程未能成功退出（控制台未输出"主协程成功退出"字样，并且结束运行时的退出状态码为2——Process finished with the exit code 2）。因此，我们不能忽视任何一个可能抛出异常的函数或方法。这也让defer的延迟处理显得格外重要。

7.6　本章小结

　　本章首先介绍了异常机制在编程语言中的必要性。异常捕获或者不捕获完全依赖于程序走向的需要。Go语言中的异常抛出语法简单，并有自己的特色——可以利用panic抛出任何数据类型的对象。利用defer处理异常捕获时，也要特别小心，不要留下残局，例如解锁、线程池回收、网络连接或者数据库连接的释放都属于这一范畴。

第 8 章

Go语言的面向对象编程

面向对象编程仍然是目前主流的编程模式。Go语言虽然将函数提升到第一层级的位置，但是仍然支持面向对象编程。而在实际应用中，很多Go程序员仍然习惯以面向对象编程的思维方式来编写项目代码。

本章内容：

❋ 面向对象编程的本质
❋ Go语言实现封装
❋ Go语言实现继承
❋ Go语言实现多态
❋ Go语言中的面向接口编程

8.1 面向对象编程的本质

面向对象编程将对象作为编程语言的核心，这意味着在构建和设计整个项目时，首先考虑的是行动的主体——对象。抽象出了对象，再为这些对象附加其应该具备的字段和行为，整个项目的运转通过各个对象之间的交互来实现。这如同我们的人类世界——所有的社会活动依赖于社会成员之间的交互来完成，各个成员具有各自的属性和行为。这种方式能够保证整个社会的有序运转，那么，对于远比人类世界简单的软件项目来说，自然也能保障其构建和运行的流畅性。

封装、继承和多态是面向对象编程的三大特性，Go语言同样对这三大特性提供了支持。这意味着我们同样可以在Go语言中遵循面向对象编程的思路来完成项目。实际的Go语言项目可以采用面向对象和面向过程相结合的方式来实现。

8.2 Go 语言实现封装

封装是将属于某个对象的字段（这里不讨论字段和属性的区别）和行为抽象出来，形成一个有机体，通常称之为类。抽取这些字段和行为并非仅仅为了代码易于维护，或者为了契合事物本身的特质，还有安全层面的考虑——利用权限控制机制来保护字段和方法不能被某些代码直接访问。

8.2.1 Go 语言中字段和方法的封装

Go语言中，最贴近对象和类概念的无疑是结构体，结构体中可以含有多个字段。另外，将某个函数的接收者指定为结构体，可以实现为结构体绑定成员方法。例如，一个封装了工人信息的结构体，可以定义为如下形式：

```
type Worker struct {
    Name     string
    Aage     int
    Position string
}

func (worker Worker) do() {
    fmt.Println(worker.Name, "正在紧张的工作")
}
```

在该示例代码中，Worker是一个结构体，Name、Age和Position是其中的字段，而func (worker Worker) do()则为Worker绑定了函数do()，从而使函数do()成为Worker的方法。

我们可以利用面向对象编程的风格来使用Worker，如代码清单8-1所示。

代码清单8-1　结构体实现封装

```
func main() {
    worker := Worker{
        Name: "张三",
        Aage: 20,
    }

    worker.do()
}
```

代码解析：

（1）worker := Worker{Name: "张三"...}，用于创建一个Worker对象，并赋值给变量worker。

（2）worker.do()用于调用worker对象的do()方法。

执行该代码段，其输出如下：

张三 正在紧张的工作

在Worker.do()的方法体中，我们利用worker.Name来访问worker的Name字段。对于习惯了面向对象编程的开发者而言，以下形式或许更有亲切感：

```
func (_this Worker) do() {
    fmt.Println(_this.Name, "正在紧张的工作")
}
```

在该代码段中，我们将原本的"worker"修改为"_this"，与Java或C++中的编码形式更加接近。事实上，在类似于Java这样的面向对象编程语言中，this关键字只是隐式存储于栈帧局部变量表中的一个变量而已。而在Go语言中，则更加直接地体现出了this的来源。

另外，Go语言中对于字段和方法的权限保护是通过字段名/方法名首字母的大小写来进行控制的，而这种控制仅存在包内和包外两种权限类型。该内容已经在4.5节进行过阐述，在此不再赘述。

8.2.2 为值类型和指针类型绑定方法的区别

我们在为自定义数据类型绑定方法时，通常有两种形式：为值类型绑定方法和为指针类型绑定方法。即使在方法完全相同的情况下，两种绑定形式的表现也会有所不同。

1. 为值类型绑定方法

在前面的示例中，我们利用func (worker Worker) do()来为Worker类型绑定do()方法，此处的Worker是一个值类型。将方法绑定在值类型上，即使在方法内部尝试修改接收者的字段，也不会对原变量产生影响，如代码清单8-2所示。

代码清单8-2 将方法绑定到值类型上

```
// 将方法绑定到值对象上
func (worker Worker) do() {
  fmt.Println(worker.Name, "正在紧张地工作")
  worker.Name = "李四"
}

func main() {
    worker := &Worker{
        Name: "张三",
        Aage: 20,
    }
    worker.do()
```

```
        fmt.Println("当前的名字: ", worker.Name)
    }
```

代码解析：

（1）func (worker Worker) do()，用于为结构体Worker绑定do()方法。在方法体中，利用worker.Name= "李四"修改了接收者worker的Name字段。

（2）在main()函数中，worker变量是一个指针，在调用worker.do()后，再次打印worker的Name字段，期望修改其姓名为"李四"。

执行该代码段，控制台上的输出如下：

```
张三 正在紧张地工作
当前的名字: 张三
```

查看输出内容可知，变量worker的Name字段并未发生改变。

2. 为指针类型绑定方法

如果将方法的接收者修改为指针类型，则main()函数中的worker变量无论定义为值类型还是指针类型，均可成功修改其Name字段，如代码清单8-3所示。

代码清单8-3　将方法绑定到指针类型上

```
// 将方法绑定到指针类型上
func (worker *Worker) do() {
    fmt.Println(worker.Name, "正在紧张地工作")
    worker.Name = "李四"
}

func main() {
    worker := Worker{
        Name: "张三",
        Aage: 20,
    }
    worker.do()
    fmt.Println("当前的名字: ", worker.Name)
}
```

该代码段与代码清单8-2的唯一区别在于，将方法的接收者修改为了Worker指针（*Worker）。此时，执行该代码段，控制台上的输出如下：

```
张三 正在紧张地工作
当前的名字: 李四
```

可以看到，变量worker的Name字段将被成功修改。

相对来说，我们更常用的方式是为指针类型绑定方法。因为是否改变原始变量的字段，是由业务本身决定的，方法体中应按实际需求决定是否修改接收者（worker）的字段，而不是依赖接收者的类型实现。而Java语言中的类方法则直接屏蔽了这种选择，总是采用指针类型的处理策略。

8.3　Go 语言实现继承

在面向对象编程的思想中，继承的本意是为了复用代码，尽量避免代码重复。Go语言并未提供extends或者其他表示继承的关键字。事实上，Go语言中也并不存在真正的继承，只是在代码编写形式上实现了类似继承的效果。

8.3.1　利用组合实现继承

Go语言中，利用组合来实现面向对象中的继承。本小节将讲述组合演变为继承的过程。

1. 利用组合集成其他对象的能力

通常情况下，如果想引用其他对象的方法，最直接的方案就是获得对象，然后通过该对象调用其方法。例如，有一个Human类型，该类型有一个名为name的字段和一个名为speak的方法，其定义如下：

```
type Human struct {
    name string
}

func (human *Human) speak() {
    fmt.Println("我的名字是: ", human.name)
}
```

学生类型Student同样具备Human的特征，并且一个Student对象同时也是一个Human。我们可以在Student中增加一个Human类型的字段human，例如：

```
type Student struct {
    human Human
}

func (student *Student) study() {
    fmt.Println("好好学习，天天向上")
}
```

那么，我们完全可以通过Student实例对象来引用human字段，进而引用speak()方法，示例代码如下：

```go
func main() {
    h := Human{name: "熊大"}
    student := Student{
        human: h,
    }

    student.human.speak()
}
```

将human作为Student结构体的做法，通常被称为组合。这种代码形式已经很接近让Student拥有speak()能力的目标了。

2. 字段匿名化带来形式上的变化

Go语言允许将字段匿名化，因此，其字段定义"human Human"可以省略字段名称，从而直接声明为"Human"。相应地，Student结构体的定义可以修改为如下形式：

```go
type Student struct {
    Human
}
```

在修改后的代码中，Student中的Human字段定义只保留了类型，而省略了名称。同样地，创建Student实例时可以省略字段名，代码进一步修改为如下所示的形式。

```go
func main() {
    h := Human{name: "熊大"}
    student := Student{
        h,
    }

    student.speak()
}
```

代码解析：

（1）省略字段名后，利用Student{...}形式创建结构体实例时，按照字段顺序进行匹配，变量h会被赋值给Student的第一个字段Human。

（2）由于字段Human的匿名化，原本student.human.speak()的调用形式变为了student.speak()，在代码形式上看，如同student拥有了speak()方法一样。

（3）当然，本质上student.speak()方法仍然是调用匿名的Human字段的speak()方法，只是Human的字段名被省略后，在代码形式上实现了Student继承Human。

我们可以利用格式化打印的方式查看student变量的全貌。代码清单8-4演示了这一场景。

代码清单8-4 使用匿名字段实现继承，并查看继承后的结构体全貌

```go
type Student struct {
```

```
    Human
}
func main() {
    h := Human{name: "熊大"}
    student := Student{
        h,
    }

    fmt.Printf("%+v", student)
}
```

利用"%+v"进行格式化输出时，代表要打印变量student的详细细节，其输出如下：

```
{Human:{name:熊大}}
```

可以清楚地看到，此时的匿名字段实际名称为Human，即数据类型本身的名称。

8.3.2　匿名字段的支持

通过上面的示例，我们可以看出结构体中的字段名可以省略，即支持匿名字段。这种特性使得利用组合来实现继承成为可能。那么匿名字段是以怎样的形式注入结构体中的呢？

对于结构体中没有名称的字段，Go语言进行顺序匹配。例如，我们为Student增加一个字段school，代表学生所在的学校，代码如下：

```
type Student struct {
    school string
    Human
}
```

那么，如下代码将会出现编译错误：

```
func main() {
    h := Human{name: "熊大"}
    student := Student{
        h,
    }

    fmt.Printf("%+v", student)
}
```

当为Student填充字段时，如果没有指定字段名，则默认按照顺序进行填充。Student的第一个字段是school，其数据类型为string，那么，Human类型的实例填充给string类型便会产生类型不匹配的错误（Cannot use 'h' (type Human) as the type string），如图8-1所示。

我们依次为Student的两个字段赋以字符串和Human类型的值，则可以成功创建Student对象，如以下代码所示。

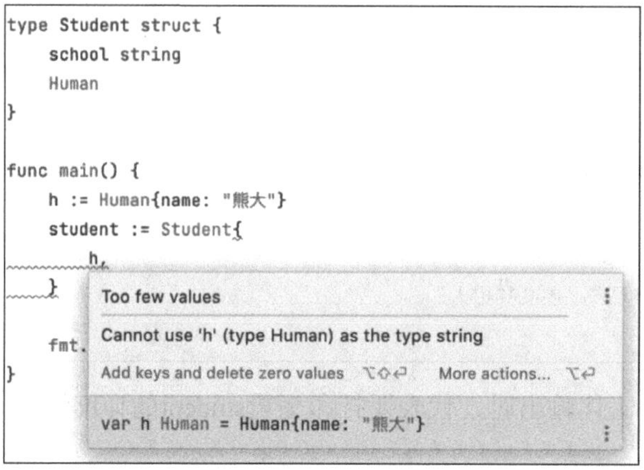

```
type Student struct {
    school string
    Human
}

func main() {
    h := Human{name: "熊大"}
    student := Student{
        h,
    }

    fmt.
}
```

Too few values

Cannot use 'h' (type Human) as the type string

Add keys and delete zero values　⌥⌦↵　More actions...　⌥↵

var h Human = Human{name: "熊大"}

图 8-1　产生类型不匹配的错误

```
func main() {
    h := Human{name: "熊大"}
    student := Student{
        "森林小学",
        h,
    }

    fmt.Printf("%+v", student)
}
```

8.3.3　多继承

利用组合来实现继承，让我们很自然地想到，只要向其中注入多个字段，就可以很容易地实现多继承。本小节讲述Go语言中多继承的实现，并解释其他编程语言不支持多继承的原因。

1. Go语言中的多继承

同样以上一节的Student为例，学生还可以增加考生这一角色。如果我们增加一个名为Candidate的结构体类型，同时为Student增加Candidate的匿名字段，那么Student便可以具备Candidate的能力，如以下代码所示。

```
// 考生结构体
type Candidate struct {
    score int
}

// 为Candidate绑定的方法——totalScore
func (candidate Candidate) totalScore() {
    fmt.Println("我的得分是：", candidate.score)
}

type Student struct {
```

```
        Human
        Candidate
    }
```

将Human和Candidate以匿名字段的形式注入Student后，可以利用Student打印姓名和得分，如同同时继承了Human和Candidate一样，如代码清单8-5所示。

代码清单8-5　Go语言中的多继承

```
func main() {
    //创建Human实例
    h := Human{name: "熊大"}
    //创建Candidate实例
    c := Candidate{score: 95}

    // 将h和c以匿名字段的形式注入Student实例中
    student := Student{
        h,
        c,
    }
    // 调用Human的能力
    student.speak()
    // 调用Candidate的能力
    student.totalScore()
}
```

很明显，student.speak()和student.totalScore()只是通过组合匿名字段获得的能力，而并非student自身拥有的方法。但客观上，很容易便实现了面向对象编程中的难题——多继承。

2. 对比Java中的多继承

Java不支持多继承的理由是：如果多个父类有相同的方法签名（相同的函数名、参数列表），而这些同名方法又同时被继承到子类中，则通过子类调用这些方法时，将无法在函数映射表中准确定位函数入口（因为不知道具体调用从哪个父类继承的方法）。那么，Go语言以组合形式实现的多继承是否存在这种问题呢？

我们通过为Candidate追加speak()，让它与Human均有speak()方法，来模拟方法冲突的场景，代码如下：

```
func (candidate *Candidate) speak() {
    fmt.Println("逢考必过")
}
```

此时，再次调用student.speak()，将出现编译错误，如图8-2所示。

Ambiguous reference 'speak' 代表在引用方法 speak()时出现了歧义。换句话说，Go语言并未为这一行为提供太复杂的处理方案——例如，利用字段注入的顺序来判定优先使用哪个speak()方法，而是"及时止损"——无法成功编译，从而让整个规则变得简单可靠。

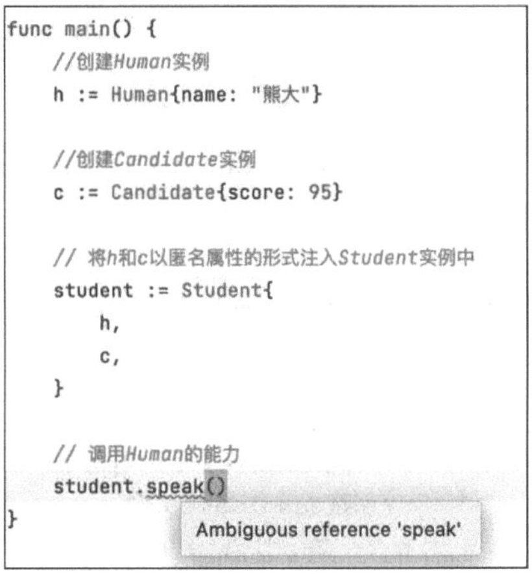

```
func main() {
    //创建Human实例
    h := Human{name: "熊大"}

    //创建Candidate实例
    c := Candidate{score: 95}

    // 将h和c以匿名属性的形式注入Student实例中
    student := Student{
        h,
        c,
    }

    // 调用Human的能力
    student.speak()
}
```
Ambiguous reference 'speak'

图 8-2　多继承场景下的方法冲突

8.4　Go 语言实现多态

在面向对象编程的思想中，多态可以从两个角度理解：类的多态和方法的多态。本节将讲述Go语言对于多态的支持。

类的多态利用继承来体现。通过前面的讲述我们知道，Go语言中的继承实际是一种"伪继承"，父类型和子类型之间根本不存在实质上的继承关系，因此，我们可以忽略Go语言中类的多态。当然，通过接口同样可以实现多态的效果，将在8.5节中详细讨论面向接口编程。

方法的多态是指在父类和子类中同时定义了某个方法，即方法的签名完全相同。当调用方法时，会根据对象的实际类型去定位到底是执行父类还是子类中的方法。下面我们来看一下Go语言中是否支持这种多态形式。

1. 利用方法重写的形式无法实现方法的多态

我们以运动员进行训练的场景为例。游泳运动员、篮球运动员、足球运动员均需在早上9点至晚上6点进行训练，训练前的签到动作都是相同的。为了共用签到方法，我们不必为3类运动员分别定义签到方法，而是将签到方法定义在父结构中，代码如下：

```
type DefaultPlayer struct {
    name string
}

func (defaultPlayer *DefaultPlayer) train() {
    fmt.Println("默认训练动作")
}

func (defaultPlayer *DefaultPlayer) sign() {
    fmt.Println(defaultPlayer.name, "签到")
    defaultPlayer.train()
}
```

参考其他面向编程语言的形式，在该代码段中定义了DefaultPlayer结构体，并为其绑定了两个方法train()和sign()。其中train()方法只打印字符串"默认训练动作"，并期望在各个子类中重写train()方法。实际执行时，首先调用父类的sign()方法进行签到，然后调用各自的train()方法以便不同运动员进行不同的训练项目。

3类运动员的自定义结构体均继承自DefaultPlayer，并重写train()方法，代码如下：

```go
type FootballPlayer struct {
    DefaultPlayer
}

func (fooballPlayer *FootballPlayer) train() {
    fmt.Println("足球运动员开始训练")
}

type BasketballPlayer struct {
    DefaultPlayer
}

func (basketballPlayer *BasketballPlayer) train() {
    fmt.Println("篮球运动员开始训练")
}

type SwimmingPlayer struct {
    DefaultPlayer
}

func (swimmingPlayer *SwimmingPlayer) train() {
    fmt.Println("游泳运动员开始训练")
}
```

在该代码段中，结构体FootballPlayer、BasketballPlayer、SwimmingPlayer均可看作继承了DefaultPlayer。另外，3个结构体分别实现了train()方法。3个train()方法的签名与DefaultPlayer中的train()方法签名完全相同，符合方法多态的形式。

下面分别构建这3个结构体的实例，并调用签到方法，代码如下：

```go
func main() {
    footballPlayer := FootballPlayer{DefaultPlayer{"A"}}
    footballPlayer.sign()

    basketballPlayer := BasketballPlayer{DefaultPlayer{"B"}}
    basketballPlayer.sign()

    swimmingPlayer := SwimmingPlayer{DefaultPlayer{"C"}}
    swimmingPlayer.sign()
}
```

上述代码段的输出如下：

```
A 签到
默认训练动作
B 签到
```

默认训练动作
C 签到
默认训练动作

很明显，3个实例调用的train()方法均为父类型DefaultPlayer中的train()方法，而非我们期望的子类中的train()方法。原因同样是因为Go语言中的继承本质是组合，而非真正的继承。其调用过程如图8-3所示。

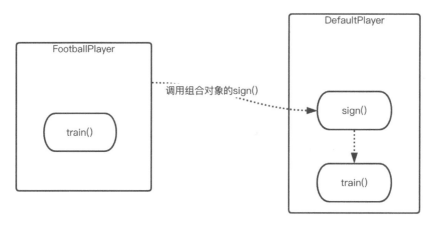

图 8-3   利用组合形式实现的继承，无法做到方法多态

从图中可以看出，DefaultPlayer中没有任何对象指针指向FootballPlayer，因此，在DefaultPlayer中调用FootballPlayer的train()方法是不现实的。

2. Go语言中实现方法多态的正确方式

如果要实现方法多态，正确的做法是将子类实例作为参数传入父类方法中。在本例中，DefaultPlayer的sign()方法应当做出修改，将子类对象作为参数传入，例如：

```
sign(player PlayerType)
```

其中的PlayerType是一个可以代表FootballPlayer、BasketballPlayer、SwimmingPlayer 3种类型的一个自定义类型。我们知道，在Go语言中，并不存在真正意义上的继承关系，也就无法找到一个父类型来涵盖这3种类型。但是，PlayerType可以利用接口来实现，这就是下一节将要讲述的内容——面向接口编程。关于方法的多态的实现方式，也将结合接口进行讲述。

8.5   面向接口编程

面向接口编程是指声明或定义对象时，将对象的类型定义为接口，而不使用具体类型，因为一个接口类型可以代表/涵盖多种具体类型。如此一来，当对象类型发生变更时，只要新类型实现了该接口，那么，只需要修改对象的赋值操作，后续代码操作均无须修改。这种编码方式，解耦了对象的赋值和操作两部分。

8.5.1　Go 语言中的接口

Go语言中的接口被视作自定义数据类型，因此，其一般定义形式如下所示。

```
type InterfaceName interface {
    method1(args...) (returnValues ...)
    method2(args...) (returnValues ...)
    method3(args...) (returnValues ...)
    ...
}
```

从语法上看，接口的定义也是使用type关键字，这代表了接口本质上同样是自定义类型，只是其中声明了若干方法。当然，接口中的方法是不需要方法体的，方法的实现交给具体的实现类来完成。

当结构体或者数据类型实现了某个接口A的所有方法，那么，就可以说该结构体或数据类型实现了A接口。如果某个接口中没有任何的方法声明，那么，这个接口被称作空接口。所有类型均可视作空接口类型，这也是Go语言中定义的特殊的接口any，其源码如下：

```
type any = interface{}
```

从any的命名也可以看出，any类型指的是任意数据类型。我们在Go语言源码中可以看到不少使用any类型作为参数的场景。相应地，使用any定义的变量没有任何的绑定方法可以调用，即使其实际类型中所绑定的方法非常丰富。

8.5.2　Go 语言中的接口实现

对于编程语言本身而言，需要解决具体类型如何实现接口这一问题。在Java等其他编程语言中，往往通过以下两步来完成：

第一步：显式指定一个类实现了哪个接口，也就是明确指定具体类和接口的契约关系。一个典型的示例如下：

```
FootballPlayer implements IPlayer
```

在该语句中，FootballPlayer为具体类型，IPlayer为接口；二者通过implements关键字明确FootballPlayer实现了IPlayer。

第二步：一旦达成这种契约关系，具体类型必须要实现接口的所有抽象方法。

此时，将FootballPlayer对象声明为IPlayer类型是顺理成章的，代码如下：

```
IPlayer player = new FootballPlayer();
```

而Go语言中，则不需要利用任何关键字来明确具体类型和接口之间的契约关系，即略过第一步。在上面的例子中，FootballPlayer只需客观上实现IPlayer中的抽象方法即可。

8.5.3　利用面向接口编程实现方法多态

现在我们可以来解决8.4节遗留的问题。首先定义一个接口IPlayer，并在其中声明一个方法train()，代码如下：

```
type IPlayer interface {
    train()
}
```

在该代码段中，type表明这是一个自定义类型，IPlayer是自定义类型的名称，interface代表该自定义类型是一个接口。

在8.4节演示的代码中，FootballPlayer、BasketballPlayer、SwimmingPlayer均已绑定了各自的train()方法，并且它们的train()方法签名与IPlayer的train()方法完全相同。因此，这3种类型均可视作实现了IPlayer接口。

DefaultPlayer的sign()方法需要增加一个类型为IPlayer的参数，代码如下：

```
func (defaultPlayer *DefaultPlayer) sign(player IPlayer) {
    fmt.Println(defaultPlayer.name, "签到")
    player.train()
}
```

在sign()方法体中，调用player.train()来执行实际对象的train()方法。因此。当调用sign()方法时，需要将player作为参数传入，如代码清单8-6所示。

代码清单8-6　利用接口类型实现方法多态

```
func main() {
    footballPlayer := &FootballPlayer{DefaultPlayer{"A"}}
    // 将足球运动员实例footballPlayer传入父类的sign方法
    footballPlayer.sign(footballPlayer)

    basketballPlayer := &BasketballPlayer{DefaultPlayer{"B"}}
    // 将篮球运动员实例basketballPlayer传入父类的sign方法
    basketballPlayer.sign(basketballPlayer)

    swimmingPlayer := &SwimmingPlayer{DefaultPlayer{"C"}}
    // 将游泳运动员实例swimmingPlayer传入父类的sign方法
    swimmingPlayer.sign(swimmingPlayer)
}
```

执行该代码段，其输出如下：

```
A 签到
足球运动员开始训练
B 签到
篮球运动员开始训练
C 签到
游泳运动员开始训练
```

通过输出结果可以很容易看出，修改后的代码实现了我们期望的效果。而纵观整个代码的处理过程，Go 语言也并不能实现真正意义上的方法多态，这使得整套代码看起来有些怪异，但却已经是形式上最接近多态的处理方式了。

话题再回到面向接口编程。Go 语言中的具体类型和接口类型之间实际是一种松散的契约关系，当具体类型中的方法实现不能覆盖接口的所有方法时，将自动解除这种契约关系。例如，结构体 FootballPlayer 的 train() 方法重命名为 train1()，则 FootballPlayer 不再是 IPlayer 的一个实现类，自然也不能利用 IPlayer 来声明 FootballPlayer 对象，如下形式的变量定义也将出现编译错误。

```
var IPlayer player = FootballPlayer{DefaultPlayer{"A"}}
```

8.6　编程范例——接口的典型应用

8.6.1　接口嵌套实例

在很多编程语言中，接口是可以继承的，子接口会自动拥有父接口中的方法声明。Go 语言中同样支持该特性，其实现方式更加简单，将父接口直接作为子接口的成员即可。

例如，在网络协议族的场景中，应用层协议的关键点有两个：传输和渲染。我们可以为传输方式定义一个接口——Transport，代码如下：

```
type Transport interface {
    transport()
}
```

而应用层协议还需要对获得的数据进行渲染，这种渲染可能是超文本格式渲染（HTML），也可能是邮件格式渲染（SMTP）。因此，应用层协议接口可以定义为：

```
type ApplicationProtocol interface {
    render()

    // 接口Transport组合到接口ApplicationProtocol中
    Transport
}
```

代码解析：

（1）ApplicationProtocol被定义为一个接口，其中含有render()方法的声明。

（2）ApplicationProtocol中直接引用了Transport，其实是将接口Transport的方法也包含进来，其代码相当于：

```
type ApplicationProtocol interface {
    render()

    transport()
}
```

这种一个接口中引入另外一个接口的写法称作接口嵌套。这样写的好处有两个：一是复用了Transport接口（这种复用的前提是在业务逻辑上是成立的，即ApplicationTransport的确应该拥有transport()方法）；二是实现了ApplicationProtocol接口的数据类型，同样也可以视作实现了Transport接口。我们可以利用代码清单8-7来验证嵌套接口的使用。

代码清单8-7　利用接口嵌套实现接口复用

```
type HttpProtocol struct {
}

// HttpProtocol绑定了transport()方法，可以视作实现了Transport接口
func (protocol *HttpProtocol) transport() {
    fmt.Println("use TCP")
}

// HttpProtocol绑定了render()方法，可以视作实现了ApplicationProtocol接口
func (protocol *HttpProtocol) render() {
    fmt.Println("user html")
}

func main() {
    // 变量protocol声明为ApplicationProtocol类型
    var protocol ApplicationProtocol
    protocol = &HttpProtocol{}

    // 变量protocol可以调用transport()和render方法
    protocol.transport()
    protocol.render()
}
```

代码解析：

（1）结构体HttpProtocol同时绑定了transport()和render()方法，那么可以视作实现了接口Transport和ApplicationProtocol。

（2）变量protocol被声明为接口类型ApplicationProtocol，那么便可成功调用transport()和render()方法。

显而易见，如果变量被声明为Transport接口类型，那么便只能调用transport()方法，即使其运行时的实际类型为HttpProtocol。图8-4演示了在IDE中出现方法引用错误的场景，Unresolved reference 'render'代表无法解析render()方法的引用。

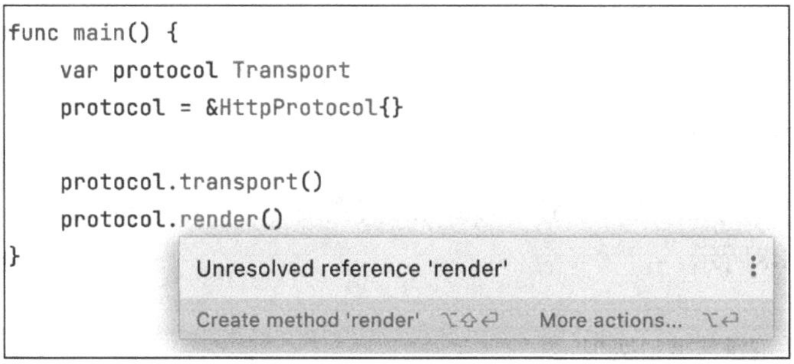

```
func main() {
    var protocol Transport
    protocol = &HttpProtocol{}

    protocol.transport()
    protocol.render()
}                    Unresolved reference 'render'        ⋮

              Create method 'render'  ⌥⇧↵   More actions...  ⌥↵
```

图 8-4　方法引用错误的场景

8.6.2　伪继承与接口实现

通过前面内容的学习，我们知道Go语言中的继承是一种"伪继承"，继承下来的方法并非是类型自有，而是"组合"而来。这就不免使我们产生这样的疑问：某个类型继承下来的方法能否视作对接口方法的实现呢？本小节通过一个实例进行验证。

1. 定义表示叮/咬的接口——BiteInterface

昆虫都有叮/咬动作，我们针对该动作创建一个对应的接口，其代码如下：

```
type BiteInterface interface {
    bite()
}
```

该接口含有一个名为bite的方法。

2. 定义父类结构体——昆虫（Inspect）

我们接着定义一个名为Insect（昆虫）的结构体，并实现方法bite()，代码如下：

```
type Insect struct {
}

func (inspect *Insect) bite() {
    fmt.Println("昆虫叮咬")
}
```

3. 定义子类结构体——蚊子（Mosquito）

结构体Mosquito（蚊子）中包含有匿名字段Insect，可以认为继承了Insepct的bite()方法，代码如下：

```
type Mosquito struct {
    Insect
}
```

从本质上说，Mosquito.bite()方法是通过匿名字段组合的形式获得的。

4. 验证"伪继承"得来的方法能否视作对接口方法的实现

我们可以在main()方法中尝试将Mosquito的实例对象声明为BiteInterface接口，并调用bite()方法，如代码清单8-8所示。

代码清单8-8　验证伪继承与接口实现

```
func main() {
    var obj BiteInterface
    obj = &Mosquito{}

    obj.bite()
}
```

编译并执行该代码段，其输出如下：

```
蚊虫叮咬
```

该代码段的成功编译和执行，意味着Mosquito实现了BiteInterface接口，即使Mosquito并未直接实现bite()方法，但仍可以视作接口BiteInterface的实现类。

综上所述，对于接口与实现类的关联，可以视作最松散的契约关系，只要实现类在形式上拥有某接口的所有方法，即可认为该类实现了该接口。

8.7　本章小结

本章详细讲述了面向对象编程的三大特性（封装、继承、多态）在Go语言中的实现方式，尤其需要明确的是，Go语言中并不存在真正的继承和方法多态，所谓的继承和多态只是在编码形式上近似而已。

面向接口编程是最为常用的编码模式。我们要理解面向接口编程的本意是将对象的实际类型与对象的相关操作进行解耦。同时，Go语言中的接口和实现类的契约关系，在声明形式上不如很多面向对象编程语言那样严格和紧密。这也体现了Go语言尽量解耦的设计哲学。

第 9 章

并发

并发与线程息息相关。并发执行是将多个用户任务分别交给独立线程处理，从而改变了最原始的串行任务模式。并发在单核CPU时代提出的理论基础是因为存在阻塞，即某个任务可能因某些原因导致无法继续执行，此时，CPU可以通过线程切换的方式转而执行其他任务；而多核时代则是可以确保真正释放CPU性能，多个任务可以实现并行执行。

虽然Go语言并没有直接将线程的概念暴露到开发者面前，而是提出了协程的概念，但是线程仍然是一个绕不开的话题。第一，Go语言中的协程执行仍然是由内核线程执行的；第二，我们需要比较Go语言中的协程与其他编程语言中线程的不同，从而真正理解协程的优势。

本章内容:

* 线程的概念
* 3种线程模型
* 协程的工作原理
* Go语言中的协程同步
* 利用channel实现协程同步
* 让出时间片
* Go语言中的单例

9.1 线程的概念

线程分为用户线程和内核线程。用户线程是我们在编程语言中创建并启动的任务，最直观的表现形式如以下伪代码所示。

```
Thread t = new Thread();
```

```
t.start()
```

在用户态，每个线程的存在形式可以认为是一块内存地址。这块内存地址包含了线程执行所需的信息：程序计数器、局部变量表、方法栈等。这块内存的特点是完全私有，既不能访问其他线程的内存，也不能被其他线程访问。

在一个程序的进程中，所分配的内存除了各个线程的私有内存外，还存在着共享内存，共享内存可以被所有线程访问。而一旦有了共享，就会存在竞争。如果某块共享内存被多个线程任务同时修改，就会导致共享内存的状态不可控。这就是线程安全问题的由来。

用户线程和用户打交道，执行用户任务；内核线程则是和操作系统直接打交道。因为所有的用户操作最终还是经由操作系统执行的，所以打通用户线程和内核线程的交互就成为编程语言的必备条件。在以线程为并发执行模型的编程语言中，其执行流程如图9-1所示。

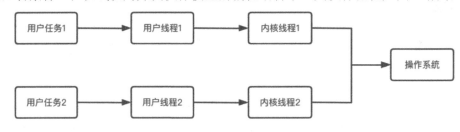

图 9-1　线程任务执行模型

我们知道，一颗CPU同一时间只能执行单一操作。这意味着，单核情况下只能有一个正在执行的内核线程。而操作系统层面，一个程序进程允许同时存在多个线程。如果这些线程串行执行，则违背了线程设计的初衷。这就需要一种机制，让多个线程能较为均衡地获得执行机会，让用户感觉就像多个任务在并行执行一样。因此，一个内核线程执行到中途，可能切换到另外一个内核线程执行。当然，这种切换是有成本的：首先CPU需要挂起当前线程，并保存其上下文信息（例如程序执行指针、堆栈指针），然后加载新激活线程的上下文信息，这个过程称为CPU的上下文切换。

引起CPU上下文切换的常见场景包括：

（1）时间片轮转：操作系统的调度机制，会保证CPU的时间被划分为多个分片。当一个线程执行到一个时间片耗尽时，则暂停该线程的执行，调度另外一个线程进行执行。

（2）主动让出：某个线程主动让出CPU时间片，例如线程主动调用sleep()函数进入休眠，从而让出CPU时间片。

（3）线程阻塞：如果当前线程由于等待资源或其他依赖而进入了阻塞状态，那么将会被挂起。进而让出CPU时间片，给其他线程执行的机会。

（4）被打断：可能被其他优先级更高的线程打断，从而暂停当前线程的执行。

（5）硬件中断：硬件中断由外设硬件设备产生，并且必须由CPU处理。因此，CPU会强行中断当前线程的执行来处理硬件中断。

9.2　线程模型

通过9.1节的描述，我们应该已经很清楚线程的状态以及执行过程。基于用户线程和内核线程的对应关系，设计者们提出了3种线程模型，即M:1、1:1和M:N模型。

从性能的角度看，我们既期望每个用户任务能够被尽快处理，又不想发生太多的线程切换。因为线程切换肯定意味着CPU的上下文切换，同时会带来额外的成本。

除此之外，还有一个因素也会极大地影响系统性能——线程的创建、空间分配、销毁过程。当一个线程执行完毕时，其使命也随之结束，该线程会被销毁。当有新的任务到来时，则会重新创建一个新线程进行处理。该过程同样会消耗系统资源，线程的频繁重建同样会影响系统性能。

下面基于线程切换和线程的生命周期两个角度，来分析3种线程模型的优劣：

（1）M:1模型：所有用户线程对应一个内核线程。当多个用户线程利用同一个内核线程进行处理时，可以最大限度避免内核线程的切换（不考虑操作系统中其他程序的影响），但是，这些用户线程往往以队列的形式串行执行。这种方式的缺点是一旦某个用户线程被阻塞，将导致整个队列被阻塞。另外，对于多核心的CPU也不友好，这可能会导致CPU的多个核心负载不均衡，有的负载很重，有的则可能一直空闲。

（2）1:1模型：一个用户线程对应一个内核线程。这也是很多编程语言中使用的线程模型。这种实现的好处是，一旦某个线程出现阻塞，可以及时调度到其他线程执行。但缺点也很明显，当支撑大量线程并发执行时，往往会出现频繁的线程切换；另外，当一个线程任务执行结束时，对应的内核线程会被销毁，从而导致内核线程频繁重建。

（3）M:N模型：多对多模型，M个用户线程对应N个内核线程。如果N的数值与CPU核心数相同，那么就可以尽量避免内核线程切换。另外，将M个用户线程分散到N个内核线程上，可以将调度算法迁移到编程语言层面实现。一旦出现空闲的内核线程，调度算法可以将其他内核线程上等待执行的用户线程移交给空闲的内核线程执行，这样就可以在最大程度上保证所有内核线程处于满负荷的状态。

9.3　协程的工作原理

通过前面的讲述可以看出，M:N模型具有M:1和1:1两种模型的优点，而Go语言的协程正是M:N模型的一种具体实现。本节将详细讲述协程的工作原理。

9.3.1 协程的使用

Go语言中启动一个新的协程非常简单，只需要使用go关键字，然后指定要执行的指令即可。代码清单9-1演示了最简单的协程使用实例。

代码清单9-1 使用协程执行打印语句

```
package main

import (
    "fmt"
    "time"
)

func main() {
    go fmt.Println("启动新的协程")

    time.Sleep(time.Second)
}
```

代码解析：

（1）fmt.Println("启动新的协程")是一条简单的打印指令。

（2）go是创建一个新的子协程来执行后续指令。在本例中，fmt.Println("启动新的协程")会被放入新的子协程中执行。

（3）为了让子协程获得执行机会，调用time.Sleep(time.Second)让主协程休眠；否则，主协程退出后，整个程序也会结束，子协程可能无法获得执行机会。

当然，启动一个协程执行的操作可能有多条语句，此时就需要将这些语句封装为一个函数，并执行该函数。代码清单9-1可以修改为如下形式的代码段。

```
func main() {
    go handle()

    time.Sleep(time.Second)
}

func handle() {
    fmt.Println("启动新的协程")
    fmt.Println("协程执行结束")
}
```

代码解析：

（1）当有两条打印指令时，我们可以将这两条指令封装到函数handle()中。

（2）调用go handle()来启动一个子协程，以异步执行handle()函数。

当然，在不考虑handle()函数重用的情况下，可以使用匿名函数进行处理。这也是我们最常见的go启动子协程的写法，代码如下：

```go
func main() {
    go func() {
        fmt.Println("启动新的协程")
        fmt.Println("协程结束")
    }()

    time.Sleep(time.Second)
}
```

9.3.2　GPM 模型

go关键字可以启动一个协程，那么协程是如何在M:N线程模型中进行调度的呢？Go语言在协程调度方面做出了许多努力，最终形成了比较成熟的GPM模型。GPM是以下3个关键词的缩写。

- G：是Goroutine的缩写，指协程对象本身。使用go关键字启动的协程将会被封装为一个对象，作为具体操作指令的载体。
- P：是Processor的缩写，代表协程处理器。我们知道，在M:N线程模型中，用户线程和内核线程是多对多的关系。对应到Go语言中的协程，多个协程（G）会被分配到一个内核线程上。但是，一个G不会直接与内核线程关联，而是先加入一个G的队列。G队列需要利用一个数据结构进行维护，而这个维护者就是P（Processor）。除了维护G的队列外，P还需要负责调度算法。因为在GPM模型中，为了尽量减少内核线程的切换，即尽量避免内核线程上的时间片切换，Go语言自行实现了调度算法，而这套调度算法也是利用P来实现的。
- M：是Machine的缩写，代表一个内核线程，是指令的实际执行者。一个M和一个P绑定在一起，M负责从P维护的G队列上依次获得G对象进行处理。

图9-2展示了GPM模型的基本结构和创建一个协程的流程。

从图中可以看出，一个内核线程M要与一个P进行绑定，并从P所维护的G队列中获得G对象。所有在P对象上维护的协程队列称为局部队列。除此之外，还有一个进程级别的全局队列。当一个新协程对象（G）被创建时，会被优先加入未满的局部队列中；如果所有局部队列均为满载状态，则G被加入全局队列。当协程任务进行调度执行时，P会从自己所维护的G队列中获得一个G对象，然后交由对应的内核线程M进行处理。

在整个调度执行的过程中，可能遇到以下典型场景：

（1）队列中的G串行执行时，并不顺利，例如遇到了I/O操作阻塞，那么，当前的P将与M解绑，并尝试与其他空闲的M进行绑定。

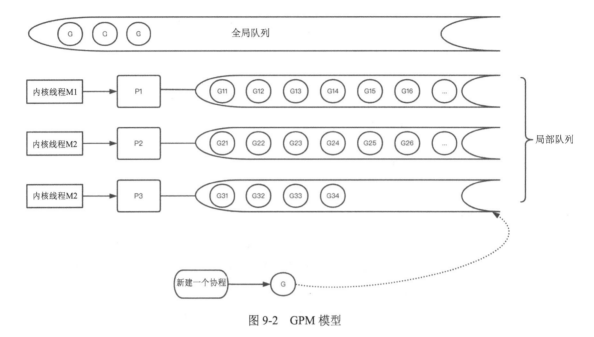

图 9-2   GPM 模型

（2）如果M的执行非常顺利，对应的P中的所有G很快执行完毕，队列为空，那么，当前P就会从负荷较重的其他P的局部队列中偷取（stealing）一半数量的G置入自己的队列。这样，保证M不会空闲，自然也就保证了M不会被轻易销毁。

（3）如果无法从其他局部队列中偷取到G，那么，P将从全局队列中获取G对象。

（4）如果全局队列也为空，那么，M将进入自旋状态，即不断空转，以等待新的G到来。

按照上面的流程，一个可能的遗留问题就是全局队列中的G可能一直得不到执行的机会。因为全局队列中有些G的创建时间可能早于局部队列中G的创建时间。针对该场景，调度策略在P尝试获取下一个G时，会先按照一定概率从全局队列中获取G进行执行。当然，执行该操作的概率非常低，只有1/61。这也在一定程度上保障了全局队列中的G能够被执行。

我们再来总结一下GPM模型在传统的M:N线程模型上所做的优化。

（1）当出现阻塞时，P会与M解绑，并寻找空闲的M重新绑定，从而最大限度地减少了线程阻塞带来的影响。

（2）当出现线程空闲时，会主动从其他任务队列偷取任务，从而最大限度地减少了CPU的空转和浪费，并避免了内核线程的销毁、重建过程。

基于以上两点，我们可以更深刻地理解"协程的调度是在编程语言层面实现，而不是完全交给CPU进行处理"这句话的含义。

9.3.3　从 3 种线程模型看 GOMAXPROCS 参数

通过前面的描述，我们很容易有这样的认知倾向：M:N线程模型是最优的线程模型。事实上，这往往是一种错觉，因为我们潜意识中已经将多核CPU作为基本配置，将大量线程/协程作为现代应用的必要条件。其实，对于很多简单场景，M:1或者1:1模型也可以工作得很好。除此之外，也别忘记M:N模型在调度实现上要复杂得多。复杂的调度也会带来稳定性上的风险，以及算法实现的高成本。

M:N模型适用于大量的线程/协程并发（往往是异步任务）。但是，启动多少个内核线程是一个值得思考的问题。如果内核线程过多，很容易退化为1:1模型；而过少，则会退化为M:1模型。Go语言的实现中，内核线程的默认数量为CPU核心数，这将尽量避免内核线程级别的切换。因为一个CPU核心只对应一个内核线程，便可尽量避免CPU时间片切换，任务调度的主动权才会掌握在用户态，即Go语言自行实现的调度算法。

Go语言当然无法直接控制内核线程的数量，但可以通过限制GPM模型中的P的数量来间接实现，因为G和P往往是一对一进行绑定的。

GOMAXPROCS代表了GPM模型中P的最大数量。在Go语言中，可以通过runtime包中的函数来查看CPU核心数和GOMAXPROCS的默认值。代码清单9-2演示了这一用法。

代码清单9-2　利用runtime包中的函数查看CPU核心和GOMAXPROCS的默认值

```
func main() {
    fmt.Println("CPU核心数: ", runtime.NumCPU())
    fmt.Println("GOMAXPROCS默认值: ", runtime.GOMAXPROCS(0))
}
```

函数runtime.GOMAXPROCS(n int)可用于设置GOMAXPROCS的值，当参数n为0时，并不会将GOMAXPROCS设置为0，而是返回其当前值。执行该代码段，在笔者的计算机上输出如下：

```
CPU核心数: 8
GOMAXPROCS默认值: 8
```

可以看到，默认情况下GOMAXPROCS的值与CPU核心相同。当然，我们同样可以利用runtime.GOMAXPROCS()来修改调度器中P的最大数量，代码如下：

```
runtime.GOMAXPROCS(runtime.NumCPU() * 2)
fmt.Println("GOMAXPROCS默认值: ", runtime.GOMAXPROCS(0))
```

该代码段首先将GOMAXPROCS的值修改为CPU核心数的两倍。再次执行该代码段，输出如下：

```
GOMAXPROCS默认值: 16
```

> **注意**　在物理机或者虚拟机中运行一个Go语言程序，默认情况下，GOMAXPROCS的值与CPU核心数相同是符合我们预期的。但是，当Go语言程序运行在容器环境（例如Docker），其默认值实际是与宿主机的CPU核心数相同。这可能与我们的预期差异很大。可以通过runtime.GOMAXPROCS()或者设置环境变量GOMAXPROCS的方式来手动设置GOMAXPROCS。

9.4　Go 语言中的协程同步

对于多协程/线程的应用程序来说，实现同步的目的是防止对共享内存的同时修改。因为很多对共享内存的修改往往不是原子的，多线程同时修改共享内存会带来不可控的结果。同步的本质是利用协程/线程的阻塞，在同一时刻只允许一个协程/线程执行修改操作，从而将修改共享内存的操作指令保护起来。

锁定机制可以用来实现协程间的同步。锁定的本意在于实现互斥，Go语言提供了信号量（Mutex）来实现互斥。信号量机制有两种锁：sync.Mutex和sync.RWMutex。sync.Mutex是独占锁，这决定了同一时刻只能有一个协程加锁成功；而sync.RWMutex是读写锁，有读锁和写锁之分，即共享锁和独占锁。

9.4.1　独占锁——Mutex

独占锁的使用非常简单，首先创建一个sync.Mutex对象，然后并使用其lock()方法来加锁，使用unlock()方法来解锁。多个协程同时加锁时，只会有一个协程加锁成功。例如，我们期望利用两个协程来分别打印1～5和10～50两个数据段，并在循环过程中附加耗时操作。如下代码段演示了常规的写法。

```go
package main

import (
    "fmt"
    "time"
)

func main() {
    go func() {
        for i := 1; i <= 5; i++ {
            time.Sleep(time.Millisecond) // 模拟耗时操作
            // 打印i的值
            fmt.Println(i)
        }
    }()
```

```
    go func() {
        for i := 1; i <= 5; i++ {
            time.Sleep(time.Millisecond) // 模拟耗时操作
            // 打印i*10的值
            fmt.Println(i * 10)
        }
    }()

    time.Sleep(time.Second * 1)
}
```

在该代码段中，调用go func()来异步执行两个数据段的循环打印，此时并没有任何同步机制。执行该代码段，其输出如下：

```
1
10
20
2
3
30
40
4
5
50
```

该代码段的输出有一个非常明显的特点：1～5和10～50是交叉乱序输出的。这代表了两个协程是交替执行的。为了获得顺序的输出，我们可以使用sync.Mutex来实现两个协程的互斥。那么，代码可以相应修改为如代码清单9-3所示的样子。

代码清单9-3　利用锁定保证两个数据段依次输出

```
package main

import (
    "fmt"
    "sync"
    "time"
)

func main() {
    // 定义一个独占锁
    lock := sync.Mutex{}

    go func() {
        // 利用独占锁lock进行锁定
        lock.Lock()
        // 保证锁的释放
        defer lock.Unlock()
```

```
        for i := 1; i <= 5; i++ {
            time.Sleep(time.Millisecond) // 模拟耗时操作
            fmt.Println(i)
        }
    }()

    go func() {
        // 利用独占锁lock进行锁定
        lock.Lock()
        // 保证锁的释放
        defer lock.Unlock()

        for i := 1; i <= 5; i++ {
            time.Sleep(time.Millisecond) // 模拟耗时操作
            fmt.Println(i * 10)
        }
    }()

    time.Sleep(time.Second * 2)
}
```

代码解析：

（1）lock := sync.Mutex{}，用于创建一个互斥锁。

（2）两个协程中均会出现lock.lock()和defer lock.unlock()语句，用于在打印数据段前加锁，并在完成操作后解锁。

此时，如果两个协程同时执行，那么只有一个协程能获得锁并继续执行，而另外一个则被阻塞，直至被占用的锁释放。

执行该代码段，其输出如下：

```
1
2
3
4
5
10
20
30
40
50
```

从输出可以看出，加锁后两个数据段均可实现有序输出，不会出现交叉输出的情况。

9.4.2　读写锁——RWMutex

读写锁是为了增加读数据并发量，同时保持共享数据的稳定状态而提出的。读写锁分为读锁和写锁，读锁为共享锁，写锁为独占锁。共享锁是对于同一个信号量对象，可以被多个协程多次加锁；而独占锁则要求信号量对象没有被任何其他锁锁定，无论是其他独占锁，还是共享锁。

1. 读锁之间不会产生互斥

我们首先来验证多个协程同时加同一个读锁的情形，如代码清单9-4所示。

代码清单9-4　读锁的使用

```go
package main

import (
    "fmt"
    "sync"
    "time"
)

func main() {
    // 创建读写锁
    lock := sync.RWMutex{}

    go func() {
        // 获得读锁（共享锁）
        lock.RLock()
        // 确保最终释放读锁（共享锁）
        defer lock.RUnlock()

        for i := 1; i <= 5; i++ {
            time.Sleep(time.Millisecond) // 模拟耗时操作
            fmt.Println(i)
        }
    }()

    go func() {
        // 获得读锁（共享锁）
        lock.RLock()
        // 确保最终释放读锁（共享锁）
        defer lock.RUnlock()

        for i := 1; i <= 5; i++ {
            time.Sleep(time.Millisecond) // 模拟耗时操作
            fmt.Println(i * 10)
        }
```

```
    }()

    time.Sleep(time.Second * 2)
}
```

代码解析：

（1）lock := sync.RWMutex{}，用于创建一个读写锁。

（2）在两个协程的操作中，均使用lock.RLock()和defer lock.RUnlock()进行加锁和确保解锁，而lock.RLock()和lock.RUnlock()的操作对象均为读锁。

执行该代码段，其输出如下：

```
1
10
20
2
3
30
40
4
5
50
```

从该输出结果可以看出，两个循环中的数据交叉输出，这意味着两个读锁之间不会互斥，所以两个协程可以同时执行。

2. 读锁和写锁之间产生互斥

如果一个协程尝试获得写锁，而另一个协程尝试获得读锁，则二者仍会出现互斥，如代码清单9-5所示。

代码清单9-5　读锁和写锁产生互斥

```
func main() {

import (
    "fmt"
    "sync"
    "time"
)

func main() {
    // 创建读写锁
    lock := sync.RWMutex{}

    go func() {
        // 获得读锁（共享锁）
```

```
        lock.RLock()
        // 确保释放读锁（共享锁）
        lock.RUnlock()

        for i := 1; i <= 5; i++ {
            time.Sleep(time.Millisecond) // 模拟耗时操作
            fmt.Println(i)
        }
    }()
    go func() {
        // 获得写锁（独占锁）
        lock.Lock()
        // 确保释放写锁（独占锁）
        lock.Unlock()

        for i := 1; i <= 5; i++ {
            time.Sleep(time.Millisecond) // 模拟耗时操作
            fmt.Println(i * 10)
        }
    }()

    time.Sleep(time.Second * 2)
}
```

代码解析：

（1）lock := sync.RWMutex{}用于创建读写锁。

（2）lock.Lock()和defer lock.Unlock()用于获取和确保释放写锁；lock.RLock()和lock.RUnlock()用于获取和确保释放读锁。

（3）针对写锁的操作将与读锁操作产生互斥效应，因此，两个协程仍将串行执行。

运行该代码段，其输出如下：

```
1
2
3
4
5
10
20
30
40
50
```

可以看出，1～5和10～50两组输出不再出现交叉打印的情况了。这说明读锁和写锁实际是互斥的。当然，无论哪种锁的处理机制，目的都是利用阻塞来控制协程的并发执行。

另外，我们需要注意的是，读锁和写锁只是对共享锁和独占锁的传统说法，而不是要求所保护的操作一定有读写操作。

9.4.3　等待组——WaitGroup

在前面的例子中，为了保证所有协程均可执行成功，我们在主协程中调用了time.Sleep()来休眠，以便让所有子协程都有足够的执行时间。这只是一种临时解决方案，事实上，等待组（WaitGroup）是一种更加常用的方案。

等待组同样可以用来阻塞协程的执行，不过其阻塞的手段不是通过锁，而是通过计数器。等待组可以预设一定数值的计数器，只有当计数器的值衰减为0时，被阻塞的协程才能够继续执行。代码清单9-6演示了如何利用等待组阻塞主协程，直至两个子协程执行结束。

代码清单9-6　利用等待组阻塞主协程，并等待子协程执行结束

```go
package main

import (
    "fmt"
    "sync"
    "time"
)

func main() {
    // 创建等待组对象
    wg := sync.WaitGroup{}
    // 为等待组计数器加2
    wg.Add(2)

    go func() {
        // 子协程中打印1~5数据段
        for i := 1; i <= 5; i++ {
            time.Sleep(time.Millisecond) // 模拟耗时操作
            fmt.Println(i)
        }
        // 调用等待组的Done()方法，令其计数器的值减1
        wg.Done()
    }()

    go func() {
        // 子协程中打印10~50数据段
        for i := 1; i <= 5; i++ {
            time.Sleep(time.Millisecond) // 模拟耗时操作
            fmt.Println(i * 10)
        }
        // 调用等待组的Done()方法，令其计数器的值减1
        wg.Done()
```

```
        }()
        // 阻塞主协程的执行，直至计数器为0
        wg.Wait()
    }
```

代码解析：

（1）在该代码段中，我们去掉了与锁定相关的代码，因为不介意两组数据输出时出现交叉，而只关注两个子协程是否能在主协程退出前成功执行。

（2）wg:=sync.WaitGroup{}用于创建一个等待组对象。

（3）wg.Add(2)用于将等待组的计数器值增加2。由于计数器的初始值为0，因此，此时计数器的值为2。

（4）在每个子协程中都有一条wg.Done()的指令，该指令将计数器的值减1。

（5）在主协程中，调用wg.Wait()来阻塞执行，直至计数器归零。

执行该代码段，其输出如下：

```
1
10
20
2
3
30
40
4
50
5
```

虽然两个协程的输出有所交叉，但两个协程的执行均已完成。可见，等待组成功阻塞了主协程的执行，直至两个子协程执行结束后才继续执行。

9.5 利用 channel 实现协程同步

在前面的内容中，我们讲述了利用锁机制来完成协程间的同步，而锁对象的本质是共享内存对象。在Go语言中，往往推荐利用channel来实现多协程间的内存共享。channel有以下特点，使得它也可以用于实现线程同步：

（1）channel可以同时被多个协程读取，但是channel中的一个元素只能被一个协程获取。这与独占锁有相似之处——只能被一个协程加锁。

（2）当无法向其中写入，或者无法从其中读取元素时，将会导致当前协程阻塞。在锁机制中，如果无法获得锁，当前协程同样会被阻塞。

9.5.1　利用 channel 实现锁定

channel实现协程同步和锁机制各有千秋。本小节通过实例来讲述channel实现锁定的一般用法。

1．利用channel实现互斥

锁定可以看作信号量的特例——信号量为1。如果我们保证一个channel中最多只有一个元素，那么，尝试从该channel获取元素的协程最多只有一个可以激活，其他协程会进入阻塞状态，如此便可以实现与信号量类似的效果。代码清单9-7演示了如何利用含有单个元素的channel来实现多协程的互斥执行。

代码清单9-7　利用channel实现两个协程间的互斥执行

```go
package main

import (
    "fmt"
    "time"
)

func main() {
    // 创建缓冲区大小为1的channel对象
    ch := make(chan int, 1)
    // 向channel对象中写入一个元素：0
    ch <- 0

    go func() {
        // 从channel对象中读取数据
        <-ch
        for i := 1; i <= 5; i++ {
            time.Sleep(time.Millisecond) // 模拟耗时操作
            fmt.Println(i)
        }
        // 执行结束后，向channel中写回一个元素：0
        ch <- 0
    }()

    go func() {
        // 从channel对象中读取数据
        <-ch
        for i := 1; i <= 5; i++ {
            time.Sleep(time.Millisecond) // 模拟耗时操作
            fmt.Println(i * 10)
        }
        // 执行结束后，向channel中写回一个元素：0
```

```
        ch <- 0
    }()

    time.Sleep(time.Second)
}
```

代码解析：

（1）ch := make(chan int, 1)用于创建一个存储int类型数据的channel对象，缓冲区大小为1。

（2）在主协程中，利用ch <- 0向channel中写入元素0。

（3）在两个子协程中，都会首先尝试从channel中读取一个元素，然后打印自己的整数序列，最后再向channel中写回元素0。

执行该代码段，输出如下：

```
1
2
3
4
5
10
20
30
40
50
```

可以看到两个数据段的输出不会出现交叉，说明利用channel可以成功控制两个协程的互斥执行。

2. 利用channel控制执行顺序

如果多次执行代码清单9-6的示例程序，我们大概率可以看到1~5序列的输出要优先于10~50的输出，但这并不意味着两个协程的执行顺序是固定的。如果我们增加新的子协程，让更多的协程竞争同一个channel中的元素，可以很容易看出多个协程的执行顺序是随机的，这代表协程执行顺序与代码的书写顺序没有直接关联。

channel可以方便地实现竞争协程间的先后顺序。因为从channel中获取元素必须依赖于写入，所以我们只需要在一个协程处理结束时才向channel中写入元素，而在另一个协程逻辑的开头尝试获取元素，就能让两个协程产生依赖关系，就像二者是上下游关系一样。代码清单9-8演示了这一场景。

代码清单9-8 利用channel实现协程间的依赖

```
package main

import (
```

```
        "fmt"
        "time"
    )

    func main() {
        // 创建缓冲区大小为1的channel对象
        ch := make(chan int, 1)

        go func() {
            // 子协程中尝试从channel中获取数据
            <-ch
            for i := 1; i <= 5; i++ {
                time.Sleep(time.Millisecond) // 模拟耗时操作
                fmt.Println(i)
            }
        }()

        go func() {
            for i := 1; i <= 5; i++ {
                time.Sleep(time.Millisecond) // 模拟耗时操作
                fmt.Println(i * 10)
            }
            // 子协程执行的最后，才向channel对象中写入数据
            ch <- 0
        }()

        time.Sleep(time.Second)
    }
```

代码解析：

（1）ch := make(chan int, 1)用于创建缓冲区大小为1的channel对象，但主协程并不会向其中写入任何数据。

（2）在第一个协程的开头，使用<-ch尝试从channel中获取元素。

（3）在第二个协程的最后，使用ch <- 0向channel写入元素。

以上操作如同在两个协程间构建了上下游关系，在第二个协程执行结束前，第一个协程一定会被阻塞。无论执行多少次该代码段，10～50数字序列的输出永远在1～5序列之前。

9.5.2   利用 channel 实现等待组

利用channel可以实现类似锁定的功能，同样地，通过channel也可以实现等待组。我们再来考虑等待组的本质，等待组是为了让某个协程/线程等待若干异步任务全部完成后，才继续执行。这同样可以抽象为一个上下游问题——下游任务必须等待上游任务的完成。channel可以轻松实现生产者－消费者模型的需求，而生产者－消费者模型同样是一个上下游问题。因

此，我们可以利用channel实现9.4.3节中等待组的需求，如代码清单9-9所示。

代码清单9-9 利用channel实现主协程等待子协程的执行

```go
package main

import (
    "fmt"
    "time"
)

func main() {
    count := 2
    // 创建一个无缓冲的channel对象
    ch := make(chan int)

    go func() {
        for i := 1; i <= 5; i++ {
            time.Sleep(time.Millisecond) // 模拟耗时操作
            fmt.Println(i)
        }
        // 子协程结束时，向channel中写入数据：0
        ch <- 0
    }()

    go func() {
        for i := 1; i <= 5; i++ {
            time.Sleep(time.Millisecond) // 模拟耗时操作
            fmt.Println(i * 10)
        }
        ch <- 0
        // 子协程结束时，向channel中写入数据：0
    }()

    // 在主协程中，尝试从channel对象中读取两个元素
    for i := 0; i < count; i++ {
        <-ch
    }
}
```

代码解析：

（1）ch = make(chan int)用于创建一个无缓冲区的channel对象。

（2）在每个子协程执行的最后，使用ch<-0向channel中写入一个数字0。

（3）在主协程中，利用循环操作（<-ch）从ch中读取元素，循环的数量与协程数相同。

（4）对于主协程来说，当无法从channel中读取到数据时，将进入阻塞状态。

运行该代码段，输出如下：

```
1
10
2
20
30
3
40
4
5
50
```

两个子协程都完整输出了所有数据段。当然，这里同样可以采用带缓冲区的channel来实现。因为我们是在每个子协程的最后一条指令中向channel写入数据，所以无论是否带有缓冲区都不影响子协程作为主协程上游的逻辑。

9.5.3　总结使用 channel 实现并发控制

一般来说，使用传统锁会让代码语义看起来更加自然，而使用channel无法直接体现出锁定的业务意义。例如，在等待组的例子中，使用WaitGroup实现的代码的逻辑明显比使用channel实现的易读性更强。

当然，使用channel也有其独特之处，如隐含的控制上下游的语义。这也表示使用channel可以轻松解决协程执行先后顺序的问题。

9.6　让出时间片

在前面的内容中，我们为了让子协程能够有足够的机会执行，往往调用time.Sleep()来让主协程休眠一段时间，从而等待子协程执行完毕。除此之外，还可以调用runtime.Gosched()来让出时间片，以便子协程有机会执行。

9.6.1　time.Sleep()和 runtime.Gosched()的本质区别

当在一个协程中执行time.Sleep()指令时，休眠是其本质目的，而休眠后的让出CPU执行权只是一个附加的效果。无论后续有没有其他协程接过CPU的执行权，都与当前协程的休眠无关，而且一定能够保证当前协程休眠到指定时间后，才会得到新的执行机会。

当在一个协程中执行runtime.Gosched()时，其真实目的是主动让出CPU时间片。在一些计算密集型操作中，往往借助runtime.Gosched()让出时间片给其他协程执行，因为计算密集型操作往往对CPU的占用率非常高。但是需要注意的是，让出时间片只是中断CPU分配给当前协程的本次时间片，这并不妨碍下次调度分配时间片。

9.6.2　runtime.Gosched()与多核 CPU

在下面的代码段中，我们首先在主协程中启动了一个子协程，子协程中只会打印一个字符串；为了让子协程有机会执行，我们在主协程中尝试调用runtime.Gosched()让出CPU时间片，以便子协程能够有机会执行。

```
func main() {
    go func() {
        fmt.Println("子协程执行")
    }()

    runtime.Gosched()
}
```

执行该代码段，几乎没有机会看到子协程的输出。这是因为目前大部分的计算机均为多核CPU，默认情况下，Go语言也会申请多个内核线程进行处理，主协程和子协程大概率是不会在同一个CPU核心上执行的。所以，即使主协程让出了时间片，也不会对子协程的执行有任何影响，反而主协程会很快被重新调度执行。在子协程中的println()语句来不及输出的情况下，主协程便已结束，从而导致整个应用程序的退出。

我们可以调用runtime.GOMAXPROCS(1)，将最大Processor的数量限制为1，并再次进行测试，如代码清单9-10所示。

代码清单9-10　限制Processor数量为1时，主协程利用runtime.Gosched()让出时间片

```
func main() {
    runtime.GOMAXPROCS(1)
    go func() {
        fmt.Println("子协程执行")
    }()

    runtime.Gosched()
}
```

经过测试，会发现此时子协程成功执行的概率大大增加。在笔者的计算机上，大概有50%的概率能够打印出字符串"子协程执行"。

在主协程主动让出CPU的情况下，子协程也未必能够执行完成，这表示子协程来不及打印字符串便又经历了一次CPU时间片轮转。

9.7　Go 语言中的单例

单例也是并发控制中一个比较常见的应用场景。如果某个类负责创建自己在整个应用程序中的唯一实例，并提供访问该唯一实例的方法，则说明这个类实现了单例模式。在很多编程语言中，往往借助并发锁来完成单例对象的创建。一段常见的伪代码如下：

```
single = null;

Object getSingleObject() {

    if single == null && lock.lock() {
        if single == null {
            single = new Object();
        }
        lock.unlock();
    }

    return single;
}
```

在该伪代码段中，函数getSingleObject()用于获得单例对象，具体过程如下：

（1）首先利用if single == null && lock.lock()来判断单例对象single是否已经初始化。如果未初始化，则先加锁。

（2）加锁成功后，利用if single == null再次判断single是否已经初始化。

（3）如果single仍未初始化，则对single进行初始化赋值，并调用lock.unlock()进行解锁操作。

（4）最后返回single对象。

这里要进行两次single == null的判断，因为存在着这样一种可能性：线程A执行lock.lock()时，另外一个线程B可能已经进入了执行体，例如执行到single = new Object()，此时，线程A被阻塞；当B解锁执行完毕时，A会进入执行体，但此时single已经被B初始化了，因此无须再次初始化。

可以看出，传统做法的判断逻辑较多，但即便如此，也并非最为严密的实现方式。Go语言有自己独特的实现方式——利用sync包中的API。

9.7.1　利用 sync.Once 实现单例

在Go语言内置的sync包中，有一个名为Once的结构体。顾名思义，该结构体用来控制某个函数只能被执行一次。我们可以利用sync.Once实现单例对象的创建，如代码清单9-11所示。

代码清单9-11　利用sync.Once实现单例

```
package main

import (
    "fmt"
    "sync"
    "time"
)

// 要实现单例的数据结构
type SingleObject struct {
}

// 变量once是一个sync.Once的实例
var once sync.Once

// 最终要获得的单例对象
var instance *SingleObject

//获得单例对象的方法
func getInstance() *SingleObject {
    // 保证匿名函数仅被执行一次
    once.Do(func() {
        // 为全局变量instance赋值
        instance = &SingleObject{}

        // 打印执行信息"实例化SingleObject"
        fmt.Println("实例化SingleObject")
    })

    return instance
}

func main() {
    // 启动100个子协程，并发调用getInstance()方法
    for i := 0; i < 100; i++ {
        go func() {
            _ = getInstance()
        }()
    }

    time.Sleep(time.Second)
}
```

代码解析：

（1）在该代码段中，SingleObject是要实现单例的结构体，once是sync.Once的实例对象，instance用于存储获得的单例对象。

（2）在获取单例对象的getInstance()方法中，利用once.Do保证匿名函数只会执行一次。

（3）在匿名函数中除了实例化instance外，还打印了一条提示信息"实例化SingleObject"，用来提示匿名函数的执行。

（4）在main()函数中循环100次，并在循环中启动子协程，每个子协程均会调用getInstance()函数。利用这种方式来尝试突破单次执行。

执行该代码段，输出如下：

```
实例化SingleObject

Process finished with the exit code 0
```

可以看到，即使有100个协程都尝试实例化一个SingleObject对象，但是字符串"实例化SingleObject"仅会打印一次，这代表调用once.Do(func() {...})执行的匿名函数只被执行了一次，而通过匿名函数初始化的变量instance也只会一次性赋值，从而实现了单例模式。

9.7.2　sync.Once 的实现原理

通过前面的描述我们知道，一个sync.Once对象只要执行过一次Do()方法，就不会有第二次执行的机会。下面通过源码解析的方式来查看sync.Once的实现原理。

1. sync.Once的定义

sync.Once的源码如下：

```
type Once struct {
    done uint32
    m    Mutex
}
```

Once的结构体中包含了一个名为done的整数字段，一个名为m的信号量字段。另外，还为sync.Once绑定了一个方法Do()。

2. sync.Once.Do()方法

Do()方法用于执行具体操作，其定义如下：

```
func (o *Once) Do(f func()) {
    if atomic.LoadUint32(&o.done) == 0 {
        o.doSlow(f)
    }
}
```

该方法执行时，会接收一个函数类型的参数f，并会判断字段Once.done是否为0；如果该值为0，才会调用o.doSlow(f)执行函数f()。

3. sync.Once.doSlow()方法

doSlow()方法是一个私有方法,该方法接收一个函数参数f, 并在其中执行函数f()。 doSlow()
的执行过程保证了函数f()只会被执行一次。doSlow()方法的定义如下:

```
func (o *Once) doSlow(f func()) {
    o.m.Lock()
    defer o.m.Unlock()
    if o.done == 0 {
        defer atomic.StoreUint32(&o.done, 1)
        f()
    }
}
```

该方法之所以命名为doSlow,是因为其中使用了独占锁(执行效率低)来防止多个协程
同时修改Once.done的值。获得独占锁后,判断Once.done为0才会执行传入的函数参数f。当执
行完f(),会将Once.done设置为1。这样,其他协程再无机会执行函数f()。

9.8　编程范例——协程池及协程中断

9.8.1　协程池的实现

线程池是编程语言中的常见概念。出现线程池的原因是不期望出现大量线程的重复创
建、销毁。在Go语言中,虽然创建协程的开销比创建一个线程要小得多,但有时候也需要限
制协程数目,此时,即可利用协程池来实现。本小节将讲述Go语言中协程池的实现。

1. 任务准备

首先,我们需要定义一个任务接口,用来抽象多种任务的执行。同时,为了返回任务的
执行结果,接口中还需要一个获取执行结果的方法。示例代码如下:

```
type Task interface {
    Execute()
    GetResult() string
}
```

其中Execute()方法用于任务执行,而GetResult()则用于获得执行结果。对于具体任务对
象,均需实现Task接口。例如,我们需要定义医生、工人、教师3种类型的任务,那么,对于
医生任务,其具体的任务对象如下:

```
type DoctorTask struct {
    Wg     *sync.WaitGroup
    Result string
}
```

```go
func (task *DoctorTask) Execute() {
    task.Result = "医生的工作：诊疗"
    task.Wg.Done()
}

func (task *DoctorTask) GetResult() string {
    return task.Result
}
```

代码解析：

（1）我们利用结构体DoctorTask来定义医生任务，字段Wg *sync.WaitGroup是一个等待组指针，当我们期望控制所有任务执行完毕的时间点时，可以利用等待组，否则，可以省略等待组字段Wg。

（2）Execute()方法中的逻辑可以很复杂，此处我们仅仅是为任务对象的Result字段赋值，然后利用Wg.Done()将等待组计数器的值减1。

（3）GetResult()方法可以用于获取task的执行结果。此处，我们将task的Result字段作为返回值。

类似地，对于工人任务和教师任务，相应的结构体定义如下：

```go
type WorkerTask struct {
    Wg     *sync.WaitGroup
    Result string
}

func (task *WorkerTask) Execute() {
    task.Result = "工人的工作：生产"
    task.Wg.Done()
}

func (task *WorkerTask) GetResult() string {
    return task.Result
}

type TeacherTask struct {
    Wg     *sync.WaitGroup
    Result string
}

func (task *TeacherTask) Execute() {
    task.Result = "教师的工作：教学"
    task.Wg.Done()
}

func (task *TeacherTask) GetResult() string {
    return task.Result
}
```

2. 协程池的实现

我们首先来考虑协程池的必要因素。为了限制协程的数量，会有一个协程的数量上限。各个协程需要从共享变量获取任务，那么就需要任务列表。为了实现任务列表，我们最先想到的可能是用切片结构来存储。针对切片存储任务列表，需要考虑以下3个方面的要求：

（1）同一个任务不能被多个协程重复读取。针对读取任务切片元素的操作，必须加独占锁，从而保证各个协程在获取任务时是互斥的。

（2）一个任务被协程任务获取后，必须从任务列表中移除。在获得任务的同时，将它从切片中移除。移除操作也需要和读取动作一样，利用独占锁进行保护。

（3）协程一旦启动，就不能轻易结束。在协程内部循环获取任务。当切片中的任务耗尽时，也不能结束循环，因为随时会有新的任务加入。这意味着必须实现空转操作，让循环一直持续下去。这种空转还必须增加休眠操作，因为无任务操作的无限循环可能导致不断抢占CPU资源。

综合以上3点，我们会发现channel已经将以上3点要求做了完美封装。

（1）channel已经封装了读取元素时的多协程并发问题。

（2）channel中的元素被读取的同时，会从channel中移除。

（3）channel中没有任何元素时，读取操作会阻塞协程，从而无须考虑休眠问题。

因此，channel是最适合存储任务列表的数据结构。我们可以自定义结构体RoutinePool来封装协程池，代码如下：

```
type RoutinePool struct {
    coreNum int
    TaskList chan Task
}
```

其中，字段coreNum是核心数量，即启动的协程数量；TaskList是任务列表。接着为RoutePool定义一个Submit()方法，用于向协程池提交任务，代码如下：

```
func (p *RoutinePool) Submit(t Task) {
    p.TaskList <- t
}
```

提交任务的过程非常简单，只需要将任务对象写入channelTaskList即可。而对于协程池的初始化动作，我们可以定义一个NewPool()函数进行封装，代码如下：

```
func NewPool(core int) *RoutinePool {
    // 如果核心协程数目为0，则将它置为CPU核心数
    if core == 0 {
        core = runtime.NumCPU()
    }
```

```
    // 创建RoutinePool实例
    p := &RoutinePool{
        TaskList: make(chan Task),
    }

    // 按核心协程数目启动子协程
    for i := 0; i < core; i++ {
        go func() {
            // 子协程内部，不断从任务列表中获取任务对象Task，并执行任务
            for task := range p.TaskList {
                task.Execute()
            }
        }()
    }
    return p
}
```

NewPool()函数接收一个名为core的参数，并创建与之数量相等的协程；在每个协程内部循环获得TaskList中的任务，并调用任务的Execute()方法。

3. 协程池的使用

最后，我们创建main()函数来创建协程池，并向它提交任务，然后观察任务的执行情况。代码清单9-12演示了自定义协程池RoutinePool的使用。

代码清单9-12　利用RoutinePool实现协程池

```
func main() {
    // 创建核心协程数为2的协程池
    pool := NewPool(2)
    // 创建等待组
    var wg sync.WaitGroup

    // 创建医生任务
    doctorTask := &DoctorTask{
        Wg: &wg,
    }
    // 等待组计数器加1
    wg.Add(1)
    // 提交医生任务
    pool.Submit(doctorTask)

    // 创建工人任务
    workerTask := &WorkerTask{
        Wg: &wg,
    }
    wg.Add(1)
```

```
      // 提交工人任务
      pool.Submit(workerTask)

      // 创建教师任务
      teacherTask := &TeacherTask{
          Wg: &wg,
      }
      wg.Add(1)
      // 提交教师任务
      pool.Submit(teacherTask)

      // 等待组阻塞
      wg.Wait()

      // 打印各任务执行结果
      fmt.Println(doctorTask.GetResult())
      fmt.Println(workerTask.GetResult())
      fmt.Println(teacherTask.GetResult())
  }
```

代码解析：

（1）pool := NewPool(2)，用于创建一个核心数为2的协程池，那么子协程最大数目为2。

（2）doctorTask := &DoctorTask{...}、workerTask := &WorkerTask{...}，以及teacherTask := &TeacherTask{...}分别创建3个任务对象doctorTask、workerTask和teacherTask，并将等待组对象wg作为字段值注入。

（3）针对每个任务，为等待组对象wg的计数器加1，然后提交任务；最后，使用wg.Wait()等待所有协程执行结束，并打印各任务的执行结果。

执行该代码段，在控制台上的输出如下：

```
医生的工作：诊疗
工人的工作：生产
教师的工作：教学
```

可以看到已经利用协程池成功地执行了任务。

9.8.2 协程的中断执行

在前面的讨论中，我们看到的实例都是协程持续执行直至结束。但是，有时我们会允许一个异步任务的中途退出。例如，对于一个离线计算任务，如果用户觉得执行时间过长，可以单击"停止"按钮终止任务。

就我们目前讨论的协程的使用场景，并不能解决该问题，这是因为目前的协程执行过程不会受外部环境的干扰。子协程启动后，如同断线的风筝，不再受父协程的控制。如下列代码实例所示。

```go
func m1() {
  for i := 0; i < 10; i++ {
    time.Sleep(1000 * time.Millisecond)
    fmt.Println("m1 : ", i)
  }
}

func m2() {
  for i := 0; i < 20; i++ {
    time.Sleep(1000 * time.Millisecond)
    fmt.Println("m2 : ", i)
  }
}

func m3() {
  for i := 0; i < 30; i++ {
    time.Sleep(1000 * time.Millisecond)
    fmt.Println("m3 : ", i)
  }
}
```

在该代码段中，定义了m1()、m2()、m3() 3个函数，代表了某个任务的三个步骤。每个函数中都在循环中调用了time.Sleep()来模拟耗时操作。

最后，在主协程中启动一个子协程来分别调用这三个函数，代码如下：

```go
func main() {
  go func() {
    m1()
    m2()
    m3()
  }()

  time.Sleep(100 * time.Second)
}
```

在子协程中调用m1()、m2()和m3()后，使用time.Sleep(100 * time.Second)来模拟主协程长时间处于运行状态。但是，该代码示例将一直运行，外部无法干预子协程任务的执行。

要想控制子协程的执行，可以向子协程埋入一个标识对象。在子协程任务的执行过程中，利用标识对象来控制函数的退出。当然，这里的控制退出是在关键节点上进行的，例如耗时操作或者循环操作内部。代码清单9-13演示了这种用法。

代码清单9-13　外部环境控制协程退出

```go
package main

import (
  "fmt"
```

```
    "time"
)

// 自定义结构体，用于封装控制标识
type ControlFlag struct {
    stop bool
}

func main() {
    // ControlFlag对象
    controlFlag := &ControlFlag{false}

    // 启动子协程执行匿名函数，并将ControlFlag对象传入匿名函数
    go func(control *ControlFlag) {
        m1(control)
        m2(control)
        m3(control)
    }(controlFlag)

    // 主协程休眠3秒，子协程便可获得执行机会
    time.Sleep(3 * time.Second)

    // 外部环境对控制标识做出修改，向子协程传递停止标识
    controlFlag.stop = true

    // 主协程继续休眠，以便观察子协程的执行情况
    time.Sleep(100 * time.Second)
}

func m1(control *ControlFlag) {
    // 模拟耗时操作
    for i := 0; i < 10; i++ {
        // 如果停止标识为true，则跳出函数执行，子协程执行结束
        if control.stop {
            return
        }
        time.Sleep(1000 * time.Millisecond)
        fmt.Println("m1 : ", i)
    }
}

func m2(control *ControlFlag) {
    // 模拟耗时操作
    for i := 0; i < 20; i++ {
        // 如果停止标识为true，则跳出函数执行，子协程执行结束
        if control.stop {
            return
        }
        time.Sleep(1000 * time.Millisecond)
        fmt.Println("m2 : ", i)
```

```
        }
    }

    func m3(control *ControlFlag) {
        // 如果停止标识为true，则跳出函数执行，子协程执行结束
        if control.stop {
            return
        }
        for i := 0; i < 30; i++ {
            time.Sleep(1000 * time.Millisecond)
            fmt.Println("m3 : ", i)
        }
    }
```

代码解析：

（1）type ControlFlag struct{...}，用于定义一个名为ControlFlag的结构体，其中含有一个bool型字段stop。

（2）controlFlag := &ControlFlag{false}，用于创建一个ControlFlag指针，并将stop字段初始值设置为false。

（3）go func(control *ControlFlag){...}(controlFlag)，将指针controlFlag传入子协程的匿名函数。

（4）函数m1()、m2()、m3()均接收ControlFlag指针作为参数，并在其内部的循环执行中判断controlFlag.stop的值，如果该值为true，则退出函数执行。

（5）time.Sleep(3 * time.Second)，让主协程休眠3秒钟，此时子协程的任务处于执行中。

（6）controlFlag.stop = true，用于在主协程中修改controlFlag的stop字段，模拟用户单击"停止"按钮。

此时，该标识位的修改将影响到子协程的任务执行，并使子协程退出。该代码段执行时，函数m1()有3次打印，而m2()、m3()尚未执行。在控制台上的输出如图9-3所示。

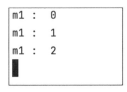

图9-3 子协程中途退出

函数m1()、m2()、m3()对于判断停止标识的时机并不相同。在函数m1()、m2()中，每次循环操作前均进行判断；而在函数m3()中，仅在函数体的开头进行了判断。至于哪些环节应该进行退出判断，则视具体业务而定。

同时值得我们注意的是子协程退出时的判断时机。在保证子协程能够尽快响应的情况下，还需要保证数据的一致性。例如，处理到中途的任务，在退出时是否存在着脏数据，如果存在，则需要清理脏数据，以便保证最终数据的完整可靠。

在不加锁的情况下，多个协程共享变量是危险的做法。本例所提供的实现方式稍显烦琐，因此，笔者更推荐利用Go语言内置的取消上下文来实现该功能。本节将在10.4节的内容中详细讲述取消上下文的实现原理和使用方法。

9.9　本章小结

本章详细讲述了Go语言中的并发机制，Go语言的GPM模型是高并发的保证，同时也让其他编程语言中的线程池概念在Go语言中显得不再那么重要。因此，Go语言中并未原生支持协程池。Go语言中的协程同步机制，除了使用传统锁定机制之外，还可以利用channel来实现。另外，sync.Once机制可以简单方便地实现单例化；同时，sync.Once也经常用于全局初始化动作，例如，创建数据库连接等。

09

第 10 章

上下文

在计算机编程中，上下文是一个比较宽泛的概念。Go语言中的上下文往往用来在多协程之间进行信息交互。这种交互不只是信息的传递和共享，还包括了信号控制等作用。Go语言的上下文提供了用于封装共享信息的valueCtx，用于在协程间传播终止信号的cancelCtx，用于限制子协程执行时间的timerCtx，等等。本章将详细讲述这几种上下文类型。

本章内容：

* 上下文和普通参数的区别
* 上下文树
* valueCtx与信息透传
* cancelCtx与信号交互
* timerCtx与定时信号

10.1 上下文和普通参数的区别

要在协程间传递和共享信息，可以利用参数列表的手段来完成。但Go语言还是专门设计了上下文以及相应的若干结构体来完成这一功能。

协程具有层级效应，这意味着我们可以在一个协程中创建和启动多个子协程，而子协程中，还可以再次启动新的子协程。在这些协程间传递数据和共享信息，往往要考虑数据并发访问时的协程安全问题。除此之外，还有一种需求场景——父协程启动的子协程期望能够在父协程中进行控制，例如，子协程的超时控制、异常终止等。

普通参数无法达到以上目标，既不能方便地处理协程安全问题，也没有任何机制来处理协程间的控制。相对而言，Go语言中的上下文在协程间传递和共享信息时，具有独特的优势。

10.2　上下文树

一个Go语言程序的启动总是从main()函数开始。如果将main()函数所在的协程看作主协程，那么，从主协程衍生出的所有子协程，以及子协程再次衍生的子协程，可以看作一棵协程树。main()函数所在的协程是整棵树的根。

在协程间传递上下文对象，也参考了协程树模型，将所有上下文对象组织为一个上下文树。

10.2.1　上下文接口——Context

Go语言提供了多种数据类型来定义上下文树上的各个节点。参照第8.5节面向接口的编程思想，每种上下文类型均实现了接口context.Context。该接口的源码定义如下：

```
type Context interface {

    Deadline() (deadline time.Time, ok bool)

    Done() <-chan struct{}

    Err() error

    Value(key any) any

}
```

通常意义的上下文一般用于定义和存储执行环境的信息，但是Go语言中的Context接口定义了4个方法，其中Deadline()、Done()、Err()用于控制协程的取消信号；只有最后一个方法Value()才会用作环境信息的获取。

10.2.2　利用 context.emptyCtx 创建树的根节点

上下文树往往以无任何具体业务意义的空上下文开始。Go语言中，空上下文的数据类型为context.emptyCtx，其源码定义如下：

```
type emptyCtx int

func (*emptyCtx) Deadline() (deadline time.Time, ok bool) {
    return
}

func (*emptyCtx) Done() <-chan struct{} {
    return nil
}

func (*emptyCtx) Err() error {
    return nil
```

```
}
func (*emptyCtx) Value(key any) any {
    return nil
}
func (e *emptyCtx) String() string {
    switch e {
    case background:
        return "context.Background"
    case todo:
        return "context.TODO"
    }
    return "unknown empty Context"
}
```

从源码定义可以看出，emptyCtx实现了Context接口，但是并没有任何实际的业务意义，4个接口方法的实现均直接返回零值。

10.2.3　上下文树的构建

在整个上下文模型中，所有上下文对象都有父节点，emptyCtx虽然没有实际的业务意义，却可以作为其他上下文对象的父节点。Go语言的API设计也体现了这一点。

我们在8.3节曾经讲到，可以利用组合实现继承。在上下文API的设计中，将emptyCtx作为valueCtx、cancelCtx的父节点，如此一来，valueCtx、cancelCtx便继承了emptyCtx已经实现的方法，避免重复实现与己无关的方法。valueCtx只是用来透传信息，也只与Context接口中的Value()方法有关，其定义如下：

```
type valueCtx struct {
    Context
    key, val any
}
```

其中匿名字段Context封装了父节点，各个上下文节点利用Context形成父子关系，从而构造整棵上下文树。

另外，Context接口的具体实现——valueCtx和cancelCtx，均不允许包外直接访问（名称首字母小写），这使得我们只能通过公共函数context.WithValue()、context.WithCancel()、context.WithDeadline()、context.WithTimeout()等来获得上下文对象。而在这些公共函数的参数列表中，会将父节点作为必填参数，从而规避了用户创建上下文节点时忽略父节点的可能性。以context.WithValue()为例，其源码如下：

```
func WithValue(parent Context, key, val any) Context {
    if parent == nil {
        panic("cannot create context from nil parent")
```

```
    }
    if key == nil {
        panic("nil key")
    }
    if !reflectlite.TypeOf(key).Comparable() {
        panic("key is not comparable")
    }
    return &valueCtx{parent, key, val}
}
```

在该代码段中，如果传入的参数parent为空，则会直接抛出异常"不能从空的父节点来创建上下文对象"（cannot create context from nil parent）。

只有创建emptyCtx时，才无须指定父节点。context.Background()和context.TODO()是获取emptyCtx的两个公共函数，获得的对象均为emptyCtx实例。

通常情况下，我们利用context.Background()来获得一个emptyContext实例，作为整个上下文树的根节点。context.Background()返回的是全局变量background。在Go语言的源码中，background的定义如下：

```
background = new(emptyCtx)
```

其他具有业务意义的节点，则将根节点作为父节点。最终形成的上下文树模型如图10-1所示。

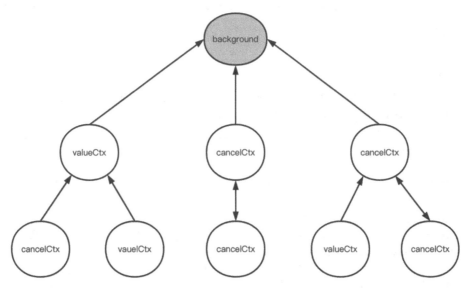

图 10-1　上下文树模型

在该模型中，笔者利用箭头方向来表示上下文节点间的可访问路径。该模型具有以下特点：

（1）在整棵树中，background是根节点，但并不维护子节点。

（2）所有子节点都会有一个指向父节点的指针。

（3）特点最为鲜明的当属cancelCtx的实例节点，它能和其父节点相互访问，这代表父子节点相互维护了对方的引用。

在context.Background()之外，利用context.TODO()同样可以获得一个emptyCtx实例。但是从其命名TODO意为待定也可以看出，该函数只是为了后续修改方便而设定的特殊标识符。通常情况下，并不建议使用context.TODO()来获取上下文实例。

10.3　利用 valueCtx 实现信息透传

一提到信息透传，我们往往想到的是利用参数进行传递，但是利用上下文对象进行信息透传有其特定优势。

（1）封装性好。在Go语言提供的Conetxt API中，只能在创建Context对象时通过key-value的形式来设置要透传的信息，而在后续的使用过程中，无法利用类似setter的方法来修改其值。这也在一定程度上保证了key-value的稳定性，从而非常适合传递链路跟踪ID等固定信息。

（2）上下文树模型，可以让key-value，形成跨层级的共享。在10.2节中提到，子节点均有访问父节点的指针。Go语言提供的Conetxt.Value(key any)函数可以从Context对象获得key对象的value。如果当前上下文节点找不到匹配的key-value，可以向上追溯，尝试从父节点中获得对应的key-value。

10.3.1　valueCtx 用于参数传递

在Go语言中，我们通过context.WithValue()函数来获得一个valueCtx对象。代码清单10-1演示了如何在多协程中利用valueCtx对象传递链路ID。

代码清单10-1　利用valueCtx传递链路ID

```
package main

import (
    "context"
    "fmt"
    "github.com/google/uuid"
    "strings"
    "time"
)

var TraceId = "traceId"

func main() {
    // 生成随机ID
```

```
    newUUID, _ := uuid.NewUUID()

    // 删除随机ID中的中划线 (-)
    randId := strings.ReplaceAll(newUUID.String(), "-", "")

    // 将随机ID封装到valueCtx对象中
    ctx := context.WithValue(context.Background(), TraceId, randId)

    // 利用子协程执行printUserInfo()函数，并传入valueCtx对象
    go printUserInfo(ctx)

    // 休眠1秒钟，确保子协程有执行的机会
    time.Sleep(time.Second)
}

func printUserInfo(ctx context.Context) {
    // 从上下文对象中获取并打印固定信息
    fmt.Println("traceId : ", ctx.Value(TraceId))
}
```

代码解析：

（1）uuid.NewUUID()，用于构造一个随机字符串。

（2）context.WithValue(context.Background(), TraceId, randId)，用于创建一个valueCtx对象，其中context.Background()为父节点，变量TraceId为key，随机字符串randId为value。

（3）go printUserInfo(ctx)，用于启动一个子协程来调用printUserInfo()函数，并将valueCtx对象传入printUserInfo()中。

（4）在printUserInfo()函数中，利用ctx.Value(TraceId)来获得上下文中存储的value，并打印输出。

执行该代码段，输出如下：

```
traceId :  1831f6ce370711ed9733645aede9dd35
```

可以看到在子协程中执行printUserInfo()时，该信息已经被成功透传。

10.3.2　从父节点获得透传值

利用valueCtx从上下文对象获得透传值时，如果本节点未找到，则会向父节点以及祖先节点层层查找，直至找到或到达根节点。代码清单10-2演示了这一场景。

代码清单10-2　valueCtx实例从父节点中获取信息

```
package main

import (
    "context"
```

```
        "github.com/google/uuid"
        "strings"
        "time"
    )

    func main() {
        // 生成随机ID
        newUUID, _ := uuid.NewUUID()

        randId := strings.ReplaceAll(newUUID.String(), "-", "")

        // 创建valueCtx对象，并向其中存入traceId
        ctx := context.WithValue(context.Background(), TraceId, randId)

        // 以ctx为父节点，创建valueCtx子节点
        userCtx := context.WithValue(ctx, "user", "user")

        // 将valueCtx子节点传入子协程启动的函数
        go printUserInfo(userCtx)

        time.Sleep(time.Second)
    }
```

代码解析：

（1）在该代码段中，我们创建了两个valueCtx对象：ctx和userCtx，ctx是userCtx的父节点。

（2）用于链路追踪的traceId只存在于父节点ctx中，并未向子节点userCtx注入traceId。

（3）将userCtx传入函数printUserInfo()，并在其中打印traceId。

执行该代码段，其执行结果如下：

```
traceId : 4be528aa37ad11ed97b6645aede9dd35
```

可以看到，利用userCtx.Value(TraceId)方法获得链路ID时，即使userCtx中不存在key为traceId的键-值对，也可以从父节点ctx中获得。

10.4　利用 cancelCtx 通知协程终止执行

如果说valueCtx的主要应用场景在于信息透传，那么cancelCtx则着重于协程间的交互。信息透传往往不会改变要传递的数据，而信号交互则侧重于协程间的协调工作。之所以将其命名为cancelCtx，是因为这种协调主要是通知子协程终止执行。当然，子协程接到通知后是否终止执行，还要看子协程自身的处理逻辑。

10.4.1 通知子协程终止执行

我们可以调用context.WithCancel()函数来创建一个cancelCtx,并向子协程传递终止执行的信号。代码清单10-3演示了这种用法。

代码清单10-3 利用cancelCtx终止子协程的执行

```go
package main
import (
    "context"
    "fmt"
    "time"
)

func main() {
    // 创建取消上下文
    ctx, cancelFunc := context.WithCancel(context.Background())

    // 将取消上下文对象传入子协程
    go Speak(ctx)

    // 休眠3秒钟,保证子协程执行了一段时间,在控制台上可以观察到其输出
    time.Sleep(3 * time.Second)

    // 发送终止执行信号
    cancelFunc()

    // 休眠3秒钟,观察子协程是否结束
    time.Sleep(3 * time.Second)
}

func Speak(ctx context.Context) {
    for range time.Tick(time.Second) {
        select {
        case <-ctx.Done():
            fmt.Println("终止执行")
            return
        default:
            fmt.Println("Speak, 执行中")
        }
    }
}
```

代码解析:

(1) ctx, cancelFunc := context.WithCancel(context.Background()),用于返回一个上下文对象和对应的取消函数。

（2）go Speak(ctx)，用于启动一个子协程来执行Speak()函数，并将上下文对象传入Speak()函数中。

（3）在Speak()函数中，每隔一秒钟利用<-ctx.Done尝试读取上下文的通道数据。如果无法读取，则默认打印字符串"Speak，执行中"。

（4）cancelFunc()，用于调用取消函数来通知子协程终止执行，其本质是关闭上下文对象中的通道，从而触发case <- ctx.Done()分支，最后利用return指令结束Speak()函数的执行。

执行该代码段，其执行结果如下：

```
Speak，执行中
Speak，执行中
Speak，执行中
终止执行

Process finished with the exit code 0
```

通过输出可以看出，子协程输出了3次字符串"Speak，执行中"，正好对应了主协程中休眠的3秒钟；主协程调用cancelFunc()后，子协程终止了执行。

10.4.2 通知子协程的实现过程

在父协程通知子协程终止的实例中，我们可以看到，父协程需要主动调用取消函数，而子协程则从上下文对象的通道中获取数据。那么，中间交互的过程是怎样的呢？

1. cancelCtx源码解析

首先查看cancelCtx的定义，其源码如下：

```
type cancelCtx struct {
    Context

    mu       sync.Mutex
    done     atomic.Value
    children map[canceler]struct{}
    err      error
}
```

代码解析：

（1）Context代表的是父节点。

（2）mu是一个信号量，用于并发访问时的同步。

（3）done则是一个原子值，主要用于存储channel对象。利用atomic.Value进行存储，可以保证读写时的原子性。

（4）children维护了当前上下文节点对子节点的引用。Go语言并没有专门去重的数据结构，此处的map用于去重；canceler则是另外一个接口，保证只有cancelCtx和timerCtx等实现类的实例对象可以加入map中（如此便可以拒绝emptyCtx、valueCtx实例）。

（5）err用于存储错误对象，当一个cancelCtx被取消过一次后，err会被赋值。err的值是否为空，被用作判断cancelCtx是否已被取消的依据。

2. 创建cancelCtx实例——context.WithCancel()方法

context.WithCancel()用于创建一个cancelCtx实例，其源码如下：

```
func WithCancel(parent Context) (ctx Context, cancel CancelFunc) {
    if parent == nil {
        panic("cannot create context from nil parent")
    }
    c := newCancelCtx(parent)
    propagateCancel(parent, &c)
    return &c, func() { c.cancel(true, Canceled) }
}
```

代码解析：

（1）WithCancel(parent Context)函数接收一个上下文对象parent。

（2）newCancelCtx(parent)用于创建一个cancelCtx上下文，parent作为上下文对象的父节点。

（3）propagateCancel(parent, &c)，虽然该函数名的语义为"传播取消"，但其主要作用是将当前节点加入父节点的children字段中，以实现父、子节点均持有对方的引用。

（4）return &c, func() { c.cancel(true, Canceled) }，用于返回上下文对象和取消函数。

需要注意的是，这里的取消函数func() { c.cancel(true, Canceled) }是以匿名函数的形式返回的。当在父协程中取消子协程时，也是通过调用该函数对象来取消。该函数的内容也非常简单，只是执行当前上下文节点的cancel()方法。下面我们继续查看cancel()方法的源码：

```
func (c *cancelCtx) cancel(removeFromParent bool, err error) {
    if err == nil {
        panic("context: internal error: missing cancel error")
    }
    c.mu.Lock()
    if c.err != nil {
        c.mu.Unlock()
        return // already canceled
    }
    c.err = err
    // 从取消上下文对象中获得通道对象
    d, _ := c.done.Load().(chan struct{})

    // 如果通道对象为空，则存入closechan。closechan是一个共同的通道对象
    if d == nil {
```

10

```
            c.done.Store(closedchan)
        } else {
            close(d)
        }
    // 递归调用子节点的cancel方法
    for child := range c.children {
        // NOTE: acquiring the child's lock while holding parent's lock.
        child.cancel(false, err)
    }
    c.children = nil
    c.mu.Unlock()

    if removeFromParent {
        removeChild(c.Context, c)
    }
}
```

在该代码段中，有着一系列的锁定和判断操作，我们重点关注以下几个关键点：

（1）d, _ := c.done.Load().(chan struct{})，用于从cancelCtx的done字段中获得通道对象，并赋值给变量d。

（2）if d == nil，用于判断通道d是否为空。当d为空时，就存储一个通道对象到上下文中；当d不为空时，直接关闭通道对象d。d为空的场景往往是由于子协程中尚未调用cancelCtx.Done()导致的，因为调用cancelCtx.Done()同样可以保证cancelCtx中的通道对象不为空。

（3）for child := range c.children，用于循环调用子协程的cancel()方法来为当前协程的所有子协程发送取消信号。很明显，这里是一个递归的过程。

3. 获得协程间的交互信号——cancelCtx.Done()方法

cancelCtx.Done()的源码相对简单很多，该方法主要是返回cancelCtx中存储的通道对象，其主要逻辑在于控制并发访问，源码如下所示。

```
func (c *cancelCtx) Done() <-chan struct{} {
    d := c.done.Load()
    if d != nil {
        return d.(chan struct{})
    }
    c.mu.Lock()
    defer c.mu.Unlock()
    d = c.done.Load()
    if d == nil {
        d = make(chan struct{})
        c.done.Store(d)
    }
}
```

```
    return d.(chan struct{})
}
```

至此，父协程通过cancelCtx来通知子协程终止的过程就比较清晰了，cancelCtx中的通道对象成为整个过程的核心。图10-2展示了这一过程的基本原理。

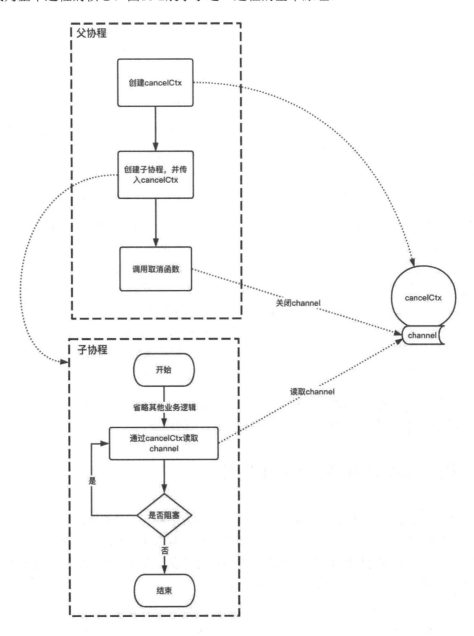

图 10-2　利用 cancelCtx 终止子协程流程图

10.4.3　为什么需要取消函数

通过上一小节的讲述我们知道，当调用context.WithCancel()后，返回的是取消上下文对象以及一个取消函数。取消函数只与取消上下文相关，其逻辑也非常固定，源码如下：

```
func() { c.cancel(true, Canceled) }
```

如果换一种设计，选择将cancel()函数的实现直接绑定到cancelCtx上，代码如下：

```
func (c *cancelCtx) Cancel() {
    c.cancel(true, Canceled)
}
```

那么，此时调用context.WithCancel()，则只需要返回取消上下文对象。如果将取消上下文对象存储为变量c，当发送取消信号时，只需调用c.Cancel()即可。

Go语言在设计时没有选择这种方案，而是使用两个返回值——取消上下文对象和取消函数，看上去反而不如一个返回值简洁。究其原因，在笔者看来，主要有以下两个方面：

（1）因为上下文相关API均采用了面向接口编程模型。context.WithCancel()返回值中的上下文对象被定义为接口Context。如果要调用c.Cancel()，则需要接口Context增加一个新的方法声明Cancel()，这意味着所有Context的实现均需要考虑Cancel()方法的实现。同时，所有上下文类型均引入了新的语义"取消"，而对于valueCtx来说，其逻辑与"取消"这一语义完全无关。因此，增加Cancel()方法其实是对上下文这一语义范围的扩展。

（2）如果为Context增加公共方法，那么对于Context对象来说，可以随时调用c.Cancel()来发送取消信号。很显然，Context对象可能会被传播到很多函数和子协程中，存在误调用的风险。以局部变量的形式返回一个函数对象，可以大大降低被误用的概率。

当然，由于官方文档并未给出使用这种设计的原因，我们这里的分析只是为了更加深入地分析上下文的取消机制，加深对于取消函数如何使用的理解。

10.5　利用 timerCtx 实现定时取消

在10.4节的内容中，我们看到cancelCtx可以传递取消信号，但仍然遗留了一个问题：有的场景下无法确定何时发送取消信号。例如，当请求远程服务器接口时，并不知道远程服务何时能够返回结果，但又不能无限期等待。此时，便可以定时发送取消信号。这种应用场景中的上下文被称作定时器上下文——timerCtx，其源码如下：

```
type timerCtx struct {
    *cancelCtx
    timer *time.Timer // Under cancelCtx.mu.
```

```
        deadline time.Time
    }
```

　　timerCtx是一个结构体，通过组合的方式继承了cancelCtx类型。在cancelCtx的基础上，timerCtx扩展了两个新的字段——定时器（*time.Timer）和最后期限（time.Time），以实现定时发送取消信号。

10.5.1　调用 context.WithDeadline()创建定时器上下文

　　调用context.WithDeadline()函数可以创建一个定时器上下文，并同时指定发送取消信号的最后期限。例如，要实现子协程5秒钟后被终止，相应的代码如代码清单10-4所示。

代码清单10-4　利用定时器上下文实现定时取消

```
package main
import (
    "context"
    "time"
    "fmt"
)

func main() {
    // 获得超时时间，即当前时间5秒钟后
    deadline := time.Now().Add(5 * time.Second)

    // 利用超时时间创建定时器上下文
    ctx, _ := context.WithDeadline(context.Background(), deadline)

    // 新启动的协程执行Speak()函数，并传入定时器上下文
    go Speak(ctx)

    // 主协程休眠10秒钟，保证定时器超时
    time.Sleep(10 * time.Second)
}

// 与代码清单10-3类似，Speak()函数仍然依赖通道对象ctx.Done()来触发退出
func Speak(ctx context.Context) {
    for range time.Tick(time.Second) {
        select {
        case <-ctx.Done():
            fmt.Println("终止执行")
            return
        default:
            fmt.Println("Speak，执行中")
        }
    }
}
```

10

代码解析：

（1）deadline := time.Now().Add(5 * time.Second)，用于获得当前时间5秒后的时间点。

（2）context.WithDeadline(context.Background(), deadline)，基于deadline时间点创建定时器上下文对象。

（3）go Speak(ctx)，在子协程中执行Speak()函数，并将下文对象传入Speak()函数中。

（4）在Speak()函数中，每隔1秒钟尝试读取上下文对象的通道对象。

执行该代码段，其输出如下所示。

```
Speak，执行中
Speak，执行中
Speak，执行中
Speak，执行中
Speak，执行中
终止执行

Process finished with the exit code 0
```

打印了5次"Speak，执行中"，子协程自动终止执行。值得注意的是，在该代码实例中，context.WithDeadline()函数仍然有两个返回值——上下文对象和取消函数。虽然利用匿名变量忽略了返回值中的取消函数，也并未显式调用取消函数，但是我们仍可以手动调用取消函数，提前向子协程发送取消信号。而定时取消和手动取消的执行，其效果是完全相同的。我们通过context.WithDealine()的源码也可以看出这一点，其源码如下：

```
func WithDeadline(parent Context, d time.Time) (Context, CancelFunc) {
    if parent == nil {
        panic("cannot create context from nil parent")
    }
    // 如果父节点也设置了超时时间，并且超时时间早于本次设置时间
    if cur, ok := parent.Deadline(); ok && cur.Before(d) {
    // 忽略本次设置的时间，直接利用父节点创建cancelCtx
        return WithCancel(parent)
    }
    c := &timerCtx{
        cancelCtx: newCancelCtx(parent),
        deadline:  d,
    }
    // 维护父、子节点引用关系
    propagateCancel(parent, c)
    dur := time.Until(d)
    if dur <= 0 {
        c.cancel(true, DeadlineExceeded) // deadline has already passed
        return c, func() { c.cancel(false, Canceled) }
    }
```

```
        c.mu.Lock()
        defer c.mu.Unlock()
        if c.err == nil {
            c.timer = time.AfterFunc(dur, func() {
                c.cancel(true, DeadlineExceeded)
            })
        }
        return c, func() { c.cancel(true, Canceled) }
    }
```

WithDeadline的实现中，有以下关键点值得我们注意：

（1）if cur, ok := parent.Deadline(); ok && cur.Before(d)，用于获得父节点是否设置了超时时间。如果已经设置，并且早于本次设置时间，则直接利用父节点来创建cancelCtx。因为父节点可能首先超时，并且会传播到当前节点。对于超时时间，只能有一个生效。

（2）propagateCancel(parent, c)，维护父节点和当前节点的父子关系，与cancelCtx的操作类似。

（3）dur := time.Until(d)，以及if dur <= 0，用于判断当前节点是否已经超时，如果是，则利用c.cancel(true, DeadlineExceeded)发送取消信号。

（4）c.timer = time.AfterFunc(dur, func() {c.cancel(true, DeadlineExceeded)})，用于创建一个定时器，当时间到达超时时间，就直接发送取消信号。

10.5.2　调用 context.WithTimeout()创建定时器上下文

调用context.WithDeadline()函数创建的上下文，其参数是一个时间点。我们同样可以利用"当前时间+时间段"来确定一个时间点。此处的当前时间如果被封装到方法内部，只传入时间段，就衍生出了context.WithTimeout()函数。查看context.Timeout()的源码，可以看到其内封装了context.WithDealine()函数。

```
func WithTimeout(parent Context, timeout time.Duration) (Context, CancelFunc) {
    return WithDeadline(parent, time.Now().Add(timeout))
}
```

我们同样可以调用context.WithTimeout()函数来改写"子协程最多执行5秒"的例子，如代码清单10-5所示。

代码清单10-5　context.WithTimeout()封装当前时间

```
func main() {
    ctx, _ := context.WithTimeout(context.Background(), 5*time.Second)
    go Speak(ctx)
    time.Sleep(10 * time.Second)
}
```

执行该代码段，控制台的输出如下：

```
Speak，执行中
Speak，执行中
Speak，执行中
Speak，执行中
Speak，执行中
终止执行
```

可以发现，控制台最多打印5次"Speak，执行中"，这也代表子协程最多执行了5秒钟。

10.6　编程范例——上下文的典型应用场景

在前面的章节中，我们对整个上下文使用的脉络做了梳理。本节将通过几个典型实例来进一步讲述上下文使用过程中需要注意的问题。

10.6.1　利用结构体传递参数

从valueCtx的创建函数WithValue(parent Context, key, val any)可以看出，每个value上下文对象只能承载一对key-value，此后再无修改的机会。那么，如果我们要透传多个值，该如何处理呢？

因为参数key和value的数据类型均为any，所以可以利用自定义结构体来传递多个值。例如，对于需要全链路都要追踪的链路跟踪ID（traceId）、用户ID（userId）、会话ID（sessionId）等信息，可以将它们封装为ChainData，代码如下：

```go
type ChainData struct {
    traceId   string           //链路跟踪ID
    userId    int64            //用户ID
    sessionId string           //会话ID
}

func (chainData ChainData) GetTraceId() string {
    return chainData.traceId
}

func (chainData ChainData) GetUserId() int64 {
    return chainData.userId
}

func (chainData ChainData) GetSessionId() string {
    return chainData.sessionId
}
```

ChainData的3个字段均为私有字段，对外只提供获取字段的方法，这也保证了ChainData

的字段值不会被轻易修改。利用ChainData来创建上下文对象，并传递到子协程中，便实现了封装多个值的效果，如代码清单10-6所示。

代码清单10-6　结构体封装到valueCtx对象中

```go
var key = "key"

func main() {
    // 生成UUID
    newUUID, _ := uuid.NewUUID()

    // 将traceId、userId和sessionId封装到ChainData结构体中
    data := ChainData{
        traceId:   newUUID.String(),
        userId:    1,
        sessionId: "s_202319876622",
    }

    // 将结构体对象用来创建valueCtx对象
    valCtx := context.WithValue(context.Background(), key, data)

    // 将valueCtx对象传入函数，并在子协程中执行
    go goPrint(valCtx)

    time.Sleep(1 * time.Second)
}
// 从上下文中获得多个字段值
func goPrint(valCtx context.Context) {
    value := valCtx.Value(key)
    data := value.(ChainData)
    fmt.Printf("跟踪ID：  %s\n", data.GetTraceId())
    fmt.Printf("用户ID：  %d\n", data.GetUserId())
    fmt.Printf("会话ID：  %s\n", data.GetSessionId())
}
```

代码解析：

（1）valCtx := context.WithValue(context.Background(), key, data)，用于创建上下文对象valCtx，其中，data是一个ChainData对象，里面封装了traceId、userId和sessionId。

（2）在goPrint()函数中，value := valCtx.Value(key)根据key获得上下文中的value。此处的value即为ChainData对象。

（3）因为变量value的类型为any，所以可以利用data := value.(ChainData)将value的数据强制转换为ChainData类型。

执行该代码段，输出如下：

```
跟踪ID： 7e82d7ee-8f37-11ed-9a8d-645aede9dd35
用户ID： 1
会话ID： s_202319876622
```

可以看到能成功从valCtx中解析出了多个值。

10.6.2　valueContext 为什么需要 key

在前面所讲述的实例中，我们总是利用类似context.WithValue(context.Background(), key, data)的方式来获得一个valueCtx对象。但是，在一个valueCtx对象中，只能有一个key。结构体valueCtx的定义也体现了这一点。

```
type valueCtx struct {
    Context
    key, val any
}
```

在只有一个键－值对的情况下，从逻辑上说，只需要val即可，key的存在显得有些多余，那为什么valueCtx所承载的内容还要以键值对的形式存在呢？

这还是与上下文对象树有关。我们可以在整棵树上为不同的节点设置不同的key，这样处于底层的节点可以继承父节点（或祖先节点）的键－值对。代码清单10-7演示了利用上下文对象访问多个键－值对的场景。

代码清单10-7　valueCtx中键 － 值对的继承

```
package main

import (
    "context"
    "fmt"
    "time"
)

func main() {
    // valCtx1中存储键－值对："k1" = 1
    valCtx1 := context.WithValue(context.Background(), "k1", "1")

    // valCtx2中存储键－值对："k2"=2，并从valCtx1中继承了"k1"=1
    valCtx2 := context.WithValue(valCtx1, "k2", "2")

    // valCtx3中存储键－值对："k3"=3，并继承了"k1"=1，"k2"=2
    valCtx3 := context.WithValue(valCtx2, "k3", "3")

    go func(ctx context.Context) {
        // 在函数中访问k1、k2、k3对应的值
        fmt.Println("k1 = ", ctx.Value("k1"))
        fmt.Println("k2 = ", ctx.Value("k2"))
```

```
        fmt.Println("k3 = ", ctx.Value("k3"))
    }(valCtx3)

    time.Sleep(1 * time.Second)
}
```

代码解析：

（1）valCtx1、valCtx2、valCtx3是3个valueCtx实例，其中分别注入了键－值对"k1"=1、"k2"=2、"k3"=3。

（2）这3个上下文实例形成了一个上下文树。valCtx3（也是树的底层节点）将继承valCtx1、valCtx2中存储的键－值对。

（3）go func(ctx context.Context){...}(valCtx3)，用于启动子协程，并将valCtx3作为参数传入。

（4）在子协程的匿名函数体中，分别利用ctx.Value("k1")、ctx.Value("k2")、ctx.Value("k3")来获得对应的值数据。

执行该代码段，其输出如下：

```
k1 =  1
k2 =  2
k3 =  3
```

同时，我们也可以验证，如果3个实例中所存储的key相同，那么对于每个实例，仅能获得自己设置的键－值对。

10.6.3　利用 cancelCtx 同时取消多个子协程

cancelCtx不止可以取消单个子协程的执行，还可以同时取消多个子协程。当然，这是因为这些子协程都尝试从同一个通道对象读取数据。代码清单10-8演示了这一场景。

代码清单10-8　同一个cancelCtx对象取消多个子协程

```
func main() {
    // 创建cancelCtx对象以及取消函数cancelFunc()
    cancel, cancelFunc := context.WithCancel(context.Background())

    // 将cancelCtx对象传入函数f1，并启动子协程执行
    go f1(cancel)

    // 将同一个cancelCtx对象传入函数f2()，并启动子协程执行
    go f2(cancel)

    // 休眠3秒钟，保证子协程能够执行
    time.Sleep(3 * time.Second)
```

```go
    // 调用取消函数
    cancelFunc()

    fmt.Println("调用取消函数")
    time.Sleep(1 * time.Second)
}

// 函数f1()循环读取cancelCtx对象中的通道Done中的数据
func f1(ctx context.Context) {
    for {
        select {
        case <-ctx.Done():
            fmt.Println("f1终止")
            return
        default:
            fmt.Println("f1执行中")
            time.Sleep(1 * time.Second)
        }
    }
}

// 函数f2()循环读取cancelCtx对象中的通道Done中的数据
func f2(ctx context.Context) {
    for {
        select {
        case <-ctx.Done():
            fmt.Println("f2终止")
            return
        default:
            fmt.Println("f2执行中")
            time.Sleep(1 * time.Second)
        }
    }
}
```

代码解析：

（1）cancel, cancelFunc := context.WithCancel(context.Background())，用于创建一个取消上下文对象和取消函数。

（2）函数f1()和f2()是我们自定义的两个函数，这两个函数均依赖上下文参数ctx来结束执行。

（3）当函数cancelFunc()被调用时，实际是关闭上下文对象中的通道对象，从而导致子协程中正在执行的f1()和f2()结束执行。

执行该代码段，其输出如下：

```
f2执行中
f1执行中
f1执行中
f2执行中
f2执行中
f1执行中
调用取消函数
f1终止
f2终止
```

可以看到，当主协程中调用了cancelFunc()后，两个子协程均会正常退出。

10.7　本章小结

　　本章重点讲述了上下文的应用。上下文存在的目的：一是封装透传信息，二是在多协程间传递取消信号。如果只是在单个协程间传递信息或信号，可能使用参数更加简单直接。上下文对象封装了同步和锁定的处理，使得多个协程间传递信号更加安全。另外，上下文对象可以形成树结构，以及可以进行取消信号的级联处理，这也让我们在控制多级子协程时变得更加容易。

10

第 11 章

反射

程序运行时的指令其实是针对内存的各种操作。而内存中的对象，除了字面量信息（变量的值）之外，还有其他隐藏的信息，例如，对象的实际类型（对象在声明时可能使用了一个父类/超类/接口，但它在运行时的实际数据类型并非声明的类型）。在实际编码逻辑中，我们往往需要获得对象的这些隐藏信息。反射便是获取对象的运行时详细信息的一种机制。

本章内容：

❋ 反射的意义
❋ 反射的API
❋ 利用反射来修改变量的值信息
❋ 利用反射来动态调用方法

11.1 反射的意义

在Go语言中，所有反射动作的起点都是一个值或者对象。反射获得的信息是对象的运行时信息。获得的反射信息的用途有两个方向：

1）对象的类型信息

对象的类型信息往往用于动态判断。运行时获得的类型信息是最精准的信息，而且类型信息是无法变更的（想象一下，如果一块内存所代表的类型信息被改变，就意味着解析方式将完全不同，会为程序带来极大的不确定性）。因此，类型信息往往用来作为分支判断，不同的类型执行不同的逻辑。

2）对象的内容信息

对象的内容信息用于修改具体的内容，或者动态执行具体的方法。

当然，无论是类型信息还是内容信息，都离不开具体对象的参与。本章的所有内容都基于类型信息和内容信息这两个方面展开讨论。

11.2　反射的 API

在Go语言中，反射的API基于类型信息和内容信息产生了两个分支：利用reflect.TypeOf()来获得类型信息和利用reflect.ValueOf()来获得内容信息。这两个分支相关的API有一个鲜明的特点，即当类型不匹配时，会出现各种panic。因此，非常有必要厘清这些API的作用，以及为何会出现异常。

11.2.1　利用 reflect.TypeOf()来获得类型信息

利用reflect.TypeOf()可以获得变量运行时的具体类型信息。这意味着，即使我们利用interface{}来声明了一个变量，运行时同样也可以利用reflect.TypeOf()来获取其具体类型。这在编写框架代码做统一逻辑处理时尤其有用。代码清单11-1演示了如何利用reflect.TypeOf()来获取和打印变量的类型信息。

代码清单11-1　利用reflect.TypeOf()来获得变量类型信息

```
package main

import (
    "fmt"
    "reflect"
)

type User struct {
    Id   int
    Name string
    Age  int
}

func main() {
    var num = 1.2
    var obj interface{}
    obj = User{}

    fmt.Println("num的实际类型是: ", reflect.TypeOf(num))
    fmt.Println("obj的实际类型是: ", reflect.TypeOf(obj))
}
```

代码解析：

（1）var num = 1.2，定义了一个变量num，但并未显式指定num的数据类型，将由Go语言自行推断。

（2）var obj interface{}，声明了一个变量obj，其数据类型为interface{}。

（3）obj = User{}，用于将变量obj赋值为一个User实例。

（4）reflect.TypeOf(num)和reflect.TypeOf(obj)则分别用于获取num和obj的数据类型。

执行该代码段，其输出如下：

```
num的实际类型是：float64
obj的实际类型是：main.User
```

通过输出结果可知，调用reflect.TypeOf()函数所获得的类型信息，正是程序运行时变量的实际类型信息，而不是变量声明时的数据类型。reflect.TypeOf()函数的返回值实际是一个名为reflect.Type 的接口，该接口的方法有很多，我们需要重点关注 reflect.Type.Kind() 和 reflect.Type.Element()方法。

11.2.2　利用 reflect.Type.Kind()方法来获取类型的具体分类

reflect.Type.Kind()方法用于获取类型的具体分类，该方法声明如下：

```
Kind() Kind
```

其中，返回值Kind是一个枚举的整数，其定义如下：

```
const (
    Invalid Kind = iota
    Bool
    Int
    Int8
    Int16
    Int32
    Int64
    Uint
    Uint8
    Uint16
    Uint32
    Uint64
    Uintptr
    Float32
    Float64
    Complex64
    Complex128
    Array
```

```
        Chan
        Func
        Interface
        Map
        Pointer
        Slice
        String
        Struct
        UnsafePointer
    )
```

类型（Type）和分类（Kind）是两个非常相近的概念，为什么有了Type还要有Kind呢？原因在于Kind的枚举数量是有限的；由于自定义类型的存在，Type是无限的，例如，我们可以自定义结构体User、Teacher、Student等，而这些结构体的实例对象对应的Type当然也是User、Teacher、Student。当我们进行判断，尤其是分支判断时，如果利用Type作为判断条件，那么分支数量也将是无限的——每增加一种自定义类型，就需要增加一个分支判断。很明显，这将非常不现实。因此，需要使用Kind进行判断，因为它们的Kind是唯一的，均为Struct。

11.2.3　利用 reflect.Type.Element()方法来获取元素类型

reflect.Type.Element()方法用于返回类型中元素的类型。所谓元素的类型，主要针对的是具有元素概念的数据类型。例如，数组[5]int的元素类型为int，切片[]string的元素类型为string，map[string]float的元素数据类型为其value的数据类型float。

当然，普通值类型并不具备元素的概念，例如int、float，它们本身就是一个最简单的数据结构，并不存在元素之说，也就不存在元素类型。但是，为了统一概念，Go语言也为指针提供了元素类型。普通值类型，例如int、float等，可以先获得其指针，然后通过reflect.Type.Element()来获得指针的元素类型。代码清单11-2演示了reflect.Type.Element()方法的使用。

代码清单11-2　利用refelct.Type.Element()获得元素类型

```
    package main

    import (
        "fmt"
        "reflect"
    )

    func main() {
        var num = 1.2
        var user = User{}
        var s = []int{1, 2, 4}

        fmt.Println(reflect.TypeOf(&num).Elem())
        fmt.Println(reflect.TypeOf(&user).Elem())
```

11

```
    fmt.Println(reflect.TypeOf(&s).Elem())
    fmt.Println(reflect.TypeOf(s).Elem())
}
```

代码解析：

（1）变量num、user和s的数据类型分别是数字、User和切片。

（2）reflect.TypeOf(&num).Elem()，用于获取num指针的元素类型。

（3）reflect.TypeOf(&user).Elem()，用于获取user指针的元素类型。

（4）reflect.TypeOf(&s).Elem()，用于获取切片s的指针的元素类型。

（5）reflect.TypeOf(s).Elem()，用于获取切片s的元素类型。

执行该代码段，其输出如下：

```
float64
main.User
[]int
Int
```

其中，尤其需要注意的是切片s：直接获取切片s的其元素类型，结果为int；而对于切片指针&s，其元素类型为[]int，即指针的元素类型为所存储数据的类型。

而对于值类型，若使用Elem()获取其元素类型，Go语言会直接抛出错误，如以下代码所示。

```
func main() {
    var num = 1.2
    var user = User{}

    fmt.Println(reflect.TypeOf(num).Elem())
    fmt.Println(reflect.TypeOf(user).Elem())
}
```

代码解析：

（1）reflect.TypeOf(num).Elem()获取的是值类型num的元素类型。

（2）reflect.TypeOf(user).Elem()获取的是User实例的元素类型。

执行该代码段，将会抛出如下错误并退出程序：

```
panic: reflect: Elem of invalid type float64
```

即使交换两行代码，首先尝试获取user的元素类型，同样会抛出如下错误：

```
panic: reflect: Elem of invalid type main.User
```

因为在Go语言中，普通值类型没有元素这一概念，也就不存在元素类型这一说法了。

11.2.4　类型断言的用法与局限性

在编写Go语言程序时，我们经常会利用类型断言进行类型的分支判断。类型断言的使用方式为：

```
x.(type)
```

其中，x为变量，而x.(type)可以获得变量的类型断言信息。代码清单11-3演示了类型断言的使用。

代码清单11-3　类型断言用作分支判断

```go
type User struct {
    Id   int
    Name string
    Age  int
}

func main() {
    checkType("s")
}

func checkType(val interface{}) {
    // 对val的运行时类型进行分支判断
    switch val.(type) {
    case int:
        fmt.Println("变量的类型为整数")
    case bool:
        fmt.Println("变量的类型为布尔型")
    case string:
        fmt.Println("变量的类型为字符串")
    case User:
        fmt.Println("变量的类型为User")
    default:
        fmt.Println("变量的类型为其他")
    }
}
```

代码解析：

（1）在checkType()函数中，val.(type)用于获取参数val的类型断言。需要注意的是，类型断言的写法只能出现在switch的分支判断中，否则，将出现编译错误：Usage of .(type) is outside of the type switch。

（2）在switch-case语句中，分别列举了int、bool、string、User等分支匹配，并打印对应的信息。在这种写法中，最容易出现扩散的就是结构体User，因为我们很难列举所有自定义数据类型。

为了解决以上两个限制，可以利用reflect.TypeOf().Kind()方法来代替类型断言的写法。代码清单11-3中的checkType()函数可以用checKind()函数代替，代码如下：

```
func checkKind(val interface{}) {
    kind := reflect.TypeOf(val).Kind()

    switch kind {
    case reflect.Int:
        fmt.Println("变量的类型为整数")
    case reflect.Bool:
        fmt.Println("变量的类型为布尔型")
    case reflect.String:
        fmt.Println("变量的类型为字符串")
    case reflect.Struct:
        fmt.Println("变量的类型为自定义Struct")
    default:
        fmt.Println("变量的类型为其他")
    }
}
```

代码解析：

（1）kind := reflect.TypeOf(val).Kind()，用于获得变量val的类型分类。

（2）在switch的各个case分支中，出现的是reflect.Int、reflect.Bool、reflect.String、reflect.Struct等。这些类型是有限的枚举值，可以穷举。其中reflect.Struct可以代表所有的自定义结构体。

11.3 值信息

除了类型之外，一个变量的另外一个重要信息就是值信息。值信息与对象本身的内容息息相关。利用反射可以获得和修改值信息，甚至是结构体的私有字段信息。

11.3.1 利用 reflect.ValueOf()来获得值信息

我们可以调用函数reflect.ValueOf()来获得一个变量的值信息。该函数的返回值类型为reflect.Value。代码清单11-4演示了reflect.ValueOf()的基本使用。

代码清单11-4 调用reflect.ValueOf()函数获得值信息

```
package main

import (
```

```
        "fmt"
        "reflect"
    )

    func main() {
        var num = 1.2
        var user = User{}
        var s = []int{1, 2, 4}

        // 获得并打印变量num的值信息
        fmt.Println(reflect.ValueOf(num))

        // 获得并打印变量user的值信息
        fmt.Println(reflect.ValueOf(user))

        // 获得并打印变量s的值信息
        fmt.Println(reflect.ValueOf(s))
    }
```

执行该代码段，其输出如下：

```
    1.2
    {0  0}
    [1 2 4]
```

从输出内容上看不出与直接打印变量有什么区别，调用reflect.ValueOf()函数获取值信息的意义在于reflect.Value所封装的信息。

11.3.2 利用 reflect.Value.Kind()来获得值的分类信息

reflect.Type.Kind()是以数据类型为起点来获得分类信息，而reflect.Value.Kind()同样可以以值为起点来获得对应类型信息，然后获得类型的所属分类信息。代码清单11-5演示了reflect.Value.Kind()方法的使用。

代码清单11-5　利用reflect.Value.Kind()来获得值的分类信息

```
    func main() {
        var num = 1.2
        var user = User{}
        var s = []int{1, 2, 4}

        numValue := reflect.ValueOf(num)
        userValue := reflect.ValueOf(user)
        sValue := reflect.ValueOf(s)

        // 以reflect.Value为起点，同样可以获得最终的分类信息
        fmt.Println(numValue.Kind())
        fmt.Println(userValue.Kind())
```

```
        fmt.Println(sValue.Kind())
    }
```

执行该代码段，其输出如下：

```
    float64
    struct
    slice
```

11.3.3 利用 reflect.Value.Elem()来获得值的元素信息

reflect.Value.Elem()可以用来获得值的元素信息。但事实上，普通值类型根本没有元素的概念，而切片、数组、Map等类型虽然具有子元素的概念，但其本身包含了多个子元素。因此，对于普通值，以及切片、数组、Map等，首先获取其指针，然后利用reflect.Value.Elem()来获得元素信息。此时获得的元素信息其实是值的整体信息。代码清单11-6演示了这一使用场景。

代码清单11-6 利用reflect.Value.Element()获得变量指针的元素类型

```
    func main() {
        var num = 1.2
        var user = User{}
        var s = []int{1, 2, 4}

        // 对于值类型，必须先获得其指针，才能通过reflect.ValueOf().Element()的API获得其元素类型
        fmt.Println(reflect.ValueOf(&num).Elem())
        fmt.Println(reflect.ValueOf(&user).Elem())
        fmt.Println(reflect.ValueOf(&s).Elem())
    }
```

代码解析：

（1）reflect.ValueOf(&num).Elem()、reflect.ValueOf(&user).Elem()和reflect.ValueOf(&s).Elem()，都会首先利用&操作符获取变量指针，然后才能利用Elem()获得其元素信息。

（2）如果直接针对值变量进行操作，将会抛出错误。除此之外，reflect.ValueOf()还支持获取数据类型为interface{}的变量的值。如果运行时变量的数据类型为interface{}，那么变量本身只能是类型信息。在实际应用中，这种场景并不常见，因此可以忽略。

执行该代码段，结果如下：

```
    1.2
    {0  0}
    [1 2 4]
```

11.3.4　利用反射访问和修改值信息

在日常编码中，我们往往通过指针或者对象暴露的API来访问和修改对象字段。事实上，通过反射机制同样可以实现类似的功能。

1. 对比使用指针和反射修改基本数据类型的值

首先来看一个修改基本数据类型的实例。要想修改一个变量的值，通常可以先获得其指针，再对指针的内容进行赋值，代码如下：

```
f := 0.1    // 定义变量f
pf := &f    // 获得变量的指针
*pf = 1.0   // 修改指针的内容
```

除此之外，还可以调用reflect.Value.Elem()来实现类似的功能，例如以下代码同样可以修改变量f的值。

```
f := 0.1

elem := reflect.ValueOf(&f).Elem()

elem.SetFloat(1.0)

fmt.Println(f)
```

代码解析：

（1）elem := reflect.ValueOf(&f).Elem()，用于获取变量f的指针的元素信息，并赋予变量elem。

（2）elem.SetFloat(1.0)用于将elem的底层值设置为1.0。

如果此时重新打印变量f的值，会发现其值已经被修改为1.0。但是，使用这种方式设置底层值，相对于直接使用指针赋值，步骤更加烦琐，而且，一旦数据类型不匹配，还将出现panic错误。因此，使用reflect.ValueOf().Eleme()修改值的方式显示不出任何优势。

2. 使用反射机制访问结构体的私有字段

其实，除了修改值信息外，使用反射还可以获取私有字段的内容，这点是使用普通指针无法做到的。例如，在一个名为entity的包中，定义了名为Person的数据结构，Person中的age是私有字段。根据访问限制，在entity之外的包中无法访问Person.age，如以下代码所示。

```
package entity

type Person struct {
    Name  string
    age   int
    Email string
```

```
    }
func NewDefaultPerson() Person {
    return Person{
        Name: "A",
        age: 20,
    }
}
```

NewDefaultPerson()是一个函数,用于创建一个Person对象。在函数体中,所有字段将被赋予默认值,例如,私有字段age的值被设置为20。

虽然我们可以在包外利用NewDefaultPerson()创建一个Person实例,但无法利用Person.age的形式访问实例的age字段。而利用反射机制,则可以突破这一限制。代码清单11-7演示了如何利用反射机制来访问Person实例的私有字段age。

代码清单11-7　利用反射来访问结构体的私有字段

```
package main
import (
    "demo/entity"
    "fmt"
    "reflect"
)

func main() {
    // 构造entity.Person实例
    person := entity.NewDefaultPerson()

    // 通过reflect.ValueOf().Element()获得person的元素信息
    elem := reflect.ValueOf(&person).Elem()

    fmt.Println(elem.FieldByName("age"))
}
```

代码解析:

(1) person := entity.NewDefaultPerson(),通过调用entity.NewDefaultPerson()函数返回并填充了默认值的Person实例。

(2) elem := reflect.ValueOf(&person).Elem(),用于获取person指针的元素信息。

(3) elem.FieldByName("age"),调用了elem的FieldByName()方法,并将字段名"age"作为参数传入。

执行该代码段,其输出如下:

```
20
```

可以发现成功输出了age字段的值。

3. 利用反射修改字段的值

同样地，我们可以调用reflect.Value.setXXX()来修改Person的公有字段。代码清单11-8演示了这一场景。

代码清单11-8 利用反射来访问结构体的私有字段

```
package main

import (
    "demo/entity"
    "fmt"
    "reflect"
)

func main() {
    // 构造entity.Person实例
    person := entity.NewDefaultPerson()

    // 通过reflect.ValueOf().Element()获得person的元素信息
    elem := reflect.ValueOf(&person).Elem()

    // 通过元素信息的FieldByName()获得字段Name的值信息，并设置其值
    elem.FieldByName("Name").SetString("B")

    fmt.Println(person)
}
```

代码解析：

（1）elem := reflect.ValueOf(&person).Elem()，用于获得person对象的元素信息，并赋值给变量elem。

（2）elem.FieldByName("Name").SetString("B")，用于获取elem中名为Name的字段的值信息，并将其修改为字符串"B"。

（3）fmt.Println(person)，用于打印person变量的内容。

执行该代码段，输出如下：

```
{B 20 }

Process finished with the exit code 0
```

可以看到person对象中Name字段已成功修改为"B"。

需要注意的是，利用这种方式无法修改私有字段的值。例如，在Person结构的定义中，age为私有字段，虽然可以通过FieldByName访问该字段的值，但却无法进行修改。例如，利用以下代码尝试修改person的age字段的值。

```
func main() {
    person := entity.NewDefaultPerson()
    elem := reflect.ValueOf(&person).Elem()
    elem.FieldByName("age").SetInt(18)
}
```

执行该代码段，将抛出错误，并导致程序终止，如下所示。

```
panic: reflect: reflect.Value.SetInt using value obtained using unexported field
```

该错误表明，私有字段age是未导出字段，无法重新赋值。这就意味着，利用反射机制修改对象时，并不能绕开安全机制检查。

11.3.5　利用反射机制动态调用方法

利用反射机制动态调用方法，也是一个典型应用场景。之所以利用反射来调用方法，主要是因为方法名不确定，可能由参数传入或通过其他方式获得。例如，在RPC调用中，服务端调用的方法就是由客户端参数决定的。我们可以利用reflect.Value的methodByName()来根据方法名获得方法对象。

需要注意的是，方法对象是由实例获得，而非由类型获得。因此，此时获得的方法对象中已经包含了实例信息。再附加上参数信息，即可实现方法的调用。本小节将通过两个实例来演示如何实现无参和含参方法的调用。

1. 无参方法的调用

无参方法的调用比较简单，在获取到方法对象后，直接执行method.call(nil)即可。代码清单11-9演示了针对无参方法的动态调用。

代码清单11-9　利用反射实现无参方法的动态调用

```
import (
    "fmt"
    "reflect"
)

type User struct {
    Name string
    Age  int
}

// 该函数更新User的Name和Age字段
func (u *User) UpdateNameAndAge(name string, age int) {
    u.Name = name
    u.Age = age
}
```

```
    // 输出用户信息
    func (u *User) GetUserInfo() string {
        return fmt.Sprintf("%v", *u)
    }

    func main() {
        user := &User{
            Name: "A",
            Age:  18,
        }

        // 利用反射获得user的值对象
        getValue := reflect.ValueOf(user)

        // 利用反射获得GetUserInfo的方法对象
        method := getValue.MethodByName("GetUserInfo")

        // 利用方法对象实现方法的执行，并传入参数nil，代表该方法没有参数
        returnValue := method.Call(nil)
        // 打印方法执行后的返回值
        fmt.Printf("%v\n", returnValue[0])
    }
```

代码解析：

（1）该代码段首先定义了一个名为User的结构体，并定义了两个方法——UpdateNameAndAge和GetUserInfo。

（2）getValue := reflect.ValueOf(&user)，用于获取user指针的值信息。

（3）methodValue := getValue.MethodByName("GetUserInfo")，利用值信息获得名为GetUserInfo的方法。

（4）returnValue := methodValue.Call(nil)，通过方法对象来完成方法的执行。因为GetUserInfo()是一个无参方法，所以methodValue.Call的参数为nil。

执行该代码段，其输出如下：

```
    {A 18}
```

2. 含参方法的调用

如果是含有参数的方法，则首先应该构建参数列表，参数列表的形式为一个reflect.Value的切片。例如，User.UpdateNameAndAge(name string, age int)方法含有两个参数，代码清单11-10演示了如何动态调用该方法。

代码清单11-10　利用反射实现含参方法的动态调用

```
    func main() {
        user := User{
```

```
        Name: "A",
        Age:  18,
    }

    // 利用反射获得user指针的值对象
    getValue := reflect.ValueOf(&user)

    // 根据方法名"UpdateNameAndAge"获得方法对象
    methodValue := getValue.MethodByName("UpdateNameAndAge")

    // 构建参数列表
    args := []reflect.Value{reflect.ValueOf("B"), reflect.ValueOf(20)}

    // 调用方法，并传入参数列表
    methodValue.Call(args)

    // 验证方法调用结果
    fmt.Println(user)
}
```

代码解析：

（1）getValue := reflect.ValueOf(&user)，用于获得user指针的值对象。因为我们期望调用UpdateNameAndAge方法后能真实修改其中的字段，所以，此处需要利用user实例的指针，而不是直接利用user实例。

（2）methodValue := getValue.MethodByName("UpdateNameAndAge")，用于获得user值信息中的UpdateNameAndAge()方法。

（3）args := []reflect.Value{reflect.ValueOf("B"), reflect.ValueOf(20)}，用于构建参数列表。reflect.ValueOf("B")和reflect.ValueOf(20)分别创建了字符串和整型的reflect.Value对象。

（4）methodValue.Call(args)，利用方法对象来实现方法的调用，并将args传入Call()方法。

（5）fmt.Println(user)，打印user对象，查看动态调用后的效果。

执行该代码段，其输出如下：

```
{B 20}
```

通过输出结果可以看出，已经成功调用User.UpdateNameAndAge()方法，并修改了其字段值。

3. 注意与说明

在利用反射机制实现动态调用时，尤其需要注意的是，方法必须具有公共访问权限，即首字母大写，才能利用methodValue.Call()的形式进行动态调用。因此，利用动态方法调用仍然无法绕开Go语言的权限校验。

11.4 编程范例——动态方法调用

在利用反射进行方法动态调用时，往往先通过方法名来获得方法对象，然后构建参数列表，最后调用方法。本节通过一个实例来演示动态调用方法更加通用的编程技巧。

1. 实现动态调用方法

首先要明确的是，传入的参数中需要包含实例变量、方法名和参数列表。这里的方法名是一个字符串，参数列表需要使用[]interface{}。因为一个设计良好的方法/函数，无论是传入参数还是返回值，均应考虑调用方的便捷性。传入的参数最好不要出现reflect包的任何相关概念，返回值中也不应该出现reflect包中的任何类型，即反射对于调用者是完全透明的。

如下代码段定义了名为dynamicCall的函数，该函数将动态调用过程进行了封装。

```
// 定义函数dynamicCall()
func dynamicCall(obj interface{}, methodName string, args []interface{})
[]interface{} {
    getValue := reflect.ValueOf(obj)

    // 获得方法对象
    method := getValue.MethodByName(methodName)

    // 判断方法是否可用
    if !method.IsValid() {
      fmt.Printf("未找到名为%s的方法\n", methodName)
      return nil
    }

    // 构造动态调用所需的参数列表
    argValues := make([]reflect.Value, 0)
    for _, arg := range args {
      of := reflect.ValueOf(arg)
      argValues = append(argValues, of)
    }

    // 执行动态调用
    returnValues := method.Call(argValues)

    // 构造返回值列表
    result := make([]interface{}, len(returnValues))
    for i := 0; i < len(returnValues); i++ {
      result[i] = transferVal(returnValues[i])
    }
    return result
  }
```

代码解析：

（1）函数dynamicCall()接收3个参数：obj、methodName和args，分别代表实例对象、方法名和方法参数。其类型分别为interface{}、string和[]interface{}。该函数的签名中没有出现反射的任何信息。

（2）在函数体中，getValue := reflect.ValueOf(obj)用于获得obj对象的值信息，method := getValue.MethodByName(methodName)用于获得对应的方法对象。

（3）method.IsValid()，用于判断方法是否可用，如果不可用，则打印错误信息，并直接返回nil。

（4）在for-range循环中，将参数列表args中的每个元素利用reflect.ValueOf(arg)转换为值对象，并加入切片argValues中。

（5）returnValues := method.Call(argValues)，用于调用方法，并利用变量returnValues存储返回值。该返回值是一个reflect.Value的切片。

（6）最后将[]reflect.Value转换为一个接口类型的切片——[]interface{}，并返回该切片。

2. 处理返回值

在函数dynamicCall()中，调用函数transferVal()转换单个reflect.Value为interface{}类型。函数transferVal()的实现如下：

```
func transferVal(value reflect.Value) interface{} {
    kind := value.Kind()
    switch kind {
    case reflect.Bool:
        return value.Bool()
    case reflect.Int, reflect.Int8, reflect.Int16, reflect.Int32, reflect.Int64:
        return value.Int()
    case reflect.Uint, reflect.Uint8, reflect.Uint16, reflect.Uint32, reflect.Uint64:
        return value.Int()
    case reflect.Float32, reflect.Float64:
        return value.Float()
    case reflect.String:
        return value.String()
    default:
        return value.Interface()
    }
}
```

代码解析：

（1）kind := value.Kind()用于获得value的类型分类。

（2）在switch的分支判断中，分别对布尔型、整型、无符号数、浮点型、字符串等进行处理，以将reflect.Value()转换为真实数据类型。

（3）虽然transferVal()函数的返回值类型是interface{}，但这并不影响其实际内容。正如我们前面所看到的那样，变量的运行时类型才是程序执行的关键。

3. 演示动态调用方法

代码清单11-11演示了如何使用dynamicCall()函数动态调用无参方法。

代码清单11-11　使用dynamicCall()函数调用无参方法

```
func main() {
    user := &User{
        Name: "A",
        Age:  18,
    }

    // 无参方法GetUserInfo的调用
    result := dynamicCall(user, "GetUserInfo", nil)

    // 处理返回值
    userInfo := result[0].(string)
    fmt.Println(userInfo)
}
```

同样还可以使用dynamicCall()函数动态调用含参方法，如代码清单11-12所示。

代码清单11-12　使用dynamicCall()函数调用含参方法

```
func main() {
    user := &User{
        Name: "A",
        Age:  18,
    }

    result := dynamicCall(user, "UpdateNameAndAge", []interface{}{"B", 20})

    fmt.Println(result)
}
```

需要特别注意的是，此处的返回值result是一个空的切片。对于空切片的处理要特别小心，避免因越界等错误而导致的程序崩溃。

11.5　本章小结

　　本章详细讲解了Go语言中reflect包的主要函数，以及针对反射的各种操作。Go语言中反射的基础在于运行时变量包含值和类型信息。利用反射机制不仅可以实现更加灵活的功能，而且还可以突破部分限制，例如访问自定义结构体中的私有字段等。我们尤其需要注意，对于值变量的元素信息——reflect.Value.Elem()方法的理解。另外，尝试获取值变量的元素信息时，将抛出错误；同时，也要着重理解为什么会产生这样的错误。

第 12 章

泛型

泛型是Go 1.18才开始支持的特性。Go语言中泛型的设计比较复杂,这一方面可以支持灵活的应用场景;另一方面,也为理解带来了不少困难。在面向对象的设计中,泛型往往会与继承相结合。而Go语言并没有真正的继承,要实现类似的功能只能另辟蹊径,这就导致了Go语言中的泛型看起来更加复杂。

本章内容:

❋ 泛型的意义
❋ 泛型应用到函数
❋ 泛型导致接口定义的变化
❋ 泛型类型应用到receiver
❋ 泛型对interface{}的重新定义

12.1 泛型的意义

泛型的本意在于代码的复用。这里的复用不仅包含代码逻辑,同样也包含数据结构的定义,例如自定义列表等。本节从实际编码的角度来讲述泛型存在的意义。

以最典型的求和函数sum()为例,对两个整数求和的代码示例如下:

```
func sum(a int, b int) int {
    return a + b
}
```

而对两个浮点数求和的函数定义如下:

```
func sum(a float32, b float32) float32 {
    return a + b
}
```

因为Go语言是强类型编译的语言，所以在定义函数时，对数据类型的要求非常严格，即使是同一个sum()函数，对于int32、int64、float64均需单独定义。这种定义方式虽然简单，但是缺点也很明显，代码的重复率太高。

如果要实现代码复用，则需要使用一个更加通用的类型来代替int、float32、int32、int64、float64等。但是很遗憾，Go语言并不具备这种通用的数据类型。

我们再来思考一下数据类型的抽象过程：对于数字1、2、3，我们可以将它们抽象为整数；对于1.0、2.0、3.0，我们可以将它们抽象为小数；而整数和小数，我们又可以将它们抽象为数字。抽象可以看作一个递进的过程，其容纳的数据类型越多，代表抽象的层次越高，其包含的数据类型的共性也越来越少。当抽象到最高层次时，可以认为包含了所有数据类型，反映到编程语言中就是任意类型any或者interface{}。数据类型抽象的过程如图12-1所示。

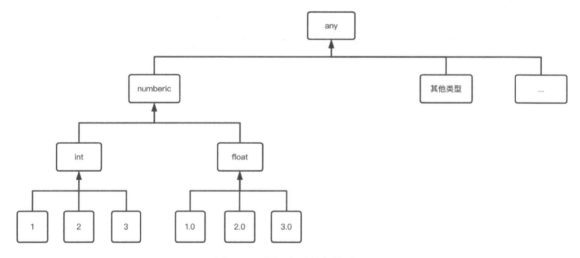

图 12-1   数据类型抽象的过程

这种抽象的方式是否能够解决我们复用代码的问题呢？很明显，这种抽象的过程仍然无法脱离父子继承的特点。如果我们期望sum()函数同样能够支持字符串类型操作——两个字符串相加，获得的是字符串拼接后的一个新字符串，而a+b的操作也完全契合这种预期，那么很遗憾，无论哪种编程语言都很难提供一种能同时兼容数字和字符串的数据类型来满足我们的需求。

从上面的描述可以看出，我们的需求本质，其实并不是某种业务层面抽象出的数据类型，而是有如下特点的数据类型：

（1）该数据类型所涵盖的内容可以自由组合。int、float、string这几种数据类型很难在业务上抽象为同一个层面的东西，也很难利用父子继承这种实现方式。int、float、string的组合概念，本质上是一个类型的集合。这样，无论多少种类型的组合，均能以集合的形式出现。

（2）数据类型可自定义。正是因为编程语言内置的数据类型是有限的，而自由组合类型却是无限的。

（3）对于数据结构/函数/方法的声明和定义，使用数据类型的集合，而不是具体的数据类型，当真正使用数据结构/函数/方法时，才指定真实数据类型。这样，既可以保证代码的复用性，又能保证真实的数据类型不会丢失。这也成为很多编程语言规避强制转换的手段。

综上，这种利用集合理念来自定义数据类型的手段，与数据类型的向上抽象有着本质的区别，在编程语言中，这种手段通常被称作泛型。

12.2 泛型应用到函数

将泛型应用到函数时，可以通过类型参数来实现通用的操作。泛型函数在处理各种类型的数据时非常有用，能够提供更加统一和简洁的编程体验。

12.2.1 泛型函数的使用

Go语言中提供的泛型支持非常灵活，例如，针对12.1节中提到的通用sum()函数，其解决方案如下：

```
func sum[T float32 | float64 | int | string](a T, b T) T {
    return a + b
}
```

代码解析：

（1）func sum[T float32 | float64 | int | string]，用于声明一个函数。中括号中的T是一个泛型类型；float32 | float64 | int | string组成了一个数据类型集合，用来限制T的范围是这4种数据类型中的一种。注意T并非一个全局有效的数据类型，更应该被视作一个局部数据类型，该数据类型只是在该函数的作用范围内有效。

（2）(a T, b T) T，定义了函数的参数列表和返回值。两个参数a、b和返回值，其类型均为T。

（3）在函数体中，a+b是具体逻辑。当然，编译时也会检查参数a、b是否支持+操作符。

我们尝试利用不同数据类型进行调用，会发现已经达到了复用代码的效果，如代码清单12-1所示。

代码清单12-1 泛型函数的定义和使用

```
func main() {
    fmt.Println(sum(1, 2))
    fmt.Println(sum("a", "b"))
}
```

在两次调用函数sum()时，分别传入整数1、2和字符串"a"、"b"，执行该示例代码，其输出如下：

```
3
ab
```

当然，如果我们将T的数据类型集合进行扩展，而新增的数据类型不支持加法操作，则将导致编译错误。例如，追加一个切片类型[]int，将会出现编译错误，如图12-2所示。

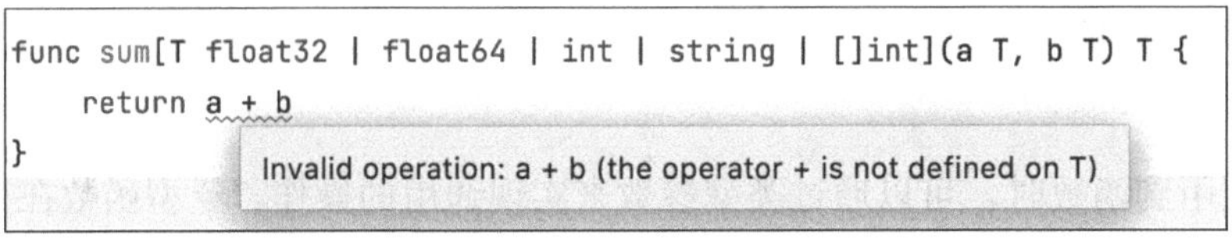

```
func sum[T float32 | float64 | int | string | []int](a T, b T) T {
    return a + b
}
        Invalid operation: a + b (the operator + is not defined on T)
```

图 12-2　泛型类型定义和操作符不匹配的错误提示

12.2.2　泛型中的隐含信息

在调用泛型函数sum()的时候，我们自然而然地直接使用了sum(1, 2)和sum("a", "b")。看起来非常简单，但需要明确的是，在sum()函数体的执行过程中，参数的数据类型分别为int和string。我们重新定义一个函数sumAndPrint()，并在函数内部获取并打印参数的具体数据类型，如代码清单12-2所示。

代码清单12-2　在泛型函数中打印实际数据类型

```
package main

import (
    "fmt"
    "reflect"
)

func sumAndPrint[T float32 | float64 | int | string](a T, b T) T {
    fmt.Println("a的数据类型为: ", reflect.TypeOf(a))
    return a + b
}

func main() {
    fmt.Println(sumAndPrint[int](1, 2))
    fmt.Println(sumAndPrint[string]("a", "b"))
}
```

重新执行该代码段，将额外打印参数的数据类型，对应的输出如下：

```
a的数据类型为:  int
3
```

```
a的数据类型为: string
ab
```

此时a、b的真实数据类型是如何获得的呢？其实，泛型函数在执行调用时可以指定具体的数据类型。例如，sum()函数的调用形式可以写作：

```
func main() {
    fmt.Println(sum[int](1, 2))
    fmt.Println(sum[string]("a", "b"))
}
```

其中的sum[int]和sum[string]指定两次调用sum()函数时，真实的数据类型分别为int和string。当然，我们无法利用sum[int32](1, 2)来调用sum()函数，因为int32并不在泛型T的类型集合范围内。而省略[int]和[string]写法的sum(1, 2)和sum("a", "b")依然是合法的。很明显，这正是我们非常熟悉的Go语言的类型推导在起作用。

12.2.3　避免类型强制转换

类型强制转换是编程语言中比较常见的写法，但它存在较大的安全隐患。因为类型强制转换往往在运行期才能知道是否能够转换成功，这就要求程序员对于要转换的对象及转换目标非常清楚，或者做一系列额外的类型判断来保证转换成功。

利用泛型可以在很多场景下避免类型强制转换。正如在代码清单12-2中所演示的那样，我们提前指定泛型T的实际数据类型，或者由编译器自动推导，那么，sum()函数返回值的数据类型T也就随之确定。代码清单12-3演示了这一场景。

代码清单12-3　返回值的数据类型被自动推导出来

```
func main() {
    var i int
    i = sum(1, 2)
    fmt.Println(i * 100)
}
```

代码解析：

（1）var i int，定义了一个名为i的int类型的变量。该变量将用来存储sum()函数的返回值。

（2）i = sum(1, 2)，将sum(1, 2)的返回值赋给变量i。在调用sum(1, 2)时，可以自动推断sum()函数中的T的数据类型为int；在sum()函数的定义中，返回值的数据类型同样为T，因此返回值同样被视作int类型。

为了进一步确定返回值数据类型的合法性，我们将i作为乘法运算（i*100）的操作数。该代码同样能够成功编译并执行。

但是，如果将返回值的数据类型修改为string，则将出现编译错误，如图12-3所示。

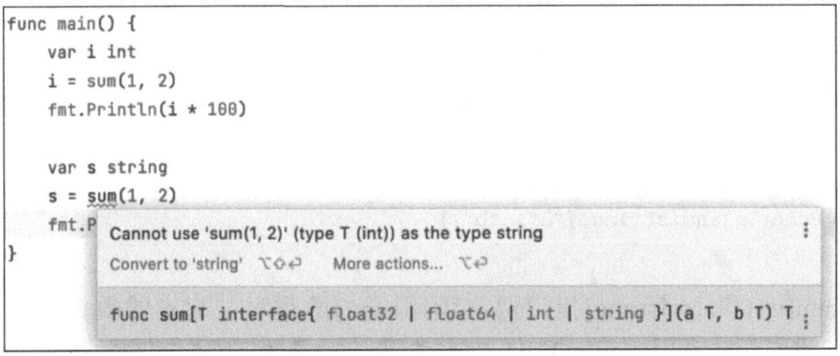

```
func main() {
    var i int
    i = sum(1, 2)
    fmt.Println(i * 100)

    var s string
    s = sum(1, 2)
    fmt.P
         Cannot use 'sum(1, 2)' (type T (int)) as the type string
}
         Convert to 'string' ⌥⇧↵    More actions... ⌥↵

         func sum[T interface{ float32 | float64 | int | string }](a T, b T) T
```

图 12-3　调用泛型函数后，类型不匹配导致的编译错误

这表明泛型有其自身的作用域：在sum()函数内部，4种数据类型（int、float32、float64、string）都兼容，而跳出函数sum()后，则有其确定的数据类型。

12.2.4　泛型类型的单独定义

在前面的内容中提到，Go语言中的泛型可以看作一组数据类型的集合。既然是集合，那么其中的元素个数便具有不确定性。在sum[T float32 | float64 | int | string](a T, b T)的声明中，再兼容新的数据类型（例如int8、int16等），那么sum()函数的声明会变为：

```
sum[T float32 | float64 | int | int8 | int16 | string](a T, b T)
```

可以看出，随着数据类型范围的扩展，函数声明将会变得非常难以阅读。原本函数最主要的元素——参数和返回值被喧宾夺主，我们甚至很难分辨它们的位置。

幸运的是，可以将数据类型集合（float32 | float64 | int | string）进行单独定义，代码如下：

```
type SumParam interface {
    float32 | float64 | int | int8 | int16 | string
}
```

此时函数sum()中的数据类型便可以利用SumParam进行定义，原本冗长的函数声明修改为：

```
func sum[T SumParam](a T, b T) T
```

这样的函数声明，看上去简洁了许多，也让数据类型集合float32 | float64 | int | int8 | int16 | string获得了被复用的可能性。修改后的代码如代码清单12-4所示。

代码清单12-4　泛型类型提取为单独的类型定义

```
package main

import (
    "fmt"
```

```
        "reflect"
    )

    type SumParam interface {
        float32 | float64 | int | int8 | int16 | string
    }

    func sumParams[T SumParam](a T, b T) T {
        fmt.Println("a的数据类型为: ", reflect.TypeOf(a))
        return a + b
    }

    func main() {
        fmt.Println(sumParams[int](1, 2))
        fmt.Println(sumParams[string]("a", "b"))
    }
```

12.3　泛型导致接口定义的变化

虽然type SumParam interface解决了泛型类型独立定义的问题，但却导致出现了另外一个问题——SumParam被定义为了interface。在我们原来的观念中，interface是一组方法声明的集合，而并非一组数据类型的集合。

12.3.1　接口定义的变化

从Go 1.18开始，对于接口的定义也发生了改变。我们首先可以将传统接口的理解做一下转换，例如：

```
    type ReaderWriter interface {
        Read()
        Write()
    }
```

如果说Read()代表实现了Read()方法的数据类型集合，而Write()代表实现了Write()方法的数据类型集合，那么Read()和Write()利用多行定义的形式，可以视作实现了这两个数据类型集合的交集。这与同时实现两个方法的概念仍然是殊途同归的。

而我们在前面提到的float32 | float64 | int | int8 | int16 | string中，利用"|"表示的是数据类型的并集。将这些数据类型利用多行的形式来定义，代码如下：

```
    type SumParam interface {
        float32
        float64
        int
        int8
```

```
        int16
        string
    }
```

此时，SumParam代表的是这6种数据类型的交集，很明显，SumParam是一个空集合。而此时的sum()函数的定义也会出现编译错误，如图12-4所示。

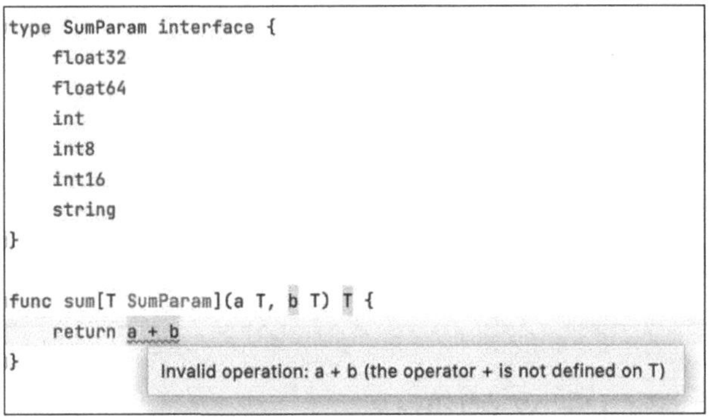

```
type SumParam interface {
    float32
    float64
    int
    int8
    int16
    string
}

func sum[T SumParam](a T, b T) T {
    return a + b
}
                    Invalid operation: a + b (the operator + is not defined on T)
```

图 12-4   并集转交集后的空集合，导致 sum()函数出现编译错误

12.3.2   空接口的二义性

既然在Go语言中，将接口向类型集合的概念靠拢，那么常见的空接口该如何理解呢？定义空接口any的源码如下：

```
type any=interface{}
```

基于接口是类型集合这一理论的基础，空接口可以有两种截然相反的理解：

（1）其中没有定义任何类型，该接口所包含的类型集合为空，即不包含任何数据类型。

（2）其中没有定义任何方法，即要求实现的方法数为0，而所有数据类型的方法数都大于或等于0。因此，可以认为所有数据类型均实现了any。

这两种理解是完全矛盾和对立的。当然，我们已经知道，Go语言中采用的是第二种理解——其中没有定义任何方法，可以是任意类型。这首先是因为不包含任何数据类型就意味着几乎没有应用场景和存在的意义；其次，这种理解方式也是在泛型出现之前就已经确定了的。

12.3.3   接口类型的限制

除了前面提到的接口定义的变化以外，如果接口中含有明确的集合定义（例如float32 | float64 | int | int8 | int16 | string），则该接口不能用于变量声明。例如：

```
type SumParam interface {
    float32 | float64 | int | int8 | int16 | string
}
```

尝试利用SumParam来声明一个变量，将会出现编译错误，如图12-5所示。

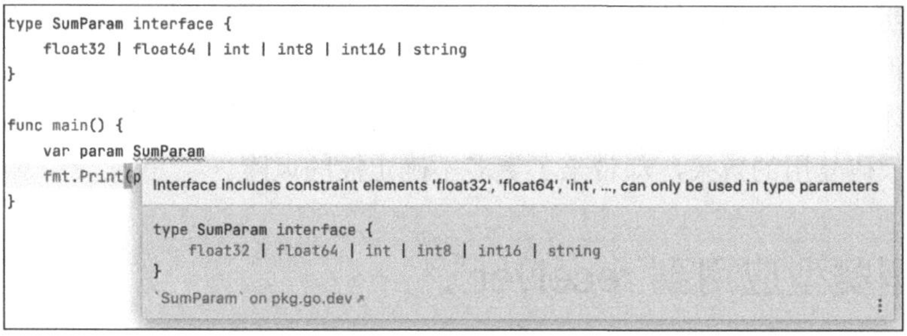

```
type SumParam interface {
    float32 | float64 | int | int8 | int16 | string
}

func main() {
    var param SumParam
    fmt.Print(p
              Interface includes constraint elements 'float32', 'float64', 'int', …, can only be used in type parameters
}
              type SumParam interface {
                  float32 | float64 | int | int8 | int16 | string
              }
              `SumParam` on pkg.go.dev ↗
```

图 12-5　利用包含类型集合的接口来声明变量，将出现编译错误

这意味着带有显式类型集合声明的接口类型只能应用于函数/方法。究其原因，不外乎以下两点：

（1）在1.18版本之前，接口的本意是为了解耦变量赋值和后续的代码操作。例如，实现了speak()方法的两个类型Teacher和Student，按传统理解有如下形式的代码：

```
// 利用接口声明变量speaker
var speaker Speaker
speaker = Teacher{}
...
speaker.speak()
```

当需要利用Student替换时，只需将speaker = Teacher{}修改为：

```
speaker = Student{}
```

后续的代码无须进行任何变更。而一旦接口定义中出现了类型集合，并且允许用于变量声明时，则将会出现如下情形。

```
var param SumParam

param = 12

result := param*18 + 1         // 进行数学运算

hash := result % 5             // 进行取余数运算
```

按照前面的定义，SumParam被确定为int类型，后续会有一系列针对int类型的操作，而SumParam同样还支持string类型。按照接口的本意，随时可以将param替换为字符串，例如"abc"。那么，无论是后续的加、减、乘、除，还是取余数操作，都无法正常执行。这显然违背了接口最重要的使用场景。

（2）追根溯源，我们从泛型的意义——为了在多种类型间复用代码——进行思考。当使用一个泛型函数时，同样可能遇到后续代码无法执行的问题，但这仅限于函数的返回值同样使用了泛型类型。例如：

```
func sum[T SumParam](a T, b T) T
```

在函数声明中，如果该函数没有返回值，或者返回值类型不是T，则无须担心后续代码的问题。另外，即使由于类型的切换导致针对返回值的后续操作无法执行，也不妨碍泛型函数真正解决了函数体复用的问题。从程序的收益方面来说，是利远大于弊的。而用来定义变量则不然，根本没有代码复用的效果，却带来了更多不确定性的风险。

12.4　泛型类型应用到 receiver

在前面的内容中我们看到，泛型可以应用到函数中，除此之外，泛型类型还可以间接应用于receiver。之所以说"间接应用"，是因为到目前为止，Go语言尚未支持将泛型类型作为receiver。下面利用一个实例来讲述这一使用方式。

12.4.1　泛型类型不能直接用于定义 receiver

如下代码定义了3个实现了Speak()方法的结构体：Worker、Teacher和Student。

```
type Worker struct {
}

func (t Worker) Speak() {
    fmt.Printf("我是工人")
}

type Teacher struct {
}

func (t Teacher) Speak() {
    fmt.Printf("我是老师")
}

type Student struct {
}

func (t Student) Speak() {
    fmt.Printf("我是学生")
}
```

这3个结构体均实现了各自的Speak()方法。接下来，定义一个名为SpeakerTypes的集合接口，代码如下：

```
type SpeakerTypes interface {
    Teacher | Student
    Speak()
}
```

该泛型类型的定义意味着将兼容Teacher和Student（注意，并没有Worker），并且要求实现Speak()方法。有了泛型类型，我们自然而然会想到将它作为receiver的类型，于是就有了如下形式的代码：

```
func (s SpeakerTypes) Speak() {
    s.Speak()
}
```

但很不幸，Go语言并不支持这种写法，上面的代码将会抛出编译错误，如图12-6所示。

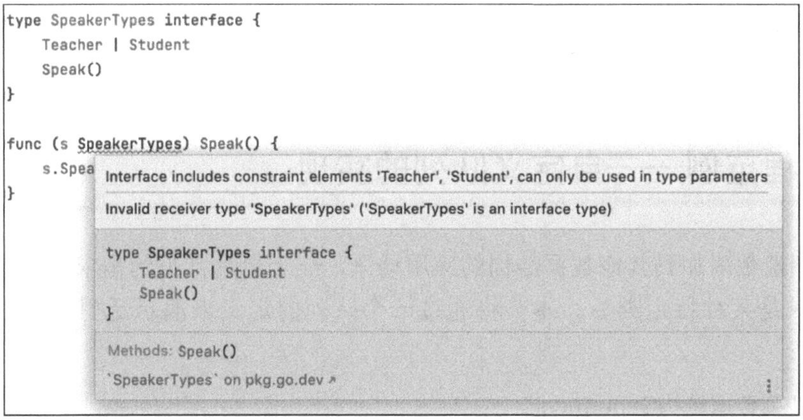

图 12-6　泛型类型不能直接用于定义 receiver

12.4.2　间接实现泛型定义 receiver

要想实现类似的功能，只能利用一个额外的结构体，先让泛型类型SpeakerTypes附加到该结构体，然后将这个额外的结构体作为receiver，代码如下：

```
type Speaker[T SpeakerTypes] struct {
    Internal T
}
func (s Speaker[T]) Speak() {
    s.Internal.Speak()
}
```

代码解析：

（1）receiver必须被声明为确定的数据类型，因此，Speaker结构体可以用作Speak()方法的receiver。

（2）泛型类型T附加在Speaker结构体之上，并用来声明Speaker的成员变量Internal。

（3）在Speak()方法中，通过s.Internal.Speak()来调用具体类型（Teacher或者Student）的Speak()方法。

这种方案看上去非常烦琐和难以理解，这也是由Go语言对于泛型支持的有限性决定的，因此，其应用场景并不多。该需求的特别之处在于要求数据类型既要实现Speak()方法，但又不能是所有实现Speak()方法的所有类型，在本例中，只能是Teacher和Student结构体，Worker结构体被排除在外。代码清单12-5演示了结构体Speaker的使用场景。

代码清单12-5   利用结构体间接实现泛型定义receiver

```go
func main() {
    speaker := Speaker[Student]{}
    speaker.Speak()
}
```

12.5   编程范例——自定义队列的实现

针对泛型函数附加到其他数据结构的应用场景，一个更为常见的需求是队列存储，队列中的数据要求是某种特定类型。本节将通过一个队列的定义来演示泛型在数据存储方面的应用。

1. 定义队列数据结构Sequence

首先为队列定义一个结构体，代码如下：

```go
type Sequence[E any] struct {
    // 存储队列元素
    elements []E

    // 锁对象，用于多协程同步处理
    lock sync.Mutex
}
```

代码解析：

（1）type Sequence[E any] struct，定义了名为Sequence的结构体，其中E是一个泛型类型，范围为any，表示可接收任何数据类型。

（2）elements []E是一个切片，切片中的元素类型为E。

（3）lock是一个锁对象，用于Sequence操作时的同步处理。

2. 为Sequence绑定方法

针对自定义结构体Sequence，分别定义其Push()和Pop()方法，代码如下：

```go
func (seq *Sequence[E]) Push(element E) {
    // 执行锁定，防止多协程同时操作
    seq.lock.Lock()
```

```
    // 保证解锁
    defer seq.lock.Unlock()

    // 队列切片中追加新的元素
    seq.elements = append(seq.elements, element)
}

func (seq *Sequence[E]) Pop() E {
    // 执行锁定，防止多协程同时操作
    seq.lock.Lock()
    // 保证解锁
    defer seq.lock.Unlock()

    var result E
    if len(seq.elements) == 0 {
        return result
    }

    // 获得切片中的第一个元素
    result = seq.elements[0]
    // 截取切片的1～结尾位置的所有元素，并赋值给队列
    seq.elements = seq.elements[1:]
    return result
}
```

代码解析：

（1）在方法Push()和Pop()的定义中，receiver均被声明为*Sequence[E]，其中E为泛型类型。

（2）两个方法执行的开始部分，均利用锁定机制保证了多协程间的访问安全。

（3）Push()方法利用append()函数在切片的末尾追加新的元素。

（4）Pop()方法利用切片截取（即代码seq.elements[1:]）来实现队列头元素的弹出效果。

3. 演示代码的执行

创建一个main()函数来演示该队列兼容不同数据类型的操作，如代码清单12-6所示。

代码清单12-6　自定义队列Sequence的使用

```
func main() {
    seq1 := &Sequence[string]{}
    seq1.Push("A")
    fmt.Println(seq1.Pop())

    seq2 := &Sequence[int]{}
    seq2.Push(10)
    fmt.Println(seq2.Pop())
}
```

在该代码段中，seq1 := &Sequence[string]和 seq2 := &Sequence[int]分别创建了一个队列。这两个队列的元素数据类型分别为string和int。Sequence利用泛型机制实现了多种数据类型之间的代码复用。

12.6　本章小结

泛型存在的意义在于代码的复用。这里的复用不同于工具方法或者公用方法的提取，而是多种数据类型有着完全相同的逻辑操作，从而将数据类型再次向上进行抽象和泛化，由此出现了类型参数这一概念。而数据类型被抽象为参数，就意味着类型是可变的，于是Go语言只能提供新的语法——泛型来支持这一特性。另外，本章通过多个实例讲解了Go语言中对于泛型的支持机制如何应用到函数中的参数和返回值、方法的receiver等，并利用泛型重新解释了Go语言中的接口定义。

当然，Go语言中的泛型支持也存在着一定的局限性，例如，并不能很方便地应用到receiver或者方法中。

重新总结泛型的使用过程，如图12-7所示。从图中可以很容易看出，在整个泛型的使用过程中，只有公用逻辑才无须关注具体类型，其他阶段均与具体类型密不可分。

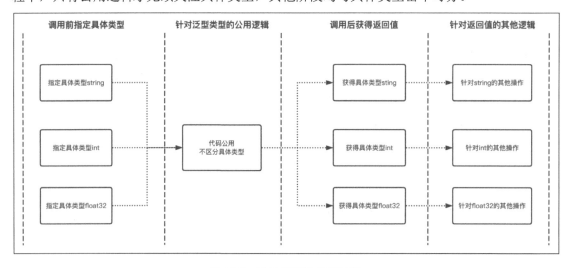

图 12-7　泛型类型的使用过程

第 13 章

I/O

13

I/O是输入/输出（Input/Output）的缩写。对于编程语言来说，I/O可以看作系统和外部设备之间的交互。Go语言提供了丰富的API来支持I/O操作。本章将一一梳理这些API的适用场景，并解释其中容易混淆的概念。

本章内容：

❋ Reader和Writer
❋ 缓冲区读写
❋ 字符串数据源
❋ bufio.Scanner的使用

13.1 Reader 和 Writer

Reader和Writer的字面意思很容易理解，即读写器。所有与I/O相关的API都由这两者引出。无论我们使用Go语言还是其他编程语言，都以这两者为起点。当然，在其他编程语言中，API或类库的命名可能不同，例如在Java中是InputStream、OutputStream。当API的数量较多时，可能容易混淆API的选择，因此，彻底理解Reader和Writer就显得特别重要。

13.1.1 理解 Reader 和 Writer

针对Reader和Writer，最常规的解释就是Reader从文件或者其他来源读入数据，而Writer向文件或者其他目的地发送数据。我们首先来思考如下应用场景：

当我们向内存中写入数据时，应该使用 Reader 还是 Writer？

当需求场景中出现"写入"二字时，第一反应可能是使用Writer。但，换一种说法呢？

当我们将数据读入内存中时，应该使用 Reader 还是 Writer？

这时的第一反应可能就是使用Reader。

两种需求场景说法不同，但实现的功能是完全相同的，使用的API均应为Reader。那么，我们应该如何分辨选择哪种API呢？

Reader和Writer的划分，重点不在于到底是读还是写，因为我们既可以说读入、读出，也可以说写入、写出，问题的关键在于使用者所处的角度。对于Reader和Writer的划分，我们可以站在内存存储的角度进行分析。当进行具体编码时，可以认为是内存变量的角度，当内存需要从外部系统获取数据时，即需要读入数据，则使用Reader；当需要把内存中的数据复制到外部系统时，即需要写出数据，则使用Writer，如图13-1所示。

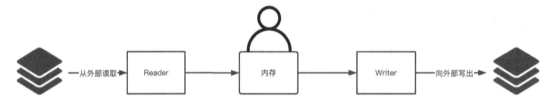

图 13-1   理解 Reader 和 Writer

这里所说的外部系统，包括了文件、网络等。那么，为何一定是外部系统呢？我们从反向角度来考虑，如果是进程内部的数据交换，则直接使用内存复制即可，根本无须复杂的Reader、Writer等API来支持。

此时，站在内存的视角再次看待上面的问题：

当我们向内存中写入数据时，应该使用Reader还是Writer？

以及

当我们将数据读入内存中时，应该使用Reader还是Writer？

需求的本质是内存需要从外部系统读取数据，因此，应该使用Reader。

13.1.2　Reader 和 Writer 接口

读写操作在Go语言中被抽象为Reader和Writer接口，其源码如下：

```
type Reader interface {
    Read(p []byte) (n int, err error)
}

type Writer interface {
    Write(p []byte) (n int, err error)
}
```

代码解析：

（1）Read(p []byte) (n int, err error)，定义了一个名为Read的方法，其参数是一个byte切片，用于接收读取到的数据；而返回值列表中的n表示成功读取到的字节数；当读取操作发生错误时，利用err变量接收错误。

（2）Write(p []byte) (n int, err error)，定义了一个名为Write的方法，其参数同样是一个byte切片，用于表示写出数据的来源；返回值列表中的n表示成功写出的字节数；当写出操作发生错误时，利用err变量接收错误。

（3）在Read()和Write()方法中，只能看到关于内存变量的参数（p []byte），而没有读取的数据源和写出的目标位置。这是因为数据源和写出目标均不可控（可以是文件，也可以是socket、网络地址等），依赖各个具体实现。数据源和写出目标的信息被封装在各个具体的实现中。

13.1.3　Go 语言的 I/O API 要解决的问题

为了支持I/O，各编程语言都提供了丰富的支持库，Go语言也不例外。通过前面的讲述我们知道，无论是读操作还是写操作，在内存中的存在形式都是二进制（字节数组或者字符串等其他形式其实都是二进制数据的包装），这就代表读/写中的一端已经被确定。

那么，接下来的工作，就是确定另外一端，即数据源（对于读操作）或者存储目标（对于写操作）。Go语言中所有API都是围绕如何对二者进行操作而设计的，因此，Go语言的I/O API需要重点解决以下两个方面的问题：

1. 与字节流打交道

我们知道，无论是文件存储还是网络数据，最基本的形式都是二进制。二进制数据按8位一组划分，便成为字节流。因此，字节流读写是最基础的形式，同时也能够满足所有场景的要求。

2. 与OS打交道

OS是Operate System（操作系统）的缩写，Go语言需要实现与操作系统交互的os库，该OS库服务于操作系统相关的数据源。其中的方法/函数均与操作系统相关。OS库中常用的API有与文件相关的os.File，与标准输入/输出/错误相关的os.Stdin、os.Stdout、os.Stderr等。

13.1.4　文件读取

在传统意义上，我们将文件视作存储。为了实现文件读写，可以定义一系列函数，例如：

```
func read(file io.File, bytes []byte)
func write(file io.File, bytes []byte)
```

但事实上，Go语言内置的io.File实现了Reader和Writer接口。这种设计其实是将读写操作封装到了存储对象中。

1. 一次性读取

代码清单13-1演示的是如何利用io.File来读取文件内容。

代码清单13-1　利用io.File读取文件内容

```go
package main

import (
    "log"
    "os"
)

func main() {
    // 打开文件，获得文件对象
    file, err := os.Open("/data/tmp/io.txt")

    // 如果打开文件失败，则在打印日志后执行解释函数
    if err != nil {
        log.Fatal("打开文件失败")
        return
    }

    // 利用defer保证文件一定会被关闭
    defer file.Close()

    // 创建字节切片，以存储读取到的文件内容
    var bytes = make([]byte, 1024)
    // 将文件内容读取到字节切片中
    n, err := file.Read(bytes)

    if err == nil {
        log.Printf("共读出%d个字节", n)
        log.Printf("文件内容：%s", string(bytes))
    } else {
        log.Println("发生错误：", err)
    }
}
```

代码解析：

（1）file, err := os.Open("/data/tmp/io.txt")，用于打开一个文件。该操作将返回一个文件对象file和错误对象err。

（2）当err不为空时，代表打开文件时发生了错误，因此，利用log.Fatal打印日志后，直接结束执行。

（3）当file不为空时，代表文件成功打开。此时，利用defer file.Close()保证打开的文件一定会被关闭。

（4）var bytes = make([]byte, 1024)，用于创建一个大小为1024字节的切片。

（5）n, err := file.Read(bytes)，从文件中读取内容到字节切片bytes中。可以看到数据源file封装了Read()方法，可以直接将文件内容读取到内存变量中。

（6）利用log.Printf()以格式化的方式输出日志。这有别于调用fmt.Printf()函数，利用log.Printf()可以在输出日志时自动增加时间戳信息。这在服务器上进行输出时尤其有用。

执行该代码段，其输出如下：

```
2022/10/13 07:43:32 共读出24个字节
2022/10/13 07:43:32 文件内容：这是一个文本文件
```

2. 循环读取

上例的代码其实有一个隐含的前提，即文本文件io.txt的长度很小。因为file.Read(bytes)读取时的上限为bytes的大小，或者遇到文件结尾。但是大多数情况下我们并不能预知文件的大小，这也就意味着字节切片的大小是无法确定的。此时，我们可以循环调用file.Read()方法，并在每次循环中对返回值err进行判断，一旦遇到读取错误，则跳出循环处理。代码清单13-2演示了优化后的代码。

代码清单13-2　循环读取文件内容

```go
package main
import (
    "io"
    "log"
    "os"
)

func main() {
    // 打开文件，并获取文件操作对象file
    file, err := os.Open("/data/tmp/io.txt")
    if err != nil {
        log.Fatal("文件不存在")
        return
    }
    // 保证文件一定能被关闭
    defer file.Close()

    var content []byte

    // 循环将文件内容追加到字节切片content中
    for {
```

```go
        var tmp = make([]byte, 10)

        n, err := file.Read(tmp)
        if err == io.EOF {
            break
        }

        content = append(content, tmp[0:n]...)
    }
    // 输出字节数目
    log.Printf("共读出%d个字节", len(content))
    // 输出文件内容
    log.Printf("文件内容: %s", string(content))
}
```

代码解析：

（1）var tmp = make([]byte, 10)，用于创建一个大小为10字节的切片，从而保证每次调用 file.Read(tmp)从文件中读取数据时，都不会超过10字节。

（2）if err == io.EOF，用于判断读取后的返回值err是否为io.EOF（EOF是End Of File的缩写形式）。如果条件成立，则代表已经到达文件末尾。

（3）content = append(content, tmp[0:n]...)，用于将每次读取到的数据追加到content切片中。tmp[0:n]用于截取真实读取到的内容。在整个循环读取的过程中，最后一次读取到的数据可能不足10字节。例如在本例中，文本大小为24字节，最后一次读取到tmp中的数据只有4字节。

执行该代码段，将获得与代码清单13-1相同的结果，但是程序更加符合文件读取的实际场景。

3. 注意与说明

在代码清单13-2中，为了演示循环读取，我们将字节切片的大小设置为10。但实际开发过程中，字节切片的大小要根据文件实际大小以及项目运行时的内存大小进行衡量，而且往往以KB或者MB为单位，这样才能保证大文件读取的效率。

13.1.5　文件写入

文件写入与文件读取非常相似。我们同样从内存变量的角度出发，只需要确定写入的目标即可。文件写入分为两种场景：覆盖和追加。下面以向文件io.txt中写入数据为例，来演示这两种不同的写入场景。

1. 以覆盖形式向文件写入数据

以覆盖形式写入数据时，文件中的原有内容会被清空。代码清单13-3演示了以覆盖形式向文件中写入数据。

代码清单13-3 以覆盖形式向文件中写入数据

```
package main
import (
    "log"
    "os"
)

func main() {
    // 创建文件对象
    file, err := os.Create("/data/tmp/io.txt")
    if err != nil {
        log.Fatal("打开文件失败，请检查目录是否存在，或者是否权限不足")
        return
    }

    //保证文件一定能够被关闭
    defer file.Close()

    // 向文件对象中写入内容
    n, err := file.Write([]byte("新写入的内容"))

    if err == nil {
        log.Printf("最终写入%d字节", n)
    } else {
        log.Println("写入文件失败，", err)
    }
}
```

代码解析：

（1）file, err := os.Create("/data/tmp/io.txt")，用于创建一个文件。函数名Create包含了两层意思：如果文件不存在，则创建文件；如果文件已存在，则清空文件内容，相当于对文件进行初始化。

（2）n, err := file.Write([]byte("新写入的内容"))，用于写入文件内容。与Read()方法类似，Write()的目标也封装在文件对象中。

执行该代码段，并查看文件io.txt的内容，结果如下：

```
$ go run 13-2.go
2022/10/13 09:03:48 最终写入18字节
$ cat /data/tmp/io.txt
新写入的内容
```

追踪os.Create()的源码，源码如下：

```
func Create(name string) (*File, error) {
```

```
    return OpenFile(name, O_RDWR|O_CREATE|O_TRUNC, 0666)
}
```

可以看到，该函数实际封装了一系列文件打开选项。os.Create()函数最终会调用OpenFile()函数，OpenFile()函数中有3个参数：name、flag和perm。

- name参数代表文件的路径，该路径既可以是绝对路径，也可以是相对路径。
- flag参数代表文件的打开方式：O_RDWR表示以读写方式打开，O_CREATE表示若文件不存在则创建，O_TRUNC表示文件打开时清空文件内容。O_RDWR|O_CREATE|O_TRUNC是对3个值进行"或"操作，代表3个选项同时成立。
- perm参数代表文件的权限属性，该属性仅在新建文件时起作用。

2. 以追加形式向文件写入内容

如果要实现文件内容的追加，我们可以直接调用OpenFile()函数，并对flag参数做出对应修改。代码清单13-4演示了这一用法。

代码清单13-4   以追加形式向文件中写入数据

```go
package main

import (
    "log"
    "os"
)

func main() {
    filename := "/data/tmp/io.txt"

    // 自定义打开方式：可读写、文件不存在则创建、追加模式
    file, err := os.OpenFile(filename, os.O_RDWR|os.O_CREATE|os.O_APPEND, 0666)
    if err != nil {
        log.Fatal("文件不存在，或创建文件失败")
        return
    }

    // 保证文件会被关闭
    defer file.Close()

    // 向文件写入数据
    n, err := file.Write([]byte("\n追加内容"))
    if err == nil {
        log.Printf("最终写入%d字节", n)
    } else {
        log.Println("写入文件出错：", err)
    }
}
```

代码解析：

（1）os.OpenFile(filename, os.O_RDWR|os.O_CREATE|os.O_APPEND, 0666)，用于打开文件。第1个参数filename指定了文件路径；第2个参数os.O_RDWR|os.O_CREATE| os.O_APPEND指定了文件打开时的模式，即读写，文件不存在则创建、向文件追加内容而不是清空文件；第3个参数0666针对Linux、macOS或其他类UNIX操作系统生效，表示当文件第一次被创建时，指定文件的权限。

（2）n, err := file.Write([]byte("\n追加内容"))，用于向文件中写入新的文本"追加内容"。

执行该代码段，并查看文件内容，结果如下：

```
$ go run 13-3.go
2022/10/15 10:54:42 最终写入13字节
$ cat /data/tmp/io.txt
新写入的内容
追加内容
```

可以看到，io.txt文件的原有内容被保留下来，新的数据已经以追加的方式写入文件了。

13.1.6 文件权限与 umask

13.1.5节的内容中提到，可以在打开文件时指定文件的权限模式——os.OpenFile的第3个参数perm。如果文件不存在，则会利用该权限模式来创建文件。下面我们尝试利用代码清单13-5创建一个新的文本文件。

代码清单13-5 创建一个权限属性为0666的文件

```go
package main

import (
    "log"
    "os"
    "syscall"
)

func main() {
    filename := "/data/tmp/new.txt"

    // 创建文件时，文件不存在，且其权限属性设置为666
    file, err := os.OpenFile(filename, os.O_RDWR|os.O_CREATE|os.O_APPEND, 0666)
    if err != nil {
        log.Fatal("文件不存在，或创建文件失败")
        return
    }

    defer file.Close()
}
```

13

代码解析：

（1）file, err := os.OpenFile(filename, os.O_RDWR|os.O_CREATE|os.O_APPEND, 0666)，用于打开文件。

（2）除了利用0666指定文件权限信息之外，我们没有向其中写入任何内容。

在保证当前磁盘中不存在文件/data/tmp/new.txt的前提下，执行该代码段，并利用ls命令查看文件的权限信息，结果如下：

```
$ go run 13-4.go
$ ls -l /data/tmp/new.txt
-rw-r--r-- 1 zhangchaoming  admin  0 Oct 15 11:08 /data/tmp/new.txt
```

通过执行结果可以看出，新建文件new.txt的权限（-rw-r--r--）与我们期望的权限0666并不匹配。期望权限0666对应的权限信息应该是-rw-rw-rw-，即对所有用户均为可读写状态。

出现这一误差的原因在于操作系统的限制。操作系统的安全机制决定了新建文件时会自动屏蔽写权限。被屏蔽的权限被称作umask。我们可以通过umask命令进行查看：

```
$ umask
0022
```

Go语言中，利用os.OpenFile创建文件时，实际的权限需要对umask进行取反，然后将取反的结果与指定权限进行"与"操作。在本例中，实际的权限要经历运算0666 & ~0022，其结果为0644，即-rw-r--r--。

我们可以通过修改umask的值来临时消除这种影响。例如，代码清单13-5可以修改为如下形式：

```
func main() {
    // 忽略权限屏蔽
    syscall.Umask(0)
    filename := "/data/tmp/new.txt"
    file, err := os.OpenFile(filename, os.O_RDWR|os.O_CREATE|os.O_APPEND, 0666)
    if err != nil {
        log.Fatal("文件不存在，或创建文件失败")
        return
    }

    defer file.Close()
}
```

在打开文件之前，我们通过syscall.Umask(0)来设定umask的值，而0值取反之后为二进制全1的数字（总位数依数据类型而定）。此时，先删除原有文件/data/tmp/new.txt，再执行示例代码，会发现权限信息可以正常匹配，结果如下：

```
$ ls -l /data/tmp/new.txt
-rw-rw-rw- 1 zhangchaoming  admin  0 Oct 15 11:26 /data/tmp/new.txt
```

13.1.7　一次性读写

通过前面的讲解，我们已经对文件读写操作有了基本的了解。很多时候，我们想进一步封装读写操作，例如，对于打开文件操作，其操作往往都是统一的，每次都需要调用os.OpenFile()；对于大量数据的读取，往往也需要利用循环操作将数据读入内存。这些操作的封装，对于程序员的后续编码是非常有利的。Go语言已经为我们提供了内置的工具包，ioutil来解决这一需求。

1. 一次性读取

调用ioutil.ReadFile()函数将文件中的数据一次性读取至内存，如代码清单13-6所示。

代码清单13-6　一次性读取文件内容

```go
package main

import (
    "fmt"
    "io/ioutil"
    "log"
)

func main() {
    // 一次性读取数据到内存，封装了循环读取等操作
    data, err := ioutil.ReadFile("/data/tmp/io.txt")
    if err != nil {
        log.Fatal("读取文件错误:", err)
        return
    }
    fmt.Println("文件内容: ", string(data))
}
```

代码解析：

（1）data, err := ioutil.ReadFile("/data/tmp/io.txt")，用于一次性读取文件/data/tmp/io.txt中的所有数据。这个操作有两个返回值：字节切片data，用于接收读取到的字节数据；err，用于接收错误信息。

（2）ioutil.ReadFile封装的操作包括：打开文件、创建字节切片、循环读取、追加读取内容到切片、返回错误等。

执行该代码段，可以看到/data/tmp/io.txt的内容能够被一次性成功读取。对于程序员来说，利用ioutil.ReadFile大大简化了文件读取操作的代码。

2. 一次性写入

同样地，对于写入操作，ioutil提供了WriteFile()函数来完成一次性写入。代码清单13-7演示了这一用法。

代码清单13-7　一次性读取文件内容

```go
package main

import (
    "io/ioutil"
    "log"
)

func main() {
    // 向文件中写入数据
    err := ioutil.WriteFile("/data/tmp/io.txt", []byte("新的内容"), 0666)
    if err != nil {
        log.Fatal("写入文件错误:", err)
        return
    }
}
```

代码解析：

（1）err := ioutil.WriteFile("/data/tmp/io.txt", []byte("新的内容"), 0666)，用于向文件中写入数据。ioutil.WriteFile()函数同样封装了打开文件、写入数据、返回错误等操作。

（2）ioutil.WriteFile()函数仍需指定权限信息，即函数中的第3个参数0666。这是因为ioutil同样兼容了"文件不存在就创建"的逻辑，并且ioutil.WriteFile()函数是以覆盖方式写入的，即文件的已有内容会首先被清空。

（3）若需实现追加写入，那么仍需调用os.OpenFile()函数以追加的方式打开文件，而后再进行写入。

13.2　缓冲区读写

13.1.7节的内容中讲述了如何调用ioutil包下的ReadFile()和WriteFile()函数进行一次性读写。很明显，这对于大尺寸的文件并不适用。如果一个文件的尺寸过大，要一次性读取到内存势必需要一次性分配大块内存。因此，Go语言提供了缓冲区读写机制来解决大文件读写问题。同时，缓冲区还提供了直接针对文本的操作，这也为日常开发带来了极大的便利。

对于字节流的读写适用于所有文件。我们日常还会遇到文本读写的需求，文本读写以字符为基础。字符与字节的区别仅在于是否可直接被人类识别，而字符本质上也存储为字节形式。二者沟通的桥梁是字符编码。在Go语言中,默认字符编码为UTF-8,因此,字节流和字符流之间的转换,默认情况下也是利用UTF-8进行的。字符流的读写,同样可以依赖缓冲区操作来实现。

13.2.1 bufio 中的 Reader 和 Writer

os.File实现了Reader和Writer,它们可以看作字节流的读写器,而缓冲区读写可以直接与字符流读写器进行适配。对于程序员来说,使用字符流读写器可以绕开字节流读写,从而避免重复实现字节流读写操作。Go语言的缓冲区读写器bufio.Reader和bufio.Writer封装了io.Reader和io.Writer。这意味着,字符流的读写仍然由其封装的io.Reader和io.Writer实现,而bufio.Reader和bufio.Writer仅完成缓冲区相关操作,其源码形式如下:

```
type Reader struct {
    // 内置缓冲区字段
    buf          []byte
    rd           io.Reader        // 阅读器由客户端提供
    r, w         int              // 缓冲区的读取和写入位置
    err          error
    lastByte     int              // UnreadByte读取的最后一个字节, -1表示无效
    lastRuneSize int              // UnreadRune读取的最后一个字符, -1表示无效
}
type Writer struct {
    err error
    buf []byte
    n   int
    wr  io.Writer
}
```

其中的buf []byte即为缓冲区字段。数据读写时,均会经过缓冲区,且每次都不会超过缓冲区大小,从而让整个内存的消耗可控,避免了内存分配失败的风险。

13.2.2 利用 bufio 实现按行读取

除了有效控制内存外,bufio.Reader和bufio.Writer还实现了按行读写的方法。这让我们不必关心字符流与字节流的转换,毕竟大多数情况下,我们习惯于与字符流打交道。代码清单13-8演示了利用bufio.Reader实现按行读取文件内容的场景。

代码清单13-8　按行读取文件内容

```
package main

import (
    "bufio"
    "fmt"
```

```go
        "io"
        "os"
    )

    func main() {
        filename := "/data/tmp/io.txt"
        // 打开文件，获得文件对象
        file, err := os.Open(filename)
        if err != nil {
            return
        }

        defer file.Close()

        // 获得缓冲区读写对象
        reader := bufio.NewReader(file)

        // 循环读取文件内容
        for {
            // ReadString代表读取字符串，已经上升到字符概念
            line, err := reader.ReadString('\n')

            // 读取出错，则打印异常信息
            if err != nil && err != io.EOF {
                fmt.Println("读取出错")
                return
            }
            // 打印读取到的内容
            fmt.Print(line)
            if err == io.EOF {
                fmt.Print("读取结束")
                break
            }
        }
    }
```

代码解析：

（1）reader := bufio.NewReader(file)，利用文件对象file来创建一个bufio.Reader。file对象被注入bufio.Reader的rd字段。

（2）在for循环中，line, err := reader.ReadString('\n')，用于按分隔符来读取文本。从ReadString的命名也可以看出，该方法读取的是字符串，而参数 "\n" 表示分隔符为换行符，每次遇到换行符就会返回一次读取到的数据。

（3）if err != nil && err != io.EOF，用于判断是否发生了读取错误，并且该错误不是由文件结束导致的。当发生读取错误时，直接退出程序执行。

（4）fmt.Print(line)，用于打印读取到的行文本。这里调用了Print()函数而非Println()，是因为每次读取的数据已经包含了换行符，无须额外的换行符。

（5）if err == io.EOF，用于判断读取进度是否到达文件结尾。一旦遇到该错误，就可以直接跳出循环。注意，文件读取结束错误是随着最后一行文本的读取一起返回的。这种错误其实是正常的，其处理方式与读取的I/O错误要有所区别。

类似地，利用bufio.NewWriter可以创建一个bufio.Writer对象，调用其WriteString()方法可以向文件中写入文本数据，此处不再赘述。

13.3 字符串数据源

通过前面内容的讲述我们看到，无论是Reader还是Writer，关键都在于数据源或者写入目标的确定。除文件之外，字符串也是常见的数据源。

13.3.1 strings.Reader 解析

Go语言的strings包中定义的Reader结构体，可以用来创建一个字符串类型的Reader。使用strings.Reader的主要意义是为了方便构建一个Reader，而不必大动干戈地去依赖一个文件来完成一个简单的功能，例如查找某个字符串中的子串，或其他简单的测试功能。

strings.Reader被定义为一个结构体，其源码如下：

```
type Reader struct {
    s        string
    i        int64 // 当前读取到的位置
    prevRune int   // 前一个rune类型的位置
}
```

其中，字段s即为要处理的字符串。同时，strings包中的NewReader()函数可以用于创建一个strings.Reader实例，从而利用字符串构造读取器，其源码形式如下：

```
func NewReader(s string) *Reader {
    return &Reader{s, 0, -1}
}
```

有了读取器对象（Reader），便可以调用其Read()方法来读取其中的内容。strings.Reader同样实现了Read()方法，可以方便地将字符串内容读取到字节切片，其背后是利用字节切片的复制实现的，源码如下：

```
func (r *Reader) Read(b []byte) (n int, err error) {
    if r.i >= int64(len(r.s)) {
        return 0, io.EOF
```

13

```
    }
    r.prevRune = -1
    n = copy(b, r.s[r.i:])
    r.i += int64(n)
    return
}
```

其中的copy(b, r.s[r.i:])便是将字符串的原始内容复制到字节切片中。

13.3.2　字节扫描器 ByteScanner

除了常规的Read()方法外，strings.Reader还实现了ByteScanner接口。ByteScanner接口的定义如下：

```
type ByteScanner interface {
    ByteReader
    UnreadByte() error
}
```

其中的字段ByteReader同样是一个结构体，其定义如下：

```
type ByteReader interface {
    ReadByte() (byte, error)
}
```

顾名思义，Scanner代表了扫描器。从其两个方法ReadByte()和UnreadByte()的声明也可以看出，扫描器实现了读取一个字节和撤销读取。strings.Reader中包含了一个游标计数器，用于标识当前读取的位置，可以从该位置继续读取数据，或者回退位置以重新读取。这种操作非常有利于字节的匹配查找。代码清单13-9演示了strings.Reader按字节读取的场景。

代码清单13-9　利用strings.Reader的扫描功能，重复读取数据

```
package main

import (
    "fmt"
    "strings"
)

func main() {
    // 以字符串"abcdefg"为数据源，创建读取器
    reader := strings.NewReader("abcdefg")

    // 打印后续5个字节
    printNext5Bytes(reader)

    // 循环3次，让游标回退3个字节
    for i := 0; i < 3; i++ {
```

```
            reader.UnreadByte()
        }
        fmt.Println()

        // 从当前位置，打印后续5个字节
        printNext5Bytes(reader)
    }
    func printNext5Bytes(reader *strings.Reader) {
        // 循环5次，每次向前读取1个字节，并打印
        for i := 0; i < 5; i++ {
            readByte, _ := reader.ReadByte()
            fmt.Print(string(readByte))
        }
    }
```

代码解析：

（1）reader := strings.NewReader("abcdefg")，用于构造一个strings.Reader对象，其内容预置为a~g的7个字符。

（2）函数printNext5Bytes()用于打印从当前位置开始的5个字节。在for循环中，每次都调用reader.ReadByte()来读取一个字节，然后打印该字节所代表的字符。

（3）在两次执行printNext5Bytes()之间，循环调用reader.UnreadByte()3次，将reader读取的字节位置回退3位。

执行该代码段，其输出如下：

```
    abcde
    cdefg
```

通过输出可以看出，通过reader.UnreadByte()可以将strings.Reader已读取的位置进行重新定位（在本例中回退3位），以实现重读。

13.3.3　按 Rune 读取 UTF-8 字符

为了兼容UTF-8编码字符，strings.Reader还实现了ReadRune()和UnreadRune()方法。例如，当处理中文或者中英文混合字符串时，调用ReadRune()和UnreadRune()方法来读取和重定位游标。代码清单13-10演示了这种用法。

代码清单13-10　调用ReadRune()和UnreadRune()按字符读取和重定位

```
    package main

    import (
        "fmt"
```

```
        "strings"
    )

    func main() {
        reader := strings.NewReader("甲乙丙丁子丑乙卯")
        printNext5Chars(reader)
        for i := 0; i < 3; i++ {
            // 此处使用UnreadRune()来回退游标位置
            reader.UnreadRune()
        }
        fmt.Println()
        printNext5Chars(reader)
    }

    func printNext5Chars(reader *strings.Reader) {
        for i := 0; i < 5; i++ {
            // 与reader.ReadByte()不同，此处使用ReadRune()来读取UTF-8编码的字符
            readRune, _, _ := reader.ReadRune()
            fmt.Print(string(readRune))
        }
    }
```

代码解析：

（1）函数printNext5Chars()中，利用reader.ReadRune()连续读取5个Rune类型的数据，并打印其对应字符。

（2）在两次执行printNext5Chars()中间，执行了3次reader.UnreadRune()，尝试回撤3次Rune的读取。

执行该代码段，其输出结果如下：

```
甲乙丙丁子
子丑乙卯
```

从输出结果中可看出，第二次执行printNext5Chars()并未像我们期望的那样，将读取位置回撤3个Rune位置，然后再次读取，而只是回撤了一个Rune的位置。事实上，无论尝试回撤多少次Rune的读取，始终只能回撤一个Rune位置。

打开UnreadRune()的源码，可以看到Go语言针对Rune类型回撤的特殊处理。

```
    func (r *Reader) UnreadRune() error {
        if r.i <= 0 {
            return errors.New("strings.Reader.UnreadRune: at beginning of string")
        }
        if r.prevRune < 0 {
            return errors.New("strings.Reader.UnreadRune: previous operation was not ReadRune")
        }
```

```
    r.i = int64(r.prevRune)
    r.prevRune = -1
    return nil
}
```

代码解析：

（1）在UnreadRune()方法中，if r.prevRune < 0用于检查r.prevRune的值是否小于0，如果小于0，就直接返回错误。

（2）真正的回撤逻辑是将strings.Reader对象的i字段设置为上次的读取位置（r.i=int64(r.prevRune)），然后立即将r.preRune设置为-1（r.prevRune = -1）。这将导致无法连续执行UnreadRune()方法。

Go语言不允许连续按Rune进行回退，主要是因为当前的读取位置字段i是字节读取操作和Rune读取操作共用的。我们打开ReadRune()的源码便可以看到这一点。

```
func (r *Reader) ReadRune() (ch rune, size int, err error) {
    if r.i >= int64(len(r.s)) {
        r.prevRune = -1
        return 0, 0, io.EOF
    }
    r.prevRune = int(r.i)
    if c := r.s[r.i]; c < utf8.RuneSelf {
        r.i++
        return rune(c), 1, nil
    }
    ch, size = utf8.DecodeRuneInString(r.s[r.i:])
    r.i += int64(size)
    return
}
```

重点关注代码：

```
ch, size = utf8.DecodeRuneInString(r.s[r.i:])
```

该代码是从当前位置解析一个Rune字符，该字符从r.i开始进行读取，而r.i也会受到Reader.Read()方法的影响。这意味着，一旦交叉执行readByte()和readRune()，因为字节读取是最基本的单位，所以无论回退多少次，都不会产生歧义。而readRune()则依赖于UTF-8编码，如果允许连续的UnreadRune()，则无法保证多次回退后的游标位置仍是一个正确的Rune起点。这大概率将导致产生乱码，因此，在UnreadByte()方法中，同样会将preRune设置为-1，以便阻止紧随其后出现的UnreadRune()，如以下代码所示。

```
func (r *Reader) UnreadByte() error {
    if r.i <= 0 {
        return errors.New("strings.Reader.UnreadByte: at beginning of string")
```

```
        }
        r.prevRune = -1
        r.i--
        return nil
    }
```

其中的r.prevRune = -1的目的就是阻止连续调用UnreadRune()方法。只有当再次执行ReadRune()方法时，才可以重置r.preRune的值，使其满足大于-1的条件。

13.4   bufio.Scanner 的使用

在前面的内容，我们讲述了I/O针对字节流和字符流的读写。这些读写操作都是将内容原原本本地进行处理，而没有经过任何过滤、筛选操作。除此之外，Go语言还提供了bufio.Scanner来实现扫描功能。Scanner允许我们针对读取的数据进行分割处理。

13.4.1   扫描过程及源码解析

为了解释清楚Scanner的扫描过程，下面从源码分析的角度来查看整个扫描逻辑。

1. bufio.Scanner结构体解析

结构体bufio.Scanner是整个扫描逻辑的核心，其源码如下：

```
type Scanner struct {
    r            io.Reader
    split        SplitFunc
    maxTokenSize int
    token        []byte
    buf          []byte
    start        int
    end          int
    err          error
    empties      int
    scanCalled   bool
    done         bool
}
```

在Scanner结构体中，我们需要重点关注的字段有以下7个：

（1）字段r：这是一个io.Reader接口类型的对象。该字段指向数据分析的数据源，数据源可能是文本、文件，或者来自网络传输。这种特点导致很多时候无法一次性读取所有数据。这也是需要进行分割处理的根本原因。

（2）字段split：这是一个SplitFunc类型的函数。用户需要自定义实现该函数。字段名称

split容易导致误解，这里的split并非用于分割数据，而是对每次分割获得的数据进行分析。打开函数类型SplitFunc的定义会看到，该函数有两个参数：data（此次分割获得的数据）和atEOF（是否所有数据都已经读取完毕，这里的所有数据指的是数据源中的所有数据，而非缓冲区）。该函数有3个返回值：advance（下次分割时，数据的起始位置向后移动的字节数，用于改变下次分割时获得的数据）、token（本次分析的结果，这个结果和要分析的数据没有必然的关系，这意味着结果可能是分析数据的一部分，也可能毫无关联。因此，我们也要摆脱split()函数是为了"查找匹配数据"这一思维定式）、err（错误信息，split函数被调用时会根据错误信息决定是否结束本次扫描）。

（3）字段maxTokenSize：这是一个int类型的数值，用于限定缓冲区的大小。当缓冲区满时，可以自动进行扩容。但是，扩容也不能无限制进行下去，maxTokenSize限定了扩容时的上限。

（4）字段token：这是一个byte切片。每次调用split()函数时，其返回值token（split()函数也有一个名为token的返回值）会被存储到该字段中，然后可以通过Scanner.Text()方法进行读取。

（5）字段buf：这是一个byte切片，即缓冲区。正如前面所说，不能保证一次性读取所有数据，所以才产生"分割"这一处理策略，而分割的真正对象是缓冲区。从数据源读取到的数据会临时放入缓冲区，缓冲区的数据经过切割后交给split()函数进行处理。

（6）字段start和end：这是两个整数数值。分割数据针对的是缓冲区，分割到的数据是缓冲区中的start～end的数据。

（7）字段err：用于存储错误信息。与token类似，每次调用split()函数时，返回值err会被存储到该字段中。错误信息会在扫描过程中用作流程判断。

2. Scanner.Scan()方法解析

结构体Scanner的Scan()方法是分析的入口，其源码如下：

```go
func (s *Scanner) Scan() bool {
    if s.done {
        return false
    }
    s.scanCalled = true
    // 只要能获得合法的token值，就能一直循环下去，即扫描过程不会结束
    for {
        if s.end > s.start || s.err != nil {
            advance, token, err := s.split(s.buf[s.start:s.end], s.err != nil)
            if err != nil {
                if err == ErrFinalToken {
                    s.token = token
                    s.done = true
                    return true
                }
                s.setErr(err)
                return false
```

```
        }
        if !s.advance(advance) {
            return false
        }
        s.token = token
        if token != nil {
            if s.err == nil || advance > 0 {
                s.empties = 0
            } else {
                s.empties++
                // 空转的次数需要受限
                if s.empties > maxConsecutiveEmptyReads {
                    panic("bufio.Scan: too many empty tokens without progressing")
                }
            }
            return true
        }
    }

    // 如果读到数据源末尾或者出现错误，就直接返回
    if s.err != nil {
        s.start = 0
        s.end = 0
        return false
    }

    // 如果缓冲区已满，或者读取时的开始位置已经超过了缓冲区的一半，就将缓冲区中的数据前移
    // 已经读取过的数据，会被未被读取的数据覆盖，以便节省空间
    // 同时读取开始位置和结束位置，都要进行对应修改
    if s.start > 0 && (s.end == len(s.buf) || s.start > len(s.buf)/2) {
        copy(s.buf, s.buf[s.start:s.end])
        s.end -= s.start
        s.start = 0
    }

    //下次分割时的结束位置，如果到达缓冲区的末尾，则需要扩容
    if s.end == len(s.buf) {
        const maxInt = int(^uint(0) >> 1)
        if len(s.buf) >= s.maxTokenSize || len(s.buf) > maxInt/2 {
            s.setErr(ErrTooLong)
            return false
        }
        newSize := len(s.buf) * 2
        if newSize == 0 {
            newSize = startBufSize
        }
        if newSize > s.maxTokenSize {
            newSize = s.maxTokenSize
        }
```

```
            newBuf := make([]byte, newSize)
            copy(newBuf, s.buf[s.start:s.end])
            s.buf = newBuf
            s.end -= s.start
            s.start = 0
        }
        // 向缓冲区中读入数据，并尽量读满。这里的尽量是因为有时候数据源中的数据并非就绪状态
        // 例如，网络传输情况下，数据是陆续到达的
        for loop := 0; ; {
            n, err := s.r.Read(s.buf[s.end:len(s.buf)])
            if n < 0 || len(s.buf)-s.end < n {
                s.setErr(ErrBadReadCount)
                break
            }
            s.end += n
            if err != nil {
                s.setErr(err)
                break
            }
            if n > 0 {
                s.empties = 0
                break
            }
            loop++
            if loop > maxConsecutiveEmptyReads {
                s.setErr(io.ErrNoProgress)
                break
            }
        }
    }
}
```

Scan()方法的主流程是一个无条件的for循环，主要操作全部处于循环体中。虽然方法的源码量较大，但是我们只需关注以下关键节点即可。

（1）当缓冲区的结束位置end大于开始位置start时，调用split()方法。此时，截取缓冲区start至end位置间的字节作为本次分割的结果，传入split()函数。源码片段如下：

```
if s.end > s.start || s.err != nil {
    advance, token, err := s.split(s.buf[s.start:s.end], s.err != nil)
    ...
    ...
    ...
}
```

（2）split()函数针对本次分割后的数据进行分析，返回值包括缓冲区移动位移advance、token和错误信息err。

（3）接着对split()函数的3个返回值分别进行处理：token和err会被存储到Sanner实例中，并作为条件判断是否应当跳出循环（token不为空，或者err不为空）；而advance则会被用作计算下次分割数据时的起始位置——start，如果移动失败（例如start越界，超出了end），则也会跳出循环。源码片段如下：

```
if err != nil {
    if err == ErrFinalToken {
        s.token = token
        s.done = true
        return true
    }
    s.setErr(err)
    return false
}

    if !s.advance(advance) {
        return false
    }
s.token = token
if err != nil {
    if err == ErrFinalToken {
        s.token = token
        s.done = true
        return true
    }
    s.setErr(err)
    return false
}
```

（4）在处理完split()函数的返回值后，如果未跳出循环，意味着没有发生任何异常，就继续为下次split()函数的调用准备数据，即再次分割新的数据。

（5）对于Scanner而言，只有缓冲区中start～end的数据被视作有效。start之前的数据是已经分析过的，而end后的空间则是从数据源读取时填充的。如果已读取过的数据超过整个缓冲区大小的一半，或者缓冲区已满，则将数据向前复制，以节省缓冲区空间。源码片段如下：

```
if s.start > 0 && (s.end == len(s.buf) || s.start > len(s.buf)/2) {
    copy(s.buf, s.buf[s.start:s.end])
    s.end -= s.start
    s.start = 0
}
```

（6）即使经过了复制移动来节省缓冲区空间，缓冲区仍然是满的，则将缓冲区的大小扩大一倍。源码片段如下：

```
if s.end == len(s.buf) {
    ...
```

```
    ...
    ...
    newSize := len(s.buf) * 2
    ...
    ...
    ...
    newBuf := make([]byte, newSize)
    copy(newBuf, s.buf[s.start:s.end])
    s.buf = newBuf
    s.end -= s.start
    s.start = 0
}
```

（7）对于缓冲区的各种操作，是为了保证缓冲区一定有空闲空间来接纳新的数据。当准备工作完成后，继续将数据源中的数据读取到缓冲区。源码片段如下：

```
for loop := 0; ; {
    n, err := s.r.Read(s.buf[s.end:len(s.buf)])
    ...
    ...
    ...
    s.end += n
    if err != nil {
        s.setErr(err)
        break
    }
    ...
    ...
    loop++
    if loop > maxConsecutiveEmptyReads {
        s.setErr(io.ErrNoProgress)
        break
    }
}
```

这是在最外层循环体中嵌套的一个for循环。唯一的遗憾是源码中并未将它抽取为独立方法，这导致源码阅读时有些难以理解。该循环的目的就是不断从数据源中读取数据到缓冲区。因为数据源中的数据可能是断断续续到达的，所以此处使用了循环处理，而循环的最大次数利用maxConsecutiveEmptyReads进行限制。另外，当发生读取错误时，例如读取到数据源结束，也会将错误信息存储到Scanner的err字段中。当然，每次读取到有效数据后，Scanner的end也会发生改变。

至此，下次调用split()函数的参数已经准备好——data利用buf[start:end]获得，atEOF利用s.err!=nil获得。

13.4.2　扫描时的最大支持

在了解了Scanner的基本处理流程后，本节利用一个示例程序来演示Scanner的使用，并总结Scanner.Scan()方法的特点。

代码清单13-11尝试从一个文本中查找固定字符串"go"，每找到一次，就输出一次"found"。

代码清单13-11　利用Scanner查找字符串

```go
package main
import (
    "bufio"
    "bytes"
    "fmt"
    "io"
    "strings"
)

func main() {
    input := "go to study go language"
    // 利用字符串变量input创建一个Reader对象，并作为创建bufio.Scanner对象时的参数
    scanner := bufio.NewScanner(strings.NewReader(input))
    // 为了演示效果，创建3字节大小的缓冲区
    buf := make([]byte, 3)
    // 将其最大大小设置为2，小于缓冲区的初始大小，从而防止缓冲区扩张
    scanner.Buffer(buf, 2)

    // 自定义字符串分割后的分析函数
    split := func(data []byte, atEOF bool) (advance int, token []byte, err error) {
        // 如果找到要查找的字符串"go"，则将位置向前移动1，并将token置为"found"
        // 注意此处的"found"与被分析的字符串没有任何关系
        if bytes.Equal(data[:2], []byte{'g', 'o'}) {
            return 1, []byte("found"), nil
        }
        // 如果到达分析数据的结尾，即数据源中没有其他数据可供分析，则返回错误
        if atEOF {
            return 0, nil, io.EOF
        }

        // 如果未分析完所有数据，则位置前移1
        return 1, nil, nil
    }

    // 设置split()函数到scanner的split字段中
    scanner.Split(split)
```

```
    // 循环执行扫描分析，并打印分析结果，这里为字符串"found"
    for scanner.Scan() {
        fmt.Printf("%s\n", scanner.Text())
    }
}
```

代码解析：

（1）input := "go to study go language"，声明了一个字符串变量input，该字符串即为要分析的文本。

（2）scanner := bufio.NewScanner(strings.NewReader(input))，用于创建一个bufio.Scanner实例，并将变量input作为数据源。

（3）buf := make([]byte, 3)，用于创建一个大小为3的字节切片，该字节切片作为Scanner扫描时的缓冲区。

（4）scanner.Buffer(buf, 2)，用于将scanner的缓冲区设置为buf，并指定其maxTokenSize值为2。这里设置maxTokenSize=2是为了防止缓冲区扩张（2小于切片大小3）。

（5）split()是一个自定义函数，用于处理每次分割后的数据。

（6）在split()函数中，bytes.Equal(data[:2], []byte{'g', 'o'})用于判断传入的data的前两个字节是否为"go"。如果满足条件，则返回三个值：1、[]byte("found")和nil，代表下次分割时读取的开始位置（start）加1、本次扫描的反馈字符串"found"，以及本次扫描无错误发生。

（7）if atEOF {return 0, nil, io.EOF}，判断数据源中的数据是否已经被读取完毕。这里的逻辑是读取完毕后，将错误再次反馈给Scanner.Scan()方法，从而使其跳出循环，完成一次扫描过程。

（8）return 1, nil, nil，是在未找到匹配内容时的返回值。其中，真正会产生影响的是返回值1，它将导致下次分割数据时开始位置加1。当再次调用split()函数时，data参数会发生变化。

（9）scanner.Split(split)，用于将split()函数对象赋值给scanner中的split()字段，Scanner.Scan()将会通过s.split(...)调用该函数。

（10）for scanner.Scan()，用于循环调用scanner.Scan()，并通过scanner.Text()获得token，然后打印输出。

执行该代码段，其输出结果如下：

```
found
found
```

正如所期望的那样，找到了两个"go"字符串。在整个流程中，其实有着3次循环操作，我们排除各种错误信息、边界判断的干扰，可以用图13-2来概括整个过程。

13

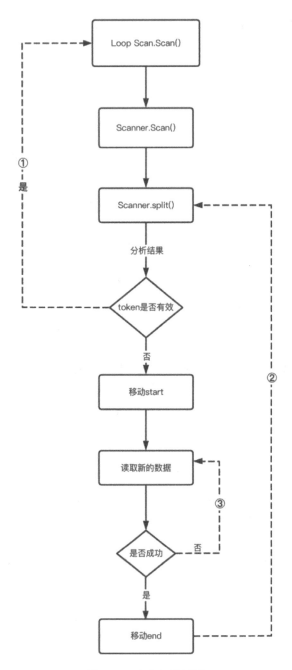

图 13-2　文本扫描过程

在整个扫描过程中,最内层的循环(即图13-2中的③号循环)总是最大限度地读取最新的数据,如果没有读取到最新的数据,则视作已经完成了整个数据源的读取。而②号循环,如果从split()中得不到有效token,则也继续执行循环。②号循环和③号循环都是为了在一次

Scanner.Scan()的执行中，最大限度地去获得一个有效token。因此，我们可以归纳它们的设计意图为最大支持。

13.4.3 扫描时的最小容忍

为了更好地理解Scanner.Scan()的执行过程，我们将代码进行微调，即不设置自定义缓冲区。那么，Scanner将使用默认缓冲区大小，而其上限maxTokenSize默认为64KB（64×1024B），即允许缓冲区扩张到64KB。修改后的代码如代码清单13-12所示。

代码清单13-12　允许缓冲区扩张将对分析结果产生影响

```
func main() {
    input := "go to study go language"
    scanner := bufio.NewScanner(strings.NewReader(input))
    split := func(data []byte, atEOF bool) (advance int, token []byte, err error) {
        // 匹配成功后，下次执行时的数据只在缓冲区位置前移一个字节
        if bytes.Equal(data[:2], []byte{'g', 'o'}) {
            return 1, []byte("found"), nil
        }

        if atEOF {
            return 0, nil, io.EOF
        }

        return 1, nil, nil
    }
    scanner.Split(split)
    for scanner.Scan() {
        fmt.Printf("%s\n", scanner.Text())
    }
}
```

执行该代码段，其输出如下：

```
found
```

可以看到，在失去了缓冲区大小限制后，只能输出一次token。这是因为每次调用split()函数时，Scanner.Scan()方法内部已经给出了"最大支持"——尽量多读取最新的数据，并填满缓冲区。当第一次读取时，由于缓冲区的上限为64KB，已经能够保证将所有要分析的数据返回了，而我们的分析函数只填充了一个token（字符串"found"）到Scanner中。此时split()函数返回值中的advance仍然为1，缓冲区的start移动的位移也为1。当下次调用split()时，atEOF被置为true，因为已经无法从数据源中读取新的数据了。而这最后一次执行机会获得的分割文本不符合bytes.Equal(data[:2], []byte{'g', 'o'})的流程判断，Scanner.Scan()的返回值为false，导致最外层的循环跳出，即图13-2中的循环层次③结束。

我们可以修改split()函数的逻辑，并给出合理的advance，以保证每次split()获得的数据不被浪费，如代码清单13-13所示。

代码清单13-13   修正advance，保证分析数据不会浪费

```go
func main() {
    input := "go to study go language"
    scanner := bufio.NewScanner(strings.NewReader(input))
    split := func(data []byte, atEOF bool) (advance int, token []byte, err error) {
        // 匹配成功后，计算下次开始的位置，而不是只前移一个字节
        index := strings.Index(string(data), "go")
        if index >= 0 {
            return index + 1, []byte("found"), nil
        }

        if atEOF {
            return 0, nil, io.EOF
        }

        return len(data), nil, nil
    }
    scanner.Split(split)
    for scanner.Scan() {
        fmt.Printf("%s\n", scanner.Text())
    }
}
```

代码解析：

（1）原返回值中的advance由1变更为index+1，从而保证已经匹配的数据不会再次被扫描。

（2）最后的return len(data)将返回值中的advance置为data字节切片的长度，也可以保证已经判断过的数据不会再次进入split()函数。

此时，执行修改后的代码，会发现可能正常分析出两次匹配，其输出如下：

```
found
found
```

我们也可以将这个编码原则归纳为"最小容忍"，即每次调用Scanner.Scan()时，会尽力分割出最大数据到split()函数中去进行分析处理。而split()函数需要考量所有数据，并给出合理的advance。如果每次向前跳跃的advance不合理，则会造成重复的数据分析，从而导致一定的浪费。在Scanner扫描的过程中，对于这种浪费是零容忍的。因此，对于split()函数的编写，建议只要其中含有目标数据，就一定要命中目标，并返回token，给出合理的advance，避免重复分析。

13.5 编程范例——文件系统相关操作

文件操作是I/O中最常见的场景，本节将通过实例来讲述针对文件的常见操作。

13.5.1 查看文件系统

利用ioutil包中的ReadDir()函数可以查看目录下的文件列表。由于操作系统将文件和目录统一为文件的概念，因此，ioutil.ReadDir()函数的返回值形式为文件对象列表。代码清单13-14演示了如何查看某个目录下的所有文件信息。

代码清单13-14　查看文件列表信息

```go
package main

import (
    "fmt"
    "io/ioutil"
)

func main() {
    // 读取当前目录信息，并返回文件对象列表
    fileInfoList, err := ioutil.ReadDir(".")
    if err != nil {
        fmt.Println("读取目录失败", err)
        return
    }

    // 循环打印文件对象的详细信息
    for _, v := range fileInfoList {
        fmt.Printf("文件名：%s, 大小: %dB, 是否文件夹:%t\n", v.Name(), v.Size(),
v.IsDir())
    }
}
```

代码解析：

（1）fileInfoList, err := ioutil.ReadDir(".")，用于读取当前目录下的所有文件信息。

（2）for _, v := range fileInfoList，用于循环处理这些文件信息。

（3）fmt.Printf("文件名：%s, 大小: %dB, 是否文件夹:%t\n", v.Name(), v.Size(), v.IsDir())，用于打印单个文件对象中包含的文件名、文件大小以及是否文件夹信息。

需要注意的是，当前目录“.”指的是可执行文件所处的目录。例如，执行go run命令时，若所处的目录为/usr/local，则读取的为/usr/local下的文件信息，而与实际main.go文件的路径无关。

```
$ pwd
/usr/local
$ go run ~/dev/go/demo/13/main.go
文件名: .com.apple.installer.keep, 文件大小: 0B, 是否文件夹:false
文件名: Caskroom, 文件大小: 64B, 是否文件夹:true
文件名: Cellar, 文件大小: 544B, 是否文件夹:true
文件名: Frameworks, 文件大小: 96B, 是否文件夹:true
文件名: Homebrew, 文件大小: 672B, 是否文件夹:true
文件名: bin, 文件大小: 2016B, 是否文件夹:true
文件名: elasticsearch, 文件大小: 50B, 是否文件夹:false
文件名: etc, 文件大小: 224B, 是否文件夹:true
文件名: go, 文件大小: 608B, 是否文件夹:true
文件名: include, 文件大小: 544B, 是否文件夹:true
文件名: lib, 文件大小: 2336B, 是否文件夹:true
文件名: m2, 文件大小: 24B, 是否文件夹:false
文件名: mongodb, 文件大小: 56B, 是否文件夹:false
文件名: mysql, 文件大小: 30B, 是否文件夹:false
文件名: mysql-8.0.23-macos10.15-x86_64, 文件大小: 416B, 是否文件夹:true
文件名: opt, 文件大小: 672B, 是否文件夹:true
文件名: redis, 文件大小: 42B, 是否文件夹:false
文件名: redis-server, 文件大小: 59B, 是否文件夹:false
文件名: sbin, 文件大小: 96B, 是否文件夹:true
文件名: share, 文件大小: 608B, 是否文件夹:true
文件名: var, 文件大小: 192B, 是否文件夹:true
文件名: zookeeper, 文件大小: 56B, 是否文件夹:false
```

但是，若在IDE中直接运行run菜单指令，则当前目录“.”指向的是运行时的工作目录。具体设置与运行时的配置有关，在GoLand中，其具体配置菜单路径为：“Run”→“Edit Configuration”→“Configuration”→“Working directory”。图13-3展示了配置实例的界面。

在GoLand中直接利用快捷菜单来运行该main.go文件，输出的将是/Users/dev/go/demo下的文件信息。在笔者的计算机上，其输出如下：

```
文件名: bookshop, 文件大小: 192B, 是否文件夹:true
文件名: demo, 文件大小: 1088B, 是否文件夹:true
文件名: go.mod, 文件大小: 27B, 是否文件夹:false
文件名: pkg, 文件大小: 128B, 是否文件夹:true
文件名: smartguide, 文件大小: 416B, 是否文件夹:true
```

因此，当前目录并非main.go文件所在的目录，而是与运行时的环境相关。

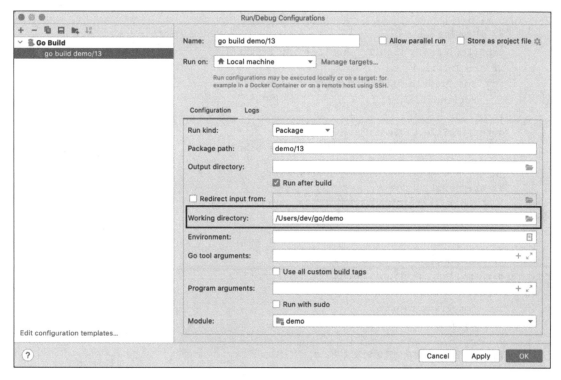

图 13-3　GoLand 运行时配置的工作目录

13.5.2　临时文件

临时文件给我们的印象是应用程序临时生成的文件。当应用程序退出时，这些文件会被自动删除；或者当前系统重启时，这些文件会被自动清理。在Windows中，临时文件的存储目录为%Temp%；而macOS和Linux的存储目录为/tmp。

Go语言中也提供了对临时文件夹和临时文件的支持。利用ioutil包中的API可以创建临时文件夹/文件，但如果临时文件夹/文件未被存储到操作系统的临时目录中，则不会被自动清理和删除。

函数ioutil.TempFile()和ioutil.TempDir()可以分别用来创建临时文件和临时文件夹。代码清单13-15演示了这两个函数的使用。

代码清单13-15　创建临时文件和临时文件夹

```go
package main

import (
    "fmt"
    "io/ioutil"
)
```

```go
func main() {
    // 创建临时文件
    tmpFile, err := ioutil.TempFile(".", "*.txt")
    if err != nil {
        fmt.Println("创建临时文件失败: ", err)
        return
    }
    defer tmpFile.Close()
    fmt.Println("成功创建临时文件: ", tmpFile.Name())

    _, err = tmpFile.WriteString("Go语言")
    if err != nil {
        fmt.Println("写入临时文件失败: ", err)
        return
    }

    // 创建临时文件夹
    dirName, err := ioutil.TempDir(".", "tmp*")
    if err != nil {
        fmt.Println(err)
        return
    }
    fmt.Println("成功创建临时文件夹: ", dirName)
}
```

代码解析：

（1）ioutil.TempFile(".", "*.txt")，用于创建临时文件。第1个参数"."是文件的存储目录；第2个参数"*.txt"代表临时文件的文件名，在创建时*会被自动替换为随机数字。

（2）ioutil.TempDir(".", "tmp*")，用于创建临时文件夹。第1个参数"."是文件夹的存储目录；第2个参数"tmp*"代表临时文件夹的名称，同样地，"*"也会被自动替换为随机数字。

执行该示例代码，其输出如下：

```
成功创建临时文件:  ./2304752950.txt
成功创建临时文件夹:  ./tmp1392612356
```

创建临时文件和文件夹时，能自动生成名称，这为我们生成唯一性文件提供了便利。例如，应用程序在上传文件后，可以将它存储为临时文件。利用ioutil.TempFile可以自动生成唯一性的文件名。同时，利用*和固定字符串的组合，可以按照一定格式生成文件名。

对于生成的临时文件，可以查看其属性信息。默认情况下，临时文件仅对拥有者开放读写权限。例如，刚刚创建的临时文件2304752950.txt的属性信息如下所示。

```
$ ls -l 2304752950.txt
-rw------- 1 dev  staff  6 Dec 31 09:49 2304752950.txt
```

13.6   本章小结

本章遵循字节流读写－缓冲区－字符流读写这一基本脉络，讲述了Go语言中I/O的主要API及其使用。我们可以依赖这一脉络分析这些API服务于哪个阶段或者哪种特定需求，从而对整个I/O有着宏观上的理解。本章的最后重点讲述了bufio.Scanner的使用，并通过提炼"最大支持"这一原则来加深对Scanner.Scan()方法的理解；通过提炼"最小容忍"这一原则来给出split()函数的编写建议。

13

第 14 章

网络编程

网络通信是一个很大的话题，其中涉及网络模型及各种实现机制。本章并不打算讲述网络通信的细节，而是重点讲述程序员比较关注又难以厘清的话题——网络连接。从网络连接的本质来讲述有连接的TCP通信和无连接的UDP通信，让读者对网络编程的脉络和基本应用场景有比较深刻的认识。

本章内容：

❈ 网络连接的本质
❈ 利用TCP实现网络通信
❈ 利用UDP实现网络通信
❈ HTTP的相关操作
❈ 数据传输过程

14.1 网络连接的本质

众所周知，TCP是有连接的。那么，网络连接的本质到底是什么呢？或者说，网络连接在计算机世界中的存在方式是怎样的呢？

从字面意义上看，连接应该是物理存在的，但事实上，网络连接并非指物理线路。在客户端和服务端之间创建一条网络连接，并非指二者之间所经历的网线、交换机、路由器，以及电缆所构成的线路，而是指二者之间的消息发送和接收是可靠的，就像二者之间存在一条真实的、专用的线路一样。

网络连接在计算机世界的具体存在形式可以看作驻留在客户端和服务端应用程序中的内存对象。这些内存对象持有远端目标的信息，并可以实现消息的发送和接收。在这条网络连接上传递的每条消息,可能经历完全不同的路线和网络节点。网络连接关注的是消息的可靠传输。

在操作系统层面，网络连接涉及的对象主要有：

- Socket：包含了IP地址和端口号，用于指定消息的源地址和目标地址。
- 缓冲区：数据的读写往往经过缓冲区。
- 对于类UNIX的操作系统而言，还有文件描述符的概念——一条网络连接对应了一个描述符。

当网络连接被创建时，这一系列内存对象也就一同被创建了。应用程序级别的内存对象根据编程语言的不同而不同，而操作系统级别的内存对象决定于操作系统的具体实现。当网络连接被关闭时，这些对象将被释放，网络连接也随之消失。

除此之外，我们还要搞清楚以下问题：

1）端口是什么

端口并不是一个物理概念，也和具体硬件无关，它只是一个数字标识，由操作系统划分和提供。

2）网络连接的唯一标识

通常说一个五元组（网络协议、服务端IP地址/端口号、客户端IP地址/端口号）用于区分网络会话，是因为传输层协议不同。而在网络协议确定的情况下（目前应用最广泛的传输层协议为TCP），四元组（服务端IP地址/端口号、客户端IP地址/端口号）完全可以确定一个网络连接。

3）服务端和客户端的区别

在网络连接的两端，我们通常将被动地监听连接请求，并将提供服务的一端称作服务端，将主动连接请求服务的一端称为客户端。从网络连接的角度来看，二者并没有本质区别，都需要提供自己的IP地址和端口号。

4）服务端、客户端的端口能否复用

端口复用是针对应用程序而言的。当一个端口被一条网络连接使用后，能否在不释放的情况下被其他连接重新使用呢？判断连接能否成功创建的标准是，服务端IP地址/端口号+客户端IP地址/端口号所组成的四元组是否唯一。

按照经验，服务端端口可以重用。例如，一个服务端应用可以同时为多个客户端提供服务，服务端通过固定端口号向外暴露服务；而多个客户端来源于不同的IP地址+端口号。因此，只要能够保证四元组不重复，就可成功创建网络连接。

而对于一个客户端来说，端口往往不能重用，即一个应用占用了端口A连接服务器，那就无法利用端口A再次创建其他连接。但是，这与四元组的概念有些冲突，因为连接不同的服务端IP地址+端口号，同样可以做到四元组唯一。

事实上，从网络协议本身来说是完全可行的。但为了简单起见，目前的通用实现方案是当客户端主动发起连接时，首先会绑定本地端口，而绑定动作需要检查端口是否冲突。这是造成客户端端口不能复用的客观原因。也正因如此，我们会看到当客户端发起请求时，往往无须手动指定端口，操作系统会自动选择空闲的端口，而自动选择的结果就是随机端口。从实际应用场景看，系统端口号的数量足够满足客户端的场景需求。毕竟一个客户端同时连接几万个服务端应用的情况几乎不存在。

而服务端的情景恰恰相反，一台服务器可能服务数千、上万个客户端连接，如果为每个连接都分配不同端口，那么服务端资源将很快耗尽。

14.2　利用 TCP 实现网络通信

TCP是Transmission Control Protocol（传输控制协议）的缩写。TCP通信的特点是，服务端要保证能够和客户端完成3次握手过程。这其实是服务端和客户端各自在终端连接成功的前提。利用连接对象，二者可以相互收发消息，但是，对于每一条消息，二者都需要从对方获得消息成功接收的确认信息。因此，建立连接的过程是为发送真正数据做准备。

在14.1节中提到，每条网络连接由一个四元组构成——服务端IP地址、服务端端口号、客户端IP地址、客户端端口号。这个四元组的任意组合都可视作一条网络连接。对于服务端来说，需要指定IP地址+端口号进行监听，而客户端往往会由操作系统自动指定，因此不需要使用者主动指定。

14.2.1　创建 TCP 连接

在Go语言中创建TCP连接，首先需要启动一个服务端监听，然后在客户端连接服务端的监听地址。

1. 服务端监听程序

服务端监听需要调用net.Listen()函数，并提供网络协议和监听地址（IP地址+端口号）。代码清单14-1演示了如何启动服务端监听程序。

代码清单14-1　服务监听TCP连接请求

```
package main

import (
    "fmt"
    "net"
)

func main() {
    // 监听本地1888端口
    listen, err := net.Listen("tcp", "127.0.0.1:1888")
    // 如果出现错误，例如端口已被占用，则打印错误信息
```

```
    if err != nil {
        fmt.Printf("启动监听失败, 错误:%v\n", err)
        return
    }
    defer conn.Close()
    // 通过监听对象循环接收连接请求, 并获得连接对象
    for {
        conn, err := listen.Accept()
        if err != nil {
            fmt.Printf("接收连接失败, %v\n", err)
            continue
        }
        fmt.Printf("连接成功, 来自%v\n", conn.RemoteAddr().String())
    }
}
```

代码解析:

（1）net.Listen("tcp", "127.0.0.1:1888")用于创建一个监听器, 参数tcp代表了网络连接协议; 127.0.0.1和1888代表了监听的IP地址和端口号, 其中, 127.0.0.1为本地IP地址, 1888为大于1024的一个端口号（1~1024为操作系统预留端口号）。此处指定IP地址是为了兼容一台机器多网卡（或虚拟网卡）的场景。如果没有该场景, 则协议实现时的确可以省略本地IP地址。

（2）在后续的for循环中, conn, err := listen.Accept()在监听到连接请求时, 创建一个网络连接。conn是网络连接在服务端的操作对象。

此时, 我们运行该代码段, 将进入等待连接状态。

2. 客户端连接程序

客户端连接服务端, 需要调用net.Dial()函数, 并指定网络协议和服务端IP地址/端口号, 而客户端端口号由系统随机选择空闲端口。代码清单14-2演示了如何从客户端发起TCP连接请求。

代码清单14-2　客户端发起TCP连接请求

```
package main

import (
    "fmt"
    "net"
)

func main() {
    // 连接本地1888端口
    conn, err := net.Dial("tcp", "127.0.0.1:1888")
```

```
        if err != nil {
            fmt.Printf("创建连接失败, 错误: %v\n", err)
            return
        }
        defer conn.Close()

        // 打印连接成功后的远端地址
        fmt.Printf("连接服务端成功: %v\n", conn.RemoteAddr())
    }
```

代码解析:

（1）conn, err := net.Dial("tcp", "127.0.0.1:1888")，用于向服务端发起连接请求。其中，tcp 代表网络连接协议，正如14.1节所提到的，这是五元组中的网络协议元素，127.0.0.1是服务端的IP地址，1888是服务端端口号。

（2）fmt.Printf("连接服务端成功：%v\n", conn.RemoteAddr())，用于打印连接成功后的远端地址，即服务端地址。

3. 启动测试

首先启动服务端代码，保证能够正常进入监听状态。然后，启动客户端代码，客户端连接成功的输出信息如下：

```
连接服务端成功: 172.29.134.255:1888
```

而服务端也将成功捕获一条网络连接，其输出信息如下：

```
连接成功, 来自172.29.134.255:63186
```

14.2.2　利用 TCP 连接进行消息传递

在前面的内容中，我们通过服务端监听－客户端请求的方式获得了网络连接对象，网络连接对象中封装了所有基于网络连接的操作。在Go语言的API层面，网络连接对应的是接口 net.Conn，其源码如下：

```
type Conn interface {
    Read(b []byte) (n int, err error)

    Write(b []byte) (n int, err error)

    Close() error

    LocalAddr() Addr

    RemoteAddr() Addr

    SetDeadline(t time.Time) error
```

```
    SetReadDeadline(t time.Time) error

    SetWriteDeadline(t time.Time) error
}
```

其中，尤其需要我们关注的是Read()和Write()方法，它们分别用于从网络连接中读取和写入数据；Close()方法用于关闭连接；LocalAddr()方法和RemoteAddr()方法分别用于获取网络连接的本地地址和远程地址。

1. 服务端收发消息

如果要调用Write()方法从客户端向服务端发送一条消息，并在服务端捕获该消息，那么，服务端需要一个循环读取数据的过程，因为它并不知道何时会有消息发送过来。我们修改代码清单14-1来实现这一过程，修改后的代码如下：

```go
func main() {
    listen, err := net.Listen("tcp", "127.0.0.1:1888")
    if err != nil {
        fmt.Printf("启动监听失败，错误:%v\n", err)
        return
    }

    for {
        conn, err := listen.Accept()
        if err != nil {
            fmt.Printf("接收连接失败, %v\n", err)
            continue
        }

        fmt.Printf("连接成功，来自%v\n", conn.RemoteAddr().String())
        // 启动子协程，处理网络连接对象
        go readWrite(conn)
    }
}

func readWrite(conn net.Conn) {
    // 保证网络连接一定会被关闭
    defer conn.Close()

    // 根据网络连接创建读取器
    reader := bufio.NewReader(conn)

    // 从网络连接中读取数据，并向客户端发送确认信息
    for {
        var buf [1024]byte
        n, err := reader.Read(buf[:])

        if err != nil && err != io.EOF {
            fmt.Printf("读取失败, err%v\n", err)
```

```
        break
    }

    got := string(buf[:n])
    fmt.Println("接收到的数据：", got)

    conn.Write([]byte("收到了:" + got))
    }
}
```

代码解析：

（1）defer conn.Close()，用于延迟关闭网络连接，保证网络连接一定会被关闭。

（2）当建立一条网络连接后，需要启动一个新的协程来进行处理，因为在网络连接等待读取的过程中会出现阻塞。为了不影响继续接收新的连接请求，启动新协程/线程是一种常见的做法。

（3）在readWrite()函数中，bufio.NewReader(conn)用于创建一个带缓冲区的读取器，并将网络连接对象作为参数传入。net.Conn也是io.Reader接口的实现，因为它同样绑定了Read()和Write()方法。

（4）n, err := reader.Read(buf[:])，利用reader将数据读取到字节切片buf中。

（5）got := string(buf[:n])和fmt.Println("接收到的数据：", got)，用于将字节切片中的数据强制转换为字符串，并打印在控制台上。

（6）conn.Write([]byte("收到了:" + got))，用于向网络连接对象conn中写入一条消息，网络连接的对端（客户端）将会接收到该消息。

2. 客户端收发消息

从网络连接读写的角度来看，服务端和客户端没有本质区别。我们将代码清单14-2修改为如下形式：

```
func main() {
    // 向服务端发起连接请求
    conn, err := net.Dial("tcp", "127.0.0.1:1888")
    if err != nil {
        fmt.Printf("创建连接失败，错误: %v\n", err)
        return
    }

    defer conn.Close()
    fmt.Printf("连接服务端成功: %v\n", conn.RemoteAddr())

    // 启动子协程处理消息收发
    go func() {

        // 向网络连接中写入数据，即向服务端发送消息
        _, err = conn.Write([]byte("Hello"))
```

```
        if err != nil {
            fmt.Printf("发送消息失败, %v", err)
            return
        }

        time.Sleep(10 * time.Millisecond)

        var buf [1021]byte

        // 从服务端读取数据
        n, err := conn.Read(buf[:])
        if err != nil {
            fmt.Printf("read failed,err:%v\n", err)
            return
        }
        fmt.Println("收到服务端回复,", string(buf[:n]))
    }()

    time.Sleep(10 * time.Second)
}
```

代码解析：

（1）_, err = conn.Write([]byte("Hello"))，用于向网络连接中写入字符串"Hello"，写入的数据将会被发送到服务端。

（2）time.Sleep(10 * time.Millisecond)，用于让当前协程休眠10毫秒，以等待服务端处理。

（3）同样地，n, err := conn.Read(buf[:])，利用连接对象conn从网络连接中读取数据，此时获取的数据来自对端（服务端）的写入。

3. 启动测试

首先运行服务端代码，进入监听状态，然后执行客户端代码。在客户端控制台，可以看到如下输出内容：

```
连接服务端成功：172.29.30.6:1888
收到服务端回复, 收到了:Hello
```

14.3　利用 UDP 实现网络通信

UDP是User Datagram Protocol（用户数据报协议）的缩写。UDP是无连接的，这里的无连接是指该协议不会保证消息的可靠性传输。Go语言同样提供了专门的API来实现UDP通信。

为了概念上的统一和API调用的方便，UDP相关的API同样以网络连接（实现conn接口）的形式出现。但是，这里的Conn只是API层面的概念，并不是真正意义上的网络连接，这也意味着UDP通信并不保证消息的可靠传输。

在API层面，提供conn对象的目的是方便消息的收发。与TCP的实现不同，一个UDP的conn对象接收到消息后，并不会默认进行消息确认，这使得接收者可以忽略消息的来源。也就是说，一个UDP连接可能只用于接收消息。当然，也可以记录下消息来源地址，利用同一个conn对象回写消息。但这种回写只是普通消息的传递，同样不具备TCP连接的隐式确认机制。

Go语言提供了两种模式来实现UDP通信：监听模式和拨号模式。本节通过实例程序来展示二者是如何实现UDP通信的。

14.3.1   监听模式

监听模式下获得的连接对象只能用于读取数据，而不能利用连接对象回复消息。这是因为这种模式下的连接对象没有记录消息的来源地址。要想回复消息，就必须手动指定发送的目标地址。

1. 服务端代码实现

与TCP启动监听类似，启动UDP监听可以调用net.ListenUDP()函数。因为UDP协议本身不需要在两端建立网络连接，所以，即使Go语言中的UDP在API层面上也会有conn的概念，但是创建conn时，也只是打开本地端口并直接返回conn对象，而无须阻塞等待客户端的连接。

代码清单14-3演示了服务端如何启动UDP监听，并在监听模式下从网络连接中读取消息。

代码清单14-3   监听模式下读取消息

```
package main

import (
    "fmt"
    "net"
)

func main() {
    // 将本地IP地址127.0.0.1以及端口号1888包装为一个UDPAddr对象
    localAddress := &net.UDPAddr{IP: net.ParseIP("127.0.0.1"), Port: 1888}

    // 以UDP协议进入监听，当有客户端消息到达时，创建一个conn对象
    conn, err := net.ListenUDP("udp", localAddress)
    if err != nil {
        fmt.Printf("监听错误: %s", err)
        return
    }

    defer conn.Close()

    data := make([]byte, 1024)
    for {
        // 从conn中读取数据到字节切片data中
```

```
        n, remoteAddr, err := conn.ReadFromUDP(data)
        if err != nil {
            fmt.Printf("读取消息异常：%s", err)
        }

        // 打印消息来源以及消息内容
        fmt.Printf("消息来源：%s，消息内容：%s\n", remoteAddr, data[:n])

        // 尝试利用conn向对端发送消息"world"
        _, err = conn.Write([]byte("world"))
        if err != nil {
            fmt.Printf("发送消息异常：%v", err)
        }
    }
}
```

代码解析：

（1）localAddress := &net.UDPAddr{IP: net.ParseIP("127.0.0.1"), Port: 1888}，定义了本地地址对象，IP地址为127.0.0.1，端口号为1888。

（2）conn, err := net.ListenUDP("udp", localAddress)，用于监听本地地址，并返回连接对象conn。

（3）在for循环中，n, remoteAddr, err := conn.ReadFromUDP(data)用于从连接对象conn中读取数据。

（4）fmt.Printf("消息来源：%s，消息内容：%s\n", remoteAddr, data[:n])，用于打印消息来源和消息内容。

（5）_, err = conn.Write([]byte("world"))，用于向对端发送消息"world"。

2. 客户端代码实现

我们同样可以利用监听模式来打开一个客户端端口并获得conn对象，利用该conn对象可以向远端地址发送消息。代码清单14-4演示了这一场景。

代码清单14-4　监听模式下发送消息

```
package main

import (
    "fmt"
    "net"
)

func main() {
    // 创建一个UDP连接的地址，包含了本地IP地址127.0.0.1，以及端口号2000
    localAddress := &net.UDPAddr{IP: net.ParseIP("127.0.0.1"), Port: 2000}
```

```
        // 以UDP协议监听网络地址，此处实际是打开本地端口。此处可以直接创建conn对象而不会产生阻塞
        conn, err := net.ListenUDP("udp", localAddress)

        // 如果出现错误，则打印错误消息
        if err != nil {
            fmt.Printf("监听错误: %s", err)
            return
        }

        // 利用IP地址+端口号创建远程地址
        remoteAddress := &net.UDPAddr{IP: net.ParseIP("127.0.0.1"), Port: 1888}
        //向远程地址发送消息"hello"
        _, err = conn.WriteToUDP([]byte("hello"), remoteAddress)

        // 如果出现错误，则打印错误消息
        if err != nil {
            fmt.Printf("消息发送错误: %v", err)
        }
    }
```

代码解析：

（1）localAddress := &net.UDPAddr{IP: net.ParseIP("127.0.0.1"), Port: 2000}定义了本地监听地址，IP地址为127.0.0.1，端口号为2000。

（2）net.ListenUDP("udp", localAddress)，利用监听模式和本地监听地址创建连接对象。由于UDP传输无须和对端建立连接，因此直接返回API层面的连接对象conn。

（3）remoteAddress := &net.UDPAddr{IP: net.ParseIP("127.0.0.1"), Port: 1888}定义了远程地址，IP地址为127.0.0.1，端口号为1888。

（4）conn.WriteToUDP([]byte("hello"), remoteAddress)，用于向远程地址127.0.0.1:1888发送消息"hello"。

3. 启动测试

先运行服务端代码，然后运行客户端代码，我们可以在服务端的输出中看到客户端发送的消息：

```
消息来源：127.0.0.1:2000,  消息内容：hello
```

4. 注意与说明

对于调用net.ListenUDP()函数获得的连接对象，在创建时只指定了本地地址。因此，当向远端发送数据时，必须指定远端地址，如上例中 conn.WriteToUDP([]byte("hello"), remoteAddress)中的remoteAddress参数。如果直接调用conn的Write()方法，则会产生I/O错误。我们再来关注代码清单14-3中向对端发送数据的过程：

```go
func main() {
    // 将本地IP地址127.0.0.1以及端口号1888包装为一个UDPAddr对象
    localAddress := &net.UDPAddr{IP: net.ParseIP("127.0.0.1"), Port: 1888}

    // 以UDP协议进入监听,当有客户端消息到达时,创建一个conn对象
    conn, err := net.ListenUDP("udp", localAddress)
    if err != nil {
        fmt.Printf("监听错误: %s", err)
        return
    }

    defer conn.Close()

    data := make([]byte, 1024)
    for {
        // 从conn中读取数据到字节切片data中
        n, remoteAddr, err := conn.ReadFromUDP(data)
        if err != nil {
            fmt.Printf("读取消息异常: %s", err)
        }

        // 打印消息来源以及消息内容
        fmt.Printf("消息来源: %s, 消息内容: %s\n", remoteAddr, data[:n])

        // 尝试利用conn向对端发送消息"world"
        _, err = conn.Write([]byte("world"))
        if err != nil {
            fmt.Printf("发送消息异常: %v", err)
        }
    }
}
```

代码解析:

(1) _, err = conn.Write([]byte("world")),用于直接利用conn向远端发送字符串"world"。在该场景下,期望向客户端发送字符串"world"。

(2) 由于conn是调用net.ListenUDP()函数获得的,conn中并未保存远端地址,因此,调用conn.Write()将会出现执行错误。

执行该代码段,其输出如下:

```
消息来源: 127.0.0.1:2000, 消息内容: hello
发送消息异常: write udp 127.0.0.1:1888: write: destination address required
```

14.3.2 拨号模式

与监听模式不同,拨号模式是在本地和确定的远端地址之间进行通信,所创建的连接对象只能在这两个固定地址间传输数据。利用拨号模式同样可以实现UDP通信。

1. 服务端代码实现

要用Go语言中的拨号模式创建conn对象，可以调用net.DialUDP()函数。与net.ListenUDP()不同的是，该函数需要同时指定本地地址和远端地址。代码清单14-5演示了这一场景。

代码清单14-5   拨号模式下接收消息

```go
func main() {
    destIP := net.ParseIP("127.0.0.1")
    localAddress := &net.UDPAddr{IP: net.IPv4zero, Port: 2000}
    destAddress := &net.UDPAddr{IP: destIP, Port: 3000}

    // 拨号模式下利用本地地址和远端地址创建UDP conn对象
    conn, err := net.DialUDP("udp", localAddress, destAddress)

    if err != nil {
        fmt.Printf("拨号连接错误: %s", err)
        return
    }

    defer conn.Close()

    data := make([]byte, 1024)
    for {
        // 接收远端消息
        n, err := conn.Read(data)
        if err != nil {
            fmt.Printf("接收消息错误: %v\n", err)
            continue
        }
        fmt.Printf("收到消息: %s\n", data[:n])

        // 向远端发送消息
        n, err = conn.Write([]byte("ok"))
        if err != nil {
            fmt.Printf("接收消息错误: %v", err)
        }
    }
}
```

代码解析：

（1）变量localAddress和destAddress分别定义了本地地址和远端地址。

（2）conn, err := net.DialUDP("udp", localAddress, destAddress)，利用拨号模式创建UDP连接对象。在创建时需要指定本地地址和远端地址，其中本地端口号为2000，远端端口号为3000。

（3）n, err := conn.Read(data)，用于从连接对象中读取数据。

（4）n, err = conn.Write([]byte("ok"))，利用连接对象向远端地址发送字符串"ok"。

2. 客户端代码实现

客户端代码和服务端代码类似，可以利用拨号模式创建UDP连接对象，并进行读写。当然，也可以利用监听模式创建UDP连接，如代码清单14-6所示。

代码清单14-6　拨号模式下发送消息

```go
package main
import (
    "fmt"
    "net"
    "time"
)

func main() {
    localAddress := &net.UDPAddr{IP: net.ParseIP("127.0.0.1"), Port: 3000}
    conn, err := net.ListenUDP("udp", localAddress)
    if err != nil {
        fmt.Printf("监听错误: %s", err)
        return
    }
    remoteAddress := &net.UDPAddr{IP: net.ParseIP("127.0.0.1"), Port: 2000}
    _, err = conn.WriteToUDP([]byte("hello"), remoteAddress)
    if err != nil {
        fmt.Printf("消息发送错误: %v", err)
        return
    }

    time.Sleep(1000)

    data := make([]byte, 1024)
    n, _ := conn.Read(data)
    fmt.Printf("收到消息: %s\n", data[:n])
}
```

代码解析：

（1）conn, err := net.ListenUDP("udp", localAddress)，利用监听模式创建连接对象。

（2）_, err = conn.WriteToUDP([]byte("hello"), remoteAddress)，利用连接对象向远端地址——端口2000发送字符串接"hello"。

（3）n, _ := conn.Read(data)，用于从连接对象中读取数据。

3. 启动测试

依次启动服务端和客户端代码，服务端控制台的输出如下：

```
收到消息: hello
```

相应地，客户端输出如下：

收到消息：ok

可以看到消息正常收发。

14.3.3 总结监听模式和拨号模式

其实单纯从字面意义就能理解监听模式和拨号模式的区别。监听模式下建立的网络连接对象只关注本地监听端口，无论消息来源于哪里，都可以被正常接收和处理。如同一个货运码头，可以接收来自多个地点的货物，而要发送货物，则一定要指明货物的目的地。

拨号模式则如同建立了输油管道，收发地址都是确定的，两端可以直接通信，但同时也不会接受来自其他地址的消息。

14.4 HTTP 的相关操作

HTTP协议是应用层协议，它将数据封装为超文本形式，并借助TCP协议进行传输。针对HTTP传输，Go语言中的http包提供了强大的函数进行支持。本节将从客户端和服务端两个角度来讲述Go语言中HTTP的相关操作。

14.4.1 客户端发送 HTTP 请求

1. GET请求的实现

我们从最简单的GET请求来理解一个HTTP请求。一个HTTP请求的通用结构包含了请求方法（Method）、请求地址（URL）、请求头（Header）等，一个典型的HTTP请求头如图14-1所示。

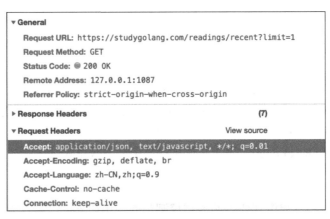

图 14-1　一个典型的 HTTP 请求头

对于GET和POST这两种常用请求方式，Go语言直接封装了函数进行处理。代码清单14-7演示了利用HTTP GET请求获得远程信息的场景。

代码清单14-7　HTTP GET请求

```go
package main

import (
    "fmt"
    "io/ioutil"
    "net/http"
)

func main() {

    resp, err := http.Get("https://studygolang.com/readings/recent?limit=1")

    if err != nil {
        fmt.Println(err)
        return
    }

    defer resp.Body.Close()
    body, _ := ioutil.ReadAll(resp.Body)
    fmt.Println(string(body))
}
```

代码解析：

（1）http.Get("https://studygolang.com/readings/recent?limit=1")，用于发送一个GET请求。http.Get()方法只有一个参数，即远程地址的URL。

（2）defer resp.Body.Close()，用于延迟处理，保证响应一定会被关闭。

（3）ioutil.ReadAll(resp.Body)，用于读取整个响应的包体，并存储到body变量中。

（4）fmt.Println(string(body))，用于打印响应体的字符串形式。

执行该代码段，可以看到"操作成功"的输出消息：

```
{"data":null,"msg":"操作成功","ok":1}
```

当然，如果服务端提供的是一个POST接口，那么，我们应当调用http.Post()函数进行处理。同时我们知道，标准HTTP请求的方法还包括了PUT、DELETE等，但如果我们浏览http包中的函数，会发现有http.Head()、http.Get()、http.Post()方法，却没有http.Put()和http.Delete()方法。

其实，http.Get()和http.Post()并非最底层的函数，而是对底层函数的封装。因为GET和POST是HTTP请求中最为常用的两个方法，做出封装是为了方便调用。

2. http函数的封装过程

下面以http.Get()函数为例,讲解其封装过程。http.Get()函数的源码如下:

```go
func Get(url string) (resp *Response, err error) {
    return DefaultClient.Get(url)
}
```

可以看到,http.Get()函数调用的是DefaultClient.Get(url)方法。其中,DefaultClient是一个全局变量,其数据类型为http.Client,并利用以下代码进行了初始化:

```go
var DefaultClient = &Client{}
```

因此,http.Get()实际是调用http.Client的Get()方法,其源码如下:

```go
func (c *Client) Get(url string) (resp *Response, err error) {
    // 创建一个GET请求
    req, err := NewRequest("GET", url, nil)
    if err != nil {
        return nil, err
    }
    // 交给http.Client实例处理
    return c.Do(req)
}
```

至此,我们看到了Go语言对于HTTP请求的第一层封装——利用一个http.Client实例来实现,而Get方法只是创建了一个请求实例——req。该请求实例中指定了请求方法GET和URL等信息。最后调用http.Client的Do()方法发送req请求。

3. 利用http.Request发送其他HTTP请求

同样地,要实现PUT、DELETE等方法,我们可以自行创建一个http.Request对象,并利用DefaultClient全局变量进行发送,代码如下:

```go
request, err := http.NewRequest("DELETE", "http://www.test.com/delete/1", nil)
if err != nil {
    fmt.Println("创建请求失败", err)
    return
}
http.DefaultClient.Do(request)
```

4. http.Client.Do()方法解析

http.Client的Do()方法又封装了什么呢?我们追踪http.Client的Do()方法会发现,该方法最终调用的是http.send()函数。在http.send()函数中,主要完成以下操作:

（1）准备Cookie：

```
if c.Jar != nil {
    for _, cookie := range c.Jar.Cookies(req.URL) {
        req.AddCookie(cookie)
    }
}
```

（2）组装登录认证信息：

```
if u := req.URL.User; u != nil && req.Header.Get("Authorization") == "" {
    username := u.Username()
    password, _ := u.Password()
    forkReq()
    req.Header = cloneOrMakeHeader(ireq.Header)
    req.Header.Set("Authorization", "Basic "+basicAuth(username, password))
}
```

（3）准备超时控制：

```
stopTimer, didTimeout := setRequestCancel(req, rt, deadline)
```

而真正发送请求则是调用http.Transport的RoundTrip()方法来实现，代码如下：

```
resp, err = rt.RoundTrip(req)
```

真正建立连接发送请求的是Transport实例。这一点，从Transport的命名也可以看出（Transport正对应了传输层的定义）。下面来看看Transport负责的主要工作。

（1）Transport会在其roundTrip方法中轮询获取网络连接，代码如下：

```
for {
    select {
    case <-ctx.Done():
        req.closeBody()
        return nil, ctx.Err()
    default:
    }

    cm, err := t.connectMethodForRequest(treq)
    if err != nil {
        req.closeBody()
        return nil, err
    }

    pconn, err := t.getConn(treq, cm)
}
```

（2）Go语言在处理网络连接时，并不会立即进行创建，而是首先将它加入等待连接列表idleConnWait，从而进行异步排队处理。等待列表是一个map结构，其key为与请求相关的对象，其定义如下：

```
type Transport struct {
    idleConnWait map[connectMethodKey]wantConnQueue
}
```

（3）要获取网络连接的代码会调用Transport.dialConn()方法。在该方法中，对于HTTPS请求会叠加TLS认证信息，而对于HTTP请求，则直接获取TCP连接，其源码如下：

```
conn, err := t.dial(ctx, "tcp", cm.addr())
```

从连接模式为TCP也可以看出HTTP协议的传输层使用了TCP协议进行通信。

14.4.2　服务端处理 HTTP 请求

服务端要处理HTTP请求，首先需要建立本地监听。当监听到连接请求并成功创建连接后，可以启动一个新的协程进行处理。以下代码演示了服务端如何启动监听：

```
func main() {
    http.ListenAndServe(":8088", nil)
}
```

代码解析：

（1）http.ListenAndServe(":8088", nil)用于监听本地8088端口。

（2）http.ListenAndServe(":8088", nil)中的第1个参数":8088"指定了监听端口号。冒号前可以填写IP地址。当省略IP地址时，Go语言会将其处理为0.0.0.0，表示监听本地所有IPV4地址。

（3）http.ListenAndServe(":8088", nil)中的第2个参数是监听处理函数。当参数的值为nil时，将使用默认监听处理函数（将在14.4.3节的HTTP请求源码解析过程中解释默认监听处理函数）。

一个典型的HTTP请求，除了IP地址+端口号的组合外，还需要请求的相对地址，即我们常说的URL中的PATH部分。要处理各个不同的请求，可以调用不同的函数，因此，不同PATH与处理函数的对应关系也需要提前注册并保存下来。代码清单14-8演示了一个极简的用户登录接口的使用。

代码清单14-8　极简的用户登录接口

```
package main

import (
    "fmt"
```

```
    "net/http"
)

func LoginHandler(w http.ResponseWriter, r *http.Request) {
    fmt.Println("login for :", r.URL.Query().Get("username"))
    w.Write([]byte("success"))
}

func main() {
    // 为请求路径/user/login指定处理函数
    http.HandleFunc("/user/login", LoginHandler)

    // 监听8088端口
    http.ListenAndServe(":8088", nil)
}
```

代码解析：

（1）LoginHandler()是一个普通的函数，该函数有两个参数：请求参数r和响应参数w。r用来封装请求信息，w用来执行响应操作。

（2）r.URL.Query().Get("username"))，用于从请求URL中获得名为username的参数。

（3）w.Write([]byte("success"))，用于向响应对象中写入字符串"success"。

（4）http.HandleFunc("/user/login", LoginHandler)，用于将URL模式/user/login与LoginHandler()函数的映射关系进行注册。当客户端请求的URL为/usr/login时，将会调用LoginHandler()函数进行处理。

（5）映射关系的注册要在http.ListenAndServe之前，因为我们总是期望在服务器启动监听前就已完成所有准备工作，而URL和处理函数的注册也是准备工作之一。

启动服务端代码，可以利用浏览器进行访问，结果如图14-2所示。

图 14-2　利用浏览器模拟 HTTP 请求

当访问地址http://localhost:8088/user/login?username=golang时，我们可以在服务端控制台获得如下输出：

```
Login for : golang
```

而浏览器页面上的"success"字样也代表服务端成功处理了客户端请求"/user/login"，并做出了响应。

14.4.3　HTTP 请求源码解析

在代码清单14-8中，URL和处理函数的注册——http.HandleFunc("/user/login", LoginHandler)，以及http.ListenAndServe(":8088", nil)，是两条独立的函数调用语句，二者的操作并没有直接的关联，但当HTTP请求到达8088端口时，却可以自动调用LoginHandle()函数（这一过程也被称作URL路由）。本节将从源码分析的角度来分析整个处理过程。

1．注册过程

我们从相对简单的注册处理函数开始分析。打开http.HandleFunc()的源码，可以看到其定义如下：

```
func HandleFunc(pattern string, handler func(ResponseWriter, *Request)) {
    DefaultServeMux.HandleFunc(pattern, handler)
}
```

代码解析：

（1）该函数接收两个参数：pattern是一个string类型的URL匹配模式；handler是一个函数，该函数需要遵循func(ResponseWriter, *Request)的声明。

（2）该函数的函数体只有一条语句，即DefaultServeMux.HandleFunc(pattern, handler)，从DefaultServeMux的命名风格我们很容易猜到这是一个公共全局变量（大写开头）。

（3）DefaultServeMux的定义为var DefaultServeMux = &defaultServeMux，代表该变量是私有变量defaultServeMux的指针。

（4）var defaultServeMux ServeMux定义了私有变量defaultServeMux，该变量是ServeMux结构体的一个实例对象。

因此，DefaultServeMux.HandleFunc(pattern, handler)实际是调用了ServeMux的HandlFunc()方法。我们继续追踪其源码：

```
func (mux *ServeMux) HandleFunc(pattern string, handler func(ResponseWriter,
*Request)) {
if handler == nil {
    panic("http: nil handler")
}
mux.Handle(pattern, HandlerFunc(handler))
}
```

代码解析：

（1）在函数体中，HandlerFunc(handler)是一个函数强制转换的过程。关于函数的强制转换，可以参考6.8节的详细阐述。

（2）因为HandlerFunc实现了ServeHTTP()方法，所以将handler强制转换为HandlerFunc类型后，相当于为强制转换后的对象自动追加了ServeHTTP()方法。而HandlerFunc.ServeHttp()方法的定义如下：

```
func (f HandlerFunc) ServeHTTP(w ResponseWriter, r *Request) {
    f(w, r)
}
```

虽然该方法只是简单执行了接收者（方法的receiver，在这里是一个函数对象），但是却为所有注册函数提供了统一的调用方式。因为在各个注册函数的原始定义中，其函数名是各不相同的。

（3）mux.Handle(pattern, HandlerFunc(handler))，用于将pattern和HanlderFunc实例的对应关系注册到一个map结构。其中，mux是结构体ServeMux的实例。ServeMux的定义如下：

```
type ServeMux struct {
    mu    sync.RWMutex
    m     map[string]muxEntry
    es    []muxEntry       // 从最长到最短排序的条目切片
    hosts bool             // 是否有模式包含主机名
}
```

其中，字段m是一个map结构，key为URL模式字符串，value为封装了处理函数的对象。从muxEntry的结构体定义中也可以看到，其中封装了Handler函数，muxEntry的结构体定义如下：

```
type muxEntry struct {
    h       Handler
    pattern string
}
```

以上步骤主要完成了两项工作：

（1）将我们定义的一个完全独立的函数LoginHandler强制转换为HandlerFunc，使其具有完全统一的调用出口。

（2）将LoginHandler转换后的HandlerFunc实例和URL模式的映射关系注册到全局变量DefaultServMux。全局变量DefaultServMux是衔接两个毫无关联代码的黏合剂。

2. URL路由过程

在了解了函数注册过程后，再来分析一下端口监听器根据URL找到处理函数的过程。首先打开http.ListenAndServe的源码，如下所示。

```
func ListenAndServe(addr string, handler Handler) error {
    server := &Server{Addr: addr, Handler: handler}
```

```
        return server.ListenAndServe()
    }
```

代码分析：

（1）server := &Server{Addr: addr, Handler: handler}，用于创建一个Server实例的指针。

（2）return server.ListenAndServe()，用于调用server指针的ListenAndServe()方法，并返回其调用结果。

当在外部调用http.ListenAndServe(":8088", nil)时，Server.Handler字段将被置为nil。后续我们还会看到，当Server.Handler为nil时，使用默认处理器来匹配URL模式，进而选择处理函数。

我们继续打开ListenAndServer()函数，其源码的主要逻辑如下：

```
func (srv *Server) ListenAndServe() error {
    ...
    ln, err := net.Listen("tcp", addr)
    if err != nil {
        return err
    }
    return srv.Serve(ln)
}
```

代码解析：

（1）ln, err := net.Listen("tcp", addr)是我们熟悉的监听tcp端口的代码，这也印证了目前HTTP使用的传输层协议是TCP。

（2）return srv.Serve(ln)，用于将端口监听对象传入Server.Serve()方法中，并返回方法的调用结果。

Server.Serve()方法的关键源码如下：

```
func (srv *Server) Serve(l net.Listener) error {
    ...
    for {
        rw, err := l.Accept()
        c := srv.newConn(rw)
        c.setState(c.rwc, StateNew, runHooks) // 在Serve返回之前
        go c.serve(connCtx)
    }
}
```

代码解析：

（1）在for循环中，利用l.Accept()获得网络连接对象，并赋值给变量rw。rw的数据类型为接口net.Conn，对于TCP连接来说，其实际类型为net.TCPConn。到目前为止，获得的TCP连接对象rw仍然是传输层概念。

（2）c := srv.newConn(rw)，是利用Server.newConn()方法对TCP连接对象做进一步封装，获得一个HTTP连接对象。因此，此时变量c实际已经成为应用层概念。另外，此时的c中也封装了Server对象，src.newConn(rw)的源码也印证了这一点：

```
func (srv *Server) newConn(rwc net.Conn) *conn {
    c := &conn{
        server: srv,
        rwc:    rwc,
    }
    if debugServerConnections {
        c.rwc = newLoggingConn("server", c.rwc)
    }
    return c
}
```

（3）go c.serve(connCtx)，用于启动新的协程来处理操作，此时的操作主体c为HTTP连接对象。

到目前为止，所有的操作与实际的网络请求处理无关，只与监听端口有关。我们继续追踪c.serve()方法的执行，可以看到其关键源码如下：

```
func (c *conn) serve(ctx context.Context) {
    c.remoteAddr = c.rwc.RemoteAddr().String()
    ctx = context.WithValue(ctx, LocalAddrContextKey, c.rwc.LocalAddr())
    ...
    for {
        // 读取请求
        w, err := c.readRequest(ctx)
        ...
        serverHandler{c.server}.ServeHTTP(w, w.req)
        ...
    }
}
```

代码解析：

（1）ctx = context.WithValue(ctx, LocalAddrContextKey, c.rwc.LocalAddr())，用于包装一个上下文对象。该上下文中的主要信息为本地地址（关于上下文的详细使用，可以参考本书第10章的内容）。

（2）在for循环中，w, err := c.readRequest(ctx)用于从HTTP连接中获得请求信息。此时，返回的是一个http.repsonse对象，虽然其类型名称是http.response，但是该结构中也封装了请求信息。

（3）serverHandler{c.server}.ServeHTTP(w, w.req)，首先封装一个serveHandler对象，然后调用serverHandler的ServeHTTP()方法将http.response和http.request对象作为参数同时传入serverHandler.ServeHTTP()方法中进行处理。

到目前为止，HTTP的请求对象和响应对象都已经初始化完成，虽然每次请求的URL可能不同，但只要进入这个阶段，就可以解析请求URL，并选择合适的注册函数进行处理了。此处仍然选择封装serverHandler对象，并调用其ServeHTTP()方法的原因是Go语言允许自行实现URL和注册函数的对应关系。我们继续追踪serveHandler.ServeHTTP()方法的源码，如下所示。

```
func (sh serverHandler) ServeHTTP(rw ResponseWriter, req *Request) {
    handler := sh.srv.Handler
    if handler == nil {
        handler = DefaultServeMux
    }
    ...
    handler.ServeHTTP(rw, req)
}
```

代码解析：

（1）handler := sh.srv.Handler，用于获取http.Server对象的Handler字段，而http.Server对象是我们在最初创建监听对象时传入的。

（2）在创建监听对象的代码http.ListenAndServe(":8088", nil)中，第2个参数为nil，表明在当前示例中handler变量为nil。

（3）if handler == nil { handler = DefaultServeMux }是一个逻辑判断。当handler为空时，会将handler赋值为DefaultServeMux，而DefaultServeMux就是我们在函数注册时用到的全局变量。

至此，函数注册与HTTP请求的处理总算有了交汇点，即全局变量DefaultServeMux。而DefaultServeMux是ServeMux的实例对象，因此，handler.ServeHTTP(rw, req)其实是在调用ServeMux.ServeHTTP()方法。我们继续跟踪ServeMux.ServeHTTP()方法的源码，如下所示。

```
func (mux *ServeMux) ServeHTTP(w ResponseWriter, r *Request) {
    if r.RequestURI == "*" {
        if r.ProtoAtLeast(1, 1) {
            w.Header().Set("Connection", "close")
        }
        w.WriteHeader(StatusBadRequest)
        return
    }
    h, _ := mux.Handler(r)
    h.ServeHTTP(w, r)
}
```

代码解析：

（1）ServerMux中维护了URL模式与处理函数的映射关系。因此，h, _ := mux.Handler(r)用于根据请求信息中的URL匹配关系，找到对应的http.Handler对象，并赋给变量h。

（2）http.Handler是一个接口，该接口只有一个方法声明——ServeHTTP()，代码如下：

```
type Handler interface {
    ServeHTTP(ResponseWriter, *Request)
}
```

（3）我们通过将自定义函数LoginFunc()强制转换为HandlerFunc来获得对象，而HandlerFunc中定义了ServeHTTP方法，这就意味着它实现了Handler接口，代码如下：

```
type HandlerFunc func(ResponseWriter, *Request)

func (f HandlerFunc) ServeHTTP(w ResponseWriter, r *Request) {
    f(w, r)
}
```

（4）h.ServeHTTP(w, r)实际会调用f(w, r)，而其中的f，在本例中即为LoginHandler()函数。程序最终回到LoginHandler()函数体的执行。

分析至此可以看出，对于监听并执行的环节，主要完成了两项工作：

（1）监听获得TCP连接对象，并将其封装为HTTP连接对象。

（2）从DefaultServeMux中根据URL匹配规则获得对应注册函数，并调用函数处理HTTP连接对象中的请求和响应信息。

到目前为止，所有的环节已经完全串联到一起了。默认情况下，自定义函数LoginFunc()最终以http.Handler接口实例的形式注册到DefaultServeMux中。当处理请求时，也从DefaultServeMux获得注册函数进行处理。

14.4.4　提炼思考

我们可以进一步思考这种设计，对于代码开发者而言，注册函数与监听处理端口请求是完全独立、毫不相干的两个行为，而将这二者完全解耦的关键节点是全局变量DefaultServeMux。类似的解耦方案还会出现在利用全局缓存来缓存获取和缓存写入，利用消息中间件解耦消息生产和消息消费等。

对于解耦方案而言，不在于实际的存储介质是什么，而在于全局性。全局性体现在多大范围上（集群级别还是应用级别，线程级别还是进程级别等）决定了能够解耦的对象的范围。

14.5　数据传输过程

无论是TCP还是UDP传输，对于一条消息而言，都需要在网络上经历多个节点，这些节点可能是PC、交换机、路由器等。消息传输与网络模型密不可分，我们在网络协议的七层模型中，抽取关键节点讲述一条消息在网络上的传输过程。

当利用conn.Write()发送一条消息时，无论是TCP还是UDP，都可以获得本地IP地址+端口号，以及远程目标的IP地址+端口号。由于本地和远端并非物理线路直连模式，因此中间必定经过一系列节点。

14.5.1　本地处理阶段

在本地，一条消息要经历层层下沉：应用层→传输层→网络层→数据链路层→物理层。

- 应用层：会按照协议封装报文。例如，HTTP协议会封装为超文本形式、SMTP协议会封装为邮件格式。
- 传输层：会将消息分包，并封装为多个报文段。各报文段之间利用序列号来保证在远端接收时的报文段合并。
- 网络层：在报文段的头部添加源IP地址和目标IP地址。源IP地址自然是本地IP地址，而目标IP地址来源于发送消息的网络连接，或者发送消息时指定的目标IP地址。如果目标地址是主机名，也要首先转换为IP地址。源IP地址和目标IP地址将被填充到报文段头部，封装为数据包。
- 数据链路层：数据链路层的网络设备一般为交换机。当数据包在交换机（很多家用路由器集成了交换机功能，因此我们往往感受不到交换机的存在）向外转发数据时，是依赖MAC地址和IP地址的映射关系来决定将数据转发给哪台机器，从而避免消息广播的。因此，数据包发送前，会将本地MAC地址和目标MAC地址封装到数据包的头部。此时的数据被称作数据帧，而封装的过程是由数据链路层完成的。当然，对于发送端来说，本地MAC地址容易获得，目标MAC地址往往是未知的，因为源IP地址和目标IP地址极有可能不在同一个局域网中。此时，目标MAC地址就是网络出口的MAC地址。那么，数据帧在发送前的大体格式如图14-3所示。

目标MAC地址	源MAC地址	目标IP地址	源IP地址	目标端口	源端口	
64-5A-ED-E9-DD-35	00-51-37-E9-1D-47	192.168.204.166	151.10.19.78	2000	3000	数据……

图 14-3　数据链路层的数据包结构

- 物理层：物理层将数据帧转换为二进制形式并进行发送，此处并不是我们关注的关键节点。

14.5.2　路由器处理阶段

　　路由器工作在网络层，但是一般家用路由器也集成了交换机功能，因此，路由器可以看作实现了数据链路层和网络层的模型。路由器将接收到的数据上传到数据链路层，并解析为数据帧。从数据帧中可以解析出目标MAC地址。因为此时的目标MAC地址属于本路由器（路由器的每个端口都有独立的MAC地址），所以路由器会接收该消息，并进一步将数据帧上传到网络层进行解析。此时，目标IP地址会被解析出来，但并非当前路由器的IP地址，表示当前路由器只是用来转发数据。

　　路由器会利用本地路由表来查找目标IP地址，并从对应的端口发送出去。当然，有些时候，并不能找到目标IP地址，因为目标IP地址可能仍不属于当前网络。但一定会利用路由表找到下一个路由节点，此时数据包再次进行封装，因为目标MAC地址和源MAC地址都会发生改变。源MAC地址修改为当前路由器MAC地址，而目标MAC地址修改为下一路由器的MAC地址。

　　下一路由器会重复解析数据帧，并和自己的MAC地址比较，以便识别和判断是否需要进一步处理。如果需要处理，则再上传至网络层。网络层根据IP地址进行判断和转发。

14.5.3　目标主机处理阶段

　　最终到达目标主机的数据，同样经历了数据链路层和网络层的解包和判断。当网络层发现数据包中的IP地址和本机IP地址匹配后，会上传数据包至传输层进行合并，最后将合并后的数据包上传给应用层，最终解析为对应格式，例如，超文本或者邮件格式。

14.5.4　网络地址转换（NAT）所扮演的角色

　　我们在前面的内容中可以看到，数据包在网络传输过程中，其源IP地址和目标IP地址不会发生变化。但是，在常见的家庭和工作局域网中，源IP地址均为内网IP地址，也即我们常说的局域网IP地址，只能在内网中标识一台主机。如果该IP地址给到目标主机，那么目标主机会识别出多个相同的局域网IP地址。但事实上，这些IP地址来自不同局域网的主机（例如，192.168.1.1.205），而且我们也经常看到服务端可以获得来源主机的IP地址所属省份等信息。显然，仅凭局域网IP地址是无法做到这一点的。

　　实际上，当一个局域网主机向广域网发送数据包时，会经过路由器等网关设备。在网关设备上，会将局域网IP地址转换为网关IP地址+网关端口号的形式。目标主机接收到的实际是数据包出口网关设备的IP地址+端口号。这一过程被称作网络地址转换（NAT）。

　　当响应消息回到源网关设备时，IP地址会被转换回原始的局域网IP地址，从而顺利将消息返回给正确的主机。

14.5.5 总结数据传输

通过以上讲述,可以从以下两个方面来概括数据传输的关键要点:

(1)源IP地址和目标IP地址不会改变(发生网络地址转换等除外),因为源IP地址和目标IP地址是用来判断最终接收消息和发送确认的依据(TCP协议发送确认消息也会用到)。

(2)传输过程中,MAC地址会发生改变。因此,在网络编程过程中,没有代码会涉及MAC地址。

MAC地址和IP地址除了用于寻址之外,还会用于在网络模型的各层判断是否会被当前设备匹配和处理,并继续向上一层模型传递。

14.6   编程范例——常见网络错误的产生及解决方案

在日常开发中往往会遇到各种网络错误,这些网络错误有时会导致网络阻塞等严重问题。本节通过实例来讲述常见的网络错误及其解决方案。

14.6.1 模拟 CLOSE_WAIT

我们往往会在服务器上看到CLOSE_WAIT状态的网络连接。当出现大量CLOSE_WAIT状态的网络连接时,可能会影响新连接的创建,因为在操作系统中,网络连接的允许数量是有限的。例如Linux中一个网络连接往往占用一个文件描述符,而文件描述符数量是受限的。本小节,我们将利用一个实例来模拟CLOSE_WAIT出现的场景。

1. 服务端代码

首先,创建服务端代码,并在其中利用TCP协议监听8888端口。然后,实现获取网络连接、循环读取数据等步骤。代码清单14-9演示了这一场景。

代码清单14-9   演示CLOSE_WAIT状态的服务端代码示例

```
package main

import (
    "fmt"
    "net"
    "time"
)

func ProcessCloseWait(conn net.Conn) {
    //defer conn.Close()
    // 循环读取网络连接中的数据
```

```go
	for {
		// 创建字节数组，存储从网络连接中读取的数据
		buf := make([]byte, 1024)
		// 从网络连接将数据读取到buf中
		_, err := conn.Read(buf)
		if err != nil {
			fmt.Println(currentTime(), "服务端读取失败：", err.Error())
			// conn.Close()
			return
		}
		// 以字符串形式打印读取到的数据
		fmt.Println(currentTime(), " 从客户端读取到的数据：", string(buf))
	}
}

// 获得当前时间的字符串形式
func currentTime() string {
	return time.Now().Format("2006-01-02 15:04:05.000")
}

func main() {
	// 监听本地8888端口
	l, err := net.Listen("tcp", ":8888")
	if err != nil {
		fmt.Println("TCP监听错误：", err.Error())
		return
	}

	// 循环接收客户端连接请求
	for {
		// 获得网络连接对象
		conn, err := l.Accept()
		if err != nil {
			fmt.Println("建立连接失败：", err.Error())
			return
		}

		// 创建子协程，并在其中处理网络连接
		go ProcessCloseWait(conn)
	}
}
```

代码解析：

（1）在main()函数中，利用for循环尝试获取来自客户端的连接请求。每获得一个网络连接，就启动一个新的协程进行处理。

（2）ProcessCloseWait()函数用于具体处理网络连接。在该函数中，利用无限循环读取来自客户端的消息。一旦读取到有效消息，就打印输出。如果读取错误，则代表客户端发送完了所有数据，就退出循环体。

（3）currentTime()函数用于对当前时间进行格式化，并精确到毫秒。

2. 客户端代码

代码清单14-10演示了客户端连接服务端8888端口并发送消息的场景。

代码清单14-10　从客户端向服务端发送消息，并主动关闭连接

```
package main

import (
    "fmt"
    "net"
    "time"
)

func main() {
    conn, err := net.Dial("tcp", ":8888")
    if err != nil {
        fmt.Println("客户端创建连接失败：", err.Error())
        return
    }
    // 向服务端发送消息"hello"
    conn.Write([]byte("hello"))
    fmt.Println(currentTime(), "客户端发送消息hello")

    // 关闭连接
    conn.Close()
    fmt.Println(currentTime(), "客户端已关闭")

    // 休眠60秒，保证能够完成TCP传输过程
    time.Sleep(60 * time.Second)
}
```

代码解析：

（1）net.Dial("tcp", ":8888")，用于连接服务端端口8888。由于服务端和客户端在同一台机器上，因此，网络地址参数省略了目标主机地址。

（2）conn.Write([]byte("hello"))，用于在网络连接成功后发送字符串"hello"。

（3）conn.Close()，用于关闭网络连接。

（4）time.Sleep(60 * time.Second)，用于模拟客户端程序的其他操作。该语句并不影响CLOSE_WAIT场景的测试。

3. 启动服务端和客户端进行测试

依次启动服务端和客户端代码，然后分别观察客户端和服务端在控制台上的输出。

客户端输出如下：

```
2023-01-25 23:26:08.522 客户端发送消息hello
2023-01-25 23:26:08.523 客户端已关闭
```

服务端输出如下：

```
2023-01-25 23:26:08.522  从客户端读取到的数据：hello
2023-01-25 23:26:08.532 服务端读取失败：EOF
```

我们从输出时间上也大致可以看出其执行顺序应该是：

```
2023-01-25 23:26:08.522 客户端发送消息hello
2023-01-25 23:26:08.522  从客户端读取到的数据：hello
2023-01-25 23:26:08.523 客户端已关闭
2023-01-25 23:26:08.532 服务端读取失败：EOF
```

4. 观察网络连接

可以执行netstat命令来查看此时的网络状态，并只保留8888端口相关的网络连接：

```
$ netstat -ant | grep 888
tcp4    0    0 127.0.0.1.8888      127.0.0.1.60622       CLOSE_WAIT
```

此时，可以看到一条状态为（CLOSE_WAIT）的网络连接，该连接来自127.0.0.1的8888端口，即服务端端口。60622是客户端连接时的随机端口，每次连接都可能不同。

当客户端连接数很多时，就会出现大量CLOSE_WAIT状态的网络连接驻留。如果我们什么都不处理，那么只有当服务端进程停止时，该网络连接才会被释放。

在真实的生产环境中，同样可能遇到CLOSE_WAIT状态的网络连接一直无法释放的情况。重启服务器只能暂时性解决问题，并不能从根本上解决CLOSE_WAIT网络连接堆积的问题。

5. CLOSE_WAIT出现原因

为了分析问题出现的原因，首先要弄清楚CLOSE_WAIT状态出现的时机。CLOSE_WAIT是网络连接关闭时四次挥手的中间状态。从网络连接的一端（在本例中是客户端）发起关闭请求，要经历四次挥手的过程，如图14-4所示。

下面简要分析四次挥手的关键步骤：

（1）客户端调用close()函数主动关闭。此时会发送FIN报文给服务端，并携带序列号seq（假设seq=u）。

（2）服务端收到FIN报文，会向客户端回复ACK报文，并携带序列号seq及ack（ack=u+1）。此时服务端并不会立即关闭，服务端所持有的网络连接的状态变为CLOSE_WAIT。

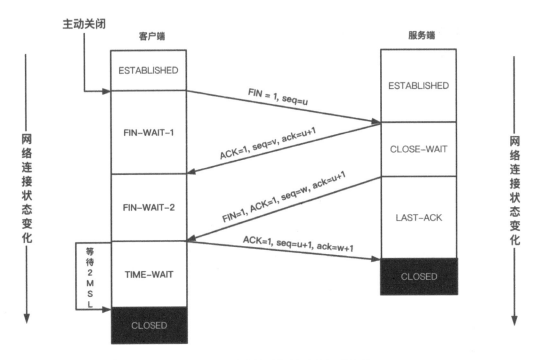

图 14-4　网络连接关闭的四次挥手过程

（3）当服务端任务处理完成后，会主动发送FIN报文给客户端，并告知客户端所有收尾工作已经结束，可以正常关闭了。此时服务端所持有的网络连接的状态变为LAST_ACK。

（4）客户端收到FIN报文后，向服务端发送确认消息。服务端收到消息后，网络连接状态变为CLOSED。

从服务端视角来看，网络连接状态停顿于CLOSE_WAIT并不是客户端导致的，因为客户端并不知道服务端的收尾工作何时完成，而且从CLOSE_WAIT向LAST_ACK的转换是由服务端主动发起的。

在高级语言中，该转换过程往往被封装到网络连接对象的close()方法中，因此，CLOSE_WAIT出现的最大的可能是服务端在完成收尾工作后，未释放网络连接。

6. 解决方案

一旦确认了问题的原因，再检查服务端代码就会很容易发现，服务端代码确实没有显式调用conn.Close()方法。我们可以将代码修改为如下形式：

```go
func ProcessCloseWait(conn net.Conn) {
    for {
        buf := make([]byte, 1024)
        _, err := conn.Read(buf)
        if err != nil {
```

```
        fmt.Println(currentTime(), "服务端读取失败: ", err.Error())
        conn.Close()
        return
    }
    fmt.Println(currentTime(), " 从客户端读取到的数据: ", string(buf))
    }
}
```

在修改后的代码中，只要发生错误，就在整个函数退出前执行conn.Close()方法。当然，更为稳妥的写法是在ProcessCloseWait()函数的开头，利用defer保证conn.Close()一定会被调用，代码如下：

```
func ProcessCloseWait(conn net.Conn) {
    defer conn.Close()
    for {
        buf := make([]byte, 1024)
        _, err := conn.Read(buf)
        if err != nil {
            fmt.Println(currentTime(), "服务端读取失败: ", err.Error())
            // conn.Close()
            return
        }
        fmt.Println(currentTime(), " 从客户端读取到的数据: ", string(buf))
    }
}
```

此时，再次执行测试步骤，客户端和服务端消息的收发均能成功执行，而CLOSE_WAIT状态的网络连接也会很快释放。再次执行netstat命令查看网络连接时，状态如下：

```
$ netstat -ant | grep 8888
tcp46      0      0 *.8888              *.*                 LISTEN
```

14.6.2　模拟 I/O timeout

我们经常会在服务端或者客户端日志中看到I/O timeout错误，这是服务端/客户端期望从网络连接的对端读取数据，但长时间未能获得有效数据而报出的超时错误。本小节通过实例来模拟这一场景。

1. 服务端代码

网络连接对象的SetReadDeadline()可用于设置超时读取的时间。当超过所设时间后，将会退出等待读取状态，抛出错误，然后自动关闭网络连接。代码清单14-11演示了在服务端设置读取超时时间的场景。

代码清单14-11 服务端设置读取超时时间

```go
package main

import (
    "fmt"
    "net"
    "time"
)

func ReadConn(conn net.Conn) {
    for {
        buf := make([]byte, 1024)

        // 设置读取超时时间为1秒钟后
        conn.SetReadDeadline(time.Now().Add(1 * time.Second))
        _, err := conn.Read(buf)
        if err != nil {
            fmt.Println(currentTime(), "服务端读取失败：", err.Error())
            return
        }
        fmt.Println(currentTime(), " 从客户端读取到的数据：", string(buf))
    }
}

func main() {
    // 监听本地8888端口
    l, err := net.Listen("tcp", ":8888")
    if err != nil {
        fmt.Println("TCP监听错误：", err.Error())
    }

    // 循环获取网络连接，并利用子协程从网络连接中读取数据
    for {
        conn, err := l.Accept()
        if err != nil {
            fmt.Println("建立连接失败：", err.Error())
            return
        }
        go ReadConn(conn)
    }
}
```

代码解析：

（1）conn.SetReadDeadline(time.Now().Add(1 * time.Second))用于设置超时的最后期限，该期限为当前时间的1秒钟之后。

（2）我们特意删除了主动关闭连接的代码行conn.Close()，以便验证超时后网络连接是否会被自动关闭。

2. 客户端代码

对于客户端程序，我们也稍作修改。当与服务端建立连接后，等待3秒后再向服务端发送消息，从而触发服务端超时。代码清单14-12演示了这一场景。

代码清单14-12　客户端延迟发送消息，以触发服务端读取超时

```
package main

import (
    "fmt"
    "net"
    "time"
)

func main() {
    conn, err := net.Dial("tcp", ":8888")
    if err != nil {
        fmt.Println("客户端创建连接失败：", err.Error())
        return
    }
    // 有意延迟3秒，以触发服务端超时
    time.Sleep(3 * time.Second)
    conn.Write([]byte("hello"))
    fmt.Println(currentTime(), "客户端发送消息hello")
    conn.Close()
    fmt.Println(currentTime(), "客户端已关闭")
    time.Sleep(60 * time.Second)
}
```

代码解析：

（1）time.Sleep(3 * time.Second)，当创建连接成功后，休眠3秒，以触发服务端超时。

（2）conn.Write([]byte("hello"))，休眠3秒后再向服务端发送消息。

3. 观察服务端和客户端输出

依次启动服务端和客户端代码，观察二者的输出结果。

客户端输出如下：

```
2023-01-27 05:41:28.920 客户端发送消息hello
2023-01-27 05:41:28.921 客户端已关闭
```

服务端输出如下：

2023-01-27 05:41:26.922 服务端读取失败: read tcp 127.0.0.1:8888->127.0.0.1:64707: i/o
timeout

服务端输出了i/o timeout错误。服务端读取失败的时间早于客户端发送消息的时间，从而造成了服务端超时。同样，对于客户端也是如此，一旦出现类似i/o timeout的错误，我们第一时间想到的就应该是服务端响应太慢，超过了客户端等待的阈值时间。

在本例中，当服务端出现i/o timeout而代码中没有调用conn.close()来关闭连接时，服务端不会主动发起关闭。此时的网络状态如下：

```
$ netstat -ant | grep 8888
tcp4       5       0 127.0.0.1.8888        127.0.0.1.50619       CLOSE_WAIT
tcp4       0       0 127.0.0.1.50619       127.0.0.1.8888        FIN_WAIT_2
tcp46      0       0 *.8888                *.*                   LISTEN
```

这也提醒我们，无论何时，利用defer conn.close()来保证连接一定会被关闭是一个良好的习惯。

14.6.3 模拟 read: connection reset by peer 异常

read: connection reset by peer异常也是我们经常遇到的错误之一。该异常出现的原因往往是因为本端向对端发送消息（这种消息可能是普通消息，也可能是TCP中的ACK/FIN等报文）而对端已经关闭。本小节将通过一个实例来演示这一现象。

1. 服务端代码

首先编写服务端代码,并保证服务端正常接收消息和及时关闭网络连接,如代码清单14-13所示。

代码清单14-13　服务端监听并读取、打印客户端消息

```go
package main

import (
    "fmt"
    "net"
    "time"
)

func ProcessConn(conn net.Conn) {
    defer conn.Close()
    // 循环读取网络连接中的数据
    for {
        // 创建字节数组, 存储从网络连接中读取的数据
        buf := make([]byte, 1024)
        // 从网络连接中读数据到buf中
        _, err := conn.Read(buf)
```

```
        if err != nil {
            fmt.Println(currentTime(), "服务端读取失败: ", err.Error())
            return
        }
        // 以字符串形式打印读取到的数据
        fmt.Println(currentTime(), " 从客户端读取到的数据: ", string(buf))
    }
}

func main() {
    // 监听本地8888端口
    l, err := net.Listen("tcp", ":8888")
    if err != nil {
        fmt.Println("TCP监听错误: ", err.Error())
    }

    // 循环接收客户端连接请求
    for {
        // 获得网络连接对象
        conn, err := l.Accept()
        if err != nil {
            fmt.Println("建立连接失败: ", err.Error())
            return
        }

        // 创建子协程，并在其中处理网络连接
        go ProcessConn(conn)
    }
}
```

2. 客户端代码

我们在14.1节中提到，对于消息在网络连接中的传输，客户端和服务内存中均存在着对应的缓冲区。当调用close()方法时，连接并不会马上关闭，而是会等待缓冲区中的数据处理完毕（接收或者发送）。同时，对于TCP连接，还会与对端完成四次挥手的过程，从而做到优雅的关闭。

对于TCP连接对象，有一个特殊的属性——Linger（意为驻留），用于限制发出关闭指令后的行为。其默认值为负数，表示一直等待缓冲区中的数据处理完毕，并且所有未发送的答复报文（例如ACK消息）发送完毕后才会真正关闭连接；当其值为正数n时，表示最多等待n秒钟，然后关闭网络连接；当其值为0时，表示不等待，直接关闭连接。

我们可以在客户端发送完消息时，保证连接立即关闭，在无法完成四次挥手的情况下观察服务端输出状态。客户端代码可以通过将Linger属性设置为0来完成，如代码清单14-14所示。

代码清单14-14   客户端发送消息后，立即关闭网络连接

```go
package main

import (
    "fmt"
    "net"
    "time"
)

func main() {
    // 与本地8888端口创建TCP连接
    conn, err := net.Dial("tcp", ":8888")
    if err != nil {
        fmt.Println("客户端创建连接失败：", err.Error())
        return
    }

    // 向服务端发送字符串消息"hello"
    conn.Write([]byte("hello"))
    fmt.Println(currentTime(), "客户端发送消息hello")

    // conn对象强制转换为TCP连接，并设置Linger为0
    conn.(*net.TCPConn).SetLinger(0)

    // 关闭网络连接
    conn.Close()
    fmt.Println(currentTime(), "客户端已关闭")
    time.Sleep(60 * time.Second)
}
```

代码解析：

（1）conn.(*net.TCPConn).SetLinger(0)，用于将获得的网络连接对象（编译期数据类型为net.Conn接口）强制转换为net.TCPConn的指针类型。只有转换为TCP连接，才能设置Linger。

（2）conn.Close()，用于关闭客户端持有的连接对象。此时客户端主动发起关闭请求，并且会立即丢弃缓冲区中未发送的数据，也不会等待四次挥手完成。

3. 观察服务端和客户端输出

依次启动服务端和客户端代码，并观察服务端和客户端输出。此时，客户端输出一切正常，如下所示。

```
2023-01-27 07:22:39.999 客户端发送消息hello
2023-01-27 07:22:39.999 客户端已关闭
```

由于客户端发送的文本消息"hello"很小，因此，服务端很大概率上可以获得客户端消息。循环读取数据时，客户端已经关闭，并且未完成四次挥手的过程，将出现如下异常：

```
2023-01-27 07:22:39.999 从客户端读取到的数据: hello
2023-01-27 07:22:40.013 服务端读取失败: read tcp 127.0.0.1:8888->127.0.0.1:62701:
read: connection reset by peer
```

因此，无论是在客户端还是服务端，遇到connection reset by peer都表示网络连接的对端已经关闭。当然，对端关闭的原因并不一定是Linger设置问题，也可能是对端进程关闭、程序崩溃等。

14.6.4　模拟 TIME_WAIT

TIME_WAIT也是我们经常遇到的网络连接状态，绝大多数情况下TIME_WAIT是正常的网络状态。从图14-5也可以看出，TIME_WAIT发生在主动关闭的一方，并且是四次挥手的必备阶段。但是，当大量TIME_WAIT出现在服务端时，往往会占用大量文件描述符（Linux），这可能会导致新的连接请求被拒绝。本小节将通过一个实例来模拟大量TIME_WAIT驻留的场景。

1. 服务端代码

由于TIME_WAIT状态出现在主动关闭的一方，因此为了模拟服务端出现大量TIME_WAIT的场景，我们在服务端主动关闭网络连接，如代码清单14-15所示。

代码清单14-15　服务端发送消息后，立即关闭网络连接

```go
package main

import (
    "fmt"
    "net"
)

func HandleConn(conn net.Conn) {
    // 确保网络连接被关闭，在本例中可以忽略，因为后面会主动关闭
    defer conn.Close()
    buf := make([]byte, 1024)
    // 从网络连接中读取数据到字节切片buf中
    n, err := conn.Read(buf)
    if err != nil {
        fmt.Println(currentTime(), "服务端读取失败: ", err.Error())
        return
    }
    // 以字符串形式打印客户端消息
    message := string(buf[0:n])
    fmt.Println("从客户端获得消息: ", message)
```

14

```
    // 向客户端发送文本消息"close"，然后主动关闭网络连接
    conn.Write([]byte("close"))
    conn.Close()
}

func main() {
    // 监听本地8888端口
    l, err := net.Listen("tcp", "127.0.0.1:8888")
    if err != nil {
        fmt.Println("TCP监听错误: ", err.Error())
    }

    // 循环接收客户端连接请求
    for {
        // 获得网络连接对象
        conn, err := l.Accept()
        if err != nil {
            fmt.Println("建立连接失败: ", err.Error())
            return
        }

        // 创建子协程，并在其中处理网络连接
        go HandleConn(conn)
    }
}
```

代码解析：

（1）defer conn.Close()，用于保证网络连接一定会被关闭。

（2）message := string(buf[0:n])，用于将网络连接读取到的字节内容转换为字符串。模拟了接收请求，并处理请求的过程。

（3）conn.Write([]byte("close"))，用于向网络连接的对端（这里是客户端）发送文本消息"close"。模拟了向客户端发送响应的过程。

（4）conn.Close()，用于关闭连接，开始执行四次挥手的过程。

2．客户端代码

由于关闭是由服务端发起的，因此，接收到连接关闭的FIN报文后，需要完成收尾工作，并调用网络连接的close()方法，从而向服务端发送ACK报文。如代码清单14-16所示。

代码清单14-16　客户端与服务端建立多个连接，并被动关闭连接

```
package main

import (
    "fmt"
```

```
    "net"
    "time"
)

func processClient(conn net.Conn) {
    // 向服务端发送文本消息"hello"
    conn.Write([]byte("hello"))

    for {
        buf := make([]byte, 1024)
        n, err := conn.Read(buf)

        // 出现读取错误时，关闭网络连接
        if err != nil {
            conn.Close()
            break
        }

        // 打印来自服务端的消息
        message := string(buf[0:n])
        fmt.Println("来自服务端的消息: ", message)
    }
}

func main() {
    // 循环100次，与服务端建立连接，以模拟多客户端连接的场景
    for i := 0; i < 100; i++ {
        conn, err := net.Dial("tcp", "127.0.0.1:8888")
        if err != nil {
            fmt.Println("客户端创建连接失败: ", err.Error())
            return
        }
        // 在子协程中处理网络请求
        go processClient(conn)
    }

    time.Sleep(60 * time.Second)
}
```

14

代码解析：

（1）在main()函数中，利用for循环来尝试创建100个网络连接，并将网络连接对象传入processClient()函数中，以此来模拟多客户端连接的场景。

（2）在processClient()函数中，首先利用conn.Write([]byte("hello"))向服务端发送文本"hello"，接着利用for语句循环读取来自服务端的消息，一旦出现错误（if err != nil），则立即关闭当前连接，并跳出循环。

3. 启动服务端和客户端代码，观察网络连接状况

我们依次启动服务端和客户端代码，可以看到所有的消息"hello"和"close"可以分别在服务端和客户端的控制台上正确输出。但是，执行netstat命令观察网络连接状态，会出现大量TIME_WAIT，如下所示。

```
$ netstat -ant | grep 888
tcp4       0      0 127.0.0.1.8888          *.*                    LISTEN
tcp4       0      0 127.0.0.1.8888          127.0.0.1.50551        TIME_WAIT
tcp4       0      0 127.0.0.1.8888          127.0.0.1.50552        TIME_WAIT
tcp4       0      0 127.0.0.1.8888          127.0.0.1.50553        TIME_WAIT
tcp4       0      0 127.0.0.1.8888          127.0.0.1.50554        TIME_WAIT
tcp4       0      0 127.0.0.1.8888          127.0.0.1.50555        TIME_WAIT
tcp4       0      0 127.0.0.1.8888          127.0.0.1.50556        TIME_WAIT
tcp4       0      0 127.0.0.1.8888          127.0.0.1.50557        TIME_WAIT
tcp4       0      0 127.0.0.1.8888          127.0.0.1.50558        TIME_WAIT
tcp4       0      0 127.0.0.1.8888          127.0.0.1.50559        TIME_WAIT
tcp4       0      0 127.0.0.1.8888          127.0.0.1.50560        TIME_WAIT
tcp4       0      0 127.0.0.1.8888          127.0.0.1.50561        TIME_WAIT
tcp4       0      0 127.0.0.1.8888          127.0.0.1.50562        TIME_WAIT
tcp4       0      0 127.0.0.1.8888          127.0.0.1.50563        TIME_WAIT
tcp4       0      0 127.0.0.1.8888          127.0.0.1.50564        TIME_WAIT
tcp4       0      0 127.0.0.1.8888          127.0.0.1.50565        TIME_WAIT
tcp4       0      0 127.0.0.1.8888          127.0.0.1.50566        TIME_WAIT
tcp4       0      0 127.0.0.1.8888          127.0.0.1.50567        TIME_WAIT
tcp4       0      0 127.0.0.1.8888          127.0.0.1.50568        TIME_WAIT
tcp4       0      0 127.0.0.1.8888          127.0.0.1.50569        TIME_WAIT
tcp4       0      0 127.0.0.1.8888          127.0.0.1.50570        TIME_WAIT
tcp4       0      0 127.0.0.1.8888          127.0.0.1.50571        TIME_WAIT
tcp4       0      0 127.0.0.1.8888          127.0.0.1.50572        TIME_WAIT
tcp4       0      0 127.0.0.1.8888          127.0.0.1.50573        TIME_WAIT
tcp4       0      0 127.0.0.1.8888          127.0.0.1.50574        TIME_WAIT
tcp4       0      0 127.0.0.1.8888          127.0.0.1.50575        TIME_WAIT
tcp4       0      0 127.0.0.1.8888          127.0.0.1.50576        TIME_WAIT
tcp4       0      0 127.0.0.1.8888          127.0.0.1.50577        TIME_WAIT
tcp4       0      0 127.0.0.1.8888          127.0.0.1.50578        TIME_WAIT
tcp4       0      0 127.0.0.1.8888          127.0.0.1.50579        TIME_WAIT
tcp4       0      0 127.0.0.1.8888          127.0.0.1.50580        TIME_WAIT
tcp4       0      0 127.0.0.1.8888          127.0.0.1.50585        TIME_WAIT
tcp4       0      0 127.0.0.1.8888          127.0.0.1.50586        TIME_WAIT
tcp4       0      0 127.0.0.1.8888          127.0.0.1.50587        TIME_WAIT
```

从netstat命令的输出上可以看出，出现大量本地为8888端口，状态为TIME_WAIT的网络连接。值得注意的是，这些TIME_WAIT的网络连接在一定时间段后会自动关闭，该时间段为2* MSL。MSL意为Maximum Segment Lifetime，即一个数据分片（报文）在网络中能够生存的最长时间。在不同操作系统中MSL的默认值不同，例如在Linux中，该值为1分钟，而在macOS中，该值为15秒。

4. 解决方案

通过上面的讲述，我们知道TIME_WAIT出现的原因往往是大量的客户端向服务发送请求，而服务端处理请求后立即关闭了连接。同时，由于MSL的存在，导致TIME_WAIT的连接不能快速释放。解决方案可以从以下两个层面进行考虑：

1）操作系统层面

对于Linux操作系统，可以修改/etc/sysctl.conf文件，不过通常需要保证以下内核参数开启：

```
net.ipv4.tcp_tw_reuse = 1
net.ipv4.tcp_tw_recycle = 1
```

其中，tw为time_wait的缩写。tcp_tw_reuse选项的值为1，表示TIME_WAIT的网络连接可以被重用；tcp_tw_recycle选项的值为1，表示TIME_WAIT的网络连接可以被快速回收；

2）网络协议层面

对于我们的日常开发而言，往往不会直接接触到TCP协议，更多的是上层封装，例如HTTP协议。我们知道，HTTP协议可以设置keep-alive来保证多个HTTP请求重用同一条网络连接，如此便减少了创建网络连接请求的频率，也就是将用完即丢的"短连接"切换为可重用的"长连接"。

对于客户端来说，可以在HTTP请求头中设置keep-alive的值（从HTTP 1.1开始，keep-alive是默认开启的）。对于服务端来说，同样需要保证HTTP服务器的keep-alive开启。最典型的莫过于Nginx中也需要开启keep-alive选项。

同时，需要注意的是，keep-alive必须在客户端和服务端同时开启，才能开启长连接。

14.7 本章小结

本章从网络连接的本质开始，提出了几个问题，让读者对网络连接有比较清晰的概念。然后讲述了传输层的TCP和UDP的编程示例。对于应用层协议，挑选了最为常用的HTTP协议进行讲解，并通过关键源码跟踪的方式让读者对整个处理过程有更加清晰的了解。接着，又着重讲述了消息网络传输的大体过程，以及各个网络节点针对网络模型的处理。在最后的实例部分，我们利用代码模拟了长期驻留内存的CLOSE_WAIT、TIME_WAIT网络连接的场景，以及I/O timeout、connection reset by peer等网络异常，并给出了解决方案。

14

第 15 章

RPC通信

15

我们之所以将RPC单独作为一个章节进行讲解，是因为其应用场景多以服务端应用的相互调用为主，用户客户端（手机，浏览器）和服务端通信仍以HTTP为主流形式。RPC调用过程中，其数据格式并不像HTTP、SMTP等协议一样有着相对固定的标准和实现。例如，对于HTTP而言，通常使用的客户端浏览器，无论是IE、Chrome还是Safari，都遵循着标准报文的协议，而服务端的实现也非常统一。这使得程序员无须关注通信的细节和底层协议，可以直接将HTTP作为一个黑盒工具来使用。但是RPC通信可以认为是应用层协议的更上一层，关注的是调用的便捷性，而这种便捷性是通过模糊远程调用的概念来实现的。

本章内容：

❈　如何理解RPC通信
❈　利用Gob消息格式实现RPC通信
❈　利用JSON消息格式实现RPC通信
❈　利用gPRC消息格式实现RPC通信

15.1　如何理解 RPC 通信

RPC是Remote Procedure Call的缩写，意为远程过程调用。我们以最常见的HTTP的应用场景为起点来进行思考。HTTP是超文本传输协议，其本意是为了丰富页面渲染效果。因此，HTTP需要非常全面的规范定义，也由此产生了很多概念，例如请求中的URL、Header、Body，响应数据中的层级标签、样式数据，这对于网页渲染是必要的。但是，有些情况下我们也单纯使用HTTP来传输数据，而与HTML页面的渲染无关，例如响应返回用户名。这排除了响应数据具有排版、样式等需求。由于HTTP的强大兼容性和易用性，同时也产生了各种与HTML无关的数据格式，例如TEXT、JSON等。这一点，我们从HTTP响应中的Content-Type值的多样性也可以看出。

　　上面的简单数据格式的请求，本质是客户端调用服务端的接口请求数据，而服务端接口的背后，只是一个个逻辑处理的方法或者过程，尤其是当前软件开发倾向于前后端分离，而不再利用服务端生成网页（ASP、JSP等网页形式）。服务端单纯提供数据接口，已经成为大多数应用的选择。

　　既然传输数据与HTML无关，那当然可以绕过HTTP协议，直接从客户端调用服务端的方法或过程，从而省略HTTP协议包装数据的过程。但客户端与服务端往往不在同一个网络，当然更不可能在同一进程内，这就使得客户端直接调用服务端过程有了困难。RPC就是解决这个困难的通信技术，它可以让客户端直接调用服务端接口。虽然是跨机器的远程调用，但在形式上，如同二者在同一进程内，这就是模糊远程调用的本质含义。

　　当然，RPC并非用来代替HTTP，只是期望让程序员不再去拼装HTTP请求中的各种结构，也不需要去识别响应中的各种错误码。RPC的要求很简单，只需要客户端和服务端能够沟通，并达到模糊远程调用的过程即可。至于具体利用什么协议进行消息的传递，则不是RPC关注的重点。

　　消息在客户端和服务端之间进行交互，必须遵循统一的编码和解码方案。编码和解码的过程，通常被称为序列化和反序列化。因此，除了传输层的考虑之外，我们还需要考虑消息序列化和反序列化的问题。Go语言中，可以使用Gob、JSON以及Protobuf方案进行交互。其中，Gob是Go binary的缩写，它是Go语言的独有方案；JSON是所有语言通用的方式；Protobuf是语言无关、平台无关的解决方案，而且最为高效。

　　按照以上标准，Go语言中可以采用的RPC传输方案包括：Gob方案下的HTTP和TCP传输、JSON方案下的TCP（Go语言暂未支持HTTP协议）传输，以及Protobuf方案。图15-1演示了这种划分方案。

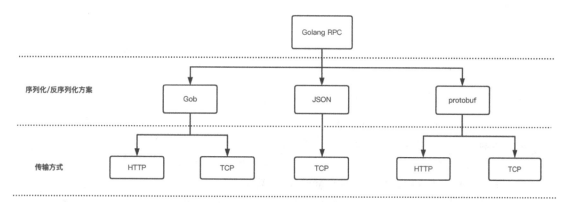

图 15-1　Go 语言的 RPC 实现方案

15.2　Gob 格式——利用 HTTP 和 TCP 实现 RPC 通信

利用HTTP实现RPC通信，实质是利用HTTP协议封装远程调用消息。本节首先讲述Gob格式的使用，然后结合源码讲解其实现原理。

15.2.1　利用 HTTP 实现 RPC 通信

首先来看利用HTTP如何实现RPC通信。Go语言封装了RPC的工具包，并利用HTTP完成消息传输，但我们不会看到类似URL（例如http://golang.com）、请求方法（例如GET、POST、PUT）、请求头（Header）、请求体（Body）等概念。

根据用户名称（name）获得用户详细信息是一个非常常见的需求，下面我们来看看如何利用HTTP方式的RPC通信来实现该功能。

1. 服务端实现

服务端主要用于处理业务逻辑，我们可以首先定义一个名为UserHandler的结构体，并为其绑定方法GetUserInfo()。GetUserInfo方法用于处理获得用户信息的具体逻辑，如代码清单15-1所示。

代码清单15-1　获得用户信息的服务端代码

```
package main

import (
    "demo/15/model"
    "errors"
    "fmt"
    "net"
    "net/http"
    "net/rpc"
)

// 自定义结构体，用于绑定用户处理方法
type UserHandler struct {
}

// 获得用户信息的方法绑定到结构体UserHandler的指针类型上
func (handler *UserHandler) GetUserInfo(name string, reply *model.UserDetail) (err error) {

    // 打印一行注释信息，一般程序入口都会如此处理，方便出现错误时检查执行进度
    fmt.Printf("try to get user info by %s", name)

    // 校验入参的合法性，对于空参数，直接返回错误
```

```
        if len(name) == 0 {
            return errors.New("the query name cannot be empty")
        }

        // 通常逻辑是从数据库或者缓存中查询，此处是直接赋值。RPC响应通过reply来传递到客户端
        reply.Id = 123
        reply.Username = name
        reply.Nickname = "尊敬的" + name

        // 函数声明中，返回值是错误对象。当一切正常时，错误为空
        return nil
    }
    func main() {
        // 将UserHandler的一个实例对象注册为RPC服务
        rpc.Register(new(UserHandler))

        // RPC通信，使用HTTP协议进行处理
        rpc.HandleHTTP()

        // 监听8090端口，并获得监听器对象
        listener, err := net.Listen("tcp", "127.0.0.1:8090")

        // 如果发生错误，则打印错误信息，并直接退出程序
        if err != nil {
            fmt.Println("监听TCP端口出错")
            return
        }

        // 启动监听服务，准备接收来自客户端的RPC请求
        err = http.Serve(listener, nil)
        if err != nil {
            fmt.Println("获取HTTP连接出错")
        }
    }
```

代码解析：

（1）UserHandler是一个自定义结构体，本身不具备任何字段，只是用来绑定方法。

（2）(handler *UserHandler) GetUserInfo(...)，是为UserHandler绑定一个名为GetUserInfo的方法。

（3）rpc.Register(new(UserHandler))，用于创建一个UserHandler实例，并利用rpc.Register()方法进行注册。此处的注册会解析UserHandler实例的所有公共方法，然后为方法名与方法的执行入口建立映射关系。

（4）rpc.HandleHTTP()，因为是利用HTTP进行通信，所以该语句实际指定RPC消息使用HTTP处理器。

15

（5）listener, err := net.Listen("tcp", "127.0.0.1:8090")，用于监听本地8090端口。该端口也是RPC调用时提供服务的端口。

（6）err = http.Serve(listener, nil)，开始进入HTTP监听状态，准备接收HTTP连接请求。

2．客户端实现

客户端向服务端发起RPC调用前，首先要确定服务端的IP地址和端口，同时要指定被调用方法的具体路径，然后向服务端发送RPC请求。代码清单15-2演示了这一用法。

代码清单15-2　获得用户信息的客户端代码

```go
package main

import (
    "demo/15/model"
    "fmt"
    "net/rpc"
)

func main() {
    // 以HTTP方式连接127.0.0.1:8090，并获得连接客户端对象client
    client, err := rpc.DialHTTP("tcp", "127.0.0.1:8090")

    // 如果出现错误，则打印错误提示，并直接退出
    if err != nil {
        fmt.Println("RPC拨号连接出错")
        return
    }

    // 创建UserDetail对象
    user := new(model.UserDetail)

    // 利用客户端对象client调用远程方法，并传入参数
    err = client.Call("UserHandler.GetUserInfo", "golang", user)

    // 如果出现错误，则打印错误信息，并退出程序
    if err != nil {
        fmt.Println("获取用户信息出错")
        return
    }

    // 打印从服务端获得的响应信息
    fmt.Printf("用户ID: %+v\n", user.Id)
    fmt.Printf("用户名: %+v\n", user.Username)
    fmt.Printf("用户昵称: %+v\n", user.Nickname)
}
```

代码解析：

（1）client, err := rpc.DialHTTP("tcp", "127.0.0.1:8090")，尝试连接服务端地址，并返回一个客户端实例client。

（2）reply := new(model.UserDetail)，创建一个响应对象，用于接收服务端的数据。注意，此处的model.UserDetail是为客户端和服务端共用的结构体。因此，该结构体所在的包均会被客户端和服务端引用。我们不能为二者分别定义UserDetail结构，即使两个UserDetail的数据结构完全相同也不推荐。

（3）err = client.Call("UserHandler.GetUserInfo", "golang", reply)，用于调用服务端方法，并传入3个参数：第1个字符串参数"UserHandler.GetUserInfo"指定了调用方法的绝对路径，该路径也是在服务端注册时的名称；第2个参数"golang"对应了服务端方法GetUserInfo(name string, reply *model.UserDetail)中的参数name；第3个参数user对应了服务端方法中的参数reply。这意味着，客户端执行RPC调用的方法时，在形式上往往比服务端声明多了一个额外参数——方法的绝对路径。

model.UserDetail是一个简单的自定义结构体，代码如下：

```
type UserDetail struct {
    Id       int
    Username string
    Nickname string
}
```

3. 执行调用

首先启动服务端代码，进入监听状态。接着启动客户端代码，在客户端控制台的输出如下：

```
用户ID: 123
用户名：golang
用户昵称：尊敬的golang
```

此时的输出正是服务端UserHandler.GetUserInfo方法为参数reply填充内容后的结果。

4. 注意与说明

在利用HTTP方式实现RPC通信的开发过程中，服务端暴露的方法有以下要求：

（1）方法名必须大写，以保证方法的访问权限为公共权限。例如，UserHandler.GetUserInfo中的GetUserInfo。这也很容易理解，如果在服务端都无法被包外其他函数访问的方法，却能被跨主机、跨进程访问，这一定是一个糟糕的设计。

（2）方法的参数只能有两个：请求参数和响应参数，而且响应参数必须为指针类型。客户端期望获得的数据是利用响应参数来承载的。

（3）方法的返回值只有一个，并且其类型只能是error。服务端执行过程中产生的错误，利用error返回给客户端。

15.2.2　HTTP 实现 RPC 通信的原理

对于RPC通信，其实现分为两个步骤：服务端注册和客户端请求。因为二者沟通的主体是方法级别，而方法的要素包括了方法名、参数和返回值，所以问题的焦点就转换为如何识别和注册方法，并将执行结果返回给客户端。

1. 服务端注册方法的过程

我们以15.2.1节的场景为例。该例定义了一个UserHandler结构体，UserHandler绑定了名为GetUserInfo的方法。当我们调用rpc.Register(new(UserHandler))时，实际是对一个UserHandler实例进行注册。打开rpc.Register()函数的源码，可以看到其定义如下：

```
func Register(rcvr any) error {
    return DefaultServer.Register(rcvr)
}
```

14.4节分析HTTP通信时提到，全局变量是一种常用的解耦手段，这里的DefaultServer正是一个全局变量，其真实数据类型是rpc.Server，其源码如下：

```
type Server struct {
    serviceMap sync.Map  // map[string]*service
    reqLock    sync.Mutex // protects freeReq
    freeReq    *Request
    respLock   sync.Mutex // protects freeResp
    freeResp   *Response
}
```

RPC服务的核心被抽象为一个服务器的角色，代码层面被定义为rpc.Server结构体。在该结构体中，serviceMap存储的是类名和对应服务的映射关系；

接着追踪rpc.Server的Register方法，可以看到真正执行注册的方法是register(rcvr any, name string, useName bool)，其源码如下：

```
func (server *Server) register(rcvr any, name string, useName bool) (e error) {
    // 利用反射机制获得对象的类型信息
    s := new(service)
    s.typ = reflect.TypeOf(rcvr)
    s.rcvr = reflect.ValueOf(rcvr)
    sname := reflect.Indirect(s.rcvr).Type().Name()
    ...
    // 检查要注册的类型名称是否为可导出的
    if !token.IsExported(sname) && !useName {
```

```
        s := "rpc.Register: type " + sname + " is not exported"
        log.Print(s)
        return errors.New(s)
    }
    s.name = sname

    // 从值类型中获得方法信息
    s.method = suitableMethods(s.typ, logRegisterError)

    if len(s.method) == 0 {
        str := ""

        // 兼容方法被绑定到指针类型的场景
        method := suitableMethods(reflect.PointerTo(s.typ), false)
        ...
        return errors.New(str)
    }
    // 将服务名称和服务对象注册到服务器对象中
    if _, dup := server.serviceMap.LoadOrStore(sname, s); dup {
        return errors.New("rpc: service already defined: " + sname)
    }
    return nil
}
```

在注册过程中，反射机制起到了至关重要的作用，我们需要重点关注利用反射机制拿到了哪些信息：

（1）变量sname，其实是实例对象的类型名称，在本例中为UserHandler。

（2）token.IsExported(sname)，用来检查类型名称一定是“可导出的”，即大写字母开头的、可以跨包访问的公共类型。

（3）suitableMethods(s.typ, logRegisterError)，用于从UserHandler的类型信息中解析出方法名和对应的rpc.methodType的映射关系。结构体rpc.MethodTyp包含了RPC调用所需的各种信息。

（4）if len(s.method) == 0，当从传入对象rcvr的类型信息中无法分析到有效的方法时，将分析其指针信息。这其实是为了兼容两种方法的绑定方式——绑定到值类型和绑定到指针类型，例如方法GetUserInfo的接收者无论是*UserHandler还是UserHandler，均可被识别。

（5）类型名称sname、方法映射表method等关键信息，被组装为rpc.service对象，即代码中的变量s。这意味着分析完一个类型信息后，会将它抽象为一个服务（service）的概念。

（6）server.serviceMap.LoadOrStore(sname, s)会将类型名称sname与服务s的映射关系注册到服务器中（在这里是全局变量DefaultServer）。

函数register()的主要作用是组装和注册服务。而一个服务对应着多个方法，其源码如下：

```
type service struct {
    name    string                    // 服务的名称
    rcvr    reflect.Value             // 方法的接收者
    typ     reflect.Type              // 方法接收者的类型
    method map[string]*methodType     // 注册的方法
}
```

在该结构中，rcvr是方法的接收者，该对象最终用于方法的调用；method存储了方法名与方法信息（methodType）的映射关系。

我们接着通过suitableMethods()函数的源码来分析方法注册的详细过程。

```
func suitableMethods(typ reflect.Type, logErr bool) map[string]*methodType {
    methods := make(map[string]*methodType)
    for m := 0; m < typ.NumMethod(); m++ {
        method := typ.Method(m)
        mtype := method.Type
        mname := method.Name
        // 方法必须是可导出的，也就是大写字母开头的公共方法
        if !method.IsExported() {
            continue
        }
        // 必须有3个传入参数
        if mtype.NumIn() != 3 {
            ...
            continue
        }
        // 第1个参数必须是可导出的或者内置类型
        argType := mtype.In(1)
        if !isExportedOrBuiltinType(argType) {
            ...
            continue
        }
        // 第2个参数必须是指针类型
        replyType := mtype.In(2)
        if replyType.Kind() != reflect.Pointer {
            ...
            continue
        }
        //第3个参数必须是可导出的或者内置类型
        if !isExportedOrBuiltinType(replyType) {
            ...
            continue
        }
        // 方法的返回值数量必须为1
        if mtype.NumOut() != 1 {
            ...
```

```
        continue
    }
    // 方法的返回值类型必须为error
    if returnType := mtype.Out(0); returnType != typeOfError {
        ...
        continue
    }
    methods[mname] = &methodType{method: method, ArgType: argType, ReplyType:
replyType}
    }
    return methods
}
```

for循环对类型的所有方法进行注册。单个方法的注册过程并不复杂，但是其中涉及了多个校验规则：

（1）method.IsExported()，要求方法是可导出的，即方法名以大写字母开头。

（2）mtype.NumIn()，用于获得传入参数的个数。传入参数有3个分别是索引为0的receiver（利用mtype.In(0)获得）、索引为1的请求参数和索引为2的响应对象。例如，func (handler *UserHandler) GetUserInfo(name string, reply *model.UserDetail) (e error)中，索引0～2的参数分别是handler、name和reply。

（3）argType := mtype.In(1)，用于获得请求参数的类型。在本例中，对应的参数是name，要求该参数必须是可导出的或者内置类型。

（4）replyType := mtype.In(2)，用于获得响应对象的类型。在本例中，对应的参数是reply，要求该参数必须是可导出的或者内置类型的指针。

（5）returnType := mtype.Out(0)，用于获得方法的返回值类型。在本例中，对应的返回值是e，同时要求返回值类型为error。

当使用HTTP调用方式进行RPC通信时，客户端可能会出现无法找到对应方法的错误。此时，就可以检查一下我们的方法是否符合以上规范。当然，也可以打开方法注册时的日志开关重新进行编译，代码如下：

```
func (server *Server) Register(rcvr any) error {
    return server.register(rcvr, "", false)
}
```

可以将server.register(rcvr, "", false)中的第3个参数修改为true，从而打开日志开关，并重新编译。由于Go语言安装包中的内置代码均为只读状态，因此可能会涉及文件属性的修改。

2．服务端启动监听

服务端启动监听是通过调用函数rpc.HandleHTTP()来实现的。该函数的源码如下：

15

```
func HandleHTTP() {
    DefaultServer.HandleHTTP(DefaultRPCPath, DefaultDebugPath)
}
```

其中，DefaultServer是一个全局变量；HandleHTTP()方法有两个参数，都是RPC路径，DefaultRPCPath是正式请求的URL，DefaultDebugPath是调试路径。客户端的RPC请求会以HTTP的形式发送到这两个地址。因此，也可以说这两个地址是服务端和客户端沟通的桥梁，二者均为常量，其值如下：

```
const (
    // RPC调用过程中，默认的HTTP路径
    DefaultRPCPath  = "/_goRPC_"
    DefaultDebugPath = "/debug/rpc"
)
```

函数DefaultServer.HandleHTTP()的源码如下：

```
func (server *Server) HandleHTTP(rpcPath, debugPath string) {
    http.Handle(rpcPath, server)
    http.Handle(debugPath, debugHTTP{server})
}
```

在DefaultServer.HandleHTTP()的函数体中，调用了两次http.Handle()方法，分别处理两个URL地址。http.Handle(rpcPath, server)是我们熟悉的HTTP处理过程（见14.4节中的源码分析）。

我们重点关注RPC的请求地址rpcPath（值为常量DefaultRPCPath）的注册过程。变量server的类型为rpc.Server，rpc.Server同时实现了ServeHttp()方法。我们继续打开Server.ServeHttp()方法，其源码如下：

```
func (server *Server) ServeHTTP(w http.ResponseWriter, req *http.Request) {
        // 要求请求头中的方法一定是CONNECT，这与我们常见的GET、POST有所区别
    if req.Method != "CONNECT" {
        w.Header().Set("Content-Type", "text/plain; charset=utf-8")
        w.WriteHeader(http.StatusMethodNotAllowed)
        io.WriteString(w, "405 must CONNECT\n")
        return
    }

    // 接管网络连接对象
    conn, _, err := w.(http.Hijacker).Hijack()
    if err != nil {
        log.Print("rpc hijacking ", req.RemoteAddr, ": ", err.Error())
        return
    }
    io.WriteString(conn, "HTTP/1.0 "+connected+"\n\n")
    server.ServeConn(conn)
}
```

代码解析：

（1）if req.Method != "CONNECT"，这里的条件判断用于保证客户端连接的方式一定是隧道连接方式。这里的请求方式并非常见的GET、POST请求。

（2）conn, _, err := w.(http.Hijacker).Hijack()，用于接管HTTP连接，后续针对该连接的管理自行实现，例如何时关闭连接。

（3）io.WriteString(conn, "HTTP/1.0 "+connected+"\n\n")，用于向网络连接对象conn中写入连接成功的信息。客户端可以得到连接成功的通知。

（4）server.ServeConn(conn)，用于监听和处理网络连接对象。

同时，在server.ServeConn(conn)方法中，会指定RPC消息的编码和解码器，代码如下：

```go
func (server *Server) ServeConn(conn io.ReadWriteCloser) {
    buf := bufio.NewWriter(conn)
    srv := &gobServerCodec{
        rwc:    conn,  // 网络连接对象
        dec:    gob.NewDecoder(conn),  // 消息解码器
        enc:    gob.NewEncoder(buf),   // 消息编码器
        encBuf: buf,
    }
    server.ServeCodec(srv)
}
```

代码解析：

（1）gob.NewDecoder(conn)和gob.NewEncoder(buf)，表明编码器和解码器都是利用Gob格式创建的。

（2）编码器和解码器中均封装了网络连接对象。编码器对象是通过buf对象间接持有。

（3）变量srv创建时封装了编码器和解码器，从而组装成功了RPC服务器这一角色对象。

（4）server.ServeCodec(srv)，进入循环监听处理逻辑，该方法的源码如下：

```go
func (server *Server) ServeCodec(codec ServerCodec) {
    sending := new(sync.Mutex)
    wg := new(sync.WaitGroup)
    for {
            // 解析客户端发送过来的消息，分离出需要调用的方法、参数等信息
        service, mtype, req, argv, replyv, keepReading, err :=
server.readRequest(codec)
            // 在解析出错时，将错误信息通知客户端，释放请求对象req
        if err != nil {
            ...
            if !keepReading {
               break
            }
```

15

```
                    if req != nil {
                        server.sendResponse(sending, req, invalidRequest, codec, err.Error())
                        server.freeRequest(req)
                    }
                    continue
                }
                wg.Add(1)
                go service.call(server, sending, wg, mtype, req, argv, replyv, codec)
            }
            wg.Wait()
            codec.Close()
        }
```

代码解析：

（1）整个方法体的主要逻辑是循环利用codec获取客户端请求并进行处理（codec意为编码解码器），而网络连接对象就以io.Writer的形式封装在codec中。

（2）service, mtype, req, argv, replyv, keepReading, err := server.readRequest(codec)，根据客户端连接解析出：service，在本例中为UserHandler对应的服务对象；mtype，在本例中为GetUserInfo()对应的方法对象；req，请求本身；argv，本例中为字符串"golang"；replyv，在本例中为UserDetail的指针对象。

（3）go service.call(server, sending, wg, mtype, req, argv, replyv, codec)，启动子协程，并在子协程中调用目标方法，然后将执行结果写入网络连接。

（4）wg := new(sync.WaitGroup)、wg.Add(1)和wg.Wait()是为了保证在调用codec的Close()方法前（实质是接管后的网络连接关闭之前），所有的网络请求已经被处理完毕。

其中，最为关键的一步是调用service.call()方法。我们继续打开service.call()的源码，可以看到目标方法被调用并发送到客户端的关键逻辑：

```
func (s *service) call(server *Server, sending *sync.Mutex, wg *sync.WaitGroup, mtype
*methodType, req *Request, argv, replyv reflect.Value, codec ServerCodec) {
    if wg != nil {
        defer wg.Done()
    }
...
    function := mtype.method.Func
    returnValues := function.Call([]reflect.Value{s.rcvr, argv, replyv})
    errInter := returnValues[0].Interface()
    errmsg := ""
    if errInter != nil {
        errmsg = errInter.(error).Error()
    }
    server.sendResponse(sending, req, replyv.Interface(), codec, errmsg)
    server.freeRequest(req)
}
```

代码解析：

（1）function := mtype.method.Func，用于获取目标方法，并赋值给变量function。

（2）function.Call([]reflect.Value{s.rcvr, argv, replyv})，用于调用目标方法。其中的s.rcvr在本例中为UserHandler的实例对象。

（3）server.sendResponse(sending, req, replyv.Interface(), codec, errmsg)，用于将目标方法调用的结果以及错误消息写回给客户端。

3. 客户端发送请求

在服务端注册监听后，客户端首先与服务端建立连接，然后向服务端发送调用请求。针对当前实例，我们从拨号建立连接开始分析。建立连接的代码为：

```
client, err := rpc.DialHTTP("tcp", "127.0.0.1:8090")
```

我们打开rpc.DialHTTP()函数，其源码如下：

```
func DialHTTP(network, address string) (*Client, error) {
    return DialHTTPPath(network, address, DefaultRPCPath)
}
```

在该代码段中，我们注意到，DialHTTPPath(network, address, DefaultRPCPath)中的第3个参数也是全局变量DefaultRPCPath，与服务端注册的URL完全一致。

接着，打开DialHTTPPath()的源码，其关键代码如下：

```
func DialHTTPPath(network, address, path string) (*Client, error) {
    conn, err := net.Dial(network, address)
    ...
    // 必须发送CONNECT消息，才能被服务端接收
    io.WriteString(conn, "CONNECT "+path+" HTTP/1.0\n\n")

    // 从网络连接中读取响应信息
    resp, err := http.ReadResponse(bufio.NewReader(conn), &http.Request{Method:
"CONNECT"})
    if err == nil && resp.Status == connected {
        return NewClient(conn), nil
    }
    ...
}
```

代码解析：

（1）conn, err := net.Dial(network, address)，用于向服务端拨号建立连接。

（2）io.WriteString(conn, "CONNECT "+path+" HTTP/1.0\n\n")，在建立连接后，向服务端发送消息。注意此时写入的是CONNECT连接消息，对应的是rpc.Server.ServeHTTP()中针对请求方法的判断。

（3）if err == nil && resp.Status == connected，当客户端和服务端完成通信确认后，会返回一个包装了网络连接的客户端对象NewClient(conn)。

接着，利用客户端对象调用服务端方法，代码如下：

```
err = client.Call("UserHandler.GetUserInfo", "golang", user)
```

我们继续跟踪client.Call()的源码：

```
func (client *Client) Call(serviceMethod string, args any, reply any) error {
    call := <-client.Go(serviceMethod, args, reply, make(chan *Call, 1)).Done
    return call.Error
}
```

从该代码段可以很容易看出，对于每个RPC请求，都会调用client.Go()方法。该方法是一个异步操作，在方法内部首先生成一个rpc.Call类型的实例对象。该实例对象封装了RPC调用的信息，其数据结构如下：

```
type Call struct {
    ServiceMethod string        // 服务端服务和方法的绝对路径
    Args          any           // 服务端方法的参数
    Reply         any           // 服务端响应的封装
    Error         error         // 调用结果返回的错误对象
    Done          chan *Call    // 调用完成后的Call指针，会加入Done通道中
}
```

该结构中除了有和方法调用有关的信息（ServiceMethod、Args、Reply、Error）外，还有一个名为Done的通道类型。当协程结束后，用Done来存储已完成的Call对象指针。

在接下来调用的Client.Send()方法中，会使用如下代码将请求发送到网络连接中：

```
err := client.codec.WriteRequest(&client.request, call.Args)
```

因为client.codec中封装了网络连接对象，所以只需要向网络连接中写入数据即可，而无须等待返回结果。这也是此处异步操作（client.Go()方法）的真正含义。

4. 客户端和服务端的衔接

通过前面的讲述我们知道，客户端和服务端之间通过网络连接进行通信。建立连接的过程如下：

（1）服务端监听某个端口以及特定URL（全局变量DefaultRPCPath）。

（2）客户端会以拨号方式连接服务端接口，并向同一个URL（全局变量DefaultRPCPath）发送CONNECT请求。

（3）服务端接收到CONNECT请求后，回写确认消息。

（4）双方建立通信连接。

5. 消息顺序问题

网络连接建立之后，就是双方消息的传递环节。除了传递时的消息解析、方法处理、数据回写外，还有另外一个比较重要的细节需要考虑——因为所有的RPC请求都在同一条网络连接上进行，所以对于客户端而言，发送的多个请求的顺序和接收到的响应顺序很可能不一致，那么，如何识别请求和响应之间的对应关系呢？本小节将结合更加细节的代码来重点关注这一问题。

结合前面的分析我们知道，当客户端发送请求时，会执行rpc.Client.send()方法，代码的执行路径如下：

```
rpc.Client.Call() -> rpc.Client.Go() -> rpc.Client.send()
```

方法rpc.Client.send()的关键源码如下：

```
func (client *Client) send(call *Call) {
    ...
    seq := client.seq
    client.seq++
    client.pending[seq] = call
    client.mutex.Unlock()

    client.request.Seq = seq
    client.request.ServiceMethod = call.ServiceMethod
    err := client.codec.WriteRequest(&client.request, call.Args)
    ...
}
```

代码解析：

（1）客户端对象client中维护了一个序列号，seq := client.seq用于获取最新的序列号。

（2）client.seq++会将client的最新序列号自增1。

（3）client.pending是一个map结构。client.pending[seq] = call是以序列号为key，将当前的远程调用对象call的映射关系存储到client的pending中。

（4）client.request.Seq = seq，用于将当前网络请求对象的序列号也设置为seq变量的值。

如此一来，调用client.codec.WriteRequest(&client.request, call.Args)发送网络请求时，会将请求序列号也发送给服务端。

我们知道，在服务端处理逻辑中，针对每个请求都启动一个协程进行处理，其关键代码位于rpc.Server.call()中。该函数会调用server.sendReponse()来发送响应消息，代码如下：

```
server.sendResponse(sending, req, replyv.Interface(), codec, errmsg)
```

我们接着打开server.sendResponse()方法，其源码如下：

```
func (server *Server) sendResponse(sending *sync.Mutex, req *Request, reply any, codec
ServerCodec, errmsg string) {
    resp := server.getResponse()
    // Encode the response header
    resp.ServiceMethod = req.ServiceMethod
    ...
    // 将响应对象的序列号设置为请求序列号
    resp.Seq = req.Seq
    sending.Lock()
    // 将响应对象写回客户端
    err := codec.WriteResponse(resp, reply)
    ...
    sending.Unlock()
    server.freeResponse(resp)
}
```

代码解析：

（1）在组装响应对象resp的过程中，resp.Seq = req.Seq会利用请求对象中的序列号seq设置响应对象中的Seq字段。

（2）codec.WriteResponse(resp, reply)会将响应对象写回到网络连接中。此时，序列号会一并写回。

（3）请求和响应的序列号seq在客户端生成，并传给服务端。服务端在响应客户端时，会将seq重新返回。剩下的环节就在于客户端收到响应后的处理了。

6. 客户端利用seq来识别消息

在客户端创建连接时，一个rpc.Client会被创建，同时会启动一个后台协程来监控已经返回的响应对象。依次经历的方法调用链为：

```
rpc.DialHTTP -> rpc.NewClient() -> rpc.NewClientWithCodec()
```

rpc.NewClientWithCodec()的源码如下：

```
func NewClientWithCodec(codec ClientCodec) *Client {
    client := &Client{
        codec:   codec,
        pending: make(map[uint64]*Call),
    }
    go client.input()
    return client
}
```

可以看到，创建client对象的同时会启动一个新的协程来处理网络连接输入（在本例中，对于客户端而言，网络输入意味着来自服务端的响应）。

继续跟踪go client.input()的源码，会发现其中仍然利用for循环来读取已经准备好的网络响应，其关键代码如下：

```
func (client *Client) input() {
    var err error
    var response Response
    for err == nil {
        response = Response{}
        err = client.codec.ReadResponseHeader(&response)
        ...
        // 读出响应体中的序列号
        seq := response.Seq
        client.mutex.Lock()
        // 从client.pending中根据序列号来获得call对象
        call := client.pending[seq]
        delete(client.pending, seq)
        client.mutex.Unlock()

        switch {
        ...

        default:
            err = client.codec.ReadResponseBody(call.Reply)
            ...
            call.done()
        }
    }
    ...
}
```

代码解析：

（1）err = client.codec.ReadResponseHeader(&response)，用于从网络连接中读取已经准备好的数据到response变量中。

（2）seq := response.Seq，用于从响应中读取序列号Seq。

（3）call := client.pending[seq]，用于从客户端对象client的等待列表中，根据seq获得原始的Call对象。

（4）delete(client.pending, seq)，因为Call对象的响应已经返回，所以可以根据seq从等待列表中移除对应的Call对象。

（5）client.codec.ReadResponseBody(call.Reply)，用于读取响应中的Body部分，并填充到call.Reply中。

（6）call.done()，会将call对象加入完成的通道Done中，代码如下：

```
func (call *Call) done() {
    select {
    case call.Done <- call:

    default:
        ...
    }
}
```

经过以上步骤，最终的代码流程会回到client.Call()。我们重新查看该方法的源码，如下所示。

```
func (client *Client) Call(serviceMethod string, args any, reply any) error {
    call := <-client.Go(serviceMethod, args, reply, make(chan *Call, 1)).Done
    return call.Error
}
```

从该函数的逻辑可以看出，当调用client.Go()后，会立即尝试从通道对象call.Done中读取数据。此时的协程处于阻塞状态，因为当网络请求未返回响应时，通道中不会有任何元素，只有RPC请求被响应，触发call.Done<-call执行后，该方法才能继续执行。所以，client.Call()其实有一个阻塞的阶段，这也保证了RPC调用是同步的。

只有同步调用结束后，才能保证后续的打印语句能输出远程调用结果。此时，我们再来理解客户端的请求的过程，就会清晰很多。

```
func main() {
    ...
    user := new(model.UserDetail)

    // 如果未能获得RPC调用的响应，则该方法调用是阻塞的
    err = client.Call("UserHandler.GetUserInfo", "golang", user)
    ...
    fmt.Printf("用户ID: %+v\n", user.Id)
    fmt.Printf("用户名: %+v\n", user.Username)
    fmt.Printf("用户昵称: %+v\n", user.Nickname)
}
```

7. 总结与思考

从整个RPC的交互过程中，可以总结出Go语言在实现时的设计思路：利用通道来实现协程同步，利用序列号来实现异步机制下请求和响应的映射关系。说到底，大多数隐藏在背后的设计和逻辑并不复杂，这些思路和设计思想都值得我们在实际编程中借鉴与参考。

15.2.3 利用 TCP 实现 RPC 通信

在理解了如何利用HTTP实现RPC通信后，我们就能很容易地实现利用TCP进行RPC通信。同样以15.2.1节中的通过RPC方式获得用户信息的需求为例，讲述如何利用TCP协议来实现RPC通信。

1. 服务端实现

既然是直接利用TCP传递消息，那么相对于HTTP模式，便不再需要HTTP相关的处理。同时，利用HTTP实现RPC协议时，服务端可以自动接管网络连接，并负责连接对象的管理，而TCP下只能自行处理连接对象。代码清单15-3演示了服务端的实现。

代码清单15-3   TCP实现RPC调用的服务端代码

```go
package main
import (
    "fmt"
    "net"
    "net/rpc"
    "net/rpc/jsonrpc"
)

func main() {
    rpc.Register(new(UserHandler))

    //rpc.HandleHTTP() 不再调用HandleHTTP()函数
    listener, err := net.Listen("tcp", "127.0.0.1:8090")

    if err != nil {
        fmt.Println("监听TCP端口出错")
        return
    }

    //err = http.Serve(listener, nil) 不再调用http.Serve()函数
    for {
        conn, err := listener.Accept()
        if err != nil {
            fmt.Println("建立TCP连接失败")
            continue
        }

        go func(conn net.Conn) {
            rpc.ServeConn(conn)
        }(conn)
    }
}
```

相较于利用HTTP实现RPC，利用TCP实现的主要改动如下：

（1）利用net.Listen监听8090端口，但不再调用rpc.HandleHTTP()函数。

（2）开启监听并处理消息时，不再调用http.Serve()函数。

（3）在for循环中，conn, err := listener.Accept()用于获得TCP连接。

（4）go func(conn net.Conn)，用于启动新的子协程来处理获得的TCP连接。

（5）在子协程中，调用rpc.ServeConn(conn)函数监听TCP连接中的消息。

2. 客户端实现

既然服务端的实现基于TCP，那么客户端也不能利用HTTP进行通信。因此，通信协议需要修改为TCP。代码清单15-4演示了这种变化。

代码清单15-4　TCP实现RPC调用的客户端代码

```
package main

import (
    "demo/15/model"
    "fmt"
    "net/rpc/jsonrpc"
)

func main() {
    // 利用TCP连接远程服务端，并获得客户端对象
    client, err := rpc.Dial("tcp", "127.0.0.1:8090")
    if err != nil {
        fmt.Println("与服务端建立连接出错")
        return
    }
    defer client.Close()

    user := new(model.UserDetail)
    client.Call("UserHandler.GetUserInfo", "golang", user)
    if err != nil {
        fmt.Println("获取用户信息出错")
        return
    }

    fmt.Printf("用户ID: %+v\n", user.Id)
    fmt.Printf("用户名: %+v\n", user.Username)
    fmt.Printf("用户昵称: %+v\n", user.Nickname)
}
```

代码解析：

（1）client, err := rpc.Dial("tcp", "127.0.0.1:8090")，利用rpc包中的Dial()函数向服务端监听地址拨号，以获取客户端对象。

（2）client.Call("UserHandler.GetUserInfo", "golang", user)，利用获得的客户端对象，调用服务端方法UserHandler.GetUserInfo，并将字符串"golang"和user指针作为参数传递到服务端。

首先启动服务端代码，使其进入监听状态。然后执行客户端代码，控制台上的输出如下：

```
用户ID：123
用户名：golang
用户昵称：尊敬的golang
```

15.2.4　利用 HTTP 和 TCP 实现 RPC 的区别

对比15.2.1节和15.2.3节的服务端代码会发现，利用TCP实现的服务端代码缺失了rpc.HandleHTTP()和http.Serve(listener, nil)这两个函数的调用。其中，rpc.HandleHTTP()用于注册默认的URL和处理函数的映射关系。同时，我们打开http.Serve((listener, nil)的源码，可以看到：

```
for {
    // 获得网络连接
    rw, err := l.Accept()
    ...
    connCtx := ctx
    ...
    tempDelay = 0
    c := srv.newConn(rw)
    c.setState(c.rwc, StateNew, runHooks) // before Serve can return
    go c.serve(connCtx)
}
```

http.Serve()函数的作用是循环从监听器中获取网络连接，并启动子协程进行处理。而利用TCP协议实现时，正是因为缺少了http.Serve()函数的支持，所以循环监听网络连接请求并建立网络连接的过程，必须自行实现，即代码清单15-3中的如下片段：

```
for {
    conn, err := listener.Accept()
    if err != nil {
        fmt.Println("建立TCP连接失败")
        continue
    }

    go func(conn net.Conn) {
        rpc.ServeConn(conn)
    }(conn)
}
```

当然，无论是利用HTTP还是TCP，在创建编码解码器时，都会调用rpc.Server.ServeConn()方法。编码解码器的格式均为Gob，即消息的格式完全相同。相对而言，HTTP模式做了更多的封装，程序员采用HTTP模式开发，代码也相对简洁。

15

15.3　JSON 格式——利用 jsonrpc 实现 RPC 通信

15.2节重点讲述了利用Gob格式实现RPC通信。但是Gob格式是Go语言独有的格式，无法支持跨语言调用。这意味着，如果服务端使用的是Gob格式，当客户端使用其他语言时，则需要自行实现编码解码器。毫无疑问，对于程序员而言，这种限制非常不友好。因此，Go语言还支持利用JSON格式来实现RPC通信。

JSON格式消息的传递主要借助jsonrpc包来实现。虽然目前Go语言只提供了TCP传输的实现，但JSON格式和Gob的区别只是编码解码器的不同，因此，二者在实现形式上非常类似。针对15.2节获取用户信息的场景，可以利用jsonrpc模式进行改写。

1. 服务端实现

代码清单15-5演示了如何利用jsonrpc实现RPC服务端。

代码清单15-5　jsonrpc实现RPC服务端

```
package main

import (
    "fmt"
    "net"
    "net/rpc"
    "net/rpc/jsonrpc"
)

func main() {
    // 注册服务端对象
    rpc.Register(new(UserHandler))
    // 同样利用TCP进行消息传输
    listener, err := net.Listen("tcp", "127.0.0.1:8090")

    if err != nil {
        fmt.Println("监听TCP端口出错")
        return
    }

    // 循环处理网络获取，并处理网络连接
    for {
        conn, err := listener.Accept()
        if err != nil {
            fmt.Println("建立TCP连接失败")
            continue
        }
```

```
        go func(conn net.Conn) {
        // 利用jsonrpc中的ServeConn(conn)来处理网络连接
            jsonrpc.ServeConn(conn)
        }(conn)
    }
}
```

对比代码清单15-3中的TCP模式，二者唯一的区别在于rpc.ServeConn(conn)修改为了jsonrpc.ServeConn(conn)。我们追踪jsonrpc.ServeConn(conn)的源码，其格式如下：

```
func ServeConn(conn io.ReadWriteCloser) {
    rpc.ServeCodec(NewServerCodec(conn))
}
```

代码解析：

（1）NewServerCodec(conn)，用于创建消息的编码解码器。

（2）rpc.ServeCodec()函数的调用与TCP模式下完全相同，因此，编码解码器的不同才是问题的关键所在。

我们继续跟踪NewServerCodec(conn)的源码，会发现该函数中创建了JSON格式的编码解码器，如以下代码所示。

```
func NewServerCodec(conn io.ReadWriteCloser) rpc.ServerCodec {
    return &serverCodec{
        dec:     json.NewDecoder(conn),
        enc:     json.NewEncoder(conn),
        c:       conn,
        pending: make(map[uint64]*json.RawMessage),
    }
}
```

代码解析：

（1）json.NewDecoder(conn)，用于创建JSON格式的解码器。

（2）json.NewEncoder(conn)，用于创建JSON格式的编码器。

2．客户端实现

同样地，客户端连接服务端时，也需要利用jsonrpc包中的Dial()方法。代码清单15-6演示了这种用法。

代码清单15-6　jsonrpc实现RPC客户端

```
func main() {
// 调用jsonrpc.Dial()函数，与服务端建立连接
```

```
client, err := jsonrpc.Dial("tcp", "127.0.0.1:8090")
if err != nil {
    fmt.Println("与服务端建立连接出错")
    return
}
defer client.Close()

user := new(model.UserDetail)
// 调用远程RPC服务，并传递参数
client.Call("UserHandler.GetUserInfo", "golang", user)
if err != nil {
    fmt.Println("获取用户信息出错")
    return
}

fmt.Printf("用户ID: %+v\n", user.Id)
fmt.Printf("用户名: %+v\n", user.Username)
fmt.Printf("用户昵称: %+v\n", user.Nickname)
}
```

　　客户端代码的实现相对简单，与Gob消息格式的不同在于，连接服务端时所调用的函数是jsonrpc.Dial()而非rpc.Dial()。我们继续追踪jsonrpc.Dial()函数的源码会发现，JSON与Gob方式的区别同样在于，使用的是JSON格式的编码解码器，而非Gob格式的编码解码器，如下代码所示。

```
func NewClientCodec(conn io.ReadWriteCloser) rpc.ClientCodec {
    return &clientCodec{
        dec:     json.NewDecoder(conn),
        enc:     json.NewEncoder(conn),
        c:       conn,
        pending: make(map[uint64]string),
    }
}
```

15.4　gRPC 格式——利用 gRPC 实现 RPC 通信

　　虽然jsonrpc包中提供的方案使用简单，也能跨语言，但是这种方案在传输效率上并不高。因为JSON是基于key-value组合的树状结构，其中真正有效的数据是value，而key仅仅标识了结构。在某些消息结构中，key所占用的空间还可能大于value。gRPC则进一步解决了这一问题，在保证跨语言的基础上，利用新的编码解码方案来描述消息。这种编码解码的方案就是Google提出的Protobuf。同时为了更好地推广gRPC，Google提供了多种编程语言的实现，使其易用性大大增强。再加上方案本身的稳定和高效，gRPC成为很多项目在RPC解决方案上的首选。本节将详细讲述如何在Go语言中使用gRPC。

15.4.1　生成 RPC 支持文件

为了兼具跨语言的通用性，Protobuf在概念上一定要脱离与特定编程语言的关系。这些消息的组织需要新的文件形式进行定义和保存。一份消息的格式文件，可以生成多种编程语言的源码文件，然后这些生成的源码文件才能参与到具体编程语言的编码活动中。对于各编程语言来说，消息格式来源于同一份格式文件，所以，才能实现跨语言的无缝衔接。

1. 环境准备

消息的编译需要额外的工具，该工具完全独立于编程语言，只是一个可执行文件，也就是Protobuf工具包中的protoc。当然，针对不同的操作系统，会有不同的可执行文件版本。我们既可以直接安装Protobuf，也可以在GitHub上获得各操作系统对应的文件。在GitHub上的下载地址为：

```
https://github.com/protocolbuffers/protobuf/releases
```

我们依据操作系统的不同，下载对应版本，并将文件放入操作系统的PATH中，从而保证可以直接执行protoc命令。在笔者计算机上，使用的Protobuf版本为3.21.9，如下所示。

```
$ protoc --version
libprotoc 3.21.9
```

protoc可以根据消息格式文件生成不同编程语言的RPC支持文件。我们首先执行protoc --help命令查看帮助文档，默认情况下支持的编程语言如下所示。

```
$ protoc --help
...
  --cpp_out=OUT_DIR          Generate C++ header and source.
  --csharp_out=OUT_DIR       Generate C# source file.
  --java_out=OUT_DIR         Generate Java source file.
  --kotlin_out=OUT_DIR       Generate Kotlin file.
  --objc_out=OUT_DIR         Generate Objective-C header and source.
  --php_out=OUT_DIR          Generate PHP source file.
  --pyi_out=OUT_DIR          Generate python pyi stub.
  --python_out=OUT_DIR       Generate Python source file.
  --ruby_out=OUT_DIR         Generate Ruby source file.
```

正如选项名称所表现的那样，cpp_out、csharp_out等对应了C++、C#等编程语言，但是并没有go_out选项。如果要支持Go语言，则需要额外的插件支持。我们首先在GitHub上下载插件的源码：

```
git clone https://github.com/grpc/grpc-go
```

下载后的grpc-go是一个Go语言模块，我们进入模块目录，执行go安装命令：

```
go install
```

该命令执行成功后，将生成可执行文件protoc-gen-go。默认生成的目录在$GOPATH/bin中。如果没有指定环境变量，则可以利用go env GOAPTH查看默认值。我们将生成的protoc-gen-go文件复制到操作系统的PATH中，保证能够在任何目录下直接调用protoc-gen-go命令。

2. 编写Protobuf文件

Protobuf文件有其特定格式，详细信息可以参考https://developers.google.com/protocol-buffers/的说明，Protobuf文件的后缀为".proto"。我们同样以获取用户信息的场景为例，编写出的Protobuf文件如代码清单15-7所示。

代码清单15-7　用户信息服务的Protobuf文件

```
syntax = "proto3";

// 决定生成的.go文件的存储位置
option go_package = "model/;protomodel";

// .proto文件的包名，与将来生成的.go文件的包名无关
package proto;

// 定义服务及服务的能力
service UserService {
  rpc GetUserInfo(UserRequest) returns (UserResponse) {}
}

// 定义请求消息体
message UserRequest {
  string name = 1;
}

// 定义响应消息体
message UserResponse {
  int32   id = 1;
  string username = 2;
  string nickname = 3;
}
```

代码解析：

（1）syntax = "proto3"，用于指定使用的语法格式版本为proto3，这也是本书编写时的最新版本。

（2）option go_package = "model/;protomodel"，是一个选项配置。在本例中，我们最终要将Protobuf文件编译为Go语言源码文件。go_package选项由两部分构成，这两部分利用分号分隔，共同决定了编译出的.go文件的存储位置。其中，"model/"结尾带有文件路径分隔符"/"，表明这是一个文件夹路径，用于指定输出.go文件的相对工作目录的存储路径；

protomodel代表了.go文件的包名。笔者故意将这两部分指定不同的配置，从而能在生成文件时更容易看出配置项的含义。

（3）package proto，是.proto文件的包名。为了多个.proto文件之间的相互隔离和引用而指定包名，与.go文件的包名没有任何关系。

（4）service UserService用于声明服务，该服务会生成Go语言的接口。UserService内部定义了方法GetUserInfo()，该方法在编译为.go文件时会生成对应接口方法。

（5）rpc GetUserInfo(UserRequest) returns (UserResponse) {}中的UserRequest和UserResponse分别是方法的参数和返回值，引用的正是消息定义UserRequest和UserResponse。

（6）message UserRequest和message UserResponse是RPC之间传递的消息定义。string name = 1定义了一个名为name的字段，其类型为string，索引位置1。其他字段定义可以利用相同的规则解析。在这里，我们需要注意的是消息的索引位置是从1开始的，而非习惯上的0。

将上面的消息保存为名为user.proto的文件，并创建目录model，用于存储生成的.go文件。项目中的文件结构如图15-2所示。

3. 编译.proto文件为.go文件

图 15-2　文件路径结构

打开命令行（Windows）或终端（macOS），将当前目录定位在.proto文件夹的父级目录，并执行以下命令：

```
$ protoc --proto_path=proto/ --go_out=plugins=grpc:proto/ user.proto
```

命令解析：

（1）protoc是可执行文件，我们在前面已经将它放入操作系统的PATH目录，因此可以直接执行。

（2）--proto_path选项，用于指定Protobuf文件所在目录的相对地址——示例命令执行的目录是proto的父级目录。

（3）--go_out选项，用于指定当前输出形式为.go文件。其值plugins=grpc:proto/是以冒号为分隔符的两个部分：plugins=grpc是指利用额外插件；proto/是输出文件的相对路径，该路径与user.proto文件中的option go_package所指定的路径（本例中为model/）合并成为最终的路径。

（4）user.proto作为参数传入protoc命令，用于指定要编译的Protobuf源文件。

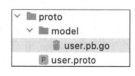

该命令成功执行后，可以看到在项目的model目录下会生成user.pb.go文件，如图15-3所示。

图 15-3　文件路径结构

4. 编译过程可能出现的错误

如果执行命令过程中出现如下错误，则代表protoc-gen-go插件未安装成功，或者未加入PATH中。

15

```
protoc-gen-go: program not found or is not executable
    Please specify a program using absolute path or make sure the program is available
in your PATH system variable
    --go_out: protoc-gen-go: Plugin failed with status code 1.
```

因此，需要按照"1. 环境准备"所介绍的内容，检查插件的安装情况。注意，执行命令时不能省略插件选项。例如，直接执行如下命令：

```
protoc --proto_path=proto/ --go_out=proto/ user.proto
```

该命令省略了插件选项（plugins=grpc），虽然也能够正常执行和输出user.proto.go文件，但是文件中只是解析和生成了消息对应的结构体，缺少RPC注册方法的支持，而注册环节在整个RPC调用过程中是不可缺失的。

5. 编译后的.go文件的内容

编译后的.go文件主要提供请求体定义、响应体定义、服务接口定义以及RPC注册方法等。这里只截取与后续编码相关的关键内容：

（1）请求结构体UserRequest：

```
type UserRequest struct {
  state         protoimpl.MessageState
  sizeCache     protoimpl.SizeCache
  unknownFields protoimpl.UnknownFields

  // 请求体中的Name字段类型为string，标签（Tag）信息用于Protobuf消息格式的编解码
  Name string `protobuf:"bytes,1,opt,name=name,proto3" json:"name,omitempty"`
}
```

（2）响应结构体UserResponse：

```
type UserResponse struct {
  state         protoimpl.MessageState
  sizeCache     protoimpl.SizeCache
  unknownFields protoimpl.UnknownFields

  Id       int32  `protobuf:"varint,1,opt,name=id,proto3" json:"id,omitempty"`
  Username string `protobuf:"bytes,2,opt,name=username,proto3"
json:"username,omitempty"`
  Nickname string `protobuf:"bytes,3,opt,name=nickname,proto3"
json:"nickname,omitempty"`
}
```

（3）为了方便获取字段信息，还会为UserRequest和UserResponse中的字段生成getter方法：

```
func (x *UserRequest) GetName() string {
  if x != nil {
    return x.Name
```

```
      }
    return ""
  }

  func (x *UserResponse) GetId() int32 {
    if x != nil {
      return x.Id
    }
    return 0
  }
  ...
```

（4）针对user.proto文件中的GetUserInfo方法，创建供客户端调用的结构体及创建客户端对象的函数：

```
type userServiceClient struct {
  cc grpc.ClientConnInterface
}

func NewUserServiceClient(cc grpc.ClientConnInterface) UserServiceClient {
  return &userServiceClient{cc}
}
```

（5）针对user.proto文件中的GetUserInfo方法，需要服务端实现的接口：

```
type UserServiceServer interface {
  GetUserInfo(context.Context, *UserRequest) (*UserResponse, error)
}
```

（6）在服务端注册RPC服务的函数RegisterUserServiceServer()：

```
func RegisterUserServiceServer(s *grpc.Server, srv UserServiceServer) {
  s.RegisterService(&_UserService_serviceDesc, srv)
}
```

15.4.2　gRPC 调用过程

我们结合15.4.1节生成的文件来编写代码，完成整个gRPC的调用过程。

1. 服务端实现

服务端要完成获取用户信息的业务逻辑，并将它注册为gRPC服务。代码清单15-8演示了具体实现。

代码清单15-8　gRPC调用的服务端实现

```
package main

import (
```

```go
    "context"        // 导入根据.proto文件生成的Go代码包
    pb "demo/15/proto/model"
    "errors"
    "fmt"
    "google.golang.org/grpc"
    "google.golang.org/grpc/reflection"
    "net"
)

type UserService struct {
}

func (service *UserService) GetUserInfo(ctx context.Context, request *pb.UserRequest)
                                        (*pb.UserResponse, error) {
    fmt.Printf("try to get user info by %s", request.GetName())

    if len(request.GetName()) == 0 {
        return nil, errors.New("the query name cannot be empty")
    }

    // 通常逻辑是从数据库或者缓存中查询
    response := pb.UserResponse{Id: 123, Username: request.GetName(), Nickname: "尊敬
的" + request.GetName()}

    return &response, nil
}

func main() {
    // 监听127.0.0.1:8090
    ln, err := net.Listen("tcp", "127.0.0.1:8090")
    if err != nil {
        fmt.Println("建立监听出错")
        return
    }

    // 实例化gRPC服务端
    server := grpc.NewServer()

    // 注册UserService服务
    pb.RegisterUserServiceServer(server, &UserService{})

    // 向gRPC服务端注册反射服务
    reflection.Register(server)

    // 启动gRPC服务
    if err := server.Serve(ln); err != nil {
        fmt.Println("启动gRPC服务失败")
    }
}
```

代码解析：

（1）UserService是一个表示用户服务的结构体，用于绑定GetUserInfo()方法。

（2）GetUserInfo()的方法签名——方法名、参数（context.Context、*UserRequest）和返回值（*UserResponse, error）必须与user.pb.go中的接口方法UserServiceServer.GetUserInfo一致，从而保证UserService实现了pb.UserServiceServer接口。

（3）在main()函数中，同样利用net.Listen("tcp", "127.0.0.1:8090")来获得监听对象。

（4）server := grpc.NewServer()，用于创建gRPC服务器对象。

（5）pb.RegisterUserServiceServer(server, &UserService{})，函数pb.RegisterUserServiceServer()是protoc命令解析user.proto文件生成的，该函数可以将用户服务UserService的实例注册到gRPC服务器上。第一个参数server是gRPC服务器对象；第二个参数的类型是自动生成的接口pb.UserServiceServer。这也是为什么我们要求UserService必须实现UserServiceServer接口的原因。

（6）reflection.Register(server)，用于向gRPC服务器注册反射服务。

（7）server.Serve(ln)，用于启动gRPC服务器。

2. 客户端实现

客户端和服务端的代码并不会产生直接的关联，二者通过user.proto.go中定义的结构体和函数进行间接关联。服务端结构体UserService实现了接口UserServiceServer，在整个gRPC调用过程中，客户端并没有个性化的业务逻辑，只需要从gRPC中获取客户端对象即可，如代码清单15-9所示。

代码清单15-9　gRPC的客户端实现

```
package main

import (
  pb "demo/15/proto/model"
  "fmt"
  "google.golang.org/grpc/credentials/insecure"
  "time"

  "golang.org/x/net/context"
  "google.golang.org/grpc"
)

func main() {
    // 远程连接凭证，insecure模式下禁用了传输安全认证
    credentials := grpc.WithTransportCredentials(insecure.NewCredentials())

    // 连接gRPC服务器
    conn, err := grpc.Dial("127.0.0.1:8090", credentials)
  if err != nil {
    fmt.Printf("连接失败: %v\n", err)
```

15

```
    }
    // 延迟关闭连接
    defer conn.Close()

    // 初始化UserService客户端
    userClient := pb.NewUserServiceClient(conn)

    // 定义超时上下文
    ctx, cancel := context.WithTimeout(context.Background(), time.Second)
    defer cancel()

    // 远程调用服务端方法
    response, err := userClient.GetUserInfo(ctx, &pb.UserRequest{Name: "golang"})
    if err != nil {
      fmt.Printf("调用GetUserInfo失败: %v\n", err)
      return
    }

    fmt.Printf("用户ID: %+v\n", response.Id)
    fmt.Printf("用户名: %+v\n", response.Username)
    fmt.Printf("用户昵称: %+v\n", response.Nickname)
}
```

代码解析：

（1）conn, err := grpc.Dial("127.0.0.1:8090", grpc.WithTransportCredentials(...))，调用grpc包中的拨号函数来与服务端建立连接。

（2）userClient := pb.NewUserServiceClient(conn)，调用生成文件中的NewUserServiceClient()函数获得远程服务的客户端对象，并将获得的网络连接对象conn作为参数传入。网络连接对象被封装在客户端对象的userClient中。

（3）ctx, cancel := context.WithTimeout(context.Background(), time.Second)，用于创建一个过期时间为1秒的取消上下文。

（4）response, err := userClient.GetUserInfo(ctx, &pb.UserRequest{Name: "golang"})，直接调用客户端对象的GetUserInfo()方法来完成gRPC的调用。

3. 执行调用

首先启动服务端代码，进入监听状态。然后执行客户端代码，控制台上的输出如下：

```
用户ID: 123
用户名: golang
用户昵称: 尊敬的golang
```

通过控制台打印内容可以看出，已经成功通过gRPC方式完成了远程函数的调用。

4. 注意与说明

在整个gRPC调用过程的代码实现中，我们需要特别注意的是服务端代码，业务处理逻辑一定要实现.proto生成文件中的接口。该接口中特别增加了一个上下文对象，我们通过向其中传入超时上下文来控制远程调用的最大等待时间。

15.5　编程范例——基于 Wireshark 理解 RPC 通信

在前面的内容中，详细讲述了各种RPC通信模式的区别——通信时的消息格式的不同。消息经过封装（例如增加发送方IP地址、接收方IP地址等），以数据包的形式在网络中进行传输。本节以Gob和JSON格式为例，通过抓包工具拦截RPC请求，从而加深对于RPC消息格式的理解。

1. 准备抓包工具

在日常开发中，常用的抓包工具有Fiddler、Charles等，但是这些抓包工具均面向HTTP协议。HTTP为应用层协议，而RPC调用往往使用TCP，因此，我们选择能够适配传输层协议的Wireshark，以便捕获基于TCP传输的RPC数据包。Wireshark也提供了解析数据包内容的功能，可以作为消息的参考。

可以从站点https://www.wireshark.org/下载Wireshark安装包。执行安装后，打开该软件，将进入欢迎页。欢迎页中列出了本地网卡，网卡列表中包含了本地的物理网卡和虚拟网卡，如图15-4所示。

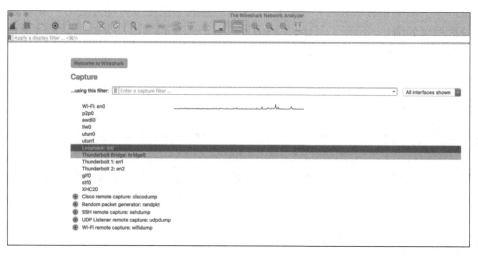

图 15-4　Wireshark 欢迎页

因为所有数据包都经由网卡传输，而我们的网络请求的客户端和服务端都是基于本地，所以此处选择回环项（Loopback: lo0）。双击"Loopback:lo0"，将进入数据包的抓取界面。

2. 抓取Gob格式的数据包

代码清单15-3和15-4分别是利用TCP传输Gob格式的服务端和客户端代码。我们将两段代码中的端口号修改为一个特殊值，例如9787。如此一来，经过该特殊端口的数据包只有实例代码运行时发送的RPC消息，排除了其他进程消息的干扰。

在服务端代码中，将监听端口号修改为9787，代码如下：

```
func main() {
    rpc.Register(new(UserHandler))

    //rpc.HandleHTTP() 不再调用HandleHTTP()函数
    listener, err := net.Listen("tcp", "127.0.0.1:9787")

    // 其余代码保持不变
    ...
}
```

客户端代码同样将连接端口修改为9787，代码如下：

```
func main() {
    client, err := rpc.Dial("tcp", "127.0.0.1:9787")
    // 其余代码保持不变
    ...
}
```

在Wireshark的数据包抓取界面中，添加过滤条件"tcp and tcp.port == 9787 and ip.dst == 127.0.0.1"，以便只展示经过本地9787端口的TCP数据包。

接着，依次启动服务端和客户端代码。在客户端成功调用服务端方法后，Wireshark中可以抓取的数据包如图15-5所示。其中，从59386（客户端随机端口）发送到9787（服务端监听端口）的PSH包（序号795），是客户端进行RPC调用时发送的数据包。

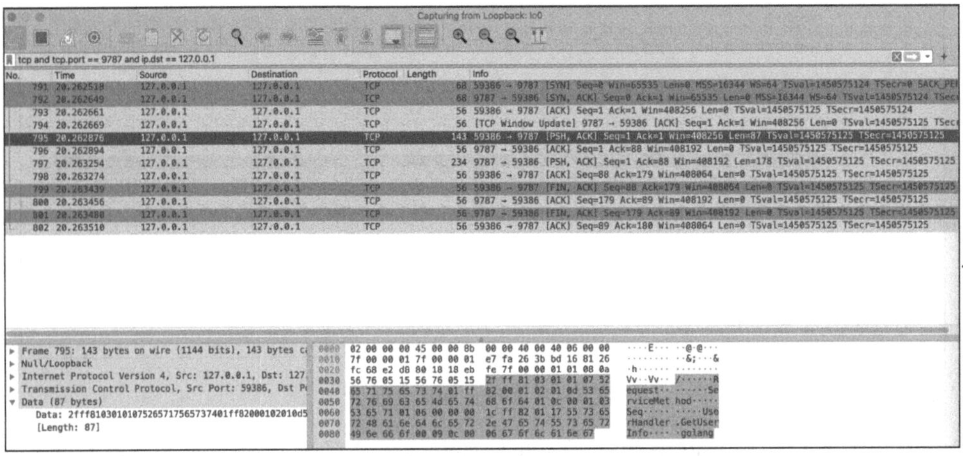

图 15-5   Wireshark 抓取 Gob 格式的 RPC 请求数据包

右下角消息内容窗口以字符格式解析了消息体的内容。虽然与代码中发送的参数有所区别，也不够直观，但是我们仍然可以看出Gob编码下传递的方法名、参数等基本是以固定分隔符的方式串联在一起的。

同样地，从9787发送到59386的PSH包（序号797）是来自服务端的响应，其消息格式与RPC请求包（序号795）中的消息类似，如图15-6所示。

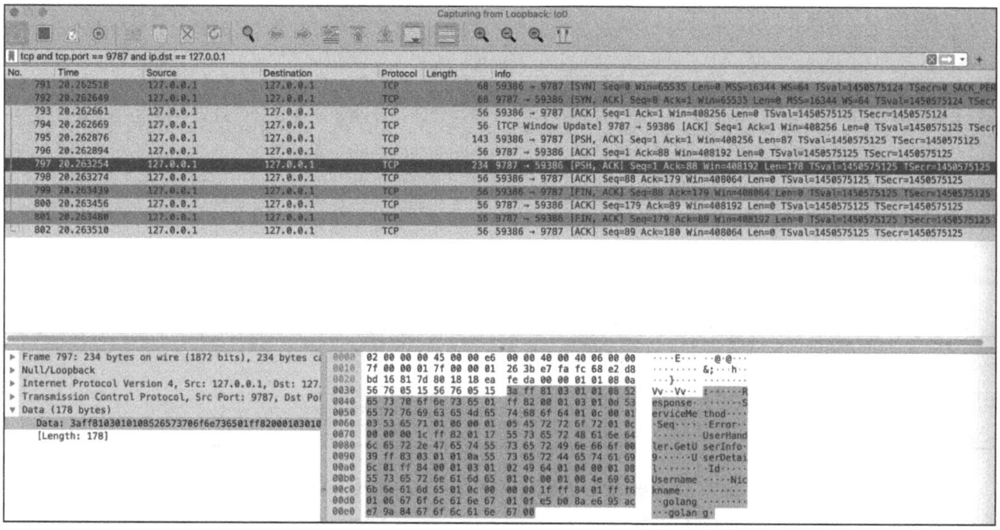

图 15-6　Wireshark 抓取取 Gob 格式的 RPC 响应数据包

3. 抓取JSON格式的数据包

代码清单15-5和15-6是利用TCP发送JSON格式的服务端和客户端代码。同样地，我们可以将二者所使用的端口号修改为特殊值，例如9777。

服务端代码修改如下：

```
func main() {
    rpc.Register(new(UserHandler))

    listener, err := net.Listen("tcp", "127.0.0.1:9777")

    // 其余代码保持不变
    ...
}
```

客户端代码修改如下：

```
func main() {
    client, err := jsonrpc.Dial("tcp", "127.0.0.1:9777")
    // 其余代码保持不变
    ...
}
```

在Wireshark的数据包抓取界面中，修改过滤条件为"tcp and tcp.port == 9777 and ip.dst == 127.0.0.1"，以便只展示经过本地9777端口的TCP数据包。

依次启动服务端和客户端代码，完成一次成功的RPC调用。分别选择RPC请求数据包（序号76635）和响应数据包（序号76637）进行查看，结果分别如图15-7和图15-8所示。

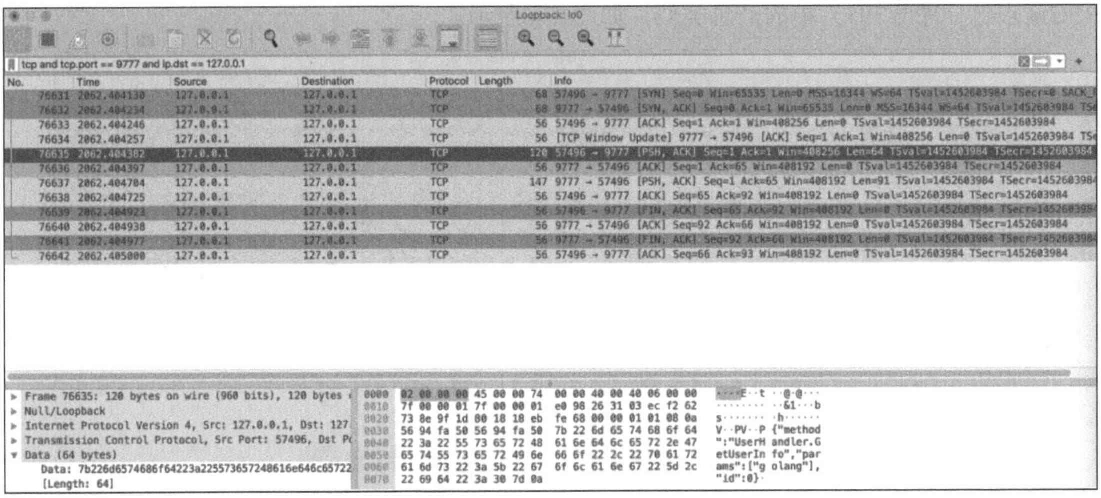

图 15-7　Wireshark 抓取 JSON 格式的 RPC 请求数据包

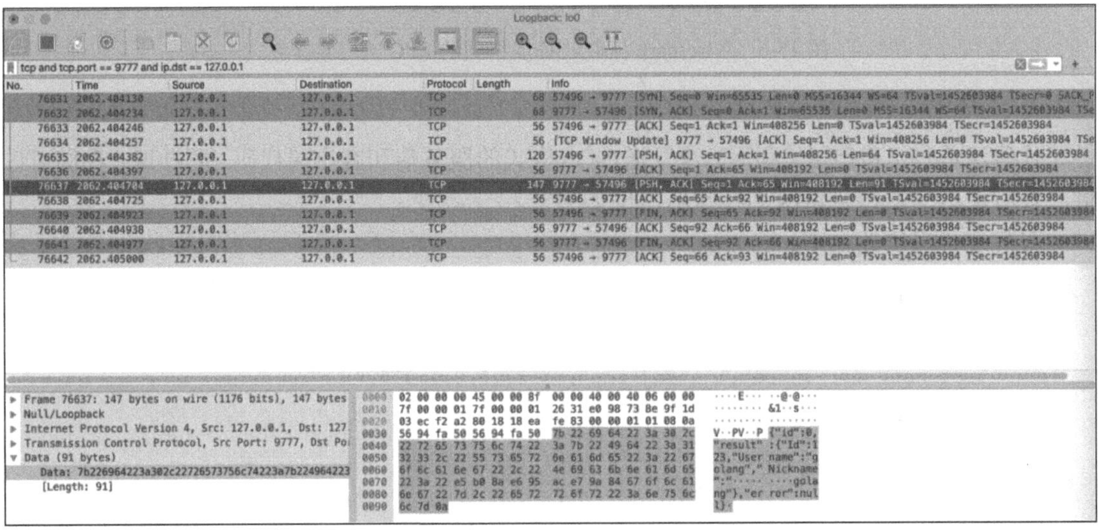

图 15-8　Wireshark 抓取 JSON 格式的 RPC 响应数据包

通过右下角的消息内容窗口也可以看出，无论是请求数据包还是响应数据包，均被包装为JSON格式。

4. 对比Gob和JSON格式下的RPC调用

利用Wireshark也可以观察到TCP连接三次握手和四次挥手的详细过程。对比两种方式下RPC的调用过程也可以看出，TCP连接的握手和挥手的过程完全相同，二者最大的不同是消息传递的格式。Gob格式是Go语言内置的，对于其他编程语言来说，可能无法识别和解析；而JSON作为通用格式，可以轻松实现跨语言解析。

15.6　本章小结

本章通过多个实例，详细讲述了RPC的各种实现方式。可以根据各个实现方式侧重解决问题的不同，来理解其产生原因和独特之处。原生HTTP的实现方式无须自行实现连接处理，只需要注册RPC服务函数即可；TCP方式需要自行处理连接对象，代码稍显烦琐，但减少了HTTP的校验过程。采用Gob消息格式的最大短板在于无法跨语言，即只能利用Go语言API来完成编码。JSON RPC方式解决了编程语言互通的问题，但JSON消息格式的压缩和传输效率不高，因此出现了更丰富的RPC传输方式，例如gRPC方式。gRPC在使用上更加依赖外部环境，例如proctoc和grpc插件，开发时会稍显烦琐，但其良好的跨语言支持和传输性能，使得它成为很多项目的首选方案。

15

第 16 章

内存管理

在程序执行过程中，CPU从内存中读取数据是最为频繁的操作。就数据的实际存储结构而言，程序员在编码过程中定义数据以及进行的各种运算，更像一个黑盒操作。理解数据如何在内存中存储，有助于深刻理解程序的运行过程，编写更加高效的代码。本章我们将详细讲述Go语言的内存管理策略，以及Go语言的垃圾回收机制。

本章内容：

✳ 内存对齐
✳ Go语言的内存分级管理
✳ Go语言的垃圾回收

16.1 内存对齐

在编码过程中，我们往往会忽略对于内存存储结构的考虑，这一方面是由于如今的内存成本已经不再是程序员考虑的重点，另外一方面也是因为编程语言对于内存存储的透明性。但是，其实大部分编程语言都会隐式处理内存对齐问题。

16.1.1 内存空隙

数据在内存中的存储不是连续的，在有效数据之间，往往存在着空隙，如图16-1所示。

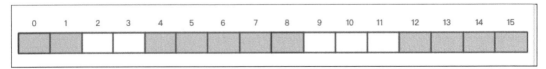

图 16-1 有效的数据之间存在着内存间隙

在图16-1中，每个方格代表一个字节，0～15是一段内存相对于某个起始地址的偏移量。深色背景的方格代表有效数据的存储，空白方格代表内存空隙，不存储任何有效数据。

16.1.2　内存对齐和对齐边界

出现图16-1中的内存空隙的原因是内存对齐策略。首先需要明确的是，内存对齐并非编程语言本身的缺陷，而是由于硬件因素，也就是CPU读取数据时的规则引出的。我们知道，每种类型的数据都有其固定长度，当CPU从内存中读取数据时，需要知道数据的起始地址和长度。有的CPU架构（例如Alpha、IA-64、MIPS）规定了读取的起始地址必须是数据类型长度的倍数，否则会直接报错。其次，才是读取效率的因素。

CPU读取数据并非以字节为单位，而是以机器字为单位。32位和64位CPU的机器字分别为4字节和8字节，而且读取时的起始位置往往是字长的n倍。例如，对于8字节机器字长来说，起始位置是0、8、16、$n\times8$等。对于变量或常量数据来说，效率最高的方式就是能够一次（或者称作一个时钟周期）读取到所需数据。这就要求单个变量/常量值尽量不要跨越多个机器字。同时，CPU读取内存时，并不能从任意地址开始，而只能是机器字的倍数。

当不进行内存对齐时，所有数据连续存储，即使CPU支持这种读取方式，也往往会造成单个变量/常量的数据跨越多个数据块，如图16-2所示。

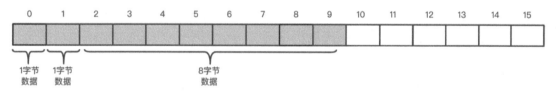

图 16-2　数据在内存中连续存储

在图16-2中，从位置0开始的前两个数据项，长度均为1字节，第3个数据项长度为8字节。当机器字长为8字节时，第3个数据项跨越了两个机器字，其获取必须经历两次读取。在读取完成后，还需要对两次读取的数据分别进行截取，然后进行合并运算，才能获得真实数据。这无疑将大大降低CPU的处理效率。

一旦有了内存对齐策略，内存分配的实际情况将会变为如图16-3所示的状态。

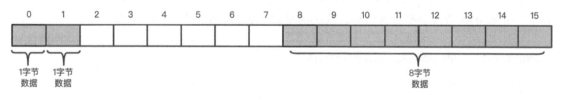

图 16-3　经过内存对齐后的实际存储结构

内存的对齐值被称为对齐边界。对齐边界是数据类型的长度和机器字长中较小的值。在目前主流CPU平台下，机器字长均为8字节。因此，对于基本数据类型而言，我们可以认为内存对齐的边界就是数据类型本身的长度。例如，byte类型的对齐边界为1，int16的对齐边界为2。内存对齐要求一个变量/常量在内存中的存储地址必须为对齐边界的整数倍。在图16-3的存储结构中，经过内存对齐后，第3个数据项独自占用了8字节，虽然在存储空间上出现了浪费，但是却可以大大提高CPU的计算效率。只需一次CPU读取即可获得完整数据，而且不会有二次合并的成本。

另外一个需要考虑的问题是，对于能够在一个机器字长中存储的数据，例如前3项的数据长度分别为1字节、1字节和4字节，那么其存储形式如图16-4所示。

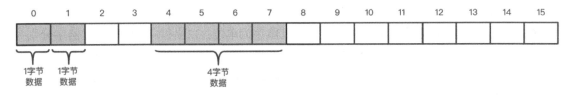

图 16-4   三项数据处于同一机器字长的数据块中

在图16-4的存储形式下，出现的内存空隙只有2字节，但是并不会出现如图16-5所示的存储形式。

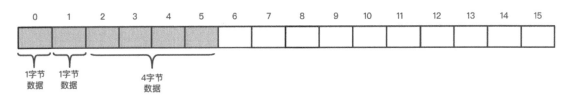

图 16-5   不符合内存对齐的存储格式

在图16-5所示的存储形式下，第3项数据长度为4字节，其起始地址也是2的倍数，整个数据也处于一个机器字长之内，形成的浪费也比较小；位移为6和7的位置上，还可以存储1字节或2字节数据。但是，这并不符合内存对齐的原则——起始地址必须为数据类型长度的整数倍。因为一旦打破了这一规则，便很难保证所有数据都处于同一机器字内。例如，其后追加4字节新数据，起始位置就需要从6开始，新数据仍会跨越多个机器字长。Go语言中提供了unsafe.Alignof()函数来获得对齐边界。代码清单16-1演示了如何获得不同数据类型的对齐边界。

代码清单16-1   利用unsafe.Alignof()获得对齐边界

```
package main

import (
  "fmt"
  "unsafe"
)
```

```
func main() {
  var b byte
  var f float32

  fmt.Println("byte类型的对齐边界: ", unsafe.Alignof(b))
  fmt.Println("byte指针类型的对齐边界: ", unsafe.Alignof(&b))
  fmt.Println("float32类型的对齐边界: ", unsafe.Alignof(f))
  fmt.Println("float32指针类型的对齐边界: ", unsafe.Alignof(&f))
}
```

执行该代码段，在控制台上的输出如下：

```
byte类型的对齐边界: 1
byte指针类型的对齐边界: 8
float32类型的对齐边界: 4
float32指针类型的对齐边界: 8
```

16.1.3　结构体的内存对齐

　　基本数据类型的对齐边界比较容易识别，而结构体的内存对齐则稍显复杂。结构体中可能存在着多个不同类型的字段，这些字段本身的数据类型不同，也对应着不同的对齐边界。结构体的对齐要求每个字段都符合对齐规则，整个结构体的对齐边界是所有字段对齐边界的最大值。对于结构体而言，虽然对齐边界是确定的，但是，字段顺序的不同往往会导致占用空间大小的不同。我们以一个表示国家的结构体Country为例，代码清单16-2演示了如何获取Country的对齐边界和占用空间。

代码清单16-2　利用unsafe.Alignof()和unsafe.Sizeof()获得对齐边界和占用空间

```
package main

import (
    "fmt"
    "unsafe"
)

type Country struct {
    Id         int16
    IsAdvanced bool
    population int64
}

func main() {
    var country = Country{}

    fmt.Println("对齐边界: ", unsafe.Alignof(country))
    fmt.Println("占用空间: ", unsafe.Sizeof(country))
}
```

16

代码解析：

（1）Country是一个自定义结构体，该结构体有3个字段：int32类型的Id、bool型的IsAdvanced和int64型的population。

（2）变量 country 是 Country 的一个实例，我们调用函数 unsafe.Alignof(country) 和 unsafe.Sizeof(country)分别获取变量country的对齐边界和占用空间。

执行该代码段，其输出如下：

```
对齐边界：8
占用空间：16
```

图16-6更加详细地展示了Country对象的对齐边界和占用空间。

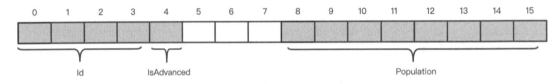

图 16-6　结构体对齐边界和占用空间示意图

在Country结构体中，对齐边界最大的是int64类型的Population字段，对齐边界为8。为了保证每个字段都遵循对齐原则，Population字段的起始地址必须能被8整除，而整个结构占用空间大小为16。

如果交换一下结构体中IsAdvanced和Population字段的位置，会发现结构体对齐边界不变（依赖所有字段的最大对齐边界），但是结构体占用空间发生了变化。

```
type Country struct {
    Id         int16
    population int64
    IsAdvanced bool
}

func main() {
    var country = Country{}

    fmt.Println("对齐边界：", unsafe.Alignof(country))
    fmt.Println("占用空间：", unsafe.Sizeof(country))
}
```

在修改后的代码中，交换了Coutry的IsAdvanced和Population字段的位置。执行该代码段后，其输出如下：

```
对齐边界：8
占用空间：24
```

此时的空间占用情况如图16-7所示。

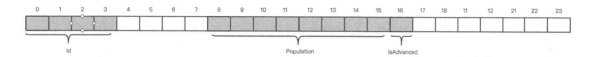

图 16-7　字段顺序影响结构体占用空间的大小

因为要保证所有字段的边界对齐要求，所以字段Population仍然要占用第8～15字节，这导致IsAdvanced只能从位置16开始。

内存对齐的另外一个规则是，总大小（size）也必须是内存对齐边界（align）的整数倍。因此，对于结构体Country而言，即使IsAdvanced仅有1字节，但因为Country的整体内存边界为8，所以，位置17～23不会存储任何有效数据。

对于单个对象来说，这两种字段顺序最终的存储空间差异不大。但是，当内存中类似结构体实例的数量非常庞大时，所浪费的内存空间也是非常大的。在平时编码时，我们可以通过优化字段的大小和位置来尽量节省内存空间。当然，除了存储空间外，结构体大小的不同还会影响读取一个结构体所消耗的时钟周期数。在本例中，24字节的读取时间会比16字节至少多出一个时钟周期。

16.2　内存分级管理

对象的内存分配有两大要素——所占空间大小和起始地址。一旦二者确定，那么对象的内存分配就是确定的。内存分配的前提是内存对齐，内存对齐可以确定对象占用的内存空间大小。起始地址也要遵循内存对齐原则，但符合内存对齐原则的可选地址很多（尤其当空闲空间很大时），起始地址只需满足对齐要求即可。

因此，如何从可选内存中快速选择最为经济的空间成为内存分配最为关心的问题。这里的经济有两层含义：最快选择和最小浪费。

对于最快选择，最朴素的想法就是维护一个空闲空间列表。每次需要分配时，扫描空闲空间列表，找出第一个符合大小要求的内存空间，但这往往造成较大的浪费。因为该规则可能找到一块很大空间，而实际有效数据的空间很小。一个改善的方法是扫描整个空闲空间列表，找到最合适的大小，但这又无法保证效率。除此之外，在多线程模型下，扫描和维护空闲列表的过程必须加锁，以此来避免空间分配的冲突。

针对以上问题，Go语言有着个性化的解决方案——内存分级管理。

16.2.1　分级管理的本质

在计算机世界中，以选择内存分配时的起始地址为例，有非常多的选择，但是如何选择最合适的那个地址呢？

16

因为内存对象的大小是不确定的，其大小可能是1~n字节中的任何一个，是否必须为这n种情况使用n种策略呢？恐怕很难。只能将其大小划分为不同范围，针对每个范围使用不同的策略，如同平滑的斜面被修改为带有一定落差的阶梯。因此，分级管理的本质就是将无穷的选项处理为有限的枚举，从而将一个无法穷举的问题转换为能够处理的有限问题。

这种例子比比皆是，例如将传感器捕获的信号根据一定的阈值转换为电信号的过程。Go语言中的内存管理同样利用这一思想，将内存大小进行分级（称为class），针对每级大小维护独立的空闲列表。这样做一方面可以快速定位合适大小的空闲空间，另外一方面也分散了加锁解锁的压力。

16.2.2　Go 语言内存管理的基本单位——Span

程序对象的大小只是需求，Go语言程序在向操作系统申请内存时不会精确地按需分配。例如，需要申请8字节，但不会直接向操作系统申请8字节。这是因为操作系统管理内存的基本单位是Page（页）。在64位操作系统中，页的默认大小为8KB。

Go语言以Page为基本单位向操作系统申请内存，在管理时，映射为Span的概念。Span是一个或多个连续的Page。从业务和代码隔离的角度来看，这样做是有意义的。当与外部系统（操作系统可以看作Go程序的外部系统）交互时，创建独立的业务概念可以隔离外部概念（例如Page）对后续业务带来的影响。即使Page的业务形态发生变化，也只需要修改Span与Page之间的交互即可。

Go语言源码中，Span对应的结构体为mspan，其关键字段如下：

```
type mspan struct {
    next *mspan            // 后续的Span
    prev *mspan            // 前导的Span
    ...
    startAddr uintptr      // 当前Span的起始地址
    npages    uintptr      // 当前Span的页数

    nelems uintptr         // 当前Span中存储的对象数量
    ...
    spanclass   spanClass  // 当前Span的级别
    ...
}
```

代码解析：

（1）next和prev是指定后续和前导的Span。这代表Span的存在形式并非孤立的一个对象，而是一个双向链表。

（2）startAddr是当前Span的开始地址。

（3）npages是当前Span中含有的Page数量。开始地址和Page的数量确定了当前Span所占据的内存空间。

（4）nelems是当前Span中所存储的内存对象的数量。

（5）spanclass是当前Span所属的级别。

在所有字段中，spanclass指定了Span的级别。级别的产生是因为期望将不同大小的内存对象划分为不同等级，不同等级的对象使用独立的Span链表进行存储。这样一来，不仅分散了存储时的竞争压力，也尽量避免了空间的浪费。因为可以将相近大小的对象存储到同一级别的Span中。

在文件sizeclasses.go中，我们可以看到各个级别Span的规格参数，如图16-8所示。

```
// class  bytes/obj  bytes/span  objects  tail waste  max waste  min align
//     1          8        8192     1024           0     87.50%           8
//     2         16        8192      512           0     43.75%          16
//     3         24        8192      341           8     29.24%           8
...
//    63      21760       65536        3         256      6.25%         256
//    64      24576       24576        1           0     11.45%        8192
//    65      27264       81920        3         128     10.00%         128
//    66      28672       57344        2           0      4.91%        4096
//    67      32768       32768        1           0     12.50%        8192
```

图 16-8　Span 规格参数

说明：

（1）class：标识了Span的级别。级别的值可以是1~67的整数。

（2）bytes/obj：指定了该级别的Span中对象的最大大小，例如第1行的8代表1~8字节的对象大小；第2行的16代表9~16字节的对象大小。

（3）bytes/span：指定了该级别的Span中的存储空间大小。例如8192代表了8KB，即1个Page。需要注意的是，多个级别的Span可能有着相同的大小。例如图16-8中，级别1~3的Span具有相同大小，均为一个Page。

（4）objects：指定可以在Span中存储多少个对象。Span在分配时，首先会将整个Span切分为objects个数的元素，每个元素存储一个对象。

（5）tail waste：尾部浪费。理想情况下，Span被全部填满，但在尾部仍然无法避免内存空间浪费。例如，class为1时，单个元素为8字节，单个Span为8KB，8字节可以被8KB整除（8192%8=0），此时不会产生浪费；但当class为3时，单个元素大小为24字节，单个Span为8KB，8192%24=8，代表会产生8字节的尾部浪费。

（6）max waste：最大浪费率。当一个对象的大小刚好超过某个级别的最大值时，该对象将会被存储到下个级别的Span中，此时便容易产生浪费。例如1字节大小的对象会被存入class为1的Span中，但是可能会产生7字节的浪费，此时浪费率为7/8×100%=87.5%；而17字节的对象会被存储到class为3的Span中，产生的最大浪费率为(24−17)/24×100%=29.24%。

16.2.3　线程级别维护 Span——mcache

在Go语言的GPM模型中，P与操作系统线程是一一对应的。为了减少线程间的竞争，Go语言为每个线程提供了一个mcache实例来维护Span。每个mcache维护各个级别（SizeClass）的Span。在线程级别为对象分配空间时，可能涉及的对象大小非常不规则，这些对象可以按照SizeClass的映射关系找到对应的Span，并在Span上分配对象空间。

Go语言将内存对象的大小分为3类：微对象、小对象和大对象。其大小范围如下：

（1）微对象：(0,16)字节。

（2）小对象：[16, 32K]字节。

（3）大对象：32K字节以上。

这3种对象的分配策略不同。大于32KB的对象毕竟是少数，因此会直接在堆内存进行分配。而对于占据程序绝大多数的微对象和小对象，我们来看看它们在mcache中的分配策略。

打开mcache的源码，其主要字段如下：

```
type mcache struct {
    ...
    tiny       uintptr
    tinyoffset uintptr
    tinyAllocs uintptr

    alloc [numSpanClasses]*mspan
    ...
}
```

代码解析：

（1）tiny，指向当前正在使用的微对象内存块的地址。

（2）tinyoffset，指向为新的微对象分配内存时的起始地址。

（3）tinyAllocs，已经存储了多少微对象。

（4）alloc，是指已经分配到当前mcache（线程级别）的mspan对象。这是一个数组，numSpanClasses被定义为numSpanClasses = _NumSizeClasses << 1，若_NumSizeClasses为Span级别的个数是68，那么numSpanClasses的实际值为136。该数组的大小之所以扩展为SizeClasses的两倍，是因为每个级别都会保存两个Span链表——带有指针和不带指针。带有指针的Span链表会参与垃圾回收的扫描过程，而不带指针的Span链表则无须进行垃圾回收，从而提高了垃圾回收的效率。

16.2.4　进程级别维护 Span——mcentral

一个进程中同时运行着多个线程，而每个线程在分配内存空间的过程中都可能出现没有空闲空间的情况，此时，就需要向上一级申请新的空闲空间。当然，这里的申请是以Span为单位的。我们知道，Span依据级别的不同，所拥有的Page的个数也不同。为了尽量减小各个线程间的竞争，在mcache的上一级，Go语言为每个SizeClass都提供了名为mcentral的结构体实例来存储空闲的Span列表。当mcentral申请Span时，根据特定SizeClass来获得对应的Span。

mcentral结构体的定义如下：

```
type mcentral struct {
    spanclass spanClass

    partial [2]spanSet      // 有空对象的Span列表
    full    [2]spanSet      // 没有空对象的Span列表
}
```

代码解析：

（1）字段spancclass指定了当前mcentral维护的Span的级别。

（2）字段partial是指仍有空闲空间的Span列表。当mcache申请Span时，将利用partial进行获取。

（3）字段full是指已满的、没有空闲空间的Span列表。

（4）partial和full被定义为spanSet，spanSet是一个结构体，该结构体实现了push和pop方法。调用pop方法时，可以获得一个Span；而调用push可以向其中追加Span。

16.2.5　堆级别维护 Span——mheap

一个进程中有着多个mcentral，管理这些mcentral实例的是名为mheap的结构体实例。真正分配内存空间的入口是mheap。我们打开mheap结构体的源码，其所包含的字段体现了mheap在内存管理时的全局性：

```
type mheap struct {
    lock  mutex
    ...
    pages pageAlloc
    ...
    sweepgen uint32
    ...
    allspans []*mspan
    ...
    arenas [1 << arenaL1Bits]*[1 << arenaL2Bits]*heapArena
    ...
    central [numSpanClasses]struct {
        mcentral mcentral
        pad [cpu.CacheLinePadSize - unsafe.Sizeof(mcentral{})%cpu.CacheLinePadSize]byte
    }
```

16

```
    ...
}
```

代码解析：

（1）lock是全局锁，当多个mcentral都尝试从mheap中申请Span时，必须首先获得锁。

（2）pages维护了整个堆内存所获得的页信息。

（3）sweepgen维护了垃圾回收到第几代。

（4）allspans维护了所有已创建的Span，包括了已分配和未分配给mcentral的。

（5）central是一个数组，维护了所有mcentral信息。

16.3　Go 语言的垃圾回收

垃圾回收（GC）是指对于内存中不再使用的堆空间（栈空间会随着栈帧结束而自动清理）进行回收，以便再次用来进行内存分配。垃圾回收一般分为两个步骤：垃圾识别和垃圾清理。Go语言中采用三色标记法来识别垃圾对象，并使用清除算法进行垃圾清理。本节将详细讲述内存标记及垃圾清理的过程。

16.3.1　内存标记——双色标记法

在讲述三色标记法之前，我们首先需要了解双色标记法，因为在Go 1.4及更早的版本中，使用的是双色标记法。

1. 可达性分析与双色标记法

内存中的对象存在着相互的引用关系。通过引用关系，所有对象被维护为树状结构，每个对象都是树上的节点。系统维护着树上的根节点集合，根节点一般为全局变量、栈中的变量等。

维护根节点集合是可达性分析的前提。可达性分析是指从根对象开始，遍历其引用的子节点对象，直至遍历完毕。凡是能够触达的对象，都视作有效对象，而无法触达的，则视作垃圾对象。

双色标标记法采用可达性分析来标记对象状态。具体步骤为：

01 初始状态下，树上的所有节点对象均标记为白色。

02 从根节点开始，遍历所有子孙节点。对于能够触达的节点，将它置为黑色，代表对象有效。

03 当遍历完整棵树后，剩下的无法触达的对象仍然保持为白色。

2. 利用实例讲解双色标记的过程

我们可以利用一个简单的实例来讲述双色标记的过程。

01 标记开始前，R1 是根节点，A、A1、A2、B、B1 均处在根节点之下，而 D、E 节点不可触达，如图 16-9 所示。

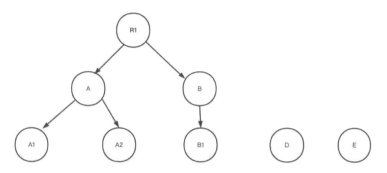

图 16-9　双色标记的初始状态

02 从根节点开始，向下遍历，将触达的节点置为黑色，如图 16-10 所示。

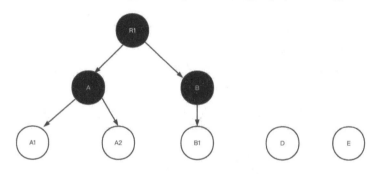

图 16-10　双色标记的中间状态

03 当标记阶段结束后，仅剩对象 D 和 E 保持为白色，如图 16-11 所示。

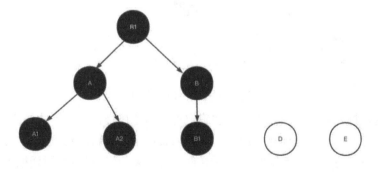

图 16-11　双色标记的最终状态

04 在标记结束后，进入清理阶段，最终的 D 和 E 将被当作垃圾对象进行回收。系统维护了一个所有对象的集合，其中当然也包括了 D 和 E。清理阶段并非从标记树发起，而是从对象的全集集合开始。清理过程中，依赖对象标记的颜色决定是否回收。

16

05 在回收完成后，所有对象将会重新置为白色，以便下一次标记，如图 16-12 所示。

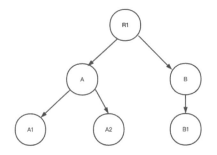

图 16-12　清理完成后，所有节点恢复为白色

3. 双色标记法的缺点

双色标记法看上去简单易用，但却存在着一个比较大的缺点，即整个标记过程必须一次性完成，中间不能有任何停顿。也就是说，在执行过程中，不能让出CPU时间片给其他线程。对于应用程序来说，可能会出现用户线程完全停顿，直至标记过程结束。如果标记过程较长，则用户会明显感觉到程序的卡顿。

标记过程必须一次性完成的原因在于：如果在中间停顿并让出CPU时间片，则必须保存当时的扫描进度，扫描进度的状态可能如图16-13所示。当停顿后，再次重启扫描，那么对象A的子节点到底有没有扫描完呢？因为A为黑色，只能说明它自己已经扫描过了。在图16-13中，A1已经扫描，而A2并未扫描标记。

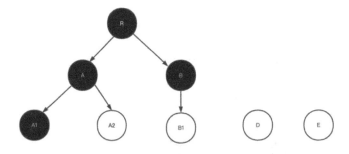

图 16-13　双色标记过程中的可能状态

有的资料可能提到，由于新增对象无法确定置为黑色还是白色，因此导致扫描过程不能停顿。但对双色标记而言，这非问题关键所在。因为我们可以将新增对象直接标记为黑色。最坏的情况就是下轮垃圾回收才将本轮新增对象中的垃圾对象（往往是生命周期很短的对象）清除。

从本质上来说，双色标记在停顿、再次重启过程中，无法完成状态的自描述，它只能描述对象节点自身是否扫描，而不能描述子节点是否完成。这导致重启后，很难抉择该如何继续，如果再次从根节点开始，那就意味着上次所做的工作完全被浪费掉了。因此，改进后的三色标记法产生了。

16.3.2　内存标记——三色标记法

在双色标记法中，由于黑色和白色只能反映标记的结果，而不能反映标记的进度，因此，三色标记法增加了一个灰色状态。当一个节点对象下的子节点正在被扫描时，该节点将被置为灰色，只有当其子节点被扫描完毕后，才能置为黑色，而且三色标记法在整个进度扫描过程上也进行了一定的调整。

1. 三色标记法的标记过程

针对16.3.1节中的实例，三色标记法的扫描过程如下：

01 标记前，R1 是根节点，A、A1、A2、B、B1 均处在根节点之下，而 D、E 节点不可触达。创建 3 个集合，分别为白色节点集合、灰色节点集合和黑色节点集合。初始状态下，所有节点均处于白色节点集合中，代表所有对象均处于待扫描状态，如图 16-14 所示。

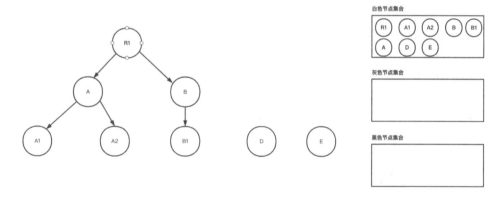

图 16-14　三色标记过程的初始状态

02 从根节点出发，取出要扫描的节点，放入灰色节点集合，如图 16-15 所示。

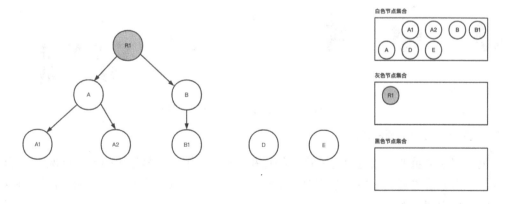

图 16-15　扫描中的节点放入灰色节点集合

03 遍历灰色节点集合中的所有节点（R1），将节点树中的所有子节点（A、B）放入灰色节点集合。每处理完一个灰色节点，就将它移入黑色节点集合。注意，本次遍历的节点，是遍历前确定的（只有 R1）；遍历过程中新加入的灰色节点（A、B），本次遍历不会处理，当然也不会移入黑色节点集合，如图 16-16 所示。

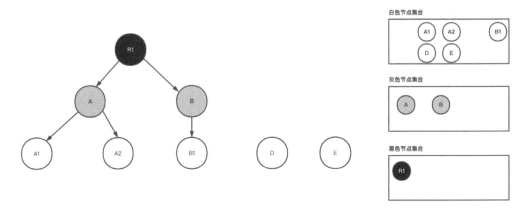

图 16-16　所有子节点被移入灰色节点集合后，自身将被移入黑色节点集合

04 重复步骤 3，在不被其他线程打断的情况下，最终的集合状态与双色标记法扫描效果完全相同，如图 16-17 所示。白色节点集合代表垃圾对象（D、E），垃圾清理只针对白色节点集合即可。

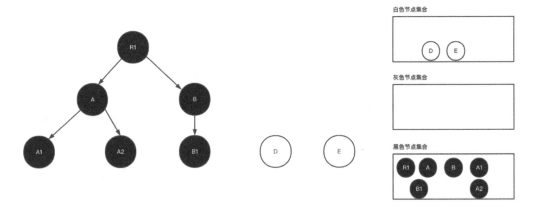

图 16-17　三色标记完成后的最终状态

2. 三色标记法的中断和重启

　　三色标记法最重要的改进就是允许扫描过程中断，在用户线程让出CPU的情况下，可以重启扫描。下面来看看当处于中间状态时，三色标记法如何重启扫描。图16-18演示了三色标记过程中的一种中间状态。

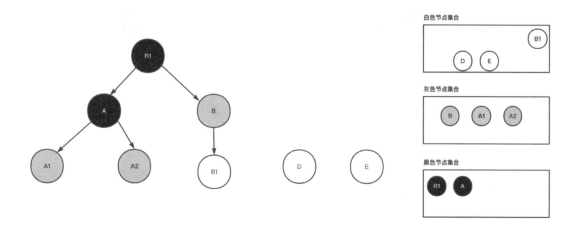

图 16-18　三色标记过程的中间状态

图16-18是一个比较常见的中间状态——A的子节点A1、A2已经进入灰色节点集合，此时A节点已经进入黑色节点集合；与A同级的B节点的子节点尚未扫描。当在该状态暂停，然后重启后，扫描线程只需要从灰色节点集合中继续扫描即可。

更加极端的情况是，当所有扫描已经完成，但是扫描线程尚未来得及结束执行就被中断，重启后会发现灰色节点集合中没有节点，而黑色节点集合中有了一定数量的节点，那就代表本轮扫描实际已经完成，可以立即进入垃圾清理阶段。

总之，三色标记法增加的灰色状态，其实是扩展了对于节点状态自描述的能力。这不仅包括了节点自身的扫描状态，同时也能很好地用来判断整个扫描过程的进度。

16.3.3　三色标记法与写屏障

当然，三色标记法未能直接解决双色标记法遇到的其他问题。例如，由于要与用户线程进行交替执行，因此用户线程对于对象的操作会对标记过程产生影响，这种影响主要来源于两个方面，一是新增对象，二是现有对象引用关系的改变。

对于新增对象而言，可以直接置为黑色，最坏的情况下，等到下轮垃圾扫描后才能被回收。真正复杂的是引用关系的变化。当引用关系发生变化时，如果将有效对象误标为垃圾对象，将会导致有效对象被回收，进而出现访问对象指针时的内存错误。我们可以通过以下两种典型场景来分析引用关系变化带来的影响。

1. 新的父节点为白色对象节点

当引用关系发生变化后，新的父节点为白色对象，则不会出现程序错误，如图16-19所示。

在图16-19中，节点B1原本被节点B引用，即B.B1，在扫描暂停时被用户线程修改为A2.B1。因为A2仍为白色，代表A2尚未扫描，或者A2为垃圾对象，无论哪种都不会影响B1的正确使用——要么再次被扫描，要么成为垃圾对象。

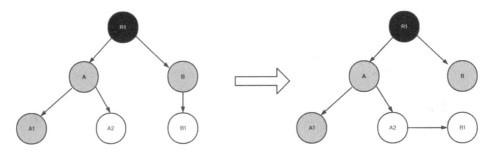

图 16-19　新的父节点为白色节点

2. 新的父节点为黑色对象节点

唯一有疑问的是，一个白色对象变为被黑色对象引用，即其父节点变为黑色对象节点。因为黑色对象代表其子节点均已扫描完成，其子节点不会再次执行扫描。所以，按照正常流程，该白色对象不会有机会被扫描到，最终将被视作垃圾对象进行回收。这时候一旦引用该对象的代码被执行，将会导致程序错误。图16-20演示了这一场景。

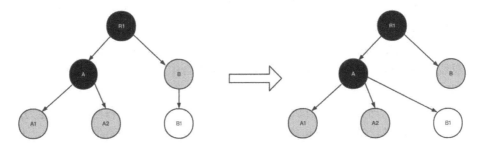

图 16-20　新的父节点为黑色节点

在图16-20中，对象节点B1原本被对象节点B引用。标记过程暂停期间，用户线程将其引用关系修改为被A引用。在节点树上，A成为B1新的父节点，但是，由于对象节点A的状态为黑色，代表已被扫描完成，因此，B1无法被扫描。整个扫描结束后，B1会保持白色，最终被当作垃圾对象回收。

3. 写屏障策略

Go语言中利用写屏障策略来避免上述情况。写屏障是指当发生引用变化时，如果被引用对象为白色（例如图16-20中的节点B1），则立即将它置为灰色，并推入灰色节点集合。如此一来，便保证了该对象有机会被扫描到。

16.3.4　垃圾回收

在扫描标记阶段完成后，垃圾回收器会进入垃圾回收阶段。我们从以下几点来对比Go语言垃圾回收与其他编程语言回收策略的不同。

1. Go语言采用直接清理策略

与其他语言不同的是，Go语言没有采用更加复杂的整理或者复制算法来实现垃圾对象的回收，而是直接清理。因此，Go语言的垃圾回收可以总结为标记+清理。

2. Go语言为什么不采用整理算法

基于编译器在内存分配时使用的是顺序内存分配策略的场景下，垃圾回收完成后，将会产生大量内存碎片，而这些内存碎片将大大影响下次对象分配的效率。因此，需要对内存碎片进行重排，使得大量内存碎片整合为大块的连续内存。例如，Java的内存分配。但是Go语言本身的内存分配是基于分级理论的策略，这种策略本身大大降低了内存碎片问题带来的影响。因此，没有必要进行整理操作。

3. Go语言为什么不采用复制算法

复制算法是基于分代理论——大量对象朝生夕死，生命周期非常短暂，仅有少量对象可以长久存活，因此出现了例如Java中的新生代、老年代等概念。

复制算法的过程是，少量长生命周期的对象被复制到备用空间，原有空间被一次性清理。但是，对于Go语言的内存分配机制来说，Go语言编译器会利用逃逸分析策略将大部分短生命周期的对象分配在栈空间，随着函数/方法的结束，栈空间被释放，其中的短生命周期对象也随之回收。因此，也没有必要使用复制算法。

16.3.5　垃圾回收的时机

垃圾回收是有其触发时机的。Go语言中的垃圾回收的触发时机包括：

1. 内存空间达到阈值

Go语言中的环境变量GOGC是一个百分比阈值。当新分配对象所占用的内存空间与上次垃圾回收后生存对象所占内存空间的比值达到该阈值时，将触发垃圾回收，即当前内存空间达到如下公式的计算结果时，将触发垃圾回收：

```
hard_target = live_dataset + live_dataset * (GOGC / 100)
```

说明：

（1）hard_target是当前内存空间。

（2）live_dataset是上次垃圾回收后的存活对象的内存空间。

（3）GOGC为百分比阈值。默认情况下，GOGC的值为100，即当前内存空间是上次回收后的两倍时，将触发垃圾回收。

在未通过环境变量显式指定GOGC的情况下，我们无法通过go env命令来查看GOGC的值。但是，通过调用debug.SetGCPercent()函数可以获得GOGC的值，如代码清单16-3所示。

代码清单16-3　获得GOGC的值

```
package main

import (
    "fmt"
    "runtime/debug"
)

func main() {
    fmt.Print("GOGC = ", debug.SetGCPercent(200))
}
```

代码解析：

（1）debug.SetGCPercent(200)将垃圾回收的阈值比例设置为200。

（2）调用该函数后，返回值是设置前的GCGO的值。

执行该代码段，在控制台上的输出如下：

```
GOGC = 100
```

这代表在调用debug.SetGCPercent(200)前，GOGC的值为100。自然，我们也可以通过debug.SetGCPercent(100)语句来将GOGC的值恢复为100。

2. 时间达到阈值

距离上次垃圾回收的时间达到一定时间间隔，默认情况下该时间间隔为2分钟。我们可以在proc.go中找到全局变量forcegcperiod，该变量定义了该时间间隔，代码如下：

```
var forcegcperiod int64 = 2 * 60 * 1e9
```

3. 手动回收

用户程序还可以手动执行垃圾回收，对应的函数语句为：

```
runtime.GC()
```

16.4　编程范例——unsafe 包的使用

在机器指令的层面，内存数据不会区分数据类型，也就不会自动计算内存地址，以及不会自动进行二进制数据的截取和转换。例如编写汇编代码时，完全依赖程序员对于各种数据结构的理解。而Go语言中的函数往往将数据结构和其中各个字段所占用的内存长度进行了封装，因此程序员可以大胆使用。

除了Go汇编可以直接操作内存外，在Go语言层面也提供了unsafe包函数，从而允许程序

员能够对内存进行一定操作。从unsafe的命名就可以看出，该包中的函数都是不安全的。unsafe
包中的函数可以在有限的范围内操作内存，而直接操作内存二进制数据自然会带来一定风险，
这也是unsafe包命名的由来。

16.4.1　利用 unsafe 修改结构体字段

在unsafe包中，定义了名为unsafe.Pointer的自定义数据类型。该类型本质是一个整型，代
表了对象的内存地址。在Go语言的规范中，unsafe.Pointer指向的内存可以进行强制转换，从而
将内存数据转换为具体的数据类型。当然，能否转换成功要依赖内存中存储的数据是否符合数
据类型所定义的数据结构。本小节将以字符串为例，来讲述如何利用unsafe包提供的API修改
其字段。

1. 字符串类型的结构

我们知道，字符串对象（string）在Go语言中是利用结构体reflect.StringHeader来承载的。
StringHeader的源码定义如下：

```
type StringHeader struct {
    Data uintptr
    Len  int
}
```

其中Data字段的类型为uintptr。uinptr本质上是一个代表了内存地址的整数，它与
unsafe.Pointer的区别在于：uintptr更倾向于数字语义，可以进行数学运算，从而实现内存的偏
移，进而定位到其他内存地址；而unsafe.Pointer更倾向于对象语义，可以用来作为强制转换的
对象源。uintptr和unsafe.Pointer之间可以相互转换，从而成为内存地址到对象指针映射的桥梁，
如图16-21所示。

图 16-21　从内存地址到对象指针的转换路径

在64位架构下，uintptr和int类型字段分别占用8字节空间，这意味着StringHeader实际大小
为16字节。Data字段存储的是底层数组的地址。

2. 通过unsafe.Pointer修改字符串长度

我们可以通过直接访问指针的方式修改StringHeader.Len的值，以达到间接修改字符串长
度的目的。代码清单16-4演示了这一过程。

16

代码清单16-4   通过unsafe.Pointer修改字符串长度

```go
package main

import (
    "fmt"
    "unsafe"
)

func main() {
    s := "abc"
    // 打印修改前的字符串信息
    fmt.Printf("修改前字符长度%d, 内容：%s\n", len(s), s)

    // 将字符串内存地址强制转换为unsafe.Pointer
    pointer := unsafe.Pointer(&s)

    // 将unsafe.Pointer强制转换为uintptr，从而向数字语义靠拢
    startAddress := (uintptr)(pointer)

    // 将uintptr类型的值加8，代表向高位地址偏移8
    lenAddress := startAddress + 8

    // 将uintptr转回到unsafe.Pointer，从而向对象语义靠拢
    targetPointer := unsafe.Pointer(lenAddress)

    // 将unsafe.Pointer强制转换为对象指针
    lenPointer := (*int)(targetPointer)

    // 修改对象指针的内容
    *lenPointer = 10

    // 打印修改后的字符串信息
    fmt.Printf("修改后字符长度%d, 内容：%s\n", len(s), s)
}
```

代码解析：

（1）变量s的初始值为字符串"abc"。我们分别在修改前后打印字符串的长度和内容，以检查整个操作所产生的影响。

（2）pointer := unsafe.Pointer(&s)，用于将字符串的内存地址强制转换为unsafe.Pointer类型，为转换到uintptr类型做准备。

（3）startAddress := (uintptr)(pointer)，用于将unsafe.Pointer强制转换为uintptr类型。此时的uintptr是StringHeader对象的起始地址。转换为uintptr后，方可执行数学运算。

（4）lenAddress := startAddress + 8，用于获得StringHeader.Len的内存地址。通过StringHeader的数据结构可以看出，StringHeader.Len处于起始地址+8的位置上。

（5）targetPointer := unsafe.Pointer(lenAddress)，用于将字符串s的Len字段的起始地址转换为unsafe.Pointer类型，以便向对象语义靠拢。

（6）lenPointer := (*int)(targetPointer)，用于将targePointer转换为具体的数据类型——int指针。

（7）*lenPointer = 10，用于将指针lenPointer的内容修改为10，从而达到通过访问内存的方式来修改结构体对象的目的。

执行该代码段，输出如下：

```
修改前字符长度3，内容：abc
修改后字符长度10，内容：abcadxaesa
```

通过输出结果可以看出，原始字符串的长度为3，内容为"abc"。通过直接定位内存并修改内存数据的方式，字符串长度被修改为10，因而内容变为了"abcadxaesa"。长度10是在代码中刻意修改的，打印字符串内容时，除了最前面的"abc"3个字符外，后续的字符"adxaesa"毫无规律可言，完全取决于底层字符串数组的内容。因为字符串长度被强制修改为10，所以经由Go语言代码引用字符串时，也尝试获取10个字符，最终导致后续7个字符脱离了当前程序的控制。

这也再一次提醒我们，通过unsafe包直接控制和操作内存，往往会带来不可控因素。

16.4.2　内存地址强制转换为结构体

在代码清单16-4中，我们直接利用"起始地址+8"来获得StringHeader.Len的内存地址。但事实上，这种计算方式并未考虑内存对齐问题。当然，由于StringHeader两个字段的大小均为8字节，刚好自动满足了内存对齐，而且中间没有内存空隙，因此，忽略内存对齐对计算结果并无影响。

为了最大程度上减少内存对齐带来的计算隐患（例如，寻找Len字段时偏移量的计算），我们也可以将内存地址直接强制转换为结构体。针对16.4.1节的同一场景，可以利用代码清单16-5来实现。

代码清单16-5　unsafePointer强制转换为结构体指针

```go
package main

import (
    "fmt"
    "reflect"
    "unsafe"
)

func main() {
    s := "abc"
```

16

```
    // 打印修改前的字符串信息
    fmt.Printf("修改前字符长度%d, 内容：%s\n", len(s), s)

    // 将字符串内存地址强制转换为unsafe.Pointer
    pointer := unsafe.Pointer(&s)

    // 将unsafe.Pointer强制转换为StringHeader指针
    stringHeaderPointer := (*reflect.StringHeader)(pointer)

    // 通过StringHeader指针修改其长度字段
    stringHeaderPointer.Len = 10

    // 打印修改后的字符串信息
    fmt.Printf("修改后字符长度%d, 内容：%s\n", len(s), s)
}
```

代码解析：

（1）pointer := unsafe.Pointer(&s)，同样是利用变量s的指针来获得内存地址，然后强制转换为unsafe.Pointer类型。

（2）stringHeaderPointer := (*reflect.StringHeader)(pointer)，对于unsafe.Pointer类型的数据，并未将它转换为uinptr类型，而是强制转换为reflect.StringHeader指针。

（3）stringHeaderPointer.Len = 10，将StringHeader指针的Len字段修改为10。

执行该代码段，输出如下：

```
修改前字符长度3, 内容：abc
修改后字符长度10, 内容：abcadxaesa
```

可以看到执行结果与代码清单16-4完全一致。通过两个示例的对比，我们可以看出，一个内存地址转换为unsafe.Pointer后，可以尝试转换为任何数据类型。而无论做何种转换，在起始地址完全相同的情况下，不同的仅仅是截取内容的长度，而截取长度完全取决于目标类型的大小。另外，强制转换的过程由Go语言自行完成，内存对齐问题在截取长度的计算过程中进行了隐式处理。

16.4.3　并非所有内存均可修改

即使我们对内存布局了如指掌，对内存的修改也不是随心所欲的。本小节将通过两个实例场景进行讲述。

1. 编译期确定的字符串不可修改

我们可以通过unsafePointer获得字符串底层的字节数组，进而尝试修改其中的单个字符。代码清单16-6演示了这一场景。

代码清单16-6 尝试修改字符串的底层字节数组

```go
package main

import (
    "fmt"
    "unsafe"
)

func main() {
    s := "abc"

    fmt.Printf("修改前字符长度%d, 内容: %s\n", len(s), s)

    // 将内存地址转换为unsafe.Pointer
    pointer := unsafe.Pointer(&s)
    // 将unsafe.Pointer转换为uintptr指针, 注意, 此处不是uintptr
    dataAddress := (*uintptr)(pointer)
    // 在字节数组内存地址的基础上, 向高位地址偏移2, 获得第2个字节的地址
    targetAddress := (*dataAddress) + 2

    // 将获得的字节地址转换为unsafe.Pointer类型, 从而向对象语义靠拢
    targetPointer := unsafe.Pointer(targetAddress)

    // 将unsafe.Pointer强制转换为字节指针
    bytePointer := (*byte)(targetPointer)

    // 通过字节指针的内容, 尝试修改内容数据
    *bytePointer = 'd'

    fmt.Printf("修改后字符长度%d, 内容: %s\n", len(s), s)
}
```

代码解析:

（1）pointer := unsafe.Pointer(&s)，用于获得s指针的首地址，并强制转换为unsafe.Pointer类型。

（2）dataAddress := (*uintptr)(pointer)，用于将pointer转换为uintptr指针。我们并未将它转换为uintptr类型，因为转换为uintptr类型便又回到了字符串s的首地址的概念。之所以转换为*uintptr，实际是为了获取StringHeader.Data的指针。

（3）targetAddress := (*dataAddress) + 2，用于将StringHeader.Data所指向的内存地址加2。我们寻找的目标实际是StringHeader.Data这个内存地址指向的对象，该对象是一个字节数组，将其首地址加2后代表第3个字节，即其中的字符"c"。

（4）既然获得了字符"c"的内存地址，便可以利用targetPointer := unsafe.Pointer(targetAddress)和bytePointer := (*byte)(targetPointer)来获得该字符的指针。

（5）*bytePointer = 'd'，用于将字节指针的内容替换为字符"d"。

执行该代码段，其输出如下：

```
修改前字符长度3, 内容：abc
unexpected fault address 0x10a2964
fatal error: fault
[signal SIGBUS: bus error code=0x2 addr=0x10a2964 pc=0x108ad5b]
```

通过输出可以看出，字符串的内容并未像我们所预期的那样被修改为"abd"。这是因为字符串"abc"的底层数据是一个常量，常量的内容是编译期确定的，并在运行时受保护，无法进行变更。这也意味着，我们可以通过内存地址准确地找到单个字符（或者字节）的内存地址，但却无法绕开编程语言本身的限制。也就是说，并非所有内存数据均可修改。

2. 运行时确定的字符串可以修改

当然，如果想验证对于单个字节的修改，只需保证变量s所指向的底层数据不是常量即可。我们也只需要追加部分随机字符串，使变量s的值在运行时才能确定。修改后的代码如代码清单16-7所示。

代码清单16-7　运行期确定的字符串，其内容可以修改

```go
package main

import (
    "fmt"
    "math/rand"
    "unsafe"
)

func main() {
    // 利用随机数字来组装字符串，使字符串的内容只能在运行期确定
    s := "abc" + string(rand.Intn(1))

    fmt.Println(rand.Intn(1))

    // 将内存地址转换为unsafe.Pointer
    pointer := unsafe.Pointer(&s)

    // 将unsafe.Pointer转换为uintptr指针，注意，此处不是uintptr
    dataAddress := (*uintptr)(pointer)

    // 在字节数组内存地址的基础上，向高位地址偏移2，获得第2个字节的地址
    targetAddress := (*dataAddress) + 2

    // 将获得的字节地址转换为unsafe.Pointer类型，从而向对象语义靠拢
    targetPointer := unsafe.Pointer(targetAddress)

    // 将unsafe.Pointer强制转换为字节指针
    bytePointer := (*byte)(targetPointer)

    // 通过字节指针的内容，尝试修改内容数据
```

```
    *bytePointer = 'd'

    fmt.Printf("修改后字符长度%d, 内容: %s\n", len(s), s)
}
```

代码解析：

（1）在修改后的代码中，我们只需将变量s的赋值表达式修改为s := "abc" + string(rand.Intn(1))。

（2）rand.Intn(1)获得的是大于或等于0且小于1的一个整数，因此其计算结果只会为0。

（3）0值强制转换为字符串，获得的是标识结束的字符NUT（Null Terminator）。

（4）在字符串"abc"后追加空字符，在输出时不会影响控制台上的显示效果。

（5）此时，变量s的赋值表达式的值无法在编译期确定，因此，其底层数据不是全局共享的常量。

再次执行该代码段，输出如下：

```
修改前字符长度4, 内容: abc
修改后字符长度4, 内容: abd
```

可以看到，字符"c"被成功替换为字符"d"。

16.5　本章小结

本章针对Go语言中的内存管理进行了详细讲解。其中，内存对齐是内存分级管理的基础，而内存分级管理算法决定了内存清理策略与其他编程语言的不同。一个比较关键的细节在于双色标记法与三色标记法的区别，三色标记法解决了双色标记无法处理标记进度的问题。另外，我们也可以通过对比Go语言与其他编程语言中垃圾回收策略的不同，来更加深刻地理解Go语言自身垃圾回收策略的独特性。

16

第 17 章

Go语言中的正则表达式

无论介绍哪种编程语言，正则表达式都是绕不开的话题。Go语言中对正则表达式提供了非常强大的支持。本章首先简要讲述正则表达式的基础知识，然后重点讲述Go语言中正则表达式的使用，最后通过实例讲解匹配行为序列这一典型应用场景。

本章内容：

※　正则表达式基础
※　Go语言中的正则表达式
※　Go语言中的正则表达式函数

17.1　正则表达式基础

正则表达式因其强大的功能而在各种编程语言中均有实现。虽然具体实现时各种编程语言会稍有差异，但是仍然遵循了基本语法。本节重点讲述正则表达式的通用语法。

17.1.1　正则表达式与通配符

在理解正则表达式之前，先来看一个容易混淆的概念——通配符。在普遍的认知中，正则表达式可以看作一个模糊的字符串匹配，而通配符也可以看作模糊的字符串匹配。

正则表达式与通配符虽有相似之处，但却有着本质的区别。正则表达式中不仅包含特殊字符，这些特殊字符表示某些或某类字符，同时还存在着量词等修饰字符，形成了字符+重复数量的控制方式，这使得模式的控制更加灵活和强大。而通配符仅有有限的几种特殊字符，例如"%" "_"等，并且没有单独的量词概念，实际能覆盖的模式非常有限。另外，通配符的使用需要特定的环境或者特定的语法支持，例如Windows的模糊查询、数据库SQL等，在不同的环境下，通配符的实现可能不同；而正则表达式不但广泛应用于各种编程语言，而且在各种编程语言中保持了语法的高度一致性。

17.1.2　元字符和普通字符

从本质上说，代码只是一段段的文本，之所以能被编译器解析为特殊语义，是因为文本被拆分为关键字和普通标识符两类。编译器针对不同类型，有着不同的处理机制。正则表达式也使用同样的机制：一个正则表达式中特殊的字符脱离其原义，被称作元字符，元字符之外的字符被称为普通字符。

正则表达式中的元字符包括：

（1）"^"：边界匹配符，不匹配真正的字符，表示文本的开始。例如，"^a"匹配以a开头的内容，而"a"则匹配含有a的内容。除了边界匹配符外，当"^"出现在方括号（[]）中时，表示"[]"中的内容取反。例如，[^0-9]表示除了0至9外的其他字符。

（2）"$"：边界匹配符，不匹配真正的字符，与"^"相对，表示文本的结束。

（3）"."：用于匹配单个任意字符。

（4）"\"：表示转义，例如"."是元字符，要想表示其原义而不是任意字符，则使用"\."。

（5）"?"：量词，用来匹配0个或1个字符。例如"x?"，表示0个或1个字符"x"

（6）"*"：量词，用来匹配0个或多个字符。例如"x*"，表示0个或多个字符"x"。

（7）"+"：量词，用来匹配1个或多个字符。例如"x+"，表示1个或多个字符"x"。

（8）"|"：用于匹配分支，如同我们常见的"或"操作。例如，"x|y"，表示匹配x或者y。

（9）"("和")"：二者成对出现，表示分组。例如，(abcd)+，代表一个或多个字符串"abcd"的组合。

（10）"{"和"}"：二者成对出现，表示量词，用来匹配数量范围。其形式有3种：A{3}表示匹配3个字符"A"；A{3,}表示匹配3个或更多个字符"A"；A{3,5}表示匹配3到5个字符"A"。

（11）"["和"]"：二者成对出现，表示其中的任意字符。例如[abc]表示匹配a、b或c中的任意一个；[0-9]表示匹配从0到9的任意字符。

17.1.3　字符转义与字符类

"\"是一个非常特殊的字符，利用"\"可以将元字符转义为原义字符；同时，利用"\"修饰的原义字符还可以有特殊含义——字符类。

字符类是字符集合。利用字符转义实现的字符类有两大类：单字符类和多字符类。

1. 单字符类

主要包括以下几种：

（1）"\n"：用于匹配换行符（line feed，对应ASCII码：0x0A）。

（2）"\r"：用于匹配回车符（carriage return，对应ASCII码：0x0D）。

（3）"\t"：用于匹配水平制表符（horizontal tab，对应ASCII码：0x09）。

（4）元字符"."" \""？""*"" +"" |"" {"" }"" ^"" $" "[" "]"添加"\"前缀来实现转义，表示字符本身。

2. 多字符类

主要包含以下几种：

（1）"\s"：用于匹配空白符。这里所说的空白符包括空格（x20）、制表符（x09）、回车符（x0D）或者换行符（x0A）。

（2）"\d"：用于匹配0～9的数字。

（3）"\w"：用于匹配可用来组成单词的字符，例如a～z这26个字母可以用来组成单词，而"?"不能用来组成单词。

17.1.4 字符组的使用

字符组可以将多个正则表达式字符当作一个整体来考量。此时，字符组和字符便可视作同一层级。量词也可以来修饰字符组，这将极大提高正则表达式的灵活度。例如，针对字符串"abc123abc123abc123"，单纯利用元字符很难进行匹配，但是，该字符串是一个abc123的循环，此时可以将abc123视作一个字符组合，利用正则表达式"(abc123)+"进行匹配。"(abc123)+"表示一个或多个"abc123"的字符组合。

字符组的另一个重要作用在于：在许多编程语言中，可以利用"$1""$2"等来获取第1个、第2个字符组，即所谓的后向引用。

17.2 Go 语言中的正则表达式

除了最常见的正则表达式外，Go语言还支持两种重要的正则表达式用法：ASCII字符类和语言文字字符类。

17.2.1 ASCII 字符类

ASCII字符虽然只有255个，但却包含了很多常用的字符，因此Go语言提供了ASCII字符类支持。利用[[:name:]]格式可以指定ASCII字符类，其中name是ASCII字符类名称。表17-1列举了Go语言支持的ASCII字符类。

表 17-1　Go 语言支持的 ASCII 字符类

ASCII 字符类	字符类含义
[:alnum:]	任意字母和数字，相当于 [0-9A-Za-z]
[:alpha:]	任意字母，相当于 [A-Za-z]
[:ascii:]	任意 ASCII 字符，相当于 [\x00-\x7F]
[:blank:]	空白占位符，相当于 [\t]
[:cntrl:]	控制字符，往往是 ASCII 字符中键盘无法打出的字符，相当于 [\x00-\x1F\x7F]
[:digit:]	任意数字，相当于 [0-9]
[:graph:]	任意图形字符，相当于 [!-~]
[:lower:]	任意小写字母，相当于 [a-z]
[:print:]	任意可打印字符
[:punct:]	任意标点符号
[:space:]	任意空白字符，相当于[\t\n\v\f\r]
[:upper:]	任意大写字母，相当于[A-Z]
[:word:]	任意单词字符，相当于[0-9A-Za-z_]
[:xdigit:]	任意十六进制字符，相当于 [0-9A-Fa-f]

ASCII类正则表达式的每个枚举值都能代表一组字符。其中的[: :]组合是必须有的，例如[:punct:]表示所有标点符号，而[:upper:]和[:lower:]分别表示大、小写字符。在ASCII字符集中，仅有英文区分大小写，因此，只有26个英文字符可以利用[:upper:]和[:lower:]进行匹配。

另外，如果单纯使用类似[:upper:]的形式，表示的其实是":""u""p""p""e""r"这6个字符中的任意一个（见17.1.2节中关于"[]"的描述）。因此，对于ASCII字符类往往需要嵌套一层"[]"。例如，[[:upper:]]表示一个大写字母，[[:upper:][:lower:]]表示一个大写或者小写字母等。

17.2.2　语言文字字符类

除ASCII字符类外，Go语言中另外一类比较重要字符类是表示各种语言文字的字符类。这使得我们不必再利用Unicode编码的方式来解析特定的语言文字字符。语言文字字符类的使用格式为：

```
\p{NAME}
```

其中p代表Property，是指Unicode的属性（Unicode Property）；NAME为语言文字代号。例如，\p{Han}表示一个中文字符，\p{Hangul}表示一个韩文字符。如果想表示取反操作，将"\p"

中的小写字符"p"修改为大写"P"即可。例如，\P{Han}表示一个非中文的字符，\P{Hangul}
表示一个非韩文的字符。表17-2列举了常见的语言文字字符类。

表 17-2　Go 语言支持的语言文字字符类

语言文字字符类	语言文字
Arabic	阿拉伯文
…	…
Bopomofo	汉语拼音字
Braille	盲文
…	…
Devanaga	梵文
…	…
Greek	希腊
…	…
Han	汉文
Hangul	韩文
…	…
Hebrew	希伯来文
Hiragana	平假名（日
…	…
Katakana	片假名（日
…	…
Latin	拉丁文
…	…
Mongolia	蒙古文
Myanmar	缅甸文
…	…
Thai	泰文
Tibetan	藏文
…	…
Yi	彝文

同样地，语言文字字符类需要嵌套一层"[]"，例如，[\p{Han}]代表所有汉字。需要注意
的是，[\p{Han}]包含了简体和繁体的所有汉字，无法在语言文字字符类的表达式上区分简体
字和繁体字。

17.2.3　Unicode 编码方式

Unicode编码覆盖了所有字符，因此，Unicode字符集是最全面、最强大的表现形式。在

Go语言的正则表达式的使用场景中，其表示形式为\x{0000}～\x{FFFF}。其中x表示十六进制，0000和FFFF为十六进制数字。

因为利用Unicode编码可以覆盖所有字符，并且支持在"[]"中使用，所以我们可以利用如下形式来表示中文字符集（不包含中文标点符号）：

```
[\x{4E00}-\x{9FA5}]
```

对于经常需要处理的中文字符，我们可以利用如下代码来获得其Unicode编码：

```
fmt.Printf("%x\n", rune('中'))
```

除了中文之外，还可以利用Unicode字符来表示无法利用键盘输入的控制字符等。Unicode方式可以说是正则表达式字符的终极表现形式，当遇到难以表述的字符、字符组合或字符段时，都可以考虑使用Unicode编码方式。

17.3　Go 语言中的正则表达式函数

Go语言中提供了丰富的函数和结构体来支持正则表达式的处理。对于简单的字符串匹配、字符串替换等操作，我们可以利用正则表达式函数进行处理。但无论哪种方式，正则表达式均须经过解析阶段。函数处理只适用于简单场景，且解析后的正则表达式无法重用。如果利用结构体对象进行处理，则可以将正则表达式首先解析和编译为对象，从而实现正则表达式对象的重用，避免重复解析。

17.3.1　正则表达式函数

Go语言提供的正则表达式函数都处于reg包下，常用的函数包括：

1. func Match(pattern string, b []byte) (matched bool, err error)

该函数接收两个参数：表示正则表达式的pattern参数和需要匹配的内容b。其中，pattern以字符串的形式出现，而b则以字节切片的形式出现。该函数只会返回是否匹配成功，以及是否在匹配过程中出现错误。代码清单17-1演示了reg.Match()函数的使用。

代码清单17-1　reg.Match()函数的使用

```
package main

import (
    "fmt"
    "regexp"
)

func main() {
```

17

```
    text := "Golang Programing"
    match, err := regexp.Match("Golang", []byte(text))
    if err != nil {
        fmt.Println(err)
    }

    fmt.Println("是否匹配: ", match)
}
```

在该代码段中，正则表达式是一个普通字符串"Golang"；regexp.Match("Golang", []byte(text))用于对字符串text进行内容校验。执行该代码段，其输出如下：

是否匹配: true

通过该示例我们可以看出，regexp.Match()函数的匹配是部分匹配。在校验内容中，只需要部分内容符合正则表达式即表示匹配成功。

如果要进行完全匹配，则需要利用边界符"^"和"$"来限定正则表达式。修改后的代码如下：

```
func main() {
    text := "Golang Programing"
    match, err := regexp.Match("^Golang$", []byte(text))
    if err != nil {
        fmt.Println(err)
    }

    fmt.Println("是否匹配: ", match)
}
```

在正则表达式的开头和结尾追加了边界符"^"和"$"后，可以用于字符串的完全匹配测试。执行该代码段会发现完全匹配的结果为false，如下所示。

是否匹配: false

2. func MatchString(pattern string, s string) (matched bool, err error)

与Match()函数类似，该函数同样接收两个参数：表示正则表达式模式的pattern，以及进行匹配测试的内容参数s。此时的参数s的数据类型为字符串。代码清单17-2演示了如何利用正则表达式匹配中文字符。

代码清单17-2　正则表达式转义字符的写法

```
func main() {
    text := "学习Golang"

    match, _ := regexp.MatchString("\\p{Han}", text)
```

```
    fmt.Println("是否包含中文: ", match)
  }
```

在该代码段中，正则表达式"\\p{Han}"表示一个中文字符。这并不像我们前面所讲述的那样使用"\p{Han}"，而是必须使用两个"\"。这是因为在编程语言层面，"\"本身就是一个转义字符。直接使用"\p"，在编程语言解析字符串时，只会将"\"作为"p"的转义前缀。因此使用两个重复的"\"来表示原义的"\"。

为了排除这种干扰，我们可以利用符号``来定义字符串，从而表示其中的字符均为原义字符。检测中文字符的示例代码修改如下：

```
  match, _ := regexp.MatchString(`\p{Han}`, text)
```

在``中定义的内容都被视作原义字符，不再受编程语言特殊字符的干扰。后续的代码示例均采用这种格式。

17.3.2　正则表达式结构体 RegExp

regexp 包中的函数非常有限，只能用来匹配检验。要实现更加丰富的功能，可以使用 reg.RegExp 结构体。RegExp 结构体实现的方法很多，本节通过实例来讲述常见方法的使用。

1. 创建正则表达式对象

RegExp 有一个预编译和解析的过程，生成的对象可以重复使用。要创建一个 RegExp 对象，可以调用 regexp.Compile() 函数。例如，创建一个匹配大写字母的正则表达式对象，代码如下：

```
  reg, err := regexp.Compile(`[[:upper:]]`)
```

regexp.Compile() 函数的调用结果有两个返回值：正则表达式对象 reg 和错误对象 err。这里的错误对象一般是正则表达式格式错误。例如，很多编程语言会利用"\u"的形式来表示正则表达式，如"\u004f"等，但是"\u"并不是 Go 语言所能识别的转义字符类。因此，利用"\u004f"来创建正则表达式对象将会返回错误，如代码清单17-3所示。

代码清单17-3　错误的正则表达式格式

```
  func main() {
    reg, err := regexp.Compile(`\u004f`)

    fmt.Printf("正则表达式:%v, 错误: %v", reg, err)
  }
```

执行该代码段，其输出如下：

```
正则表达式:<nil>, 错误: error parsing regexp: invalid escape sequence: `\u`panic: regexp:
Compile(`\u004f`): error parsing regexp: invalid escape sequence: `\u`
```

通过该输出可以看出，出现解析错误时，正则表达式对象reg为空，而返回的错误对象err只是一个字符串。因此，无法阻止后续程序的运行。对于引用了reg对象的后续代码而言，可能会出现空指针错误。

如果正则表达式对象被视作后续代码运行必需的，那么，可以调用regexp.MustCompile()函数来创建正则表达式对象。该函数在遇到解析错误时，直接抛出异常，从而导致程序崩溃退出，以阻止后续代码执行。这种策略是有意义的，可以尽快结束代码的执行，快速定位问题，从而避免在后续某个不可预知的节点抛出错误。

利用regexp.MustCompile()来代替regexp.Compile()函数后，对于同样的非法正则表达式，代码执行后的输出完全不同。代码清单17-4演示了regexp.MustCompile()函数的使用。

代码清单17-4　reg.MustCompile()遇到错误的正则表达式时抛出异常

```
func main() {
    reg := regexp.MustCompile(`\u004f`)

    fmt.Printf("正则表达式:%v", reg)
}
```

执行该代码段后，控制台上的输出如下：

```
goroutine 1 [running]:
regexp.MustCompile({0x10c0f05, 0x6})
        /usr/local/go/src/regexp/regexp.go:319 +0xbb
main.main()
        /Users/zhangchaoming/dev/go/demo/17/17-4.go:9 +0x25

Process finished with the exit code 2
```

可以看到，对于非法的正则表达式，regexp.MustCompile()直接抛出异常。这也是为什么该函数与reg.Compile()相比只有一个返回值——仅会返回正则表达式对象，而无须返回错误对象error的原因。

2. 检查是否匹配

当获得一个RegExp对象后，我们可以利用其Match()方法和MatchString()方法进行正则表达式的匹配性校验，如代码清单17-5所示。

代码清单17-5　reg.Match()和reg.MatchString()的使用

```
package main

import (
        "fmt"
        "regexp"
)
```

```
func main() {
    reg, _ := regexp.Compile(`^[a-zA-z]+$`)

    text := "Golang"

    match := reg.Match([]byte(text))
    fmt.Println(text, "是否仅含有英文字母: ", match)

    match = reg.MatchString(text)
    fmt.Println(text, "是否仅含有英文字母: ", match)
}
```

代码解析：

（1）regexp.Compile(`^[a-zA-z]+$`)中的正则表达式模式为从文本的开始到结束必须是a～z或者A～Z中的字符。

（2）reg.Match([]byte(text))和reg.MatchString(text)具有相同的功能，只是reg.Match()要求的输入参数为字节切片，因此需要将字符串text强制转换为字节切片，再传入reg.Match()函数；而reg.MatchString()方法的参数是字符串，无须强制转换。相对而言，使用reg.MatchString()往往更加方便。

执行该代码段，会发现两个函数的输出结果相同，如下所示。

```
Golang 是否仅含有英文字母: true
Golang 是否仅含有英文字母: true
```

3. 查找匹配位置

我们经常会调用类似indexOf()形式的函数来检查一个字符串在另外一个字符串中的出现位置。同样地，针对正则表达式匹配，也可以调用RegExp对象的FindIndex()、FindAllIndex()、FindStringIndex()和FindAllStringIndex()等函数来查找匹配部分出现的位置。这些方法的区别在于FindIndex()和FindAllIndex()需要字节切片作为参数，而FindStringIndex()和FindAllStringIndex()需要字符串作为参数。

我们以FindStringIndex()和FindAllStringIndex()为例来演示这两个方法的使用，如代码清单17-6所示。

代码清单17-6　reg.FindStringIndex()函数的使用

```
func main() {
    reg, _ := regexp.Compile(`\p{Han}`)

    text := "Golang的学习"

    fmt.Printf("匹配位置: %v\n", reg.FindStringIndex(text))
}
```

代码解析：

（1）regexp.Compile(`\p{Han}`)，用于创建一个正则表达式对象。该对象代表的是一个中文字符。

（2）reg.FindStringIndex(text)，用于在文本变量text中进行匹配查找，并在第一次匹配成功时返回匹配位置。

执行该代码段，其输出如下：

```
匹配位置：[6 9]
```

通过输出结果可以看出，FindStringIndex()的返回值是一个切片，该切片有两个元素，6为匹配文本段的起始地址，9为结束地址。

在文本"Golang的学习"中，匹配成功的第一个文本段为字符"的"。因为Go语言使用的字符编码为UTF-8，从字节存储的位置上来说，字符"的"所处的位置为6，并且在UTF-8编码中该字符占用3字节，所以其结束位置应该为8。之所以在FindStringIndex()的返回值基础上加1，返回了9，是为了与string.Substring(start, end)中的start和end的计算方式保持一致。

类似地，利用FindAllStringIndex()方法可以返回所有匹配的位置切片。在代码清单17-6中，我们利用FindAllStringIndex()代替FindStringIndex()，修改后的代码如下：

```
func main() {
    reg, _ := regexp.Compile(`\p{Han}`)

    text := "Golang的学习"

    fmt.Printf("匹配位置: %v\n", reg.FindAllStringIndex(text, -1))
}
```

在修改后的代码中，reg.FindAllStringIndex(text, -1)用于查找正则表达式匹配成功的所有位置。该方法有两个参数，除了要进行检查的文本内容text外，还需要指定一个整型参数n，代表只查找前n次匹配。我们修改代码清单17-6的代码，利用-1（表示所有匹配）和1（只查找第1次匹配）作为参数进行比较，代码如下：

```
func main() {
    reg, _ := regexp.Compile(`\p{Han}`)

    text := "Golang的学习"

    fmt.Printf("匹配位置: %v\n", reg.FindAllStringIndex(text, -1))

    fmt.Printf("匹配位置: %v\n", reg.FindAllStringIndex(text, 1))
}
```

执行该代码段，从控制台的输出如下：

```
匹配位置: [[6 9] [9 12] [12 15]]
匹配位置: [[6 9]]
```

4. 获得匹配文本

除了获得匹配文本位置的函数外，Go 语言中还提供了 Find()、FindAll()、FindString()、FindAllString()函数用于获得匹配的内容。我们以 FindString()和 FindAllString()为例，演示获得匹配文本方法的使用，如代码清单 17-7 所示。

代码清单17-7　利用正则表达式获得匹配文本

```go
package main

import (
    "fmt"
    "regexp"
)

func main() {
    reg, _ := regexp.Compile(`\p{Han}`)

    text := "Golang的学习"

    //获得第一次匹配成功的文本段
    fmt.Printf("匹配字符: %v\n", reg.FindString(text))

    //获得所有匹配成功的温本端
    fmt.Printf("匹配字符: %v\n", reg.FindAllString(text, -1))
}
```

代码解析：

（1）reg.FindString(text)返回的是第一次匹配的文本段，其数据类型是一个字符串。

（2）reg.FindAllString(text, -1)返回的是所有匹配的文本段，其数据类型为一个切片。

执行该代码段，其输出如下：

```
匹配字符: 的
匹配字符: [的 学 习]
```

5. 替换文本内容

替换文本内容是正则表达式的另外一个常见的应用场景。常用方法为 RegExp.ReplaceAllString()，方法声明如下：

```go
func (r *Regexp) ReplaceAllString(src, repl string) string
```

在该方法中，第 1 个参数 src 是要进行替换的源数据；第 2 个参数 repl 是一个字符串，指定替换的目标内容。例如，要将 yyyyMMdd 格式的日期字符串转换为 yyyy-MM-dd 格式，可以使用分组捕获，并替换分组内容。代码清单 17-8 演示了这一用法。

代码清单17-8   利用正则表达式替换文本

```
func main() {
    reg := regexp.MustCompile(`(\d{4})(\d{2})(\d{2})`)

    fmt.Println(reg.ReplaceAllString("20221201", "$1-$2-$3"))
}
```

代码解析：

（1）regexp.MustCompile(`(\d{4})(\d{2})(\d{2})`)所创建的正则表达式匹配3个分组：4个数字、2个数字、2个数字。

（2）reg.ReplaceAllString("20221201", "$1-$2-$3")，用于替换字符串"20221201"中的匹配内容。$1、$2、$3分别用于引用3个分组；"$1-$2-$3"是替换后的新内容，3个分组用"-"串联起来。

执行该代码段，其输出如下：

```
2022-12-01
```

6．正则表达式使用函数

RegExp还支持另外一种比较灵活的形式——对于匹配成功的部分，可以使用自定义函数进行处理。例如，处理字符串的RegExp.ReplaceAllStringFunc()，以及处理字节切片的RegExp.ReplaceAllFunc()。二者的声明如下：

```
func (re *Regexp) ReplaceAllStringFunc(src string, repl func(string) string) string
```

以及

```
func (re *Regexp) ReplaceAllFunc(src []byte, repl func([]byte) []byte) []byte
```

将以上两个函数的声明与Regexp.ReplaceAllString(src, repl string)进行对比会发现，第2个参数repl不再是字符串，而是函数，该函数将会在每次匹配成功后被调用，其接收的参数就是正则表达式匹配的内容。

下面以RegExp.ReplaceAllStringFunc()为例讲解自定义函数的使用。在一段英文文本中，期望将所有单词的首字母都转换为大写形式，便可以调用ReplaceAllStringFunc进行处理——正则表达式识别出单词，并将单词的第一个字符转换为大写形式。代码清单17-9演示了这一场景的实现。

代码清单17-9   利用正则表达式将每个单词的首字母转换为大写

```
package main

import (
    "fmt"
```

```go
        "regexp"
        "strings"
)

func main() {
    text := "i am a student, i have to go to school everyday. but all the efforts is
valuable."

    // 匹配单个英文单词
    reg := regexp.MustCompile(`\w+`)

    // 每获取到一个单词，自定义函数都将被调用一次
    result := reg.ReplaceAllStringFunc(text, func(matched string) string {
        return strings.ToUpper(matched[0:1]) + matched[1:]
    })

    fmt.Println(result)
}
```

代码解析：

（1）reg := regexp.MustCompile(`\w+`)，用于创建一个正则表达式对象，该对象匹配的是英文单词。

（2）reg.ReplaceAllStringFunc(text, func(matched string))，用于替换所有被匹配到的内容。其第2个参数是一个自定义函数。在自定义函数中，strings.ToUpper(matched[0:1]) + matched[1:] 会将匹配部分（一个单词）的第一个字符转换为大写，然后再拼接后续字符。

（3）需要注意的是，即使变量matched的长度为1，matched[1:]也不会抛出索引越界错误。具体原因可以参考4.2.10节关于切片越界的内容。

执行该代码段，输出如下：

```
I Am A Student, I Have To Go To School Everyday. But All The Efforts Is Valuable.
```

可以看到所有单词的首字母都被转换为大写形式。

17.4　编程范例——判断行为序列

Go语言正则表达式的函数和方法并不复杂，真正复杂之处在于各种场景下正则表达式的使用，一个较为复杂的场景是行为序列的检查。行为序列往往用于行为分析。例如，如果用户在双十一当天完成了"浏览商品"→"查看详情"→"加入购物车"→"下单"→"付款"行为（即行为序列3, 4, 5, 6, 7），那么，可以认为该用户全程参与了双十一的优惠活动。

对于电商平台的各个行为，我们分别用数字表示，如表17-3所示。

17

表 17-3   电商平台的各个行为对应的行为 ID

行为名称	行为 ID
注册	1
登录	2
浏览商品	3
查看详情	4
加入购物车	5
下单	6
付款	7
申请退货	8

要检查用户是否全程参与优惠活动，可以将每个用户的行为按天进行分割，并生成一个行为序列。例如，某个用户当天的行为序列为"2,3,4,3,3,5,6,3,7,5,6,5,8"，那么该行为序列是否满足全程参与的条件呢？我们可以利用正则表达式匹配来完成判断，代码清单17-10演示了这一场景的实现方式。

代码清单17-10　利用正则表达式匹配行为序列

```go
func main() {
    reg := regexp.MustCompile(`3(.*,4)(.*,5)(.*,6)(.*,7)`)

    fmt.Println("是否匹配: ", reg.MatchString("2,3,4,3,3,5,6,3,5,6,5,8"))
}
```

该代码段中的正则表达式`3(.*,4)(.*,5)(.*,6)(.*,7)`中，依次出现了行为序列3~7，并且在3~7可以出现任意行为ID。当然，(.*,4)、(.*,5)等可以不使用分组，这里使用分组只是为了方便识别正则表达式。执行该代码段，输出如下：

```
是否匹配: true
```

可以看到，待检查的行为序列是满足要求的。

17.5　本章小结

本章针对Go语言中正则表达式的基本语法、主要函数、方法进行了讲述。Go语言中的正则表达式语法有其独特和强大之处。字符类的使用形式在各种编程语言中会有所不同，我们需要注意区分和灵活运用。

另外，稍有遗憾的是，Go语言的正则表达式暂不支持零宽断言等高等级用法，这使得很多比较容易处理的问题需要利用变通的方案进行解决。

第 18 章

深入理解Go——Plan 9汇编

18

Go汇编采用的是名为Plan 9的汇编语言。传统的汇编语言按照风格分为AT&T和Intel两类，但是Plan 9不同于这两种传统的汇编语言，而是一种具有独特语法的"伪汇编"语言。而Go汇编之所以采用Plan 9语言，是因为Go语言的开发者和Plan 9语言的开发者同属一个团队，Go语言中很多基础函数也是利用Plan 9语言实现的。

本章内容：

※ Plan9汇编简介
※ 从内存角度看函数的调用过程
※ 寄存器与内存布局
※ 第一个Go汇编程序
※ 利用Go汇编定义变量
※ 利用Go汇编定义函数
※ Go汇编中的流程控制

　　因为Go语言中的函数具有核心地位，所以，理解函数的执行过程变得十分重要。本章首先简要介绍函数的大体执行过程，然后讲述如何利用Go汇编定义变量和函数，从而使读者对Go汇编有宏观的认识和了解。

　　汇编永远离不开对内存布局的理解。在本章中，我们会通过宏观角度（整个内存布局）和微观角度（单个变量的定位）来讲述如何利用汇编指令操作内存。而内存布局依赖于内存对齐，无论是变量还是参数值的存储，都必须遵循内存对齐原则。

　　关于内存对齐的内容，我们在第16章进行过详细讲解。在本章的内容中，为了使讲述聚焦于Go汇编本身，所以除非特殊说明，均默认CPU架构为AMD64，变量/参数长度均为8字节，从而避免内存对齐问题的干扰。

18.1 Go 汇编简介

18.1.1 为什么需要 Go 汇编

适当地利用汇编来实现某些功能可以带来若干好处。首先可以带来性能上的优势，Go编译时为了兼容性，生成的机器码往往优先考虑通用性，而不会将性能当作第一目标。因此，当运行的目标平台确定时，可以利用汇编指令来对特定逻辑进行优化。其次，因为汇编总是直接操作内存，所以可以突破API层面的限制，例如访问私有函数，直接修改变量内容等。

18.1.2 汇编文件——.s 文件

汇编文件的后缀为.s，我们打开Go SDK的安装目录，可以找到名为src的文件夹。src文件夹中存储的是Go SDK的源码。在src/runtime下，有多个.s后缀的文件，这些.s文件就是利用Plan9语法编写的Go汇编文件。Go编译器依赖后缀来识别是汇编文件还是.go文件。

在.go文件的定义中，一个目录下只能存在一个包定义。汇编文件同样也有包的概念，但是在汇编文件中，并不能声明当前文件属于哪个包，其所属的包与当前目录下.go文件中的包声明保持一致。

18.1.3 .s 文件的命名

Go汇编文件的命名有一定的规则。这主要是因为对于不同的CPU架构，汇编语法有所差异，所以编写Go汇编程序，首先要确定CPU架构。各个操作系统都有检查CPU架构的方式：Windows系统的查看路径为"我的电脑"→"属性"→"常规"；macOS系统则可以从"关于本机"的信息中获取。例如，笔者本人计算机的CPU信息为：

```
2.2 GHz 四核Intel Core i7
```

CPU架构主要有：

1）x86 架构

采用复杂指令集（CISC），厂商一般为美国的Intel或者AMD（二者是竞争对手）。Intel和AMD所生产的CPU其实是一脉相承的，32位架构标识为x86，64位架构标识为x86-64。由于目前的主流CPU均为64位架构，因此我们经常会看到如下名称的汇编文件：

```
xxx_amd64.s
```

2）ARM 架构

采用简单指令集（RISC），厂商为英国的ARM公司（ARM Holding plc）。ARM既可以看作CPU架构，也可以认为是公司的名字，ARM64即ARM架构的64位版本。

3）.s 文件的命名与 CPU 架构的关系

Go汇编文件命名时往往以CPU架构为后缀。对于AMD的x86架构CPU，对应的汇编文件往往被命名为xxx_amd64.s。其中，xxx是自定义字符串，而"_amd64"代表了CPU架构信息；同理，对于ARM 64位CPU，对应的汇编文件名为"xxx_arm64.s"。

编译器编译时，会根据当前机器的CPU架构自动选择.s文件进行编译。如果使用了不当的文件名后缀，会导致编译时无法找到汇编文件。

在Go的源码中便存在着很多这样的例子。例如，我们打开SDK源码的math目录，查看数学函数floor()所对应的汇编文件的实现：

```
$ pwd
/usr/local/go/src/math

$ ls -l floor*.s
-rw-r--r--  1 root  wheel  1509  6  2  2022 floor_386.s
-rw-r--r--  1 root  wheel  2047  6  2  2022 floor_amd64.s
-rw-r--r--  1 root  wheel   573  6  2  2022 floor_arm64.s
-rw-r--r--  1 root  wheel   523  6  2  2022 floor_ppc64x.s
-rw-r--r--  1 root  wheel   579  6  2  2022 floor_s390x.s
-rw-r--r--  1 root  wheel   459  6  2  2022 floor_wasm.s
```

这是Go为了兼容各种CPU架构而提供的汇编文件。当然，对于日常开发而言，运行目标是确定的，也就不需要编写各种版本。本书中的汇编代码示例，除非特意说明，均为AMD64架构下的汇编实现。

4）提示与说明

在实际开发过程中，读者可能也会发现，Go编译器支持无CPU架构信息的汇编文件，例如floor.s。没有CPU信息的汇编文件，也可以被识别并编译。这就意味着在不引起混淆的前提下，省略"_am64""_arm64"等CPU信息的汇编文件也是允许的，但这种做法并不值得推荐。

18.1.4　.go 文件和.s 文件的编译

当Go语言编译器进行编译时，会将关联的.go和.s文件编译到同一个文件中。.s文件一般不会独立存在，而是作为.go文件的辅助和补充。编译时仍然会从.go文件开始，将所有引用和涉及的包中的.go和.s文件一并编译，最终形成一个可执行文件。

所有程序的入口文件，建议命名为main.go。虽然在.go文件中，只要包名和函数名符合main.main()的形式就可以作为启动入口，但是，对于含有汇编文件的代码而言，如果入口文件不是man.go，可能会导致无法找到正确的.s文件。

18

18.2　从内存角度看函数的调用过程

函数的调用过程其实依赖多方面的因素，不仅包括了CPU架构和硬件实现、操作系统管理内存的方式，还与编程语言的实现方式有着很大的关系。因此，针对不同的CPU+操作系统的组合，编程语言本身也有不同的安装文件。为方便讲述，我们以最常见的Intel x86 CPU和Linux操作系统为例进行讲述。

18.2.1　内存布局

函数调用时，一般会在栈区分配一个栈帧。应用程序加载后，整个内存的布局如图18-1所示。

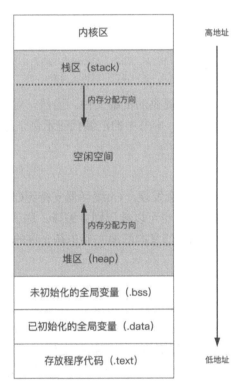

图 18-1　内存布局简图

在图18-1中，整个内存布局分为内核区、栈区、空闲空间、.bss段、.data段、.text段。当然，还有其他更为细节的分段，但与我们理解整个函数的执行过程关系不大，因此可以暂时忽略。

1）内核区

内核区为保留内存，为操作系统内核专用，用户进程无法访问。

2）栈区

栈区用于函数执行过程中的内存分配。栈是先进后出的数据结构，内存分配时入栈，回收时出栈。

3）堆区

堆区用于指针类型对象的分配，栈区中的指针变量的内容存在于堆中。

4）.bss 段

.bss段（Block Started by Symbol），用于存储未初始化的全局变量或静态变量。一般情况下，当程序执行时，.bss段会被清零。

5）.data 段

.data段用于存储已初始化的全局变量。在后续章节中，我们也会经常利用DATA指令为变量内存赋值。其实也是呼应了.data段的命名。

6）.text 段

代码段（.text）则用于加载程序代码。在后续章节的示例中，我们往往利用TEXT指令来定义函数体。

7）空闲空间

空闲空间介于栈区和堆区之间，用于栈和堆空间的扩展。栈区和堆区内存分配的方向是相反的：栈区是从高地址向低地址扩展，而堆区则是从低地址向高地址扩展。

8）函数的执行与栈区

函数的执行则主要依赖栈区的空间分配和回收。每个函数的执行都会在栈区创建一个独立的空间——栈帧。栈帧中会存储函数所使用的参数、局部变量，以及返回值。当函数执行完毕，则释放栈帧空间。

18.2.2　函数执行过程

函数的执行是CPU和内存共同执行的结果，而CPU存取数据依赖寄存器。下面将从栈的内存分配、栈顶、栈底以及常见寄存器交互的角度，来讲述一个简单的加法函数调用的执行过程。这将是学习Go汇编的基础。

1. 伪代码样例

一段伪代码（尽管看起来是按照Go语言的语法进行编写的）如下：

18

```
add(a int, b int) int {
    d := a + b
    return d
}

main() {

    total int

    total = add(1, 2)

}
```

代码解析：

（1）add()函数接收两个int类型的参数a和b，并在函数体内部对a和b求和，然后赋值给变量d。最后，将变量d返回。

（2）main()函数中，声明一个变量total，并将add(1, 2)的返回值赋值给变量total。

2. 函数执行过程

整个程序的执行从入口函数main()开始，下面依次来看一下整个栈空间的分配过程。

（1）在函数执行前，其局部变量和参数所占用的空间已经被编译器计算好了。当main()函数运行时，栈空间的状态如图18-2所示。此时硬件寄存器BP（Base Pointer）的值指向当前正在执行的函数的栈底地址；SP（Stack Pointer）的值指向正在执行的函数的栈顶地址。

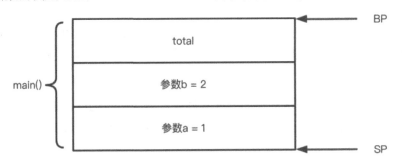

图 18-2　局部变量和参数内存分布

（2）在main()函数中调用函数add(1, 2)，会自动记录main()函数执行到的位置，并为函数add()的执行创建新的栈帧，硬件寄存器BP和SP的位置随之更新，如图18-3所示。

（3）当add()函数执行结束时，寄存器BP和SP的值均要复位为main()的原始值，main()函数SP原始值可以利用add()函数的BP值获得，而BP初始值存储在add()函数的BP位置上（即图18-3中的位置编号②）。add()函数的对应栈帧将被回收。

（4）同时，整个程序也将回到main()函数上次执行到的位置继续执行。该执行位置由main栈帧中的最后一个元素（即图18-3中的位置编号①）存储的内容决定。

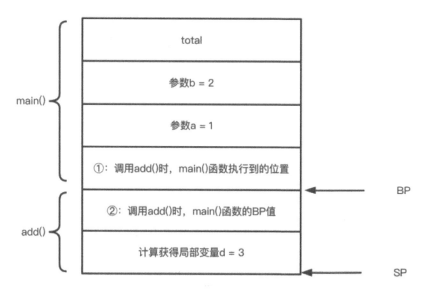

图 18-3　函数调用时产生的新栈帧

（5）main()函数获得add()函数的返回值，继续执行后续代码。在返回值的获取方式上，传统编程语言（尤其是只允许单个返回值的C、C++等）是将返回值填入特定寄存器中，例如RAX（32位机器为EAX），调用者直接读取特定寄存器的值。

18.2.3　栈顶和栈底

每个函数在内存中的表现都是一个栈帧。我们所说的栈顶和栈底，一般是指栈帧的顶部和底部。由于函数的局部变量、参数均存储在栈帧中，每个变量/参数都占用一定的内存空间，因此，如何定位这些变量和参数便显得非常重要。

我们自然会想到，通过栈顶/栈底+偏移量的方式可以很容易地定位到某个局部变量的首地址，然后根据该变量的长度大小便可以获取到变量的实际内容。事实上，这也是大多数汇编语言的做法。这也是为什么我们在进行汇编程序编写时，必须要对整个栈帧中所存储的变量/参数的个数、各自的大小，以及存储顺序了如指掌的原因。而这些信息在高级语言进行编译时，编译器会自动进行计算和判断。

当前执行中的函数的栈顶和栈底信息，总是存储在硬件寄存器SP和BP（16位机）中。在32位机中，对应的寄存器名称分别为ESP和EBP；而在64位机中，分别为RSP和RBP。

18.2.4　栈内存分配与内存变量读取

栈帧内存的分配是从高位地址向低位地址扩展的。也就是说，每个函数栈帧在生成时，都是从高位向低位扩展，如图18-4所示。

18

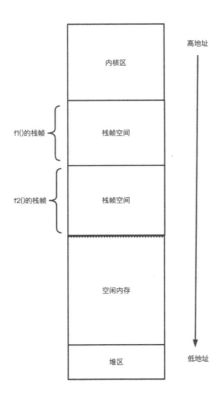

图 18-4   栈帧的扩展方向

　　一旦栈帧所占用的空间确定，那么无论是编译器自动计算的还是手动指定的，栈帧内部局部变量和参数列表/返回值都按照代码中出现的顺序，从低地址向高地址进行分配，如图18-5所示。

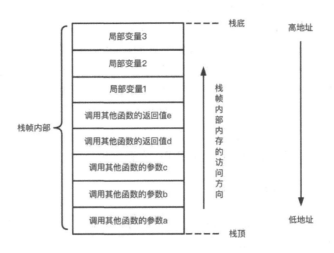

图 18-5   栈帧内部内存的访问方向

在代码中首先会出现局部变量，并且会调用其他函数。调用其他函数时，参数和返回值一定会置于栈顶位置，并且从低位向高位进行分配。局部变量则存储在函数参数/返回值区域之上。

18.3　寄存器与内存布局

一个应用程序中的变量通常有全局变量和局部变量之分。全局变量往往在整个进程空间中被共享，而局部变量的有效范围一般为函数体内部。因为汇编程序是面向内存的，所有操作与内存地址息息相关，所以如何定位全局/局部变量便成为一个关键问题。

同样地，程序执行时的实时位置（执行到哪一条指令）、指令的计算结果存储，这一切都离不开寄存器。Go 汇编中可用的寄存器分为两类：通用寄存器（即传统汇编语言中支持的寄存器），以及伪寄存器（即 Go 汇编自行抽象出来的寄存器）。下面将分别讲述这两类寄存器。

18.3.1　通用寄存器

在 AMD64 平台上，Go 汇编支持 14 种通用寄存器，但是与传统寄存器的名称稍有不同。通用寄存器及其在 Go 汇编中的名称对比如表 18-1 所示。

表 18-1　通用寄存器和 Go 汇编寄存器名称对照

AMD64	RAX	RBX	RCX	RDX	RDI	RSI	RBP	RSP	R8	R9	R10	R11	R12	R13	R14	RIP
Plan 9	AX	BX	CX	DX	DI	SI	BP	SP	R8	R9	R10	R11	R12	R13	R14	PC

我们可以看到 Plan 9 寄存器名称与 AMD64 有着微小的变化，AMD64 中以 R 开头的寄存器在 Plan 9 中会被去掉 R 前缀。这是因为此处的 R 前缀代表 64 位 CPU。类似地，对于 32 位 CPU，前缀为 E，例如 EAX，EBX 等。在更早的 16 位 CPU 中，对应的寄存器名称为 AX、BX，这也是最基础的命名。而 Go 汇编忽略了 CPU 位数的不同，将所有寄存器统一命名，针对 CPU 位数的差异性，则交由编译器统一处理，从而减轻了程序员编程的负担，增强了代码通用性。

本书不会一一讲述这些寄存器的使用规则，而对于常用寄存器的用法，在后续章节的各代码实例中会有详细描述。

18.3.2　伪寄存器

伪寄存器是相对于通用寄存器而言的。Go 语言中的通用寄存器虽然在名称上进行了统一，但是仍有优化的空间。Go 汇编中有以下 4 种伪寄存器来进一步提供编程的便利性。本小节，我们通过不断将各个寄存器添加到内部布局图中的方式来展示它们的作用。

18

1. PC伪寄存器

PC伪寄存器其实是通用寄存器RIP（EIP、IP）的别名。该寄存器存储的是指令计数器，即正在执行的指令的内存地址。注意，此处的指令是指编译后的机器指令，而非源码。PC伪寄存器并不是一个新增寄存器，我们同样可以在通用寄存器和Go汇编寄存器的对应关系表18-1中找到它。

2. SB伪寄存器

全局变量的声明和定义可以散布在整个应用程序中。对于程序员来说，把握单个函数中的局部变量的布局尚有可能，要把握整个应用程序中的全局变量布局，则极度困难。因此，Go汇编中抽象出了SB伪寄存器。该寄存器可以利用如下代码访问全局变量：

```
DATA main·Id+0(SB)/1
```

其中，DATA指令用于变量定义，呼应了.data段的段名称；main为包名；Id为变量名；符号"·"用于分隔包名和变量，main·Id表示main包中的名为Id的变量；+0表示变量首地址的偏移量，0即变量Id的首地址不做任何偏移；SB为伪寄存器名称；/1代表字节数。整个全局变量的访问形式表示全局变量main.Id的第一个字节。同理，main·Id+2(SB)/4，表示的是全局变量main.Id从偏移量2开始的4字节。

利用SB伪寄存器可以直接定位到某个特定的全局变量，而不必考虑全局变量在整个数据段所处的地址。一旦定位到特定变量，对于变量本身的数据结构，程序员把握起来就会非常轻松。

我们再来宏观地了解一下SB伪寄存器在整个内存区域的位置，如图18-6所示。

全局变量存储于内存中的.data段，同时，Go汇编中所有全局变量的数据赋值也是以DATA作为关键字。理论上，SB伪寄存器应该指向.data段的首地址。但事实上，SB伪寄存器中所存储的内存地址却并非.data段的首地址。从图18-6中可以看出，SB伪寄存器指向了代码段的首地址。这是因为SB伪寄存器除了定位全局变量外，还可以用来定位函数，毕竟函数在整个Go语言中也是处于第一层级的位置，在访问形式上和全局变量处于同一层级。

函数的定义也往往带有SB伪寄存器，例如：

```
TEXT Swap(SB)
```

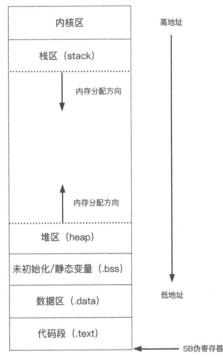

图18-6　全局变量存储区域——.data 区

其中，TEXT是函数定义的关键字，Swap是函数名。与全局变量类似，利用Swap(SB)可以定位名为Swap的函数。

3. FP伪寄存器

相对于SB伪寄存器用于访问全局变量而言，访问局部变量、参数和返回值对程序员的挑战更大。与全局变量不同的是，局部变量、参数和返回值并不依赖名称进行访问，而是依赖其在函数内部出现的顺序和位置。这是因为编译时，局部变量的名称信息都会都被擦除。

按照传统汇编语言的编码习惯，我们在Go汇编中可以利用通用寄存器中的SP（栈顶）或者BP（栈底），再辅以内存偏移量来访问局部变量、参数和返回值。Go汇编进一步优化了访问方式，将栈帧划分为两部分，参数和返回值为一部分，局部变量为另外一部分，从而衍生出了伪寄存器FP和SP。其中，FP用于访问参数和返回值，这里的参数和返回值指的是来自调用者的参数和返回值，如图18-7所示。

在图18-7中，被调用函数是当前函数（栈空间顶部的栈帧永远是执行中的函数）。当前函数中的FP伪寄存器，是为了定位调用当前函数的调用者所传递的函数和返回值。通过图中的位置可以看到，FP伪寄存器所存储的地址为参数/返回值区域的顶部。另外，CPU读取内存数据时总是从低地址向高地址读取。按照参数列表中的顺序，如果第1个参数的长度为8字节，那么，其所占用的内存空间为a+0(FP)～a+7(FP)；第2个参数的占用的空间为b+8(FP)～b+15(FP)，以此类推。

4. SP伪寄存器

FP伪寄存器是为了方便定位参数/返回值，另外一个伪寄存器SP则是为了方便定位局部变量，它指向了当前栈帧中局部变量的栈底位置，如图18-8所示。

通过图中的位置可以看出，v+0(SP)为局部变量的栈底位置。局部变量按照其声明的顺序，依次利用v+0(SP)、v-8(SP)、v-16(SP)等形式进行访问。

与之相对的是SP通用寄存器所存储的物理地址，我们同样在图18-8中进行了标注。SP通用寄存器标识的是栈顶位置。

5. 没有BP伪寄存器

在学习了SP伪寄存器后，我们自然而然会想到对应的BP伪寄存器。但是，在Go汇编中并没有BP伪寄存器。因为BP通用寄存器代表的是整个函数栈帧的栈底。出现独立的SP伪寄存器是为了方便访问局部变量，对于栈底，则没有分离其他标识位的必要。因此，也就没有BP伪寄存器。

18

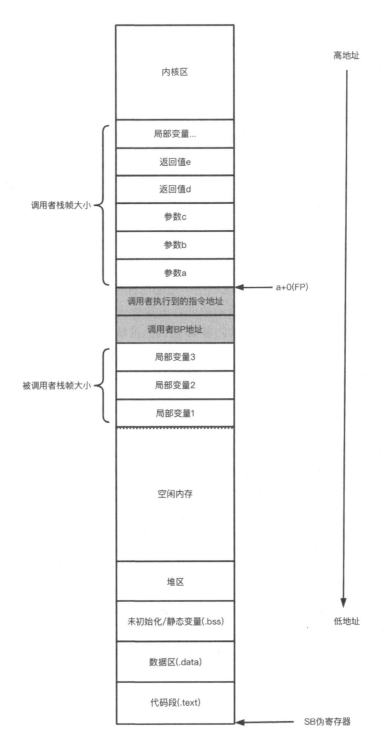

图 18-7　伪寄存器 FP 用于定位调用者传入的参数和返回值

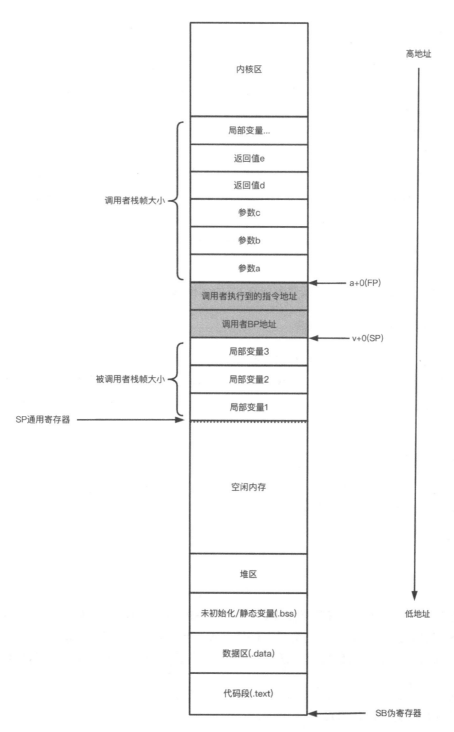

图 18-8　伪寄存器 SP 指向了局部变量的栈底位置

18.3.3　自动分配的内存

我们再来观察图18-8，在伪寄存器FP和SP之间，有两个额外的内存空间元素：一个函数调用另外一个函数时执行到的指令地址，以及调用者的BP地址。这两个内存元素在编写汇编代码时不需要计入栈帧的大小。二者主要用来保护现场，当被调用函数执行完毕并返回到调用者时，用于恢复现场，并继续执行后续指令，而且它们均由编译器进行自动处理，程序员编写程序时无须关注。

二者中比较特殊的是"调用者BP"，该内容会不会被自动插入主要取决于编译时的环境变量framepointer_enabled。在AMD64或者ARM64位机器上，该环境变量默认为true，则会自动插入。因此，我们在目前主流机器上尝试打印SP伪寄存器和FP伪寄存器所存储的内存地址时，二者往往会相差16字节。因为FP处于高地址，所以常常有：

```
FP - SP = 0x10
```

关于该地址差的详细信息，可以参考18.9.2节的实例程序。

18.3.4　区分通用寄存器和伪寄存器

在Go汇编中，通用寄存器和伪寄存器都是使用两个字符表示，那么，该如何区分二者呢？我们在使用通用寄存器进行定位时，会使用寄存器+偏移量的组合来进行内存定位，例如：

```
0(SP)
```

或者

```
16(SP)
```

两个表达式分别表示从SP寄存器所存储的地址向高位地址偏移0和16字节。如果要使用伪寄存器，则需要增加一个标识符作为前缀，例如：

```
a+0(SP)
```

或者

```
b+16(SP)
```

此时的带有标识符前缀的寄存器便代表伪寄存器SP，其他伪寄存器也遵循这一规则。对于前缀a和b，我们习惯上与声明时的变量名保持一致。事实上，对于局部变量来说，并不依赖变量名进行寻址。因此，该前缀可以为任何标识符，其作用也只是用来区分通用寄存器和伪寄存器。

18.3.5　栈帧的大小由什么决定

栈帧大小是由所有局部变量的总大小决定的吗？看起来是，但实际上并非如此。对于Go

函数来说，函数栈帧的大小由编译器自动计算。而对于汇编函数来说，函数栈帧的大小是在函数声明时决定的。

例如，名为Fpsp的函数，其声明方式如下：

```
TEXT ·Fpsp+0(SB),$24
```

其中常数24就是函数栈帧的大小。即使在后续的编码中声明的局部变量和调用其他函数所占用的空间不足24字节，也不妨碍该函数执行时栈帧大小固定为24字节，只是按照内存分配方向，未使用的空间没有任何数据。

18.4　第一个 Go 汇编程序

Go汇编语言的一大特点就是能够与.go文件结合使用。下面通过一个实例来演示如何利用Plan 9汇编文件修改.go文件中定义的变量。

18.4.1　利用汇编文件修改变量的值

1. 在汇编文件中修改变量的值

我们首先来看一段简单的Go代码：定义一个变量，并打印其值，如代码清单18-1所示。

代码清单18-1　打印未初始化的变量

```
package main

import "fmt"

var Id int

func main() {
    fmt.Println("Id = ", Id)
}
```

该代码段非常简单，定义了一个int类型的、名为Id的变量，然后打印该变量的值。显而易见，执行该代码段后，输出为0，如下所示。

```
Id = 0
```

我们在当前文件的同一目录下创建一个名为global_amd64.s的文件，文件内容如下：

```
#include "textflag.h"

GLOBL ·Id(SB),NOPTR, $8

DATA ·Id+0(SB)/1, $0x0A
DATA ·Id+1(SB)/1, $0x01
```

```
DATA ·Id+2(SB)/1, $0x00
DATA ·Id+3(SB)/1, $0x00
DATA ·Id+4(SB)/1, $0x00
DATA ·Id+5(SB)/1, $0x00
DATA ·Id+6(SB)/1, $0x00
DATA ·Id+7(SB)/1, $0x00
```

代码解析：

（1）#include "textflag.h"，引入头文件"textflag.h"。在.s文件中使用到的汇编指令都必须有该头文件的支持。

（2）GLOBL ·Id(SB),NOPTR, $8，定义了全局变量Id。Id前的中点符号（·）不可省略。该符号相当于Go代码中的包名分隔符（.）。符号"·"前没有任何标识符，表明变量的声明处于当前包下。SB代表伪寄存器；NOPTR指定数据类型不是指针；$8指定变量的长度为8字节，其中"$"表明是字面量的固定前缀。

（3）DATA ·Id+0(SB)/1, $0x0A，为变量Id的第0个字节赋值为十六进制的0A。其中·Id+0指定内存偏移量，而/1指定自偏移量开始的字节长度。

（4）同样地，DATA ·Id+1(SB)/1, $0x01，为变量Id的第1个字节赋值为十六进制的01。

（5）以此类推，后续的DATA指令都是为变量Id的内存的各个字节进行赋值。

（6）特别需要注意的是，汇编程序最后一行为空白行。空白行不可省略，否则编译器会无法识别汇编程序的结束，并出现如下编译错误：

```
unexpected EOF
```

再次执行.go文件，其输出如下：

```
Id = 266
```

此时的Id值266正是被global_amd64.s中的指令修改后的值：$1 \times 256 + 10 = 266$。

2. 汇编文件不生效的原因

若遇到.s文件不生效，即main()函数中打印出的内容仍为0，则可以检查.s文件是否被编译到可执行文件。例如，可以在.s文件中输入错误语法，如果仍能正常执行main.go文件，则代表.s文件未被编译。这种情况往往是因为只编译了main.go文件，而不是编译整个包中的文件。在GoLand中，我们可以通过检查运行时的配置进行验证，检查路径为"Run"→"Edit Configurations"。

在窗口左侧的"Go Build"下找到对应的编译项，并检查其"Run kind"（运行类型）。如图18-9所示，当"Run kind"为File，而main.go又没有显式依赖其他文件时，将只会编译main.go。这也往往导致汇编文件不起作用。

要做的修改非常简单，将"Run kind"修改为"Package"或者"Directory"，编译时就会自动将文件夹下的其他文件一起编译，如图18-10所示。

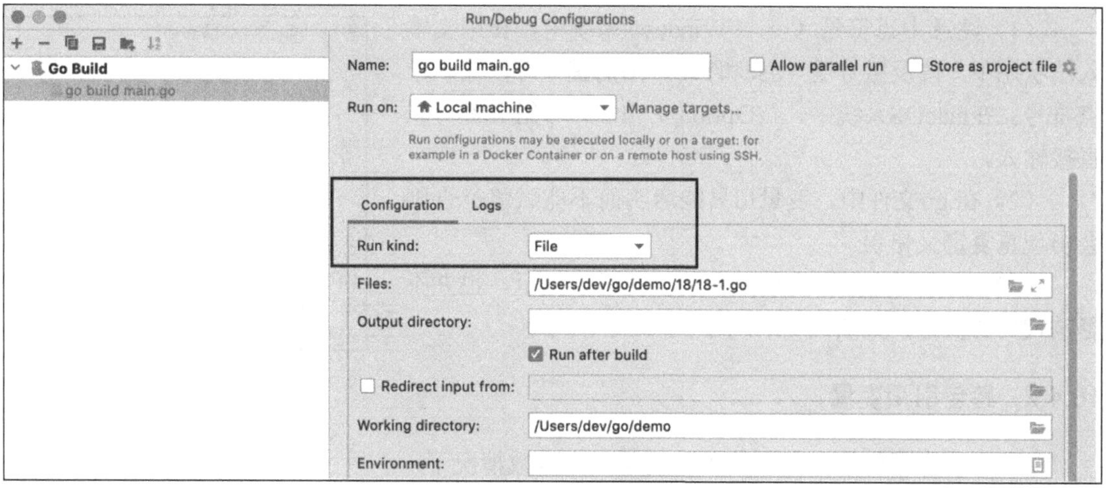

图 18-9　运行时 Run kind 选择了 "File"

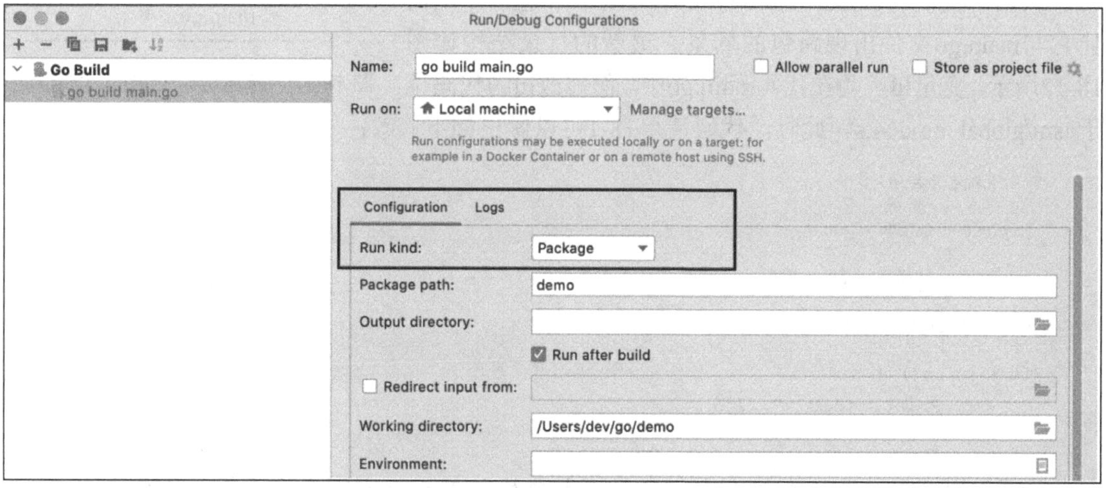

图 18-10　运行时 Run kind 修改为 "Package"

对于 go build 或者 go run 命令，我们也应当以编译包或者编译命令的形式来完成，代码如下：

```
$ go run demo/18
Id = 266
```

而避免使用如下形式：

```
$ go run main.go
Id = 0
```

3. 注意与说明

在该实例中，我们需要特别注意以下几点：

（1）注意中点符号（·）。Windows系统中，在中文输入法状态下，按反撇号键（Esc和Tab中间的键）可以输入中点符号。在macOS系统中，按Option + Shift + 9组合键可以直接输入。

（2）在.go文件中，变量Id只能声明而不能赋值，否则会出现重复定义错误。

（3）在IDE中编写.s文件，即使出现错误提示，也并不影响代码的执行，如图18-11所示。

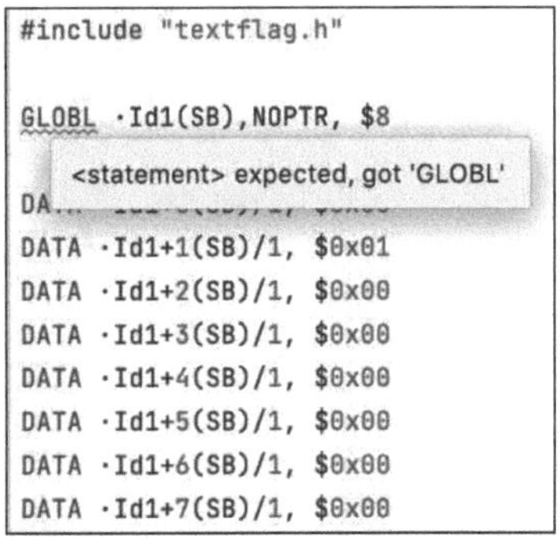

```
#include "textflag.h"

GLOBL ·Id1(SB),NOPTR, $8
    <statement> expected, got 'GLOBL'
DA...  ...  ...  ...
DATA ·Id1+1(SB)/1, $0x01
DATA ·Id1+2(SB)/1, $0x00
DATA ·Id1+3(SB)/1, $0x00
DATA ·Id1+4(SB)/1, $0x00
DATA ·Id1+5(SB)/1, $0x00
DATA ·Id1+6(SB)/1, $0x00
DATA ·Id1+7(SB)/1, $0x00
```

图 18-11   可以忽略的错误

18.4.2　跨包引用变量

上一小节介绍的示例是最简单的场景。大多数情况下，汇编文件也会按照包结构进行组织，此时就需要跨包进行引用。例如，我们将global_amd64.s文件移至一个包下，从而让它与main.go文件出现跨包的场景。最新的目录结构如图18-12所示。变量Id声明在代码main.go中，而修改Id的代码位于asm/global_amd64.s。此时，代码清单18-1可以做出如下修改：

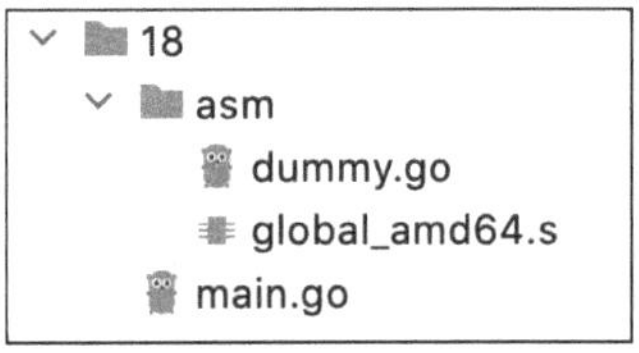

```
∨ 📁 18
  ∨ 📁 asm
      📄 dummy.go
      ⚙ global_amd64.s
  📄 main.go
```

图 18-12   跨包访问变量的目录结构

```go
package main

import "fmt"

import _ "demo/18/asm"

var Id int

func main() {
    fmt.Println("Id =", Id)
}
```

为了保证global_amd64.s文件能够被编译并执行，在main.go中增加了导入包的操作：

```go
import _ "demo/18/asm"
```

在汇编文件global_amd64.s中，引用变量Id需要增加包名前缀，代码如下：

```
#include "textflag.h"

GLOBL main·Id(SB),NOPTR, $8

DATA main·Id+0(SB)/1, $0x0A
DATA main·Id+1(SB)/1, $0x01
DATA main·Id+2(SB)/1, $0x00
DATA main·Id+3(SB)/1, $0x00
DATA main·Id+4(SB)/1, $0x00
DATA main·Id+5(SB)/1, $0x00
```

```
DATA main·Id+6(SB)/1, $0x00
DATA main·Id+7(SB)/1, $0x00
```

在修改后的global_amd64.s中，变量Id的引用形式需要修改为main·Id。而文件dummy.go是一个空文件，其中只有包定义，主要是为了语句import _ "demo/18/asm"的编译。如果没有dummy.go，则import导入的包是一个没有任何.go文件的空包，而编译器不允许导入没有任何.go文件的空包。

此时，我们执行main.go，可以看到全局变量Id被成功修改为266，如下所示：

```
Id = 266
```

18.5 利用 Go 汇编定义变量

首先需要明确的概念是，Go汇编的操作完全是基于内存的。在内存操作的概念中并没有数据类型，所面对的数据只有0和1。因此，Go语言中变量/常量的数据类型往往在.go文件中进行定义，而在汇编文件中，更多的是对变量/常量进行赋值操作。

18.5.1 全局变量和局部变量

从Go语言的角度来说，全局变量是与函数同级且定义在文件中的变量，而局部变量是定义在函数/方法内部的变量。这二者并未有太多本质上的区别。但是，从汇编的角度来说，二者的区别却非常大。因为全局变量的内存地址在整个运行期间是不变的；而局部变量只有在函数/方法被调用时，才会临时从栈中分配，其内存地址是动态分配的。这就造成了二者在使用寄存器寻址时要使用不同的语法。定义和寻址全局变量往往会用到SB伪寄存器；而局部变量则用到SP伪寄存器。

18.5.2 字面量和表达式

虽然内存数据存储的均为0和1，但是，我们在编写Go汇编时，如果仍然写成二进制或者十六进制的形式，则友好度非常差。因此，Go汇编允许使用包括整型、浮点型、字符型，以及字符串在内的多种字面量，而且这些字面量还可以通过操作符组成表达式，从而作为赋值操作的基础。为了区分表达式与汇编的标识符，字面量和表达式必须以"$"作为前缀。

以下为字面量的示例：

```
$10          //表示十进制10
$0xA         //表示十六进制10
$2.0         //表示浮点数2.0
$'a'         //表示字符a
$"Golang"    //表示字符串Golang
```

表达式的书写方式与字面量类似，以$为前缀，例如：

```
$10+1        //表示十进制11
$1<<3        //表示1左移3位
$11&1        //11与1进行与操作
$11|1        //11与1进行或操作
```

18.5.3　定义字符串型变量

在18.2节的内容中，我们展示了如何定义一个整型并为它赋值。相对而言，字符串类型的定义和赋值稍显复杂。这是因为字符串的数据结构由长度和内容两个元素决定。我们可以从Go SDK的value.go文件中找到名为StringHeader的结构体，该结构体即为字符串类型的运行时定义，其源码如下：

```
type StringHeader struct {
    Data uintptr
    Len  int
}
```

该结构体反映了字符串变量在内存中的存储情况：Data是一个unitptr类型，代表指向真正的字符串的指针；Len是一个整型，代表了整个字符串的长度。

Data之所以不直接存储字符串的内容而一定要指向一个指针，是因为Go语言需要进行字符串共享，即多个相同内容的变量实际上会指向同一个字符串，从而节省内存存储。所以，使用汇编进行定义和对字符串进行赋值，实际上就是填充StringHeader结构的数据。以下内容演示的是如何在汇编文件中定义字符串变量。

1. 入口的main.go文件

首先，在main.go文件中定义一个字符串类型的变量，如代码清单18-2所示。

代码清单18-2　定义并打印字符串变量

```
package main

import "fmt"

var mainText string

func main() {
    fmt.Println("mainText = ", mainText)
    fmt.Println("len = ", len(mainText))
}
```

毫无疑问，在只声明变量mainText而未对它进行赋值的情况下，mainText将为零值，即空字符串。执行该代码段，输出如下：

```
mainText =
len = 0
```

2. 汇编文件中的私有变量

接着，我们在asm包下新建一个汇编文件strings_amd64.s，并在其中定义一个字符串变量sharedText<>，用来存储共享字符串，代码如下：

```
#include "textflag.h"

// 定义字符串变量
GLOBL sharedText<>(SB),NOPTR,$8
// 为字符串变量的内存空间填充字面量数据
DATA sharedText<>+0(SB)/8, $"Golang"
```

代码解析：

（1）#include "textflag.h"，用于导入头文件。因为后续使用的NOPTR等关键字都定义在"textflag.h"头文件中。

（2）GLOBL sharedText<>(SB),NOPTR,$8，变量sharedText<>是一个汇编文件内部的私有变量，与外部.go文件没有任何关联；NOPTR代表数据结构中无指针；$8代表该变量所占用的内存大小为8字节；符号"<>"是汇编内部私有变量的后缀标识，是必不可少的。

（3）DATA sharedText<>+0(SB)/8, $"Golang"，为sharedText变量赋值，起始位置为0，宽度为8字节，内容为字符串"Golang"。即使"Golang"并未真正达到8字节大小，但是由于内存对齐的存在，我们仍需将它所占用的宽度设置为8字节。

3. 利用私有变量定义全局字符串

在定义了用于存储共享字符串的私有变量后，我们可以利用该私有变量来定义字符串结构。同样地，在strings_amd64.s中追加如下代码段来为全局变量main.mainText赋值：

```
GLOBL main·mainText(SB), NOPTR, $16
DATA main·mainText+0(SB)/8, $sharedText<>(SB)
DATA main·mainText+8(SB)/8, $8
```

代码解析：

（1）GLOBL main·mainText(SB), NOPTR, $16，用于在汇编文件中定义变量main·mainText(SB)。此处的变量main·mainText(SB)实际是.go文件中声明的同一变量。注意此处的变量名没有后缀<>，可以将它与私有变量sharedText<>进行区分。

（2）DATA main·mainText+0(SB)/8, $sharedText<>(SB)，用于为StringHeader的前8个字节赋值，其内容为私有变量sharedText<>的指针。

（3）DATA main·mainText+8(SB)/8, $6，用于为StringHeader的8～15字节赋值，其内容为字面量6，代表字符串的长度为6。

4. .go文件和汇编文件的结合

当所有准备工作做好之后，我们需要修改.go文件的内容，让它引用strings_amd64.s所在的包，以便能将其编译进来。main.go文件最终的代码如下：

```
package main

import "fmt"

import _ "demo/18/asm"

var mainText string

func main() {
    fmt.Println("mainText = ", mainText)
    fmt.Println("len = ", len(mainText))
}
```

汇编文件strings_amd64.s的内容如下：

```
#include "textflag.h"

GLOBL sharedText<>(SB),NOPTR,$8
DATA sharedText<>+0(SB)/8, $"Golang"

GLOBL main·mainText(SB), NOPTR, $16
DATA main·mainText+0(SB)/8, $sharedText<>(SB)
DATA main·mainText+8(SB)/8, $6
```

执行main.go文件，控制台的输出如下：

```
mainText = Golang
len = 6
```

5. 利用汇编文件中的长度定义来改变字符串内容

通过上面的例子，可能还无法对Go汇编操作内存数据有着非常直观的理解。我们可以修改汇编文件中定义字符串长度的语句，进一步感受汇编语言是如何操作内存数据的。

将strings_amd64.s文件的最后一行（即定义字符串长度的语句）修改为如下形式：

```
DATA main·mainText+8(SB)/8, $8
```

修改后的语句会将全局变量main·mainText的第8～15字节的内容修改为常量8，此时执行main.go文件，其输出如下：

```
mainText = Golang
len = 8
```

可以看出，此时字符串长度输出为8。即使真正的字符串内容只有6字节，但利用汇编语言可以绕过字符串本身的内置处理，直接修改长度字段StringHeader.Len。

如果我们将汇编文件中处理长度的语句修改为如下形式：

```
DATA main·mainText+8(SB)/8, $4
```

即将长度修改为4。事实上，长度4小于字符串真实内容"Golang"的长度6。此时，再次执行main.go，其输出如下：

```
mainText = Gola
len = 4
```

通过输出可以看到，即使底层的共享字符串"Golang"未发生任何改变，但通过直接操作内存来修改长度字段仍可影响整个字符串的定义。这也提醒我们，利用汇编修改内存数据不可任意而为，需要考虑各个内存块数据之间的相互影响和关联。

18.5.4　定义布尔型变量

布尔类型是一个比较简单的类型，其占用的空间为1字节。如同其他数据类型一样，首先在main.go文件中定义布尔型变量，如代码清单18-3所示。

代码清单18-3　定义并打印布尔型变量

```
package main

import "fmt"

import _ "demo/18/asm"

var boolVar bool

func main() {
    fmt.Println("boolVar = ", boolVar)
}
```

其中的boolVar是一个布尔型变量。执行该代码段，可以输出boolVar的值。在没有任何赋值操作的情况下，变量的值为其零值false，如下所示。

```
boolVar = false
```

其次，在asm目录下创建文件boolean_amd64.s，并在其中为boolVar赋值，代码如下：

```
#include "textflag.h"

GLOBL main·boolVar(SB),NOPTR,$1
DATA main·boolVar+0(SB)/1, $1
```

代码解析：

（1）GLOBL main·boolVar(SB),NOPTR,$1，定义了变量main·boolVar，并将其长度设置为1字节。

（2）DATA main·boolVar+0(SB)/1, $1，用于为变量boolVar赋值为字面量1。

由于已经在main.go中利用import _ "demo/18/asm"导入了asm包，因此，重新执行main.go时，会自动将boolean_amd64.s文件编译到可执行文件中。此时，执行main.go，会发现boolVar的值已经被修改为true，如下所示。

```
boolVar = true
```

事实上，汇编文件中的DATA指令在为main·boolVar赋值时，非零值均被视为true，例如：

```
GLOBL main·boolVar(SB),NOPTR,$6
```

其中，字面量$6是一个非零值。重新编译和执行main.go可以看到，boolVar的值仍然为true。

18.5.5　定义整型变量

整型在汇编文件中的定义和赋值操作与布尔型非常相似，但是需要注意分段式赋值字节顺序问题。

分段式赋值是指，当变量的数据类型大于1字节时，并没有一次性为其所有内存地址赋值，而是进行多次赋值。变量的值是由多次赋值"拼凑"起来的数据。我们可以通过如下示例来演示分段赋值的结果。

首先，在main.go文件中声明一个名为longVar的64位整数，如代码清单18-4所示。

代码清单18-4　定义并打印长整型变量

```
package main

import "fmt"

import _ "demo/18/asm"

var longVar uint64 .

func main() {
    fmt.Printf("longVar = %x", longVar)
}
```

对于变量longVar，我们特意调用fmt.Printf("longVar = %x", longVar)来打印其十六进制形式，以便观察字节顺序。

其次，在asm目录下创建名为long_amd64.s的汇编文件，并在其中为longVar进行赋值，代码如下：

```
#include "textflag.h"

GLOBL main·longVar(SB),NOPTR,$8
DATA main·longVar+0(SB)/1, $0x01
DATA main·longVar+2(SB)/1, $0x02
DATA main·longVar+4(SB)/1, $0x03
DATA main·longVar+6(SB)/1, $0x04
```

执行main.go，其输出如下：

```
longVar = 4000300020001
```

这代表在多字节赋值时，是从低位向高位依次填充的，如图18-13所示。

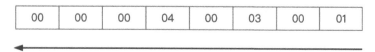

由低位向高位填充，缺失部分补 0

图 18-13 分段式赋值的数据填充顺序

18.5.6 定义切片变量

切片与字符串类似，在Go语言中都是被定义为一个结构体。切片的结构体定义为relect.SliceHeader，其源码形式如下：

```
type SliceHeader struct {
    Data uintptr
    Len  int
    Cap  int
}
```

同样地，我们只需要为该结构体中的每个字段填充数据，即可实现利用汇编来定义切片内容。首先，在main.go文件中声明并打印切片信息，如代码清单18-5所示。

代码清单18-5 定义并打印切片变量

```
package main

import "fmt"
import _ "demo/18/asm"

var sliceVal []int32

func main() {
    fmt.Println("sliceVal的内容: ", sliceVal)
    fmt.Println("sliceVal的长度: ", len(sliceVal))
    fmt.Println("sliceVal的容量: ", cap(sliceVal))
}
```

代码解析：

（1）sliceVar是一个int32类型的切片。

（2）在main()函数中，打印了切片内容、切片大小，以及切片容量信息。

18

其次，在asm目录下创建名为slice_amd64.s的汇编文件，并利用汇编指令填充变量sliceVal的内容，代码如下：

```
#include "textflag.h"

// 变量intArr，占用16字节，每4字节赋值一次
GLOBL intArr<>(SB), NOPTR, $16
DATA intArr<>+0(SB)/4, $0x0A
DATA intArr<>+4(SB)/4, $0x0B
DATA intArr<>+8(SB)/4, $0x0C
DATA intArr<>+12(SB)/4, $0x0D

// 全局变量sliceVal
GLOBL main·sliceVal(SB), NOPTR, $24
// 前8字节指向变量intArr
DATA main·sliceVal+0(SB)/8, $intArr<>(SB)
// 第8~15字节填充SliceHeader.Len——长度
DATA main·sliceVal+8(SB)/8, $4
// 最后8字节填充SliceHeader.Cap——容量
DATA main·sliceVal+16(SB)/8, $20
```

代码解析：

（1）根据切片的内容定义（SliceHeader），前8字节内容是一个数组的指针。因此，我们首先定义变量intArr<>(SB)，其长度为16字节。

（2）因为数组就是一组连续的数据，所以我们利用0x0A、0x0B、0x0C、0x0D对私有变量intArr<>(SB)的内存地址每隔4字节进行一次填充，实际上形成4个32位（4字节）整数。

（3）GLOBL main·sliceVal(SB), NOPTR, $24，用于将全局变量main·sliceVal的长度设置为24。这也是由SliceHeader结构的定义决定的。

（4）DATA main·sliceVal+0(SB)/8, $intArr<>(SB)，将变量$intArr<>(SB)的指针赋值给全局变量main·sliceVal的前8字节。实际对应了SliceHeader.Data字段。

（5）DATA main·sliceVal+8(SB)/8, $4，将全局变量main·sliceVal的第8~15字节赋值为十进制数值4。实际对应了SliceHeader.Len字段。

（6）DATA main·sliceVal+16(SB)/8, $20，将全局变量main·sliceVal的第16~23字节赋值为十进制数值20。实际对应了SliceHeader.Cap字段。

此时，执行main.go文件，其输出如下：

```
sliceVal的内容：[10 11 12 13]
sliceVal的长度：4
sliceVal的容量：20
```

可以看出，变量sliceVar的内容、长度、容量3项输出值正是我们利用汇编文件填充的内容。

18.5.7　总结变量定义

通过前面的示例，我们已经看到了Go汇编中各种变量的声明和定义。下面重新来梳理一下其关键语法。

1）#include "textflag.h"

如同很多C和C++程序文件的开头包含头文件一样，该语句往往出现在汇编文件的开头，用于引入头文件中定义的语法，以便在汇编文件中使用，例如NOPTR等。

2）GLOBAL

让标识符对链接器可见，这样，编译时才能将对变量进行寻址。

3）DATA

为标识符按内存地址进行数据填充。DATA标识符也暗示了当前的内存是在数据段进行分配的。

4）NOPTR

标识符的内容是非指针类型的数据。

5）<>

这是一个比较特殊的语法，是变量标识符的一部分，用于定义私有变量，如intArr<>。

18.6　利用 Go 汇编定义函数

在讲述了Go汇编中变量的定义和使用后，我们继续来讲述如何在Go汇编中定义函数。

18.6.1　Go 中调用汇编函数

对于一个普通Go函数来说，函数声明和函数体都出现在.go文件中。即使我们想利用汇编语言来实现函数，函数的声明仍然需要在.go文件中，汇编语言能完成的也只是将函数的实现迁移到.s文件中。以下内容演示了如何利用Go汇编实现函数体。

1. 创建函数声明

在asm包中创建一个名为add.go的文件，并在其中声明一个加法函数add()，代码如下：

```
package asm

func Add(a int64, b int64) int64
```

在程序入口main.go文件中，可以调用该函数，如代码清单18-6所示。

代码清单18-6   在main.go文件中声明并调用函数

```
package main

import (
    "demo/18/asm"
    "fmt"
)

func main() {
    var a int64 = 2
    var b int64 = 17

    c := asm.Add(a, b)

    fmt.Printf("%d + %d = %d\n", a, b, c)
}
```

2. 编译错误"Missing function body"

此时，无论是利用go build命令，还是IDE进行编译都会出现编译错误"Missing function body"（缺少函数体），如图18-14所示。

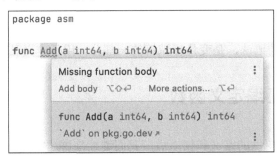

图 18-14   缺少函数体的函数出现编译错误

但是，如果当前包（asm包）中含有能被识别的汇编文件（.s后缀文件），则不会出现该编译错误。编译器会认为函数体可能定义在汇编文件中，而无论汇编文件中是否真的实现了该函数。

这其实也从侧面反映了编译器的规则，即默认情况下，如果利用汇编来实现函数，那么编译器只会在同一文件夹下寻找汇编文件。因为Go安装包自带了很多汇编文件，编译器不会搜索整个编译环境来寻找函数的实现。

我们在asm目录下创建一个名为add_amd64.s的文件，但是其内容为空。此时IDE不会自动识别到"Missing function body"的错误。但执行go build命令，仍会出现编译错误，如下所示。

```
$ go build main.go
# demo/18/asm
asm1/add.go:3:6: missing function body
```

3. 实现汇编函数

在add_adm64.s文件中实现如下代码：

```
TEXT    ·Add+0(SB),$0-24
MOVQ    a+0(FP),AX  //
MOVQ    b+8(FP),BX
ADDQ    AX,BX
MOVQ    BX,ret+16(FP)
RET
```

代码解析：

（1）TEXT，指示这是一个函数的开始。该指令与代码段（.text段）相呼应。

（2）Add，指定了函数的名称，中点号前没有任何标识符，代表这是当前包中的函数。

（3）$0-24，表示了函数栈帧和参数/返回值所占用的空间。$是字面量的前缀；0-24是用分隔符"-"隔开的两个数字，0表示该函数执行时的栈帧占用空间（此处为0），24代表当前函数的参数和返回值的总大小，在函数声明中，两个int64类型参数和一个int64类型返回值的长度正好为24字节。因为参数和返回值是在函数调用者的栈帧中分配空间，所以不占用当前函数的存储空间。

（4）MOVQ a+0(FP),AX，用于将函数栈帧中从0开始的8字节复制到AX寄存器中。8字节是由MOVQ指令决定的。MOVQ中的Q是Quad word（4字）的缩写，在Intel的CPU架构中，一个字（word）为2字节，因此Quad word的大小为8字节。与全局变量访问形式类似，函数内的参数和返回值的访问形式为寄存器+偏移量。a+0（FP）代表的是以伪寄存器FP指向的内存地址为基准并且偏移量为0的内存地址，从该地址向高位读取8字节，即为Add函数的第1个参数a的值。

（5）同样地，MOVQ b+8(FP) BX用于将栈帧中以FP伪寄存器为基准并且偏移量为8的8字节内容复制到BX寄存器中，即为Add()函数的第2个参数b的值。

（6）ADDQ AX,BX，将寄存器AX和BX的值相加，并存储到寄存器BX中。

（7）MOVQ BX,ret+16(FP)，将寄存器BX中的数据复制到FP寄存器偏移16字节的内容中。这正是Add()函数的返回值所对应的内存空间。

此时，重新执行main.go，可以看到程序可以正常执行，并输出加法运算的结果，如下所示。

```
2 + 17 = 19
```

18.6.2　汇编中调用 Go 函数

除了能够在Go中调用汇编函数外，我们同样可以在汇编程序中调用Go中实现的函数。虽然这种用法稍显烦琐，但对于我们深刻理解Go语言中函数的调用原理有着莫大的好处。我们可以通过如下步骤实现在汇编中调用Go函数。

18

1. 实现Go函数

首先在asm目录下创建名为tools.go的文件，在其中定义以下3个函数：

（1）calcLen()函数。该函数用于计算一个string类型的长度，代码如下：

```
package asm

func calcLen(s string) uint64 {
    return uint64(len(s))
}
```

（2）printLen()函数。该函数用于打印字符串长度，代码如下：

```
func printLen(len int64) {
    fmt.Printf("字符串长度为: %d", len)
}
```

（3）ShowMessage()函数。该函数中会调用calcLen()和printLen()，代码如下：

```
func ShowMessage(s string) {
    len := calcLen(s)
    printLen(len)
}
```

以上3个函数既有函数声明，也有函数体定义，均为完整的Go函数。

2. 利用汇编重写ShowMessage()函数

到目前为止，ShowMessage()的函数体是利用Go语法来实现的。我们先删除ShowMessage的函数体，并将函数体移至汇编文件asm/tools_amd64.s中来实现。tools_amd64.s的源码如下：

```
#include "textflag.h"

TEXT ·ShowMessage(SB),$24

//调用ShowMessage时，传入参数s的前8字节，即string.Data
MOVQ s+0(FP), AX

//赋给SP-24，即栈顶的8字节空间，其实是用于调用calcLen时的string.Data
MOVQ AX, t-24(SP)

//调用ShowMessage时，传入参数s的前8字节，即string.Len
MOVQ s+8(FP), AX

//赋给SP-16，即栈顶倒数第二个8字节数据，其实是用于调用calcLen时的string.Len
MOVQ AX, t-16(SP)

//调用calcLen()函数，从SP的位置开始算起，最后两个8字节空间将组装为string类型数据，传入calcLen
CALL ·calcLen(SB)

//获取SP-8，即从栈顶算起，倒数第三个8字节数据，其实是用于获得calcLen的返回值
```

```
MOVQ t-8(SP),AX

//将获得的calcLen的返回值再次赋给栈顶元素，并调用printLen()函数，以打印calcLen()函数的返回值
MOVQ AX,a-24(SP)
CALL ·printLen(SB)

RET
```

代码解析：

（1）TEXT ·ShowMessage(SB),$24，声明了函数ShowMessage()及其栈帧内存大小。因为我们要在ShowMessage()内部调用calcLen()和printLen()函数，当调用calcLen()函数时，参数s的类型为string，大小为16字节（可参考18.5.2节中关于字符串的描述），并且捕获的返回值长度为8字节，总大小为24字节；调用printLen()函数时，可以复用calcLen()使用过的内存，所以总大小24字节可以满足要求。

（2）MOVQ s+0(FP), AX和MOVQ AX, t-24(SP)，用于将传入参数的第0～7字节（StringHeader.Data）赋值给栈顶的8字节（因为整个栈帧的大小为24字节，t-24(SP)为栈顶位置）。

（3）MOVQ s+8(FP), AX和MOVQ AX, t-16(SP)，用于将传入参数的第8～15字节（StringHeader.Len）赋值给栈顶的倒数第二个8字节。此时，调用calLen()函数所需的string参数已经准备完毕。

（4）CALL ·calcLen(SB)，调用函数calcLen()。此时传递的参数值即为t-24（SP）和t-16(SP)中存储的值。

（5）MOVQ t-8(SP),AX，用于将返回值赋值给AX寄存器。calcLen()执行的结果被置入栈底的8字节。因为calcLen()函数的参数为string类型，占用16字节，而返回值类型为int64，占用8字节。所以，t-8(SP)正是返回值的开始地址。

（6）MOVQ AX,a-24(SP)，用于将AX寄存器的内容复制到栈顶位置，长度为8字节。为后续调用printLen()函数准备参数。

（7）CALL ·printLen(SB)，用于调用printLen()函数。该函数没有返回值，因此无须后续处理步骤。

（8）RET，当前函数ShowMessage()执行完毕后，返回到其调用者继续执行，此处的RET相当于我们在高级语言中常用的return关键字。RET不可省略，因为我们完全可以在汇编程序的中间位置，在符合一定条件的情况下执行RET指令，从而让程序提前退出。汇编中需要明确指定RET，而不能像高级语言一样省略函数结尾处的return语句。

3. 在main()函数中调用ShowMessage()

我们可以在main()函数中调用ShowMessage()函数，如代码清单18-7所示。

18

代码清单18-7   在main()函数中调用ShowMessage()

```
package main

import "demo/18/asm"

func main() {
    asm.ShowMessage("Golang plan9 assembly")
}
```

执行该代码段后，输出如下：

字符串长度为：21

打印出的字符串长度21代表了整个流程的成功执行。我们也完成了Go函数的定义→汇编函数→Go函数的调用流程。

18.7   Go 汇编中的流程控制

Go汇编并未像高级语言那样提供丰富的关键字来实现不同的流程控制，这也是我们不习惯利用汇编来完成复杂逻辑的原因。但是我们仍然可以利用简单的指令变相地完成流程控制。本节将介绍如何在Go汇编中实现if判断和for循环的流程控制。

我们曾经在第5章的内容中将所有流程控制统一为跳转操作，所有流程控制均可利用跳转指令实现，Go汇编中则体现得更加明显。

18.7.1   Go 汇编中的 if 条件控制

Go汇编中的跳转指令有直接跳转指令JMP和条件跳转指令JL（小于0）、JE（等于0）、JG（大于0）等。直接跳转指令无须任何条件，可以直接跳转到特定位置继续执行；条件跳转指令则依赖状态寄存器中的值。状态寄存器的设置，则可以通过CMP(Q)等指令来实现。

下面以获得两个int64类型数字中的较大值为例详解Go汇编中的if条件控制，利用Go汇编的实现步骤如下：

1. 在.go文件中进行函数声明

在包asm下创建名为max.go的文件，在max.go中声明Max()函数，代码如下：

```
package asm

func Max(a, b int64) int64
```

2. 在汇编文件中实现函数体

在max.go的同一目录下创建名为max_amd64.s的汇编文件，其源码如下：

```
TEXT ·Max(SB), $0

    // 接收第1个参数，放入AX寄存器
    MOVQ a+0(FP), AX

    // 接收第2个参数，放入BX寄存器
    MOVQ b+8(FP), BX

    // 比较AX和BX寄存器的值
    CMPQ AX, BX

    // 如果AX寄存器的值小于BX寄存器的值，则跳转到标签B处继续执行
    JL B

    // 如果未跳转到B，则顺序执行到此处，将AX的值赋予返回值
    MOVQ AX, b+16(FP)
    RET

B:
    // 将BX的值赋予返回值
    MOVQ BX, b+16(FP)
    RET
```

代码解析：

（1）TEXT ·Max(SB), $0，用于定义函数Max()。$0代表函数的栈帧大小为0，因为该函数内部没有任何的局部变量，也没有调用其他函数。

（2）MOVQ a+0(FP), AX，将调用者传入的第1个参数复制到AX寄存器中。

（3）MOVQ b+8(FP), BX，将调用者传入的第2个参数复制到BX寄存器中。

（4）CMPQ AX, BX，用于对AX和BX寄存器的值做减法运算，即AX-BX。该操作将改变状态寄存器的值。

（5）JL B，是有条件跳转。当CMPQ AX, BX的比较结果小于0时，则跳转到标签B位置继续执行。

（6）B：用于定义目标标签，利用JMP系列指令可以直接跳转到该目标继续执行。

（7）MOVQ AX, b+16(FP)和MOVQ BX, b+16(FP)，用于将AX或者BX寄存器的值赋给返回值。两条指令只会有一条被执行。

（8）值得注意的是，第一次出现的RET指令让程序提前结束，即返回值采用了AX寄存器的值；如果省略了RET，则会导致后续指令一直顺序执行下去，最终返回值均为BX寄存器的值。

3. 在main()函数中调用Max()函数

创建main.go，并在其中调用Max()函数，如代码清单18-8所示。

代码清单18-8   在main()函数中调用Max()函数

```
import (
    "demo/18/asm"
    "fmt"
)

func main() {
    var a int64 = 40
    var b int64 = 20
    fmt.Printf("max(%d, %d) = %d\n", a, b, asm.Max(a, b))
}
```

执行该代码段，Max()函数的执行结果如下：

```
max(40, 20) = 40
```

18.7.2   Go 汇编中的 for 循环

与if流程控制语句的实现类似，for循环同样可以利用跳转指令实现。下面通过一个循环打印数字的实例来讲解for循环的汇编实现。

我们通常利用如下Go代码实现循环打印：

```
package main

import (
    "fmt"
)

func main() {
    for i := 1; i < 7; i++ {
        fmt.Println(i)
    }
}
```

此代码段将依次打印数字1～6。如果利用Go汇编实现，其步骤如下：

1．在.go文件中声明循环函数LoopPrint()

在asm包中创建名为loop.go的Go代码文件，并在其中声明LoopPrint()函数。LoopPrint()函数接收两个参数：start和end，分别代表循环起始值和结束值，代码如下：

```
func LoopPrint(from, end int64)
```

同时，在loop.go文件中定义名为println的函数。该函数接收一个int64型的参数，并打印该数字，其代码如下：

```
func println(i int64) {
```

```
        fmt.Println(i)
    }
```

我们之所以要在.go文件中定义println()函数，是为了在后续的汇编文件中调用该函数。因为对于汇编函数而言，无法调用内置的系统函数，即无法利用如下形式的汇编指令来打印内容：

```
CALL fmt·Println(SB)
```

2. 在汇编文件中实现LoopPrint()的函数体

在asm包中创建名为loop_amd64.s的汇编文件，我们同样利用CMPQ指令进行条件判断，利用JMP指令通过跳转的方式来实现循环打印，其代码如下：

```
#include "textflag.h"

// 定义函数LoopPrint()，并将其栈帧大小设置为24字节
TEXT ·LoopPrint(SB), $24

// 将第一个传入参数赋给栈底的8字节元素，相当于将数据保存到第一个局部变量中
MOVQ a+0(FP), AX
MOVQ AX, t-24(SP)

// 将第二个传入参数赋给自栈底算起的第二个8字节元素，相当于将数据保存到第二个局部变量中
MOVQ b+8(FP), BX
MOVQ BX, t-16(SP)

// 定义LOOP_IF标签
LOOP_IF:

// 将两个变量的值分别赋值给AX、BX寄存器
MOVQ t-24(SP), AX
MOVQ t-16(SP), BX

// 对AX，BX进行比较，当AX大于或等于BX时，直接跳转到LOOP_END，结束循环
CMPQ AX, BX
JGE LOOP_END

// AX小于或等于BX时，将第一个局部变量的值赋给栈顶元素，并调用打印函数println()
MOVQ t-24(SP), AX
MOVQ AX, t-8(SP)
CALL ·println(SB)

// 将第一个局部变量的值加1，并跳转到LOOP_IF位置。再次比较两个局部变量，并打印第一个局部变量
ADDQ $1, t-24(SP)
JMP LOOP_IF

//结束循环，退出函数的执行
LOOP_END:
RET
```

18

代码解析：

（1）TEXT ·LoopPrint(SB), $24，用于定义函数LoopPrint()，并指定栈帧的大小为24字节。在这24字节中，每8字节为一个元素，共有3个元素，分别代表了两个局部变量和一个调用println()所需的参数。之所以要利用两个局部变量，而不是在整个循环过程中一直使用寄存器，是因为在后续调用println()函数时，寄存器的值会被println()函数改变。

（2）在将两个传入参数start、end赋值给局部变量后，通过AX和BX寄存器的协助对两个值进行比较。JGE LOOP_END表示当AX的值小于或等于BX时，直接跳转到LOOP_END处，从而结束循序。

（3）CALL ·println(SB)，用于打印第一个局部变量的值。

（4）ADDQ $1, t-24(SP)，用于将第一个局部变量的值加1。

（5）JMP LOOP_IF，用于跳转到LOOP_IF所指向的指令。

（6）在整个循环过程中，其实第二个局部变量（存储的是第二个传入参数end）的值一直未曾改变。我们可以不在栈帧中单独开辟空间进行存储，而使用FP伪寄存器来获得第二个参数，这样，可以在一定程度上简化代码。但是，却无法避免开辟第一个局部变量的栈帧空间，因为for循环中的start要不停地累积，而我们不能依赖AX或其他寄存器直接进行累加和判断，毕竟在调用其他函数时，寄存器会被复用，其值是不稳定的。

3. 在汇编文件中实现LoopPrint()的函数体

创建main.go文件，并在其中定义main()函数，以实现对LoopPrint()函数的调用，如代码清单18-9所示。

代码清单18-9　在main()函数中调用LoopPrint()函数

```
package main

import (
    "demo/18/asm"
)

func main() {
    asm.LoopPrint(1, 7)
}
```

执行该代码段，其输出如下：

```
1
2
3
4
5
6
```

18.8 重新理解多返回值

通过前面的内容，我们了解了Go汇编中关于函数调用的基本写法和流程，那么现在可以对Go语言支持多返回值进行重新理解。

Go语言之所以支持多返回值，主要是因为返回值是由调用者进行声明和内存分配，然后可以在被调用函数中通过寄存器+偏移地址的方式进行访问和赋值。这种方式抛弃了传统编程语言利用固定寄存器实现返回值的方式，毕竟寄存器的数量有限，而且使用哪个寄存器还必须隐藏在机器指令之中，对程序员保持透明。因此，在保证实现简单、可靠的考量之下，单个返回值便成为一种妥协后的选择。当然，传统编程语言也可以通过返回结构体/复杂对象的形式来将多个返回值封装到单个指针之中，从而间接实现多返回值。但这就必须增加额外的结构体定义或者类定义的步骤，相对于Go语言的实现方式来说稍显烦琐。

18.9 编程范例——理解常用寄存器

18.9.1 真、伪寄存器的对比使用

虽然说伪寄存器FP、SP是为了更方便地访问参数和局部变量而虚拟出的，但事实上，我们既可以利用FP伪寄存器来定位局部变量，也可以利用SP伪寄存器来定位传入参数，只是定位时的偏移量不同而已。通用寄存器也是如此，所有位置寄存器加上不同的偏移量，均可用来定位某个变量/参数/返回值。本小节通过一个实例来演示针对同一组局部变量，如何分别利用真、伪SP寄存器进行定位。

1. 定义打印函数

为了方便观察执行结果，我们首先在asm包中创建一个名为print.go的文件，并在其中定义print()函数，其代码如下：

```
package asm

import "fmt"

func print(a1 int64, a2 int64) {

    fmt.Printf("a1 = %x\n", a1)

    fmt.Printf("a2 = %x\n", a2)

}
```

print()接收两个int64类型的参数a1和a2，并在函数体中以十六进制形式打印出来。

2. 调用print()函数，并利用伪寄存器SP定位和传递参数

在asm包下创建名为test_sp.go的文件，并在其中声明函数TestSp()，代码如下：

```
package asm

func TestSP()
```

在asm包下创建名为test_sp_amd64.s的文件，并将TestSP()的函数体利用Go汇编实现。习惯上，我们利用SP伪寄存器来访问本地局部变量，同时它也是传递给print()函数的参数，代码如下：

```
#include "textflag.h"

TEXT ·TestSP(SB),$16

MOVQ $1, a-16(SP)
MOVQ $2, b-8(SP)
CALL ·print(SB)

RET
```

此时，汇编函数TestSP()的栈帧布局如图18-15所示。

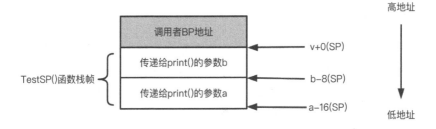

图 18-15　利用 SP 伪寄存器定位局部变量

3. 验证伪寄存器的使用

在main()函数中调用TestSP()函数，如代码清单18-10所示。

代码清单18-10　在main()函数中调用TestSP()函数

```
package main

import "demo/18/asm"

func main() {
    asm.TestSP()
}
```

执行该代码段，控制台上的输出如下：

```
a1 = 1
a2 = 2
```

可以看到，利用SP伪寄存器成功定位和传递了参数。

4. 使用通用寄存器代替伪寄存器

与SP伪寄存器指向栈底不同，SP通用寄存器指向栈顶。使用通用寄存器SP来代替伪寄存器SP时，需要去掉前缀标识符，并修改偏移量。我们可以将test_sp_amd64.s修改为如下形式：

```
#include "textflag.h"

TEXT ·TestSP(SB),$16

MOVQ $1, 0(SP)
MOVQ $2, 8(SP)
CALL ·print(SB)

RET
```

此时，函数TestSP()的内存布局如图18-16所示。

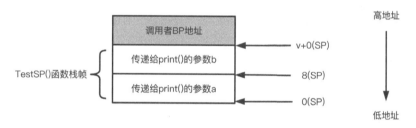

图 18-16　利用 SP 通用寄存器定位局部变量

此时再次执行main()函数，其执行结果与利用SP伪寄存器定位的结果完全相同。

```
a1 = 1
a2 = 2
```

18.9.2　验证伪寄存器 SP 和 FP 值的差异

我们在18.3.3节中提到，伪寄存器SP和FP之间往往会有16字节（64位CPU下）的地址差。本小节，将通过打印SP和FP伪寄存器所存储的物理地址来验证这一结论，从而让我们对栈帧的结构有更加清晰的认识。

要获取寄存器中所存储的物理地址，可以利用LEAQ指令。LEAQ是Load Effective Address Quad（加载实时的地址）的缩写形式。

1. 打印十六进制数字的print()函数

我们复用18.9.1节创建的print.go文件中的print()函数，该函数接收两个int64类型的参数，并打印二者的十六进制形式。

18

2. 定义Fpsp()函数，用于获取SP、FP伪寄存器的地址

在asm包中创建名为fpsp.go的文件，并在其中声明函数Fpsp()，代码如下：

```
package asm

func Fpsp()
```

同样地，在asm目录下创建名为fpsp_amd64.s的汇编文件，并在其中实现Fpsp()的函数体，代码如下：

```
#include "textflag.h"

TEXT ·Fpsp+0(SB),$16

// 将伪寄存器FP+偏移0的物理地址复制到AX寄存器中
LEAQ a+0(FP), AX
// 将获得的物理地址从AX取出，并复制到栈顶元素，用于传递print()函数的参数a
MOVQ AX, a-16(SP)

// 将伪寄存器SP+偏移0的物理地址复制到AX寄存器中
LEAQ b-0(SP), AX
// 将获得的物理地址从AX取出，并复制到栈顶倒数第二个元素，用于传递print()函数的参数b
MOVQ AX, b-8(SP)

// 调用print
CALL ·print(SB)

RET
```

代码解析：

（1）TEXT ·Fpsp+0(SB),$16，定义了函数Fpsp()，其栈帧长度为16字节，相当于两个8字节元素，用于调用print()函数时的参数传递。

（2）LEAQ a+0(FP), AX，用于将FP伪寄存器的地址赋值给AX寄存器。

（3）MOVQ AX, a-16(SP)，用于将AX寄存器的数据赋值给栈顶的8字节元素。

（4）同样地，LEAQ b-0(SP), AX和MOVQ AX, b-8(SP)用于将SP伪寄存器的地址赋值给栈顶的倒数第二个8字节元素。

（5）CALL ·print(SB)，用于调用print()函数，并将获得的FP、SP伪寄存器的地址传递到print()函数中。

3. 在main()函数中测试其输出

创建一个main()函数并在其中调用函数asm.Fpsp()，如代码清单18-11所示。

代码清单18-11　在main()函数中调用Fpsp()函数

```
package main
```

```
import "demo/18/asm"

func main() {
    asm.Fpsp()
}
```

执行该main()函数，可以验证SP和FP伪寄存器之间的差值。一个可能的输出如下：

```
a1 = c000112f70
a2 = c000112f60
```

这两个输出均为十六进制，可以很明显地看出，二者之间相差了16字节，即两个8字节元素。这两个元素存储了"调用时执行到的位置"和"调用者BP"两个内存地址。

18.10　本章小结

本章从函数的执行过程讲起，依次讲述了如何在Go汇编中定义全局变量、局部变量和函数，以及如何实现流程控制。定义变量总是依赖于数据类型，而汇编中并没有数据类型的概念，只能识别内存中的二进制数据，因此，编写Go汇编最重要的就是对数据结构和对应的内存布局有着清晰的认识。

通过对函数的讲解，我们打通了Go函数和汇编函数的相互调用。如此一来，就可以在Go代码和汇编代码之间进行穿插编写。同样地，对于汇编函数的编写，最重要的也是理解栈帧的内存布局。4个伪寄存器只是通用寄存器的有益补充，而不是代替品，使用时如果通用寄存器用起来更加方便，那么我们当然可以直接使用通用寄存器。

寄存器是CPU的存储器，多个任务共用一个CPU（或CPU核心）交替执行。这意味着寄存器也在多个任务间交替使用。在编写汇编代码时，我们需要特别留意寄存器状态的稳定性。因为如果在汇编程序中调用了其他函数，那么这些函数同样会改变寄存器的值，导致寄存器的状态不稳定，所以不能完全依赖寄存器进行数据的交互和计算，此时就需要我们在栈帧中开辟局部变量进行存储。局部变量属于栈帧私有，其状态在栈帧内部是可控的。

18

第 19 章

Gin处理HTTP请求及响应

第14章的内容中讲述了如何利用Go语言的原生API来注册和处理HTTP请求，但在实际开发中，我们往往会借助第三方HTTP框架。本章就来详细介绍Go语言中最常用的第三方HTTP框架——Gin。

本章内容:

* Gin框架简介
* Gin框架与HTTP请求
* Gin框架处理参数
* Gin框架处理响应
* Gin框架的路由处理
* Gin框架的中间件

19.1 Gin 框架简介

Gin是一个开源的Web框架，提供了一种简单、高效、灵活的方式来处理HTTP请求和响应，使Web开发变得更容易。Gin的底层采用了fasthttp框架，这使得它能更快、更稳定地处理HTTP请求。

Gin框架主要有以下特点:

（1）快速的路由引擎：相对于Go语言内置的路由解析机制，Gin的路由引擎使用Radix树，可以快速地匹配路由。同时，它也支持参数路由、通配符路由等多种路由形式。

（2）中间件支持：内置了日志记录、认证、错误处理等功能。同时也支持自定义中间件。利用Gin框架可以方便地实现中间件插拔，可以为不同层级的路由（全局路由、路由组、单个路由）增删中间件。

（3）渲染支持：Gin框架支持多种前端渲染方式，包括JSON、XML、HTML、YAML等。

（4）错误处理：Gin框架提供了方便的错误处理机制，可以自定义错误处理函数，同时也内置了一些常见的错误处理函数。

（5）安全性：Gin框架内置了一些安全性处理机制，例如XSS保护、CSRF保护等，可以快速集成Web程序的安全模块。

除此之外，Gin框架的API简洁易用，文档丰富，社区活跃，可以帮助开发人员快速上手，极大降低了开发难度。

19.2　Gin 框架与 HTTP 请求

Gin框架可以处理多种网络请求，因为其底层采用了net包，支持传输层的TCP和UDP协议。HTTP请求是日常开发最为常用的请求，本节将重点讲述Gin框架如何处理HTTP请求。

19.2.1　安装 Gin 框架

可以打开终端或命令行窗口，使用以下命令安装Gin框架：

```
$ go get -u github.com/gin-gonic/gin
```

该命令会从GitHub上下载并安装Gin框架及其依赖包。其中，-u参数表示如果包已存在，则进行更新。若没有该参数，则只会安装最新的包。

安装过程如下所示。

```
$ go get -u github.com/gin-gonic/gin
go: downloading github.com/gin-gonic/gin v1.9.0
go: downloading golang.org/x/net v0.7.0
go: downloading github.com/go-playground/validator/v10 v10.11.2
...
go: upgraded google.golang.org/protobuf v1.23.0 => v1.30.0
go: added gopkg.in/yaml.v3 v3.0.1
```

可以看到，安装过程中既有被升级的包（upgraded google.golang...），也有新增的包（added gopkg.in...）。

19.2.2　利用 Gin 框架开发第一个 HTTP 接口程序

在项目目录下创建一个名为main.go的文件，并利用Gin框架监听HTTP请求，如代码清单19-1所示。

代码清单19-1　第一个Gin框架示例程序

```
package main

import (
    "github.com/gin-gonic/gin"
)

func main() {
    r := gin.Default()
    r.GET("/index", func(c *gin.Context) {
        c.String(200, "gin的第一个请求")
    })
    r.Run()
}
```

代码解析：

（1）import语句中导入了github.com/gin-gonic/gin包，以引入Gin框架。

（2）在main()函数中，利用r := gin.Default()创建了一个默认的Gin引擎实例，并赋值给变量r。

（3）r.GET()方法的第1个参数定义了一个/index路径，用于匹配HTTP请求的URL。r.GET()方法的第2个参数是一个自定义函数，该函数接收一个*gin.Context类型的参数。gin.Context是Gin框架中的一个重要组件，代表了当前请求的上下文。在处理HTTP请求时，gin.Context提供许多有用的方法和字段帮助我们获取请求信息、设置响应头部和响应体、处理错误等。在本例中，c.String(...)用于设置响应信息。

（4）最后，利用r.Run()方法启动HTTP服务，并绑定到默认的8080端口上。

运行该程序后，将在本地启动一个HTTP服务，其默认监听端口为8080，当客户端访问http://localhost:8080/index时（访问方式有多种，最简单的是在浏览器地址栏中输入该地址），即可看到输出字符串"gin的第一个请求"。

当然，我们也可以自定义监听端口，例如9080，只需将代码修改为代码清单19-2的样子即可。

代码清单19-2　自定义监听端口

```
package main

import (
    "github.com/gin-gonic/gin"
)

func main() {
```

```
    r := gin.Default()
    r.GET("/", func(c *gin.Context) {
        c.String(200, "gin的第一个请求")
    })

    r.Run(":9080")
}
```

在该代码段中，利用r.Run(":9080")来监听本地9080端口，代替默认的8080端口。运行该代码段，并在客户端访问"http://localhost:9080/"，同样可以看到响应信息"gin的第一个请求"。

19.3　Gin 框架处理参数

在Web开发中，处理请求参数是常见的任务。Gin框架提供了非常便捷的方式来处理各种HTTP请求参数。本节将介绍如何利用Gin框架处理GET、POST请求，以及URL路径参数、JSON、表单、文件等不同格式的请求参数。

19.3.1　获得 URL 查询参数

URL中的查询参数是指URL中"?"后面的部分。查询参数由多个键－值对组成，每个键－值对之间用"&"分隔，键和值之间用"="分隔。一个典型的实例如下：

```
https://localhost/search?q=book&page=1&pageSize=20
```

该实例中，查询参数包含了3个键－值对：q=book，代表搜索关键词为"book"；page=1，代表当前页数为1；pageSize=20，代表每页大小为20。

在Gin框架中，可以使用Query()方法来获取URL中的查询参数，如代码清单19-3所示。

代码清单19-3　Gin框架获得URL中的查询参数

```
package main

import (
    "github.com/gin-gonic/gin"
    "net/http"
)

func main() {
    // 创建Gin的默认引擎
    r := gin.Default()

    // 注册一个GET路由，处理客户端发送的/search请求
    r.GET("/search", func(c *gin.Context) {

        // 获取请求URL中的查询参数keyword
```

```
        q := c.Query("q")

        // 返回HTTP状态码200和查询关键词
        c.String(http.StatusOK, "查询关键词为: %s", q)

    })
    // 启动HTTP服务,监听9080端口
    r.Run(":9080")
}
```

代码解析:

(1)该代码段创建了一个GET请求处理函数,当访问http://localhost:9080/search?q=book时,c.Query("q")会从请求中获取参数q的值,并赋值给变量q。

(2)c.String(http.StatusOK, "查询关键词为: %s", q),会将获得的参数返回给客户端。如果请求中没有q参数,则返回结果为空字符串。

19.3.2 获得表单参数

在Gin框架中,可以使用PostForm()方法来获取POST请求中来自表单的参数,如代码清单19-4所示。

代码清单19-4 Gin框架获得表单参数

```
package main

import (
    "github.com/gin-gonic/gin"
    "net/http"
)

func main() {
    // 创建Gin的默认引擎
    r := gin.Default()

    // 注册一个POST路由,处理客户端发送的/login请求
    r.POST("/login", func(c *gin.Context) {

        // 获取POST请求中的表单参数username和password
        username := c.PostForm("username")
        password := c.PostForm("password")

        // 对比用户名和密码是否正确
        if username == "root" && password == "root" {
            // 如果正确,返回HTTP状态码200和登录成功信息
            c.String(http.StatusOK, "登录成功")
        } else {
            // 如果错误,返回HTTP状态码400和登录失败信息
```

```
            c.String(http.StatusBadRequest, "登录失败")
        }
    })
    // 启动HTTP服务，监听9080端口
    r.Run(":9080")
}
```

代码解析：

（1）该代码段创建了一个匹配URL请求为/login的POST请求处理函数。

（2）当访问/login时，会从请求中获取username和password参数的值，并将它们与预设的用户名和密码进行比较。如果用户名和密码正确，则返回"登录成功"，否则返回"登录失败"。

19.3.3　获得 URL 路径参数

在HTTP请求中，有时请求参数会出现在URL路径之中。例如：

```
https://localhost/user/519008
```

该URL的本意是获得用户ID为519008的用户信息，而用户ID（519008）作为URL的一部分出现。在Gin框架中，可以使用Param()方法来获取URL的路径参数，代码清单19-5演示了这一用法。

代码清单19-5　Gin框架获得URL路径参数

```
package main

import (
    "github.com/gin-gonic/gin"
    "net/http"
)

func main() {
    // 创建Gin的默认引擎
    r := gin.Default()

    // 注册一个GET路由，处理客户端发送的/user/:id请求
    r.GET("/user/:id", func(c *gin.Context) {
        // 获取URL中的参数id
        id := c.Param("id")

        // 返回HTTP状态码200和用户ID信息
        c.String(http.StatusOK, "用户ID为: %s", id)
    })

    // 启动HTTP服务，监听9080端口
```

```
    r.Run(":9080")
}
```

代码解析：

（1）r.GET("/user/:id", function()...)，用于创建一个GET请求处理函数，并匹配URL路径格式"/user/xxx"。

（2）id := c.Param("id")，当HTTP请求的URL路径匹配到"/user/xxx"格式时，会从URL中获取"xxx"的值，并将它赋值给变量id。

19.3.4　将 JSON 格式的参数解析为结构体

JSON是开发中常见的参数传递形式。利用JSON形式的参数可以传递复杂数据结构。这就要求我们在服务端也需要一个对应的结构体进行接收。在Gin框架中，可以使用gin.Context.BindJSON方法来解析JSON参数，并直接将它转换为对应的结构体。代码清单19-6演示了这一用法。

代码清单19-6　Gin框架将JSON格式的参数解析为结构体

```go
package main

import (
    "github.com/gin-gonic/gin"
    "net/http"
)

// 定义 User 结构体
type User struct {
    Name string `json:"name"`     // 用户名
    Age  int    `json:"age"`      // 年龄
}

func main() {
    // 创建 gin 实例
    r := gin.Default()

    // 定义路由 "/addUser"，并绑定处理函数
    r.POST("/addUser", func(c *gin.Context) {
        // 定义 User 变量
        var user User

        // 解析请求 JSON 数据到 User 对象
        if err := c.BindJSON(&user); err != nil {
            // 返回错误信息
            c.String(http.StatusBadRequest, "数据格式非法: %s", err.Error())
            return
```

```
        }
        // 返回用户数据
        c.String(http.StatusOK, "用户数据: %+v", user)
    })
    r.Run(":9080")  // 启动应用
}
```

代码解析:

（1）在结构体的各字段定义中，分别追加了JSON注解。例如，`json:"name"`代表该字段对应JSON结构体中名为name的键。

（2）r.POST("/addUser", func...) {...}，用于为"/addUser"格式的URL请求定义处理函数。

（3）当访问/addUser时，会从请求体中获取JSON格式的参数，并将它解析为User结构体。如果解析失败，则返回字符串"数据格式非法"，否则返回User结构体的值。

19.3.5　将表单参数解析为结构体

在Gin框架中，可以使用Bind方法来解析表单参数，如代码清单19-7所示。

代码清单19-7　Gin框架将表单参数解析为结构体

```
package main

import (
    "github.com/gin-gonic/gin"
    "net/http"
)

type User struct {
    Name string `form:"name" json:"name"`        // 用户名
    Age  int    `form:"age"  json:"age"`          // 年龄
}

func main() {
    // 创建 gin 实例
    r := gin.Default()

    // 定义路由 "/addUser"，并绑定处理函数
    r.POST("/addUser", func(c *gin.Context) {
        // 定义 User 变量
        var user User

        // 解析表单数据到 User 对象
        if err := c.Bind(&user); err != nil {
            // 返回错误信息
            c.String(http.StatusBadRequest, "数据格式非法: %s", err.Error())
            return
```

19

```
        }
        // 返回用户数据
        c.String(http.StatusOK, "用户数据: %+v", user)
    })
    r.Run(":9080") // 启动应用
}
```

代码解析:

（1）在结构体的各字段定义中，分别追加了针对表单的注解。例如，Name string `form:"name" json:"name"`代表该字段既可以对应JSON结构中名为"name"的键，也可以对应Form表单中名为"name"的参数。

（2）r.POST("/addUser", func...) {...}创建了一个POST请求处理函数，当访问/addUser时，会从请求体中获取表单参数，并将它解析为User结构体。

（3）解析表单参数使用的是c.Bind()方法，注意此处与解析JSON时的区别。

19.3.6　接收和处理上传文件

上传文件是一个常见的Web应用场景，例如上传图片、上传文档等。代码清单19-8演示了如何利用Gin框架接收和处理上传文件。

代码清单19-8　Gin框架接收和处理上传文件

```go
package main

// 引入Gin和net/http包
import (
    "github.com/gin-gonic/gin"
    "net/http"
)

func main() {
    // 创建Gin的默认引擎
    r := gin.Default()
    // 注册一个POST路由，处理客户端发送的/upload请求
    r.POST("/upload", func(c *gin.Context) {
        // 从请求中获取文件，并检查错误
        file, err := c.FormFile("file")
        if err != nil {
            // 如果有错误，则返回HTTP状态码400和错误信息
            c.String(http.StatusBadRequest, err.Error())
            return
        }
        // 将文件保存到服务器上，并检查错误
        if err := c.SaveUploadedFile(file, file.Filename); err != nil {
```

```
            // 如果有错误，则返回HTTP状态码500和错误信息
            c.String(http.StatusInternalServerError, err.Error())
            return
        }

        // 如果一切正常，则返回HTTP状态码200和上传成功信息
        c.String(http.StatusOK, "上传成功")
    })
    // 启动HTTP服务，监听9080端口
    r.Run(":9080")
}
```

代码解析：

（1）r.POST("/upload", func(...) {...}，用于为URL格式的"/upload"注册路由和处理函数。

（2）c.FormFile("file")，用于获取上传的文件。

（3）c.SaveUploadedFile(file, file.Filename)，用于将文件保存到本地。注意，此处的第2个参数指定了保存路径，未指定绝对路径的情况下，则是以程序运行目录为基准的相对路径。

19.4　Gin 框架处理响应

19.3节介绍了Gin框架HTTP请求处理参数，对应的HTTP响应全部采用最简单的字符串格式进行输出。除了字符串格式外，Gin框架还提供了其他丰富的HTTP响应处理功能，例如JSON、HTML、文件等。本节将介绍Gin框架丰富的HTTP响应格式。

19.4.1　返回 JSON 格式的响应

JSON是由若干键−值对组成的数据结构。对于JSON结构，Gin框架提供了统一的处理方式——利用Map结构组装数据，在返回HTTP响应时，对Map结构进行格式化输出。在Gin框架中，这个Map结构利用一个自定义类型gin.H来实现。gin.H的源码如下：

```
type H map[string]any
```

一个利用gin.H来封装并最终返回JSON格式的响应的实例如代码清单19-9所示。

代码清单19-9　Gin框架返回JSON格式的响应

```
package main

import (
    "github.com/gin-gonic/gin"
    "net/http"
)
```

19

```go
func main() {
    // 创建 gin 路由器实例
    router := gin.Default()

    // 注册 JSON 路由
    router.GET("/service/json", func(c *gin.Context) {
        data := gin.H{
            "id":    123,
            "name": "json",
            "total": 150,
        }
        // 定义Map数据，Map中的data字段同样是一个Map，以演示嵌套结构
        result := gin.H{
            "status":  http.StatusOK,
            "message": "success",
            "data":    data,
        }

        // 返回 JSON 响应
        c.JSON(http.StatusOK, result)
    })
    // 监听9080端口
    router.Run(":9080")
}
```

代码解析：

（1）data := gin.H{...}和result := gin.H{...}，构造了两个Map结构，data作为result的子结构存在。

（2）c.JSON(http.StatusOK, result)，用于将result结构解析为JSON，并写入HTTP响应中。

在浏览器中请求URL"http://localhost:9080/service/json"，我们可以通过开发者工具（在Chrome浏览器中按F12键）来查看其响应头，如图19-1所示。

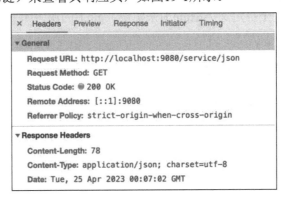

图 19-1　JSON 格式输出时的响应头

可以看出，c.JSON()方法会将响应头中的Content-Type自动设置为application/json，编码自动设置为UTF-8，而响应体的内容格式如下：

```
{
    "data":{
        "id":123,
        "name":"json",
        "total":150
    },
    "message":"success",
    "status":200
}
```

19.4.2　返回 XML 格式的响应

XML全称是Extensible Markup Language（可扩展标记语言的缩写形式），其格式是利用标签、属性等形式组装起来的节点树。利用XML可以进行数据保存和交换。Gin框架要实现XML格式的响应，则需要利用XML()方法。代码清单19-10演示了这一用法。

代码清单19-10　Gin框架返回XML格式的响应

```go
package main
import (
    "github.com/gin-gonic/gin"
    "net/http"
)

func main() {
    // 创建默认的gin路由器实例
    router := gin.Default()

    // 注册XML路由
    router.GET("/service/xml", func(c *gin.Context) {
        // 自定义结构体，封装XML数据
        type Data struct {
            Id    int    `xml:"id"` // 指定序列化格式
            Name  string `xml:"name"`
            Total int    `xml:"total"`
        }
        data := Data{
            Id:    123,
            Name:  "xml",
            Total: 150,
        }
        // 返回XML格式的响应
        c.XML(http.StatusOK, data)
```

```
    })
    // 运行路由实例
    router.Run(":9080")
}
```

代码解析：

（1）type Data struct {Id int `xml:"id"`...}，定义了一个结构体Data，其中的`xml:"id"`标注了该字段在序列化和反序列化时的名称为"id"。

（2）c.XML(http.StatusOK, data)，以XML格式将变量data的内容输出到HTTP响应。

执行该代码段，并在浏览器中查看HTTP响应头，如图19-2所示。

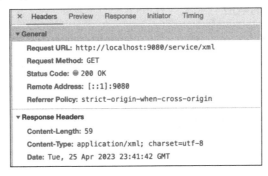

图 19-2　XML 格式输出时的 HTTP 响应头

从响应头的Content-Type可以看出，消息格式已经被自动设置为application/xml，对应的字符编码为UTF-8，对应的响应包内容如下：

```
<Data>
    <id>123</id>
    <name>xml</name>
    <total>150</total>
</Data>
```

19.4.3　返回 HTML 格式的响应

Gin框架的响应可以将包体渲染为HTML内容并输出。当然，这需要我们首先在服务端创建HTML模板文件，然后利用路由实例的LoadHTMLFiles()方法加载该HTML模板，最后通过gin.Context.HTML()方法输出到客户端。一个典型的HTML模板文件index.tmpl的内容如下：

```
<!DOCTYPE html>
<html>
    <head>
        <meta charset="UTF-8">
        <title>{{.title}}</title>
```

```
    </head>
    <body>
        <p>{{.content}}</p>
    </body>
</html>
```

其中{{.title}}和{{.content}}均为占位符，title和content用于标识不同的变量。代码清单19-11演示了如何加载和渲染HTML格式的文件。

代码清单19-11　Gin框架返回HTML格式的响应

```go
package main

import (
    "github.com/gin-gonic/gin"
    "net/http"
)

func main() {
    // 创建gin路由实例
    router := gin.Default()
    // 预加载HTML模板文件
    router.LoadHTMLFiles("templates/index.tmpl")

    // 注册html路由
    router.GET("/service/html", func(c *gin.Context) {
        // 定义HTML数据为一个map结构
        data := gin.H{
            "title":   "HTML-标题",
            "content": "HTML-渲染内容",
        }
        // 输出HTML结构的响应数据
        c.HTML(http.StatusOK, "index.tmpl", data)
    })

    // 运行路由监听
    router.Run(":9080")
}
```

代码解析：

（1）router.LoadHTMLFiles("templates/index.tmpl")，用于预加载HTML模板。"templates/index.tmpl"为模板路径。

（2）data := gin.H{...}，创建了一个Map结构，用于存储渲染模板的变量。

（3）c.HTML(http.StatusOK, "index.tmpl", data)，用于将变量data的值填充到HTML模板并输出。其中"index.tmpl"并非文件路径，而是注册到路由中的模板文件名。

19

执行该代码段,并在浏览器中查看HTTP响应头,如图19-3所示。

此时,响应头的Content-Type被自动设置为text/html,对应的字符编码为UTF-8。在浏览器中,相应内容以HTML形式展示,如图19-4所示。

图 19-3   HTML 格式输出时的 HTTP 响应头   图 19-4   HTML 格式输出的内容在浏览器中的展现形式

19.4.4   文件下载

HTTP中的文件下载是指响应所返回的内容是一个字节流,客户端读取该字节流并将它保存为文件形式。Gin框架实现文件下载需要设定响应头,并利用gin.Context.File()方法指定文件路径。代码清单19-12演示了这种用法。

代码清单19-12   利用Gin框架实现文件下载

```go
package main

import (
    "github.com/gin-gonic/gin"
)

func main() {
    // 创建gin路由器实例
    router := gin.Default()

    // 注册文件下载路由的URL
    router.GET("/service/download", func(c *gin.Context) {
        // 设置文件名和文件路径
        fileName := "index.tmpl"
        filePath := "templates/index.tmpl"
        // 返回文件下载响应
        c.Header("Content-Disposition", "attachment; filename="+fileName)
        c.Header("Content-Type", "application/octet-stream")
        c.File(filePath)
    })
```

```
    // 运行路由器
    router.Run(":9080")
}
```

代码解析：

（1）fileName定义了文件下载到客户端时的目标文件名；而filePath则定义了文件在服务端的存储地址。从二者完全独立的定义也可以看出，fileName可以自定义为任何名称，而不必与filePath保持一致。

（2）c.Header("Content-Disposition", "attachment; filename="+fileName)，将响应头的Content-Dispostion设置为附件形式（attachment），并指定附件文件名（filename）。

（3）c.Header("Content-Type", "application/octet-stream")，将响应头的Content-Type设置为字节流的形式（octet-stream）。

（4）c.File(filePath)会将服务端文件内容写入响应，客户端便可读取到字节流。

运行该代码段，并在浏览器中打开http://localhost:9080/service/download，其执行情况如图19-5所示。

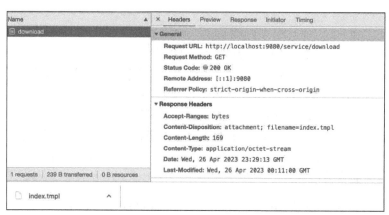

图 19-5　Gin 文件下载在浏览器中的表现

19.4.5　自定义响应

通过19.4.4节的示例可以看出，我们可以自行定义响应头的各项属性。因此，当现有的响应输出形式不能满足要求时，我们可以自定义响应。代码清单19-13演示了自定义响应的用法。

代码清单19-13　利用Gin框架自定义响应

```
package main

import (
    "github.com/gin-gonic/gin"
```

```
        "net/http"
)

func main() {
    // 创建 gin 路由器实例
    router := gin.Default()
    // 注册自定义响应路由
    router.GET("/service/custom", func(c *gin.Context) {
        // 定义响应数据
        statusCode := http.StatusOK

        //自定义contentType，将字符编码设置为GBK
        contentType := "text/plain; charset=GBK"
        content := []byte("Golang自定义响应头")
        // 返回自定义响应
        c.Data(statusCode, contentType, content)
    })
    // 运行路由器
    router.Run(":9080")
}
```

代码解析：

（1）statusCode := http.StatusOK，用于定义响应码。

（2）contentType := "text/plain; charset=GBK"，用于指定响应的内容类型为文本，字符编码为GBK。对于Gin框架来说，响应的默认字符编码为UTF-8，但中文操作系统下的浏览器（HTTP请求的客户端）的字符编码默认为GBK。如果二者不一致，则中文内容可能显示为乱码，因此，我们可以通过contentType指定响应内容的字符编码为GBK，以使二者保持一致。

（3）c.Data(statusCode, contentType, content)，用于自定义输出，包含状态码、响应体的类型，以及响应体的具体内容。

执行该代码段，并在浏览器中请求http://localhost:9080/service/custom，对应的响应头如图19-6所示。

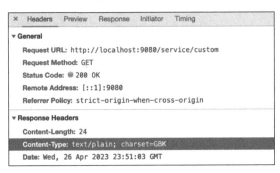

图 19-6　自定义响应在浏览器中的表现

19.5 Gin 框架的路由处理

Gin框架的路由配置包括静态路由、参数路由、组路由、Any方法、NoRoute方法和NoMethod方法等多种方式。使用这些路由配置方式，我们可以轻松地实现各种复杂的Web应用程序。

19.5.1 单个路由

静态路由是最简单的路由定义方式，它将固定的URL路径映射到特定的请求处理函数，要求实际请求时的URL与路由配置完全一致。代码清单19-14演示了一个静态路由的写法。

代码清单19-14 Gin框架中的静态路由

```
package main

import (
    "github.com/gin-gonic/gin"
    "net/http"
)

func main() {
    r := gin.Default()
    r.GET("/index", func(c *gin.Context) {
        c.String(http.StatusOK, "欢迎访问！")
    })
    r.Run(":9080")
}
```

代码解析：

（1）r.GET("/index", func(c *gin.Context)...)，定义了一个针对GET请求的处理函数，并将URL路径/index映射到该函数。

（2）只有当请求URL完全匹配/index时，才会与该路由映射匹配。

除了绝对路径之外，gin中的路由还可以是部分匹配。在部分匹配的模式中，不确定部分利用冒号（:）+标识符的写法表示该路径部分可变，例如：r.GET("/user/:id", func(c *gin.Context)...)中，路径“/user/:id”的“:id”即为可变部分。

19.5.2 路由组

路由组是一种将多个路由组合在一起的方式，它可以帮助我们更好地组织路由规则，避免重复的路径定义。例如，同一个项目中的URL路径可能均以项目名开头，如下所示。

19

```
/smart/user/register ——用户注册
/smart/user/login   ——用户登录

/smart/order/list ——订单列表
/smart/order/detail ——订单详情
...
```

我们可以为每个URL单独注册路由函数，但是这样会出现重复的"/smart"前缀。因此，我们可以利用代码清单19-15的形式，将路径前缀"/smart"定义为路由组，将其他部分作为组成员，从而共享路由组所定义的URL前缀。

代码清单19-15   Gin框架中的路由组

```go
package main

import (
    "github.com/gin-gonic/gin"
    "net/http"
)

func main() {
    r := gin.Default()
    smart := r.Group("/smart")
    {
        smart.GET("/user/register", func(c *gin.Context) {
            c.String(http.StatusOK, "用户注册")
        })
        smart.POST("/user/login", func(c *gin.Context) {
            c.String(http.StatusOK, "用户登录")
        })

        smart.GET("/order/list", func(c *gin.Context) {
            c.String(http.StatusOK, "查询订单列表")
        })
        smart.GET("/order/detail", func(c *gin.Context) {
            c.String(http.StatusOK, "查询订单详情")
        })
    }
}
```

代码解析：

（1）smart := r.Group("/smart") {...}，定义了一个路由组。该路由组中的URL均以"/smart"开头。

（2）smart.GET("/user/register", ...}，此时的URL和函数的映射关系利用路由组smart进行定义，而不是Gin引擎实例r。

（3）类似地，后续的user/login、/order/list、/order/detail等均利用路由组smart进行定义，从而复用URL前缀"/smart"。

19.5.3 Any 方法

在前面的例子中，无论是单个路由还是路由组，每次进行路由映射都指定HTTP请求的方法为GET、POST等。

Any方法是一个非常方便的路由定义方式，它可以匹配GET、POST、PUT、DELETE等所有HTTP方法。代码清单19-16演示了这种用法。

代码清单19-16 利用Any方法匹配多种HTTP请求方法

```
package main

import (
    "github.com/gin-gonic/gin"
    "net/http"
)
func main() {
    r := gin.Default()
    // 此处的URL匹配任意的HTTP请求方法
    r.Any("/user/login", func(c *gin.Context) {
        c.String(http.StatusOK, "用户登录")
    })
}
```

虽然我们可以利用r.Any定义任意HTTP请求方法的路由，但是该方法在实际生产环境中并不常用，大多数应用场景出现在开发阶段。例如，当不确定使用哪种方法，或者想暴露一个通用API给其他开发人员时，由调用者决定他们喜欢的方法。

19.5.4 NoRoute 和 NoMethod 方法

NoRoute方法和NoMethod方法是两种特殊的路由定义方法。当没有路由匹配时，将会调用NoRoute方法；当请求方法不被允许时，将会调用NoMethod方法。代码清单19-17演示了这两种方法。

代码清单19-17 NoRoute和NoMethod的用法

```
package main

import (
    "github.com/gin-gonic/gin"
    "net/http"
```

19

```
)
func main() {
    r := gin.Default()
    // 当没有路由匹配时，将会映射到r.NoRoute指定的函数进行处理
    r.NoRoute(func(c *gin.Context) {
        c.String(http.StatusNotFound, "404 Not Found")
    })
    // 当HTTP请求的URL匹配而方法不匹配时，将映射到r.NoMethod指定的函数进行处理
    r.NoMethod(func(c *gin.Context) {
        c.String(http.StatusMethodNotAllowed, "405 Method Not Allowed")
    })
}
```

代码解析：

（1）r.NoRoute(func(c *gin.Context), ...)，当HTTP请求的URL没有匹配成功时，NoRoute 所指定的映射函数将被调用。此处，会返回字符串 "404 Not Found"。

（2）同样地，当HTTP请求的URL匹配成功但方法不匹配时，NoMethod所指定的映射函数将会被调用，并返回 "405 Method Not Allowed" 字符串。

19.6 Gin 框架的中间件

在Gin框架中，中间件利用函数实现，它可以在请求到达处理函数之前或之后执行一些操作，例如记录日志、身份验证、错误处理等。中间件可以在多个路由处理函数之间共享，从而提高代码的复用性和可维护性。同时，Gin框架添加中间件的方式非常灵活，可以使用内置中间件，也可以自定义中间件。本节将详细讲述Gin框架中间件的用法。

19.6.1 内置中间件

所谓内置中间件就是由Gin框架提供的中间件，主要包括Logger中间件和Recovery中间件。

1. Logger中间件

日志可以有多种用途，例如记录用户请求方法、请求路径、响应状态码和请求耗时等信息，以便审计或分析之用。要使用日志中间件，可以利用Gin引擎实例的Use()方法。默认创建的引擎实例已经集成了Logger中间件，我们可以通过追踪gin.Default()方法的源码进行验证，其源码如下：

```
func Default() *Engine {
    debugPrintWARNINGDefault()
    engine := New()
```

```
        // 为引擎实例注册Logger和Recovery()中间件
    engine.Use(Logger(), Recovery())
    return engine
}
```

在Default()函数中，engine.Use(Logger()，Recovery())为gin引擎实例默认注册了Logger和Recovery两个中间件。因此，我们能够在控制台看到类似如下形式的日志：

```
[GIN] 2023/04/22 - 19:46:05 | 200 |      148.244µs |      127.0.0.1 | GET      "/index"
```

但是，如果我们期望将日志输出到自定义文件中，则需要自定义文件路径。代码清单19-18演示了这种用法。

代码清单19-18　Gin内置日志中间件的使用

```
package main
import (
    "github.com/gin-gonic/gin"
    "io"
    "os"
)

func main() {
    // 创建文件对象
    f, _ := os.Create("gin.log")
    // 设置默认日志输出目标为文件f和控制台
    gin.DefaultWriter = io.MultiWriter(f, os.Stdout)
    // 设置错误日志的输出目标为文件f和控制台
    gin.DefaultErrorWriter = io.MultiWriter(f, os.Stdout)

    r := gin.Default()
    r.Use(gin.Logger())
    r.GET("/index", func(c *gin.Context) {
        c.String(200, "访问主页")
    })

    r.Run(":9080")
}
```

代码解析：

（1）gin.DefaultWriter用于指定普通日志的输出位置。所谓普通日志就是应用程序的运行状态、请求信息、响应信息等。

（2）gin.DefaultErrorWriter用于指定错误日志的输出位置。所谓错误日志就是应用程序的错误信息、异常信息等。

19

2. Recovery中间件

Recovery中间件用于捕获Panic异常，并返回一个500状态码的错误响应。Recovery中间件同样会被默认注册到Gin引擎中。我们在main()函数中手动抛出一个Panic异常，以观察Recovery中间件的作用，如代码清单19-19所示。

代码清单19-19　Gin内置Recovery中间件的作用

```go
package main

import (
    "github.com/gin-gonic/gin"
)

func main() {
    r := gin.Default()
    r.Use(gin.Logger())
    r.GET("/index", func(c *gin.Context) {
        // 手动抛出异常
        panic("访问主页错误")
        c.String(200, "访问主页")
    })

    r.Run(":9080")
}
```

在r.GET("/index", func(c *gin.Context) {...})所注册的函数体中，我们利用panic("访问主页错误")主动抛出异常。此时，请求http://localhost:9080/index，其响应状态码为500。我们在浏览器进行请求，其表现如图19-7所示。

图 19-7　Recovery 中间件拦截异常，并返回给客户端

在图中可以看到非常明确的错误码500，它代表服务器内部错误。

19.6.2　自定义中间件

除了内置中间件外，我们还可以自定义中间件来完成特定功能。通过内置中间件的注册方法Engine.Use(middleware ...HandlerFunc)也可以看出，我们只需要定义HandlerFunc类型的函数即可自定义中间件。HandlerFunc()函数要求包含一个*Context类型的参数，而且没有返回值，其源码定义如下：

```
type HandlerFunc func(*Context)
```

登录校验是一个常见的需求，可以利用自定义中间件来实现拦截所有HTTP请求，并完成登录校验的过程，如代码清单19-20所示。

代码清单19-20　Gin自定义中间件的作用

```
package main

import (
    "github.com/gin-gonic/gin"
    "net/http"
)

func CheckToken() gin.HandlerFunc {
    return func(c *gin.Context) {
        token := c.Request.Header.Get("token")
        if len(token) == 0 {
            // 终止进入下一个中间件或HTTP请求处理
            c.Abort()
            // 直接返回HTTP响应
            c.JSON(http.StatusUnauthorized, gin.H{"message": "未登录或非法访问"})
            return
        }
        // 继续执行
        c.Next()
    }
}

func main() {
    r := gin.Default()
    //注册中间件
    r.Use(CheckToken())

    r.GET("/index", func(c *gin.Context) {
        c.String(200, "访问主页")
    })

    r.Run(":9080")
}
```

代码解析：

（1）CheckToken()以闭包的形式返回匿名函数。也可以直接定义一个函数，而不使用闭包形式。

（2）在匿名函数中，利用c.Request.Header.Get("token")从Header中获取token，若token为空，则直接利用c.Abort()终止HTTP请求的流程，并利用c.JSON(http.StatusUnauthorized, ...)来向客户端返回错误（为了演示中间件的使用，此处使用了非常简单的逻辑，真实的登录认证过程当然不会如此简单）。

（3）c.Next()表示继续执行HTTP流程，后续可能是其他中间件或者是r.GET()所绑定的处理函数。

运行该代码段，然后利用浏览器发出请求，一个认证失败的示例如图19-8所示。

图 19-8　自定义中间件拦截认证示例

19.7　编程范例——实现登录认证

在日常开发中，登录认证是一个常见的应用场景，可以通过数据库、Redis、LDAP或者第三方接口等途径进行登录认证，本节将结合Gin框架和MySQL数据库讲述如何通过数据库进行登录认证。

首先从Oracle官网下载并安装MySQL数据库。登录MySQL后，创建名为user_center的数据库，并在该数据库下创建名为USER的数据表。USER表的创建语句如下：

```
CREATE TABLE `USER` (
  `ID` int(11) NOT NULL AUTO_INCREMENT COMMENT '主键ID',
  `USERNAME` varchar(128) DEFAULT NULL COMMENT '用户名',
  `PASSWORD` varchar(64) DEFAULT NULL COMMENT '密码',
  PRIMARY KEY (`ID`)
) ENGINE=InnoDB DEFAULT CHARSET=utf8mb4
```

USER表中的USERNAME和PASSWORD分别用于存储用户名和密码。我们向其中插入测试数据：

```
INSERT INTO USER(USERNAME, PASSWORD) VALUES('root', 'pass123');
```

然后，利用Go语言内置的sql包来连接数据库，并同时指定连接字符串。连接字符串的形式如下：

```
"user:password@tcp(host:port)/dbname"
```

其中，user和password分别代表了连接数据库所需的用户名和密码；host和port代表了数据库的主机名（或IP）和端口号；dbname则是建立连接后默认使用的数据库。

接着，利用Gin框架搭建认证服务，并在认证函数中将登录用户名和密码与数据库中的信息进行对比，相应的代码如代码清单19-21所示。

代码清单19-21　Gin框架实现简单的登录

```go
package main

import (
  "database/sql"
  "github.com/gin-gonic/gin"
  _ "github.com/go-sql-driver/mysql"
  "log"
  "net/http"
)

type LoginUser struct {
  ID       int    `json:"id"`
  Username string `json:"username"`
  Password string `json:"password"`
}

func main() {
  router := gin.Default()
  // 连接MySQL数据库
  db, err := sql.Open("mysql", "root:mysqlpass@tcp(127.0.0.1:3306)/user_center")
  if err != nil {
    log.Fatal(err.Error())
  }
  defer db.Close()

  // 用户登录认证接口
  router.POST("/service/login", func(c *gin.Context) {
    var user LoginUser
    // 绑定传入参数到user变量
    if err := c.ShouldBindJSON(&user); err != nil {
      c.JSON(http.StatusBadRequest, gin.H{"message": err.Error()})
      return
    }
    // 从数据库中根据用户名和密码查询对应记录
    row := db.QueryRow("SELECT * FROM user WHERE username = ? AND password = ?",
user.Username, user.Password)

    // 将从数据库获得的用户信息复制到user变量中
    err := row.Scan(&user.ID, &user.Username, &user.Password)

    // 若发生错误，则代表未从数据库中获得用户信息
```

```
    if err != nil {
      c.JSON(http.StatusUnauthorized, gin.H{"message": "登录失败！"})
      return
    }
    c.JSON(http.StatusOK, gin.H{"message": "登录成功！"})
  })
  // 启动服务器
  router.Run(":9080")
}
```

代码解析：

（1）router.POST("/service/login", ...)，为URL——/service/login，注册处理函数。

（2）db, err := sql.Open("mysql", "root:mysqlpass@tcp(127.0.0.1:3306)/user_center")，用于建立数据库连接，并返回数据库操作对象。其中，"mysql"为目标数据库的类型，"root:mysqlpass"为连接所需的用户名和密码，tcp为协议名称，127.0.0.1:3306为数据库地址和端口号，user_center为连接建立后默认打开的数据库。

（3）defer db.Close()，保证数据库连接一定会被关闭。

（4）c.ShouldBindJSON(&user)，从请求中获取数据，并绑定到user变量。

（5）row := db.QueryRow("SELECT * FROM user WHERE ...", user.Username, user.Password)，用于根据用户名和密码从数据库查询匹配的记录，并赋值给变量row。

（6）err := row.Scan(&user.ID, &user.Username, &user.Password)，用于将row中的各个字段按照顺序赋值给user的Username和Password字段。

（7）if err != nil {...}，如果发生错误，代表未能获取数据，则在HTTP响应中写入"登录失败"；反之，则写入"登录成功"。

启动该代码段后，我们可以进行模拟测试。因为浏览器无法方便地模拟POST请求，所以我们利用Postman等HTTP请求模拟器来执行登录请求，结果如图19-9所示。

图 19-9　利用 Postman 进行登录验证

19.8　本章小结

Gin框架最主要的使用场景是搭建Web应用，而HTTP则是Web应用中最为常用的通信协议。本章详细讲述了在Gin框架中应该如何处理HTTP请求及响应。另外，讲述了Gin框架中灵活的路由机制，包括了单个路由、组路由，以及Any、NoRoute和NoMethod等路由方式。Gin的中间件可以看作其他编程语言中的拦截器，但是其实现方式却要简单灵活得多，这也是Gin框架如此受欢迎的原因之一。

19

第 20 章

Go语言实现MVC项目

Go语言有很多优秀的第三方库。在日常开发过程中，这些第三方库很好地弥补了官方库的不足。本章将通过完成一个简单的项目开发来讲述日常开发过程中所使用的框架gin和gorm，以及它们与数据库结合的编程实例。

本章内容：

❋ 项目背景
❋ 利用gorm生成MySQL数据表
❋ 实现用户注册
❋ 实现用户登录
❋ 实现用户查询
❋ 实现用户删除

20.1 项目背景

在进入项目开发前，首先需要了解项目背景。项目背景一般分为业务背景和技术背景两个方面。本节首先介绍本章项目开发的业务背景和技术背景。

20.1.1 业务背景概述

我们将构建一个Web服务，该服务允许用户注册和登录，以及查询和删除用户信息。

（1）对于用户注册，需要用户输入用户名、密码和昵称。在进行注册时，需要校验用户名是否重复，即不允许两个用户使用相同的用户名。对于密码，存储到数据库时，需要利用MD5加密，即不允许保存原始密码。用户名、密码、昵称为必填信息。

（2）对于用户登录，需要用户输入用户名和密码。在密码校验时，同样需要利用MD5对用户输入的密码进行加密，然后与数据库中的密码进行对比。

（3）对于用户查询操作，需要用户输入用户名，然后利用用户名从数据库中查询对应用户信息，但展示给客户端时，需要屏蔽密码信息。

（4）对于用户删除操作，需要利用用户ID进行删除。对于客户端传递的参数ID，需要校验是否为整数，避免无意义的数据库操作。在实际生产环境中，用户删除操作均需经过权限认证，本项目只是为了阐述项目开发的基本过程，因此略过了权限认证环节。

20.1.2　技术背景概述

在代码结构上，我们遵循常见的MVC（Model-View-Controller）模式来完成该实例项目。MVC是一种软件架构模式，它将应用程序分成3个主要部分：模型、视图和控制器。

（1）模型（Model）：负责管理应用程序的数据和业务逻辑。一般负责存储和处理数据，以及执行应用程序的核心功能。

（2）视图（View）：负责显示应用程序的用户界面。视图通常包括用户界面设计和布局，以及与用户交互时的逻辑和动作，如处理用户输入和显示数据等。

（3）控制器（Controller）：负责协调模型和视图之间的交互，并处理应用程序的请求和响应。它负责将用户请求转发给模型或视图，并将结果返回给用户。

在具体的技术实现上，我们采用以下技术路线：

（1）与客户端交互方面，利用Gin框架搭建Web服务器，并提供HTTP接口。有关Gin框架的详细内容，可以参考本书第19章。

（2）用户数据存储方面，利用MySQL数据库进行存储。MySQL的存储引擎选择InnoDB，数据库字符集选择兼容性最好的utf8mb4。

（3）数据库操作方面，可以利用ORM（Object-Relational Mapping）框架。ORM即对象关系映射，是一种将对象模型映射到数据库关系模型的技术。ORM使得开发人员可以使用面向对象的方式操作数据库，而不需要编写SQL语句，从而以达到简化数据库操作，提高开发效率，降低代码维护成本的目的。gorm是使用Go语言实现的一款优秀的ORM框架。我们将使用gorm来完成MySQL数据库的操作。同时，使用gorm来根据结构体生成和修改数据表结构，从而避免数据表的手工维护。

在项目开发前，首先下载所需的第三方库，代码如下：

```
go get gorm.io/driver/mysql
go get github.com/go-redis/redis
```

20.1.3　项目代码结构

基于MVC代码结构，我们搭建如图20-1所示的项目代码结构，主要包括以下目录：

（1）common目录：用于存放公共代码。在本例中，仅有一个名为init.go的文件，该文件用于数据库连接的初始化。

（2）controller目录：用于存放控制器文件，对应了MVC中的controller层。

（3）model目录：用于存放数据表对象模型，与数据表实现一一映射。

（4）service目录：用于存放主要逻辑文件。主要业务逻辑置于service目录下的.go文件中。controller层的代码会调用service层代码。

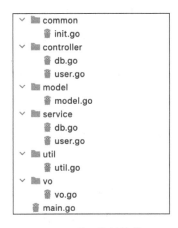

20-1　项目代码结构

（5）util目录：用于存放公用的工具函数。在本项目中，用于提供MD5加密函数。

（6）vo目录：用于存放返回给客户端的数据模型。因为返回给客户端的数据往往需要加工，所以我们使用单独的VO模型进行封装。

20.2　利用 gorm 生成 MySQL 数据表

在基于模型驱动的开发流程中，往往首先生成整个项目所需的数据表结构，然后根据表结构生成对应的结构体，以实现结构体与表的一一映射。当业务模型发生变化时，不仅要修改表结构，同时还需要手动维护代码中结构体的定义。

Go语言中的gorm不仅可以实现普通SQL语句的映射，还可以直接根据结构体来生成数据表。当数据结构发生改变时，gorm可以将改变同步到数据库，而无须我们手动变更表结构。

20.2.1　定义结构体及表结构

针对主要的操作对象——用户，首先在model目录下创建model.go文件，并在其中定义结构体User，代码如下：

```
package model

type User struct {
    ID       int     `gorm:"column:ID;type:int;primaryKey"`
    Name     string  `gorm:"column:NAME;type:varchar(64);not null;comment:登录名
称;uniqueIndex:udx_name"`
    Password string  `gorm:"column:PASSWD;type:varchar(128);not null;comment:登录密码"`
```

```
    Nickname string `gorm:"column:NICKNAME;type:varchar(64);;not null;comment:昵称"`
}

// 指定表名为 "T_USER"
func (User) TableName() string {
    return "T_USER"
}
```

代码解析：

（1）User 是代表用户的自定义结构体，其中定义了字段 ID、Name、Password 和 Nickname。

（2）各字段利用 gorm 注解来描述与数据库的关系。其中，gorm 是框架关键字，column 用于指定该字段对应的数据库中的列名，type 用于指定列的数据类型，primaryKey 指定列为主键列，not null 指定列为非空列，comment 指定列的注释。

（3）User 结构体中的 Name 字段特别定义了 uniqueIndex:udx_name。其中 uniqueIndex 代表将在该列上创建唯一索引，udx_name 为索引的名称。

（4）User 绑定了 TableName() 方法。TableName() 方法用于返回结构体在数据库中所对应的表名。如果未定义 TableName()，则在创建表时，会使用结构体名称的小写形式，再加上 "s" 作为表名。例如，User 所对应的默认表名为 "users"。

20.2.2　从结构体到数据表

利用 HTTP 接口来实现结构体同步到数据表的操作，如此一来，后续结构体修改后，可以重复调用该接口，以自动修改 MySQL 数据库的表结构。

1. 在 main.go 中增加路由映射

首先在 main.go 中为同步表结构操作的 URL 定义路由映射，代码如下：

```
package main

import (
    "demo/20/controller"
    "github.com/gin-gonic/gin"
    "log"
)

func main() {
    // 初始化 gin
    r := gin.Default()

    // 数据库同步
    r.POST("/db/sync", controller.Migrate)

    // 启动服务器
    if err := r.Run(":18080"); err != nil {
```

20

```
        log.Fatal(err)
    }
}
```

代码解析：

（1）r.POST("/db/sync", controller.Migrate)，用于指定URL "/db/sync" 的处理函数为controller.Migrate()。

（2）if err := r.Run(":18080"); err != nil { log.Fatal(err) }，用于在18080端口上启动gin的监听服务。当出现错误时，调用log.Fatal(err)打印日志。值得注意的是，log.Fatal()会导致整个应用程序的退出。在本例中，如果无法启动HTTP服务，那么整个应用程序便没有存在的意义，因此，利用log.Fatal()来打印日志是合理的选择。

2. 在controller中增加路由处理函数

在controller目录下增加新的文件db.go，用于处理数据库同步相关的路由映射，代码如下：

```
package controller

import (
    "demo/20/service"
    "github.com/gin-gonic/gin"
    "log"
    "net/http"
)

func Migrate(c *gin.Context) {
    err := service.Migrate()
    if err != nil {
        log.Println("迁移表结构: ", err.Error())
        c.JSON(http.StatusInternalServerError, gin.H{"result": false, "error":
err.Error()})
        return
    }
    c.JSON(http.StatusOK, gin.H{"result": true})
}
```

代码解析：

（1）func Migrate(c *gin.Context) {...}是URL "/db/sync" 对应的处理函数。

（2）service.Migrate()，用于调用service层函数Migrate()，以实现数据表结构迁移。我们在controller层只是简单调用service.Migrate()函数，而将主要业务逻辑置于service层代码。

（3）在发生错误时，调用log.Println()来打印错误日志，而非log.Fatal()。因为迁移操作的失败不影响其他HTTP接口继续提供服务。

（4）c.JSON(http.StatusOK, gin.H{"result": true})，用于向客户端返回JSON格式的包体。其中，gin.H包装了响应数据。

3. 在service中增加逻辑处理

在本例中，利用service包和common包实现主要业务逻辑。可以在service目录下创建名为db.go的文件，并在其中实现service.Migrate()函数，代码如下：

```
package service

import (
    "demo/20/common"
    "demo/20/model"
)

func Migrate() error {
    return common.DB.AutoMigrate(&model.User{}, &model.Comment{})
}
```

代码解析：

（1）在利用import导入的包中，尤其需要注意的是demo/20/common包。该包提供了全局变量DB，用于数据库操作。

（2）common.DB.AutoMigrate(&model.User{})，用于实现结构体到数据表的同步。如果表不存在则创建；如果表已存在，则修改表中的列，但是不会主动删除表中的多余列。

同样地，在common目录下创建名为init.go的文件，并利用如下代码实现数据库连接对象的初始化。

```
package common

import (
    "gorm.io/driver/mysql"
    "gorm.io/gorm"
    "log"
)

// 连接数据库
var dsn = "root:pass123@tcp(localhost:3306)/web?charset=utf8mb4"
var DB *gorm.DB

func init() {
    var err error
    DB, err = gorm.Open(mysql.Open(dsn), &gorm.Config{})
    if err != nil {
        log.Fatal("初始化数据库失败", err)
    }
}
```

代码解析：

（1）dsn := "root:pass123@tcp(localhost:3306)/web?charset=utf8mb4"，用于定义MySQL数据库连接字符串。其中，root为用户名，pass123为密码，二者利用冒号（:）分隔；localhost:3306代表了数据库的主机地址和端口号；web指定了连接后默认打开的数据库；charset=utf8mb4代表了客户端连接时使用的字符集。

（2）在init()函数中，DB, err = gorm.Open(mysql.Open(dsn), &gorm.Config{})，利用gorm框架初始化数据库连接对象，并赋值给全局变量DB。

（3）当发生错误时，调用log.Fatal()打印错误信息。因为数据库连接是整个项目的核心，所以，数据库连接失败时，程序需要退出。

（4）另外，Go语言本身会保证init()函数只执行一次。这意味着即使在程序执行期间，多次导入common也不会重复执行该包中的init()函数。这也避免了数据库连接对象被多次重置。

4. 测试表结构同步

利用如下请求来测试表结构同步接口：

```
$ curl -X POST http://localhost:18080/db/sync
```

首次执行时，数据库中会自动创建名为T_USER的数据表。值得注意的是，如果结构体定义发生了变化，无论是增加列，还是现有列的定义变更，执行该同步操作都会自动修正表结构；但当结构体中删除了某个字段时，执行同步操作，数据表中的列不会自动删除。

当然，由于该操作的影响较大，因此在实际生产中必须利用权限校验进行控制，而非所有用户均可执行该操作。

20.3 实现用户注册

用户注册功能对应的数据库操作是写入数据的过程。利用gorm框架的API可以轻松实现数据写入。但是，对于用户注册这一场景，需要保证用户名的唯一性。虽然可以利用唯一索引来限制重复用户名，但是这往往会导致数据库操作异常。为了尽量避免数据库异常，可以首先在业务逻辑层面进行控制。

1. 在main.go中增加路由映射

在main.go中增加用户注册的路由映射，代码如下：

```
func main() {
    // 初始化 Gin
    r := gin.Default()

    ...
```

```
    user := r.Group("/user")
    {
        // 用户注册
        user.POST("/register", controller.Register)
    }

    ...

    // 启动服务器
    if err := r.Run(":18080"); err != nil {
        log.Fatal(err)
    }
}
```

代码解析：

（1） user := r.Group("/user")，用于定义一个路由组。我们习惯上为每个业务模块定义一个业务，例如，对于用户模块，将所有以"/user"开头的URL定义为一个路由组。

（2） user.POST("/register", controller.Register)，用于为用户注册URL关联处理函数。在路由组user下，其完整URL为"/user/register"。

2. 在controller中增加路由处理函数

为了接收注册请求，我们在vo目录下创建名为vo.go的文件，并在其中定义新的结构体UserReq，代码如下：

```
type UserReq struct {
    Name     string
    Password string
    Nickname string
}
```

在controller目录下增加新的文件user.go，用于处理用户相关的路由映射，代码如下：

```
func Register(c *gin.Context) {
    var req vo.UserReq
    if err := c.ShouldBindJSON(&req); err != nil {
        c.JSON(http.StatusBadRequest, gin.H{"解析数据失败： ": err.Error()})
        return
    }

    var user model.User
    copier.Copy(&user, &req)

    err := service.ValidateUser(&user)
    if err != nil {
        c.JSON(http.StatusBadRequest, gin.H{"数据校验失败： ": err.Error()})
        return
```

```
    }

    err = service.RegisterUser(&user)

    if err != nil {
        log.Println("注册失败: ", err.Error())
        c.JSON(http.StatusInternalServerError, gin.H{"error": err.Error()})
        return
    }

    c.JSON(http.StatusOK, gin.H{"userId": user.ID})
}
```

代码解析：

（1）c.ShouldBindJSON(&req)，用于将客户端传递的请求体绑定到变量req上。请求体的格式必须为JSON。如果绑定失败，则会抛出异常。

（2）var user model.User，用于定义一个与数据库模型一一对应的结构体实例User。

（3）copier.Copy(&user, &req)，将请求体解析对象的各个字段复制到变量user中。此处，使用了copier库的Copy()函数。通过go get github.com/jinzhu/copier命令，可以下载到copier库的源码。

（4）service.ValidateUser(&user)，用于调用service包中的ValidateUser()函数，以校验获取的参数是否合法。

（5）service.RegisterUser(&user)，用于调用service包中的RegisterUser()函数，将用户信息写入数据库中。

（6）c.JSON(http.StatusOK, gin.H{"userId": user.ID})，在创建用户成功后，将用户ID返回给客户端。

（7）在整个控制层函数处理过程中，我们仍然不会编写过多逻辑，而是调用service包中的函数来实现各个功能。任何一个调用步骤出现错误，都将立即终止函数处理，并将错误消息返回给客户端。

3. 在service中增加逻辑处理

在service目录下创建名为user.go的文件，并在其中实现用户数据合法性校验和用户注册函数，代码如下：

```
// ValidateUser 用户数据合法性校验
func ValidateUser(user *model.User) error {
    if len(user.Name) == 0 {
        return errors.New("用户名不能为空")
    }

    if len(user.Nickname) == 0 {
        return errors.New("昵称不能为空")
```

```
    }
    if len(user.Password) == 0 {
        return errors.New("密码不能为空")
    }
    return nil
}

// RegisterUser 用户注册
func RegisterUser(user *model.User) error {
    // 对于用户密码进行MD5加密
    user.Password = util.MD5(user.Password)

    // 调用首次创建方法
    return common.DB.FirstOrCreate(&model.User{}, user).Error
}
```

代码解析：

（1）函数ValidateUser()中，校验了user对象的各个字段，要求Name（用户名）、Nickname（昵称）和Password（密码）均不能为空。

（2）函数RegisterUser()中，首先利用util.MD5(user.Password)对密码进行加密，然后利用db.FirstOrCreate(&User{}, user)将用户信息写入数据库中。FirstOrCreate()方法的第1个参数是User类型的指针，用于映射数据库中的表信息，此处，我们传入了一个空的User结构体；第2个参数是需要插入的数据，即user变量的指针。FirstOrCreate()会根据第1个参数中的信息判断表中主键或唯一索引列，然后从第2个参数中查询并判断是否存在唯一性约束的冲突，从而决定是向数据表中写入数据还是返回错误。

（3）需要注意的是，FirstOrCreate()首先查询存在性，然后根据存在性再决定是否插入数据。数据表中的唯一性约束不能省略，否则在并发情况下，仍可能出现重名用户。

（4）对于数据合法性校验，除了利用独立的函数（例如本例中的ValidateUser）外，还可以直接在结构体的JSON注解定义中利用required等关键字进行指定。鉴于讲解代码调用层次的考虑，本例使用独立函数来实现。

同样地，可以在util目录中增加util.go文件，并在其中定义MD5()函数，代码如下：

```
package util

import (
    "crypto/md5"
    "fmt"
)

func MD5(str string) string {
    data := []byte(str)  //字符串转换为字节切片
    has := md5.Sum(data)
    md5str := fmt.Sprintf("%x", has)  //将[]byte转换为十六进制
```

20

```
    return md5str
  }
```

4. 测试用户注册接口

可以利用如下CURL指令来发送HTTP请求，并测试用户注册接口。

```
curl -X POST http://localhost:18080/user/register -H 'Content-Type: application/json'
-d '{"name" : "test", "password":"12345678", "nickname" : "test"}'
```

在curl命令中，-X POST指定请求方法为POST；-H 'Content-Type: application/json'指定请求体的数据格式为JSON；-d选项指定请求体的具体内容。

20.4　实现用户登录

当用户登录时，需要输入用户名和密码。我们根据用户名和密码组合去数据库中查找记录。如果能够找到，则代表可以成功登录；否则，登录失败。

1. 在main.go中增加路由注册

因为用户登录功能属于用户模块，所以将该路由注册置于用户路由组之下，代码如下：

```
user := r.Group("/user")
{
    ...

    // 用户登录
    user.POST("/login", controller.Login)
    ...
}
```

2. 在controller中增加路由处理函数

因为同属于用户模块，所以无须新建controller文件，而是将controller.Login()函数置于controller/user.go中，代码如下：

```
func Login(c *gin.Context) {
    var req vo.UserReq
    if err := c.ShouldBindJSON(&req); err != nil {
        c.JSON(http.StatusBadRequest, gin.H{"解析数据失败：": err.Error()})
        return
    }

    var user model.User
    copier.Copy(&user, &req)

    err := service.ValidateLogin(&user)
```

```
    if err != nil {
        c.JSON(http.StatusBadRequest, gin.H{"数据校验失败: ": err.Error()})
        return
    }

    loginResult, err := service.Login(&user)

    c.JSON(http.StatusOK, gin.H{"result": loginResult, "error": err})
}
```

代码解析：

（1）err := service.ValidateLogin(&user)，用于校验传入的登录信息是否有效。此处要求用户名和密码不能为空，否则将返回错误。

（2）loginResult, err := service.Login(&user)用于进行实际的登录操作，然后调用c.JSON()将登录结果返回给客户端。

3. 在service中增加逻辑处理

在service/user.go中实现登录业务处理，需要实现的函数为ValidateLogin()和Login()。函数ValidateLogin()的代码如下：

```
// ValidateLogin 用户数据合法性校验
func ValidateLogin(user *model.User) error {
    if len(user.Name) == 0 {
        return errors.New("用户名不能为空")
    }

    if len(user.Password) == 0 {
        return errors.New("密码不能为空")
    }
    return nil
}
```

在ValidateLogin()中，校验用户名和密码均为必需项，如果任何一个为空，则直接返回错误。

函数Login()的代码如下：

```
func Login(user *model.User) (bool, error) {
    user.Password = util.MD5(user.Password)
    var users []model.User
    err := common.DB.Find(&users, &user).Error

    if err != nil || len(users) == 0 {
        return false, err
    }

    return true, nil
}
```

代码解析：

（1）user.Password = util.MD5(user.Password)，用于对变量user中的密码信息进行MD5加密。因为数据库所存储的内容并非密码原文，所以需要在加密后进行匹配判断。

（2）var users []model.User，声明了一个元素类型为model.User的切片，该切片用于承接数据库查询后的结果。

（3）common.DB.Find(&users, &user).Error，根据条件查询数据库中的信息。其中，第1个参数是切片指针，查询结果将填充到该指针中；第2个参数中包含了要查询的数据表信息（来自user.Model中的gorm注解），以及查询条件——user中的所有非空字段均会被视作查询时的条件。

4．测试用户登录接口

可以利用如下CURL指令来发送HTTP请求，并测试用户登录接口。

```
curl -X POST http://localhost:18080/user/login -H 'Content-Type: application/json'
-d '{"name" : "test", "password":"12345678"}'
```

20.5　实现用户查询

在用户注册后，可以利用用户名从数据库中查询用户信息。对于用户查询操作，同样通过依次编写路由注册函数、controller函数、service函数来完成。

1．在main.go中增加路由注册

因为用户查询属于用户模块功能，所以，将该路由注册置于路由组user之下，代码如下：

```
user := r.Group("/user")
{
    ...
    // 根据用户名查询用户信息
    user.GET("/getByName", controller.GetUserByName)
    ...
}
```

2．在controller中增加路由处理函数

在controller/user.go中增加GetUserByName()函数，代码如下：

```
func GetUserByName(c *gin.Context) {
    username := c.Query("name")

    if len(username) == 0 {
        c.JSON(http.StatusBadRequest, gin.H{"error": "用户名不能为空"})
```

```
        return
    }

    user, err := service.GetUserByName(username)

    if err != nil {
        c.JSON(http.StatusInternalServerError, gin.H{"error:": err.Error()})
        return
    }

    c.JSON(http.StatusOK, user)
}
```

代码解析：

（1）username := c.Query("name")，用于从URL请求中获得名为"name"的参数。不同于利用c.ShouldBindJSON(...)从请求体中获得参数，c.Query("name")会捕获附加在URL后的参数。

（2）if len(username) == 0，用于校验用户名是否为空。此处的校验逻辑非常简单，我们直接在controller层实现。

（3）user, err := service.GetUserByName(username)，用于调用service包的GetUserByName()函数，根据用户名查询用户信息。

3. 在service中增加逻辑处理

在service/user.go中增加GetUserByName()函数，代码如下：

```
func GetUserByName(username string) (*vo.UserVO, error) {
    queryUser := model.User{Name: username}

    var users []model.User
    err := common.DB.Find(&users, queryUser).Error

    if err != nil || len(users) == 0 {
        return nil, err
    }

    user := users[0]

    userVO := vo.UserVO{ID: user.ID, Name: user.Name, Nickname: user.Nickname}
    return &userVO, nil
}
```

代码解析：

（1）queryUser := model.User{Name: username}，用于组装model.User对象，并将参数username的值赋予Name字段。

（2）common.DB.Find(&users, queryUser)，用于从数据库中根据queryUser所提供的非空字段组装为查询条件，以查询用户列表。值得注意的是，返回结果可能为空，因此，在if err != nil || len(users) == 0成立的情况下，应立即返回，以避免后续的users[0]出现越界。

20

（3）userVO := vo.UserVO{ID: user.ID, Name: user.Name, Nickname: user.Nickname}，利用数据库查询结果组装新的结构体实例。

（4）vo.UserVO定义了返回给客户端的响应体格式。因为返回给客户端的信息往往与数据库中存储的信息不同，所以，专门定义VO（View Object，可以认为是模型层概念）进行封装。

在本例中，model.User中的密码字段（Password）不适合传回给客户端，因此，vo.UserVO中不会出现该字段。在vo目录下的vo.go的文件中定义UserVO，其源码如下：

```go
package vo

type UserVO struct {
    ID       int    `json:"id, omitempty"`
    Name     string `json:"name, omitempty"`
    Nickname string `json:"nickname, omitempty"`
}
```

4. 测试用户查询接口

可以利用如下CURL指令来发送HTTP请求，并测试用户查询接口。

```
curl -X GET http://localhost:18080/user/getByName?name=test
```

20.6　实现用户删除

删除操作不同于查询，该操作会真正造成数据损失，因此必须经过严格的权限校验。本例演示的主要目的并不在于权限控制，因此略过了权限校验环节，但在生产环境中，严格的权限校验是必需的。

1. 在main.go中增加路由注册

为删除用户操作定义一个URL，并注册于用户路由组之下，代码如下：

```go
user := r.Group("/user")
{
    ...
    // 删除用户
    user.DELETE("/:id", controller.DeleteById)
    ...
}
```

代码解析：

（1）针对删除操作，我们特意利用路由器对象的DELETE方法定义URL，这就要求客户端请求方法也必须为DELETE。

（2）该URL的完整路径为"/user/:id"，此时的参数"id"出现在URL路径中相当于一个占位符。

2. 在controller中增加路由处理函数

在controller/user.go中增加DeleteById()函数，代码如下：

```go
func DeleteById(c *gin.Context) {
    p := c.Param("id")
    id, err := strconv.Atoi(p)
    if err != nil {
        log.Println("id转为数字失败：", err)
        c.JSON(http.StatusBadRequest, gin.H{"error": err.Error()})
        return
    }

    err = service.DeleteById(id)
    if err != nil {
        log.Println("删除用户失败：", err)
        c.JSON(http.StatusInternalServerError, gin.H{"error": err.Error()})
        return
    }

    c.JSON(http.StatusOK, gin.H{"result": true})
}
```

代码解析：

（1）p := c.Param("id")，用于从URL路径中获得占位符"id"所代表的数据，并赋予变量p。

（2）id, err := strconv.Atoi(p)，因为变量p的数据类型是字符串，因此调用strconv.Atoi()函数将字符串转换为数字。当转换出错时，立即返回错误。

（3）service.DeleteById(id)，调用service包中的DeleteById()函数，以执行用户删除操作。

3. 在service中增加逻辑处理

在service/user.go中增加DeleteById()函数，代码如下：

```go
func DeleteById(id int) error {
    var user model.User

    result := common.DB.First(&user, id)

    if result.Error != nil {
        return result.Error
    }

    result = common.DB.Delete(&user)
    return result.Error
}
```

代码解析：

（1）var user model.User，定了名为user的变量，用于承接从数据库中查询到的用户信息。

（2）result := common.DB.First(&user, id)，用于向数据库发起查询。其中，DB.First(&user, id)用于将查询到的结果集首先按照主键进行排序，然后返回第一条记录；第1个参数&user用于承接该记录，第2个参数id代表了查询条件。在本例中，查询条件是一个数值型参数，gorm将其视作主键值来组装查询条件（例如，ID=8）。

（3）if result.Error != nil {...}，用于判断查询是否出错。注意，若查询结果为空，则会产生"record not found"错误。

（4）common.DB.Delete(&user)，用于使用user变量中的非空字段来组装条件，并删除数据表中对应的记录。

4．测试用户删除接口

可以利用如下CURL指令来发送HTTP请求，并测试用户删除接口。

```
curl -X DELETE http://localhost:18080/user/8
```

其中，8为要删除的用户ID。

20.7 本章小结

本章基于MVC开发模式构建了一个简单的Go语言项目。开发MVC项目的关键在于各个层面的代码各司其职，保持代码分布的合理、清晰、一致。同时，在该项目中，我们利用Gin框架来构建Web服务，利用gorm框架来实现数据库操作。这些第三方框架为开发过程提供了极大的便利。我们在学习Go语言本身的同时，也要深入学习这些优秀的第三方框架。

本章特意强调了错误处理：在出现错误时，应当立即返回，并保证错误信息清晰可读。哪些错误需要终止整个程序的运行，哪些错误仅影响本次请求，也是我们在日常开发中特别需要注意的细节。